乡村振兴人才培养系列教材
图说现代农业高质量发展关键技术丛书

科学养鸡

▶▶▶ 实用教程

张　玲　袁华根　王　强　主编

中国农业大学出版社
·北京·

内 容 简 介

本书以最新的现代实用养鸡技术为规范,以生产"安全、优质、高效、无公害"鸡蛋和鸡肉为目标,针对养鸡生产中的关键环节,全面、系统地阐述了现代实用养鸡技术,主要包括:鸡场建设与环境控制、鸡的解剖学结构与生物学特性、鸡种的选择、鸡的繁育与孵化、鸡的营养及饲料配合、种鸡的饲养管理、商品蛋鸡生产技术、肉鸡生产技术、粪污处理与综合利用、鸡的卫生防疫与保健、常见鸡病防治、现代化鸡场的经营管理和"互联网+"现代养鸡业13个方面。

本书结构新颖,图文并茂,数字资源丰富,不仅可以作为高职高专院校相关专业的教材,还可以作为中等职业技术学校相关教师的参考书和基层畜牧兽医人员、专业化养鸡场技术人员和新型职业农民继续教育培训教材的参考资料。

图书在版编目(CIP)数据

科学养鸡实用教程/张玲,袁华根,王强主编.--北京:中国农业大学出版社,2022.3
ISBN 978-7-5655-2731-9

Ⅰ.①科…　Ⅱ.①张…②袁…③王…　Ⅲ.①鸡-饲养管理　Ⅳ.①S831.4

中国版本图书馆 CIP 数据核字(2022)第 031742 号

书　　名	科学养鸡实用教程		
作　　者	张　玲　袁华根　王　强　主编		
策划编辑	林孝栋　康昊婷	责任编辑	康昊婷
封面设计	郑　川		
出版发行	中国农业大学出版社		
社　　址	北京市海淀区圆明园西路 2 号	邮政编码	100193
电　　话	发行部 010-62733489,1190	读者服务部	010-62732336
	编辑部 010-62732617,2618	出　版　部	010-62733440
网　　址	http://www.caupress.cn	E-mail	cbsszs@cau.edu.cn
经　　销	新华书店		
印　　刷	北京鑫丰华彩印有限公司		
版　　次	2022 年 3 月第 1 版　2022 年 3 月第 1 次印刷		
规　　格	185 mm×260 mm　16 开本　23 印张　585 千字		
定　　价	79.00 元		

图书如有质量问题本社发行部负责调换

编审人员

主　　编　张　玲　袁华根　王　强

副 主 编　刘明生　陆艳凤　李芙蓉　顾文婕

参　　编　殷洁鑫　甘辉群　董　飚

　　　　　张　凯　朱　勇　戴艳萍

审　　稿　蒋春茂　尤明珍

数字资源建设人员

（以姓氏笔画排序）

王　洁　甘辉群　吉俊玲　刘　莉　刘明生　李小芬　李芙蓉

杨晓志　张　尧　张　玲　周玉军　袁旭红　顾文婕　徐婷婷

谢献胜

前言 Preface

当前，在国民经济迅速发展、科学技术日新月异的形势下，我国养鸡生产的发展取得了可喜的成绩，技术进步和现代化水平走在动物生产的前列，正朝着产业化方向发展，在世界范围内已形成高产、低耗和一体化配套服务体系，它是由良种繁育体系、饲料工业体系、疫病防治体系、禽舍设备供应体系、生产经营管理体系和产品处理加工销售体系组成的一个完善的系统工程。而传统的家庭散养型已经不适应现代养鸡业发展的需要，不便于现代科学技术的推广应用，不能够抵御市场风险，不利于综合效益的提高。目前，我国饲养几十万只鸡、上百万只鸡规模的鸡场为数不少，农村养鸡户饲养数万只鸡的规模比比皆是，集约化程度越来越高，同时配套化生产体系越来越健全，以规模带动产业发展，使养鸡业成为我国畜牧业的支柱产业。

本书依据"1＋X"家庭农场畜禽养殖职业技能等级标准，紧扣科学养鸡主题，联系生产实际，重构"模块化"知识体系，实现书证融通。引入行业发展的新知识、新技术、新工艺，内容新颖实用，从鸡场建设与环境控制入手，围绕鸡的解剖学结构与生物学特性、鸡种的选择、鸡的繁育与孵化、鸡的营养及饲料配合、种鸡的饲养管理、商品蛋鸡生产技术、肉鸡生产技术、粪污处理与综合利用、鸡的卫生防疫与保健、常见鸡病防治、现代化鸡场的经营管理和"互联网＋"现代养鸡业等方面展开介绍，采用全面详述和主推新技术相结合的编撰方式，深入浅出，便于读者理解吸收。希望在推广普及现代化养鸡新技术方面能够给农业科技推广人员、教学科研人员及广大的养鸡生产者带来新的理念、传递新的信息。

本教材由江苏农牧科技职业学院张玲担任第一主编、袁华根担任第二主编，邀请江苏省家禽科学研究所王强担任第三主编，负责全书的提纲设计、内容编写和统稿校对。江苏农牧科技职业学院刘明生、陆艳凤、李芙蓉、顾文婕担任副主编，殷洁鑫、甘辉群、董飚参与编写。同时，邀请行业一线的张凯、朱勇、戴艳萍参与编写。本教材由江苏农牧科技职业学院蒋春茂、尤明珍教授共同审定，在此表示衷心的感谢。

本教材配有丰富的数字资源，图文并茂，形式多样，能够大大激发学习者的兴趣。江苏农牧科技职业学院的王洁、甘辉群、吉俊玲、张玲、张尧、李小芬、李芙蓉、刘莉、刘明生、杨晓志、顾文婕、袁旭红、徐婷婷、谢献胜等14位老师及企业人员周玉军共同完成了数字资源的建设，同时也得到了江苏天成集团、江苏北农大农牧科技有限公司、江苏益客食品集团有限公司、泰州市金路禽业有限公司等相关行业企业的支持和帮助，在此一并表示感谢。

由于时间和篇幅的限制，书中难免有不妥之处，敬请广大师生及同行提出宝贵的修改意见，以便完善提高。并在此向支持本书编写与出版的有识之士及参考文献提到的作者致以诚挚的谢意。

编　者

2022 年 1 月

目录 Contents

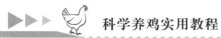

第八章　肉鸡生产技术

第九章　粪污处理与综合利用

第十章　鸡的卫生防疫与保健

第一章

鸡场建设与环境控制

第一节　鸡场的选址与布局

一、场址选择的原则

场址选择是建场养鸡的首要问题,它关系到建场工作能否顺利进行及投产后鸡场的生产水平、鸡群的健康状况和经济效益等。鸡场选址总的要求是:符合国家法律法规、区域发展规划、兽医防疫、食品安全、环境保护的要求,水、电、交通、饲料等资源可满足生产需要,经济可行且未来有发展空间。因此,选择场址时必须认真调查研究,综合考虑各方面条件,以便做出科学决策。

1.符合国家环保、法规的要求

可通过鸡场建设环境影响评估。禁止在生活饮用水水源保护区、风景名胜区、自然保护区的核心区及缓冲区、城市和城镇居民区、文教科研区、医疗等人口集中区、县级以上政府划定的禁养区建场。

2.符合动物防疫、食品安全的要求

(1)距离城镇、学校、村庄等居民聚集区不小于3 000 m,且一般选在城镇和居民区的下风向。

(2)距离铁路、高速公路、交通主干线不小于1 000 m,距一般道路不小于500 m。

(3)距离有毒有害化工厂、畜产品加工厂、屠宰场、兽医院、同类饲养场等不小于2 000 m。

二、场址选择应考虑的因素

1.场地

考虑地形、地势、朝向、面积大小、周围建筑物情况等因素。

(1)地势

在平原地区建场,应选择地势高燥、平坦或稍有坡度的平地,坡向以南向或东南向为宜。这种场址阳光充足,光照时间长,排水良好,有利于保持场内环境卫生(图1-1)。在山区建场,既不能建在山顶,也不能建在山谷深洼地,应建在向阳的南坡上,山坡的坡度不宜超过20%,建场区坡度不宜超过3%。场地高燥,排水良好,阳光充足,不利于微生物和寄生虫的滋生繁殖(图1-2)。如果地势低洼,场地容易积水,潮湿泥泞,夏季通风不良,空气闷热。蚊、蝇、蜱、螨等媒介昆虫易于滋生繁殖,冬季则阴冷。

(2)地形

地形是指场地形状、大小和地物(场地上的房屋、树木、河流、沟坎)情况。作为鸡场场地,要求地形整齐、开阔,有足够的面积。地形整齐,便于合理布置鸡场建筑和各种设施,并能提高场地面积

的利用率。地形狭长影响建筑物合理布局,拉长了生产作业线,并给场内运输和管理造成不便。地形不规则或边角太多,会使建筑物布局零乱,增加场地周围隔离防疫墙或沟的投资。场地要特别避开西北方向的山口或长形谷地,否则,冬季风速过大严重影响厂区和鸡舍温热环境的维持。场地面积要大小适宜,符合生产规模,并考虑今后的发展需要,周围不能有高大建筑物。

一般鸡场的占地面积应为建筑面积的3~5倍,征地时应尽量考虑鸡场要开阔些,要留有发展余地。

图1-1 平原地区建场

图1-2 山区建场

2.气候

要详细了解掌握本地区的气象部门积累的有关气象资料,如年平均气温、最高气温、最低气温、土层冻结深度、积雪深度、夏季平均降水量、最大风力、常年主导风向、各月份的日照时数等,这些资料及数据对建场设计都起很大作用。

3.土壤

(1)土壤的透气透水性能好

透气透水性能好的土壤吸湿性小,容易干燥;否则,土壤潮湿,受到粪尿等有机物污染后,在厌氧条件下分解产生氨、硫化氢等有害气体,污染厂区空气。污染物和分解物易通过土壤的空隙或毛细管被带到浅层地下水中或被降雨冲集到地面水源,污染水源。同时,潮湿的土壤是微生物存活和滋生的良好场所。

(2)土壤洁净

即无病原微生物、有害物质和重金属元素污染。

(3)土壤要有一定的抗压性,适宜建筑

适宜建设鸡场的土壤类型是沙壤土。沙壤土既有一定的透气透水性,易于干燥,又有一定的抗压性,昼夜温度稳定。若客观条件所限,无理想土壤时,这就需要在禽舍设计、施工、使用和管理上想办法弥补当地土壤的缺陷(图1-3)。

图1-3 沙壤土

4.水源

水源选择原则:一是水量充足,能满足鸡场人、畜生活和生产、消防、灌溉及今后发展用水需要;二是水质良好,应符合水质卫生指标;三是取用方便;四是便于保护。水源周围环境条件好,便于进行卫生防护(表1-1)。

表 1-1　蛋鸡饮用水标准 mg/L

项目	指标	项目	指标
砷	≤0.05	氰化物	≤0.05
汞	≤0.001	氟化物（以 F 计）	≤1.0
铅	≤0.05	氯化物（以 Cl 计）	≤250
铜	≤1.0	六六六	≤0.001
铬（六价）	≤0.05	滴滴涕	≤0.005
镉	≤0.01	总大肠菌群/（个/L）	≤3
pH	6.5～8.5		

5.电源

电源是否充足、稳定，也是鸡场必须考虑的条件之一。鸡场的孵化、育雏、机械通风、人工照明及日常生活都离不开电，特别是笼养密闭鸡舍要保证电源绝对可靠。因此，场址要选择供电方便经济的地方。如果供电无保证，鸡场应自备发电机（图 1-4）。

图 1-4　自备发电机

三、建筑布局的原则

1.符合生产工艺流程,有利于防疫和节约土地

（1）鸡舍与孵化厅要分开

孵化厅要求空气新鲜、无病菌，而鸡舍周围的空气质量相对较差，鸡舍与孵化厅距离过近，空气中的病原微生物等会对鸡雏的孵化产生不良的影响。

（2）生产区污道、净道要分开

净道是指生产区内用于运输饲料、鸡蛋、鸡雏等产品的道路。污道是用于运输鸡场垃圾、粪便及病死鸡的道路。为了防止交叉感染，鸡场的污道、净道要分设。

（3）鸡舍间应保持安全的防疫间距

根据主导风向按照孵化厅、育雏舍、育成舍、成年鸡舍等顺序排列。孵化厅与育雏舍、育成舍、成年鸡舍之间应有不少于 50 m 的隔离带，各栋鸡舍之间应有 15～30 m 的距离。

2.便于鸡场管理和提高工作效率

在符合生产工艺流程,保证防疫需要的前提下,鸡舍的布局应以最方便利用为原则进行。如管理区与外界经常联系，应设置在生产区的外面，靠近大门的地方。饲料库的位置应在鸡舍的附近并靠近场外通道处。

3.缩短道路和管路,减少投资

场内建筑物间的距离要在满足防疫等有关要求的前提下尽量缩短、排列紧凑,以节省鸡场内道路、管路、线路建筑材料,减少生产投资。

4.鸡舍建筑物的配比

在生产区内,育雏舍、育成舍、蛋鸡舍三种建筑物容纳鸡只数量的比例一般是1∶2∶6,三者配比合理,能够使鸡群周转顺利进行。

四、功能区划分与布局

按照总体功能一般将鸡场划分为生活管理区、生产辅助区、生产区、污物处理区四个功能区。功能区的布局原则上应依据场区地势地形、主导风向,按照由高到低,由上风到下风的顺序,依次排列生活管理区、生产辅助区、生产区、污物处理区(图1-5)。

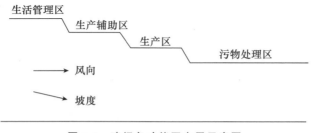

图1-5 鸡场各功能区布局示意图

1.生活管理区

生活管理区有门卫传达室、进场消毒室、卫生防疫间、办公室、财务室、技术室、车库、配电室、杂品库及员工宿舍、食堂、娱乐场所等。管理区因经常有外界人员出入,一般与场外相通,应位于生产区外侧,用围墙隔开。管理区要位于主导风向上风处及地势较高处并设主大门和消毒池。

2.生产辅助区

生产辅助区主要包括饲料库、蛋库、兽医室、工具库等,布局时应安排在生活管理区的下风向,接近生产区,但又要与生产区有一定的距离,以利于防疫。

3.生产区

(1)整体布局

生产区包括育雏舍、后备鸡舍、成鸡舍等。大型的鸡场另设孵化室并将各种年龄或经济用途的鸡各自设立分场,分场之间留有一定的防疫距离并实行全进全出制。专业性鸡场的鸡群单一,鸡舍功能只有一种,管理比较简单,技术要求比较一致,生产过程也易于实现机械化。各生产小区的饲养管理人员、运输车辆、设备和使用工具要严格控制,防止互串。管理区与生产区间距应在100 m以上并设有隔离屏障。

为保证防疫安全,无论是专业性养鸡场还是综合性养鸡场,鸡舍的布局应根据主风向与地势,按下列顺序设置:孵化室、幼雏舍、中雏舍、后备鸡舍、成鸡舍。也就是幼雏舍在上风向,成鸡舍在下风向。这样能使幼雏舍得到新鲜的空气,减少发病机会,同时也能避免由成鸡舍排出的污浊空气造成疫病传播。

孵化室与场外联系较多,宜建在靠近场前区的入口处,大型鸡场可单设孵化场,设在整个养

鸡场专用道路的入口处,小型鸡场也应在孵化室周围设围墙或隔离绿化带。

育雏区或育雏分场与成年鸡区应隔一定的距离,防止交叉感染。若综合性鸡场两群雏鸡舍功能相同、设备相同时,可在同一区域内培育,做到全进全出。由于种雏和商品雏繁育代次不同,必须分群分养,以保证鸡群的质量。

综合性鸡场种鸡群和商品鸡群应分区饲养,种鸡区应放在防疫上的最优位置。两个小区中的育雏、育成鸡舍又优于成年鸡舍的位置,而且育雏、育成鸡舍与成年鸡舍的间距要大于本群鸡舍的正常间距,并设沟、渠、墙或绿化带等隔离障。

各小区内的饲养管理人员、运输车辆、设备和使用工具要严格控制,防止互串。各小区间既要求联系方便,又要求有防疫隔离。

(2)鸡舍布局

1)鸡舍的排列:排列的合理性关系到场区小气候、鸡舍的采光、通风、建筑物之间的联系、道路和管线铺设的长短、场地的利用率等。鸡舍群一般采取横向成排(东西)、纵向呈列(南北)的行列式,即各鸡舍应平行整齐呈梳状排列,不能相交排列。鸡舍群的排列要根据场地形状、鸡舍的数量和每幢鸡舍的长度,酌情布置为单列、双列或多列式。生产区最好按方形或近似方形布置,应尽量避免狭长形布置,以避免饲料、粪污运输距离加大,饲养管理工作联系不便,道路、管线加长,建场投资增加。

鸡舍按标准的行列式排列与地形地势、气候条件、鸡舍朝向选择等发生矛盾时,也可将鸡舍左右错开、上下错开排列,但要注意平行的原则,避免各鸡舍相互交错。当鸡舍长轴必须与夏季主风向垂直时,上风向鸡舍与下风向鸡舍应左右错开呈"品"字形排列,这就等于加大了鸡舍间距,有利于鸡舍的通风;若鸡舍长轴与夏季主风向所成角度较小时,左右列应前后错开,即顺气流方向逐列后错一定距离,也有利于通风(图1-6)。

图1-6　鸡舍的排列

2)鸡舍的朝向:朝向要根据地理位置、气候环境等来确定。适宜的朝向应满足鸡舍日照、温度和通风的要求。在我国,鸡舍以采取南向或稍偏西南或偏东南为宜,冬季利于防寒保温,而夏季利于防暑。这种朝向需要人工光照进行补充,需要注意遮光,如加长出檐、窗面涂暗等减少光照强度。如同时考虑地形、主风向以及其他条件,可以在朝向上做一些调整,向东或向西偏转15°配置,南方地区从防暑考虑,以向东偏转为好;北方地区朝向偏转的自由度可稍大些(图1-7)。

3)鸡舍的间距:间距的确定主要从日照、通风、防

图1-7　鸡舍的朝向

疫、防火和节约用地等方面考虑,根据具体的地理位置、气候、地形地势等因素做出。

一般防疫要求的鸡舍间距应是檐高的 3～5 倍,开放式鸡舍应为 5 倍,封闭式鸡舍一般为 3 倍。

鸡舍南向或南偏东、偏西一定角度时,应使南排鸡舍在冬季不遮挡北排鸡舍的日照,具体计算时一般以保证在冬至日 9:00－15:00 这 6 h 内,北排鸡舍南墙有满日照,即要求南北两排鸡舍间距不小于南排鸡舍的阴影长度。

鸡舍采用自然通风,且鸡舍纵墙垂直于夏季主风向,间距应为鸡舍高度的 4～5 倍;如风向与鸡舍纵墙有一定的夹角(30°～45°),涡风区缩小,间距可短些。一般鸡舍间距取舍高的 3～5 倍时,可满足下风向鸡舍的通风需要。鸡舍采用横向机械通风时,其间距因防疫需要也不应低于舍高 3 倍;采用纵向机械通风时间间距可以适当缩小,1～1.5 倍即可。

防火间距取决于建筑物的材料、结构和使用特点,可参照我国建筑防火规范。鸡舍建筑一般为砖墙、混凝土屋顶或木质屋顶并做吊顶,耐火等级为二级或三级,防火间距为 8～10 m。

总之,鸡舍间距不小于鸡舍高度的 3～5 倍时,可以基本满足日照、通风、卫生防疫、防火等要求。一般密闭式鸡舍间距为 10～15 m;开放式鸡舍间距约为鸡舍高度的 5 倍。

4.污物处理区

污物处理区包括贮粪场、隔离室、兽医室、尸体剖检与处理设施,是病鸡、污物集中之处,是卫生防疫和环境保护工作的重点,为防止疫病传播和蔓延,该区应在生产区的下风向,并在地势最低处,且与其他两区的卫生间距不小于 50 m。贮粪场的设置应考虑鸡粪既便于从鸡舍运出,又便于运到田间施用。隔离舍应尽可能与外界隔绝。该区四周应有自然的或人工的隔离屏障,设单独的道路与出入口。病死鸡处理场与外界隔离并设独立的小门进出(图 1-8)。

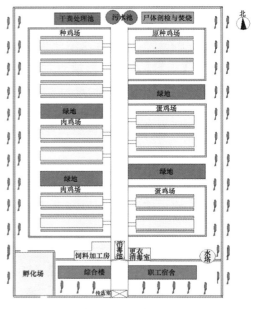

图 1-8　禽场的布局与污物处理区

五、公共卫生设施

1.场区道路

场区道路要求直而线短,生产区的道路应区分为净道和污道,以利于卫生防疫;净道用于生产联系和运送饲料、产品,污道用于运送粪便污物、病鸡和死鸡。道路应不透水,路面(向一侧或两侧)有 1%～3% 的坡度,与场外相连的道路宽度为 3.5～7 m,通行电瓶车、小型车、手推车等场内用车的道路需 1.5～5 m。只考虑单向行驶时,可取其较小值,但须考虑回车道,转弯半径通常大于 8 m。生产区的道路一般不行驶载重车,但应考虑消防状况下对路宽、回车和转弯半径的需要。道路两侧应留绿化和排水明沟位置。

2.排水设施

场区排水设施是为了排出雨水和雪水,保持场地干燥卫生。为减少投资,一般可在道路一侧

或两侧设排水沟,沟壁、沟底可砌砖石,也可将土夯实做成梯形或三角形断面。排水沟最深处不应超过 30 cm,沟底应有 1%～2% 的坡度,上口宽 30～60 cm。如果鸡场本身坡度较大,就可以采取地面自由排水,但不宜与舍内排水系统的管沟通用。隔离区要有单独的下水道将污水排至场外的污水处理设施。

3.贮粪池

贮粪池是家禽粪便临时堆放的场所,应设在生产区的下风向,与鸡舍至少保持 100 m 的卫生间距(有围墙及防护设备时,可减为 50 m),并便于运出。

六、鸡场的绿化美化

鸡场植树、种草绿化,对改善场区小气候、净化空气和水质、降低噪声等有重要意义。在进行鸡场规划时,必须规划出绿化地,其中包括防风林、隔离林、行道绿化、遮阳绿化、绿地等。

防风林应设在冬季主风的上风向,沿围墙内外设置,最好是落叶树和常绿树搭配,高矮树种搭配,植树密度可稍大些;隔离林设在各场区之间及围墙内外,应选择树干高、树冠大的乔木;行道绿化是指道路两旁和排水沟边的绿化,起到路面遮阳和排水沟护坡的作用;遮阳绿化一般设于鸡舍南侧和西侧,起到为鸡舍墙、屋顶、门窗遮阳的作用;绿地绿化是指鸡场内裸露地面的绿化,可植树、种花、种草,也可种植有饲用价值或经济价值的植物,如苜蓿、草坪、草皮、果树等,将绿化与养鸡场的经济效益结合起来。

国内外一些集约化的养殖场,尤其是种鸡场,为了确保卫生防疫安全有效,场区内不种一棵树,其目的是不给鸟儿有栖息之处,以防病原微生物通过鸟粪等杂物在场内传播,继而引起传染病。场区内除道路及建筑物之外全部铺种草坪,仍可起到调节场区内小气候、净化环境的作用。

二维码 1-1
禽场的规划与设计

二维码 1-2
禽场规划设计图的绘制

第二节　鸡舍的设计

鸡舍是鸡群采食、饮水、交配、产蛋和栖息的主要场所,为了鸡群的健康成长,必须创造良好的环境,建造符合要求的鸡舍。对鸡舍的基本要求是:保温防暑性能好;空气调节性能好;光照充足、温度适宜;饲养密度适中;便于消毒防疫。

一、鸡舍结构类型

1.封闭式鸡舍

封闭式鸡舍又叫无窗鸡舍或环境控制鸡舍。这种鸡舍的特点是外观无窗,仅有进气孔隙和风机口,呈密闭状态,屋顶及四壁隔热和抗寒性能良好。舍内小气候通过各种调节设备控制,例如：全部采用人工光源照明，通过定时器控时和经过变阻器或调压器控制照度；舍内温度通过机械通风的大小加以调节，如炎热季节，加大通风量调节气流通风降温，在进风孔隙增设空气冷却器，如湿帘即可降温。密闭式鸡舍的优点是：保温性能好，光照控制方便；其缺点是：要利用通风设备进行通风换气，利用灯具进行采光，其生产成本较高（图1-9）。

图1-9　封闭式鸡舍

2.半开放式鸡舍

适合冬季需保温、夏季要防暑的地区。这种鸡舍四围有墙，设有门窗，全部靠开关门窗调节通风和舍温，充分利用自然光照，舍内温度随自然季节变化而升降。其优点：一是利用门窗加强空气对流，以提高防暑效果，冬季将门窗关闭使舍内保温；二是可利用自然光满足部分光照强度（图1-10）。

3.开放式鸡舍

适于气候炎热、温差变化不大的南方地区。这种鸡舍只有屋顶，四壁无墙或只有1 m左右高的矮墙，温暖季节全敞开，寒冷季节用尼龙薄膜围墙保温。或两端有墙，南面无墙，北面墙上开设窗户。各类建筑除房舍主体工程外，还应包括通风换气、采光照明、给水排水、供热降温等工程。其优点是：造价低，可充分利用自然光照，炎热季节通风良好，节省通风照明费用；其缺点是：经常受到多变的自然环境因素的干扰，降低鸡的生产性能，且易患病（图1-11）。

图1-10　半开放式鸡舍　　　　　　图1-11　开放式鸡舍

4.地下式鸡舍

利用密闭式鸡舍设计原理，因地制宜，利用坑洼地形建设而成；采光系统为"人工光照＋可调自然光照";利用"地热资源＋湿帘＋纵向通风",控制舍内温度、湿度和空气成分;粪污通过提升系统排出舍外,避免环境污染。

二、鸡舍的规格

常见的鸡舍结构有砖墙承重、钢木屋架或钢筋混凝土屋架;也可采用砖拱结构或钢筋混凝土柱子承重,以及钢筋混凝土门式钢架等结构。

1.墙壁

(1)要求坚固耐用

砖墙厚度除满足保温隔热等要求外,要有足够的强度。

(2)要有良好的保温和隔热能力

若墙体的热阻值大于1.6时,既保温又隔热。如果采用空心砖、多孔砖等轻质砖,或采用填充墙(墙体内填充锯末、炉渣等导热性小的物料)、空斗墙(墙体中形成空气间层),其墙体厚度达37 cm时,其热阻值就可以大于1.6。

(3)便于清洁消毒

要求墙体内表面平整、光滑,便于打扫,墙外面用水泥抹缝,墙内面用水泥或白灰挂面。

(4)墙上可配湿帘和风机

鸡舍两侧墙上留有进风口并安装湿帘,另一端山墙上安装风机。风机和进风口的大小根据存栏鸡只数量的多少确定。

2.屋顶

鸡舍屋顶的形式有多种,除平养的、跨度不大的鸡舍有用单坡式屋顶外,一般常用的是双坡式。鸡舍屋顶除要求能防水、保温、起承重作用外,还要求耐久、耐火、轻便。在气温较高、雨量较大的地区,屋顶的坡度宜大些。为增强屋顶的保温隔热性能,常在天棚与屋面之间设保温隔热层,间层处可用玻璃棉、聚苯乙烯泡沫塑料、聚氨酯板等填充,起到保温隔热作用。或用混凝土板做屋面,不仅保温隔热性能好,而且施工简便。

3.地面

鸡舍的地面要求坚实、平坦、有弹性,既能起到保暖防滑作用,也便于清扫和消毒。地面质地为水泥,要求平坦且高出舍外30 cm,坡度为1%～3%。面积大的永久性鸡舍,一般地面与墙裙均应抹水泥,并设有下水道,以便冲刷和消毒。在地下水位高和潮湿的地区,地下应铺设防潮层(如石灰渣、炭渣、油毛毡等)。在北方的寒冷地区如能在地面下铺设一层空心砖,则更为理想。对于农村简易鸡舍,如为沙质或透气性良好的土壤,也可用其自然地面养鸡,以减少投资,但在鸡群转出后,应铲除一层旧土,重新垫上新土并消毒。

4.基础

墙体的地下部分称为基础。基础深度为70～100 cm,宽度较墙体多15～20 cm,建筑材料多为砖或石砌成,在基础与地基衔接处设有防潮层。

5.门和窗

鸡舍门宽应考虑所有的设施和工作车辆都能顺利进出。一般单扇门高2 m、宽1 m,双扇门高2 m、宽1.6 m。为了便于车辆进出,门前可不留门槛,有条件的可安装弹簧拉门,使其能保持在关闭位置。

鸡舍的窗户要考虑到鸡舍的采光系数(窗户面积与地面面积之比)和通风,一般窗户面积不应低于鸡舍面积的 1/8。窗户面积过大,冬季保温困难,夏季通风性能虽较好,但反射热也较多,加之照度偏高,使鸡烦躁不宁,容易发生啄癖。窗户面积太小,会造成夏季通风不足。鸡舍内积热难散,气味难闻,鸡群极为不适,同时也会影响到鸡群的光照。总之,必须合理地确定窗户的大小。窗户的位置,笼养宜高,平养宜低。平养鸡舍的窗台必须砌成斜面,以防鸡只跳蹲排粪。网上或栅状地面养鸡,在南北墙的下部一般留有通风窗,窗的尺寸为 30 cm×30 cm,在内侧设铁丝网或开设小门,以防兽害入侵和便于冬季关闭。

6.通道

鸡舍通道是饲养人员每天工作和观察鸡群的场所,通道宽、窄,必须考虑到人行和操作方便。通道过宽会减少鸡舍的饲养面积,过窄饲养管理工作不便。通道的位置也与鸡舍的大小有关,跨度比较小的鸡舍,常将通道设在北侧,其宽约 1.2 m;跨度大于 9 m 的鸡舍,通道一般设在中央,宽约 1.5 m。通道与鸡舍间以铁丝网隔开。

7.运动场

饲养雏鸡与种鸡的开放式鸡舍,有的设运动场,也有的地方不设运动场。若设运动场,则它的长度一般与鸡舍等长,宽度是鸡舍跨度的两倍。运动场应位于鸡舍的南侧。地面平整并稍带一点坡度以利于排水。

三、标准化鸡舍建造案例

本案例介绍标准化鸡舍的建造方法适合于有一定经济基础、技术水平和管理能力的养殖户,推荐饲养规模为 1 万~5 万只。场址选择时避开养殖密集区,水质较好,地势高燥。采用笼养的饲养模式。鸡舍的建筑推荐采用密闭式鸡舍,四列三层阶梯式饲养或四列四层层叠式笼养,水泥地面,墙面白水泥批白,自动饮水、机械通风、自动喂料、自动清粪等。

下面以饲养 1.5 万只鸡的规模化四列三层阶梯笼鸡舍为例,具体建造参数如下。

1.标准化鸡舍建筑设计

鸡舍的布局应根据主风方向与地势,一般采取东西横向成排、南北纵向呈列的行列式,即各鸡舍应平行整齐呈梳状排列,不能相交。

鸡舍朝向以坐北朝南最佳,采用四列三层五个过道,实际笼位 16 896 只,鸡舍建筑面积 1 168 m²。鸡舍长 92.54 m,其中前段工作道 3.5 m,后端工作道 2.5 m,单列笼长 85.8 m;44 组笼,每组笼位 384 只,单个笼长 1.95 m。鸡舍宽 12.22 m,其中鸡笼宽 1.75 m,中间 3 个过道各宽 1.1 m,两边过道各宽 0.95 m;鸡舍屋檐高 2.6 m,屋脊高 1 m;鸡舍前侧面设操作间宽 3.5 m,长 4.5 m。鸡舍后侧面设热风炉室宽 3.0 m,长 3.5 m。

2.标准化鸡舍土建

(1)地基

冻土层以下,基础深 1.2 m(北方),打钎拍底,混凝土垫层,砼 C15,基础砌筑砂浆 M7.5,基础砌砖由 50 cm 宽经两步放脚到 37 墙,鸡舍内外高差 0.3 m。

(2)墙体

墙体厚度:南方地区厚度 24 墙体;北方地区 37 墙体或 24 墙体再加 10 cm 厚保温层,砖混结构,砌筑砂浆 M5。墙体高度:2.6 m,高出最上层鸡笼 1~1.5 m。墙体沿墙每高 1 250 px 设置一道拉结筋 2Φ6。构造柱 400 mm×360 mm,砼为 C25,配筋 6Φ12Φ6@200,构造柱在混凝土底板处生根。

墙体在 2.35 m 处设砼圈梁一道,配筋 5Φ12Φ6@250。门窗口设过梁。圈梁过梁砼柱为 C25。

（3）屋面结构

屋顶采用双层彩钢板,中间夹 10 cm 厚聚苯乙烯保温层,容重 14 kg 以上。桁的跨度为 11.96 m,脊高 1 m,每架桁的间距为 4.49 m,桁的上弦为 20 号工字钢,中间用 20 cm×20 cm、厚 1 cm 的钢板将工字钢两面对帮焊。下弦为直径 1.8 cm 的钢筋,中间用花篮螺栓链接,檩条为 100C 型钢。

（4）舍内土建

每列鸡笼宽度 1.75 m;走道宽度为中间 3 条走道 1.1 m,两边走道 0.95 m。鸡舍后过道设横向粪沟,长度 11.27 m,宽度 1.2 m,地面深度−0.75 m,垫层 C15 砼,粪沟前面深−0.25 m,粪沟向后放坡,粪沟与地面水泥沙浆面层。鸡舍内部墙面、走道平面、粪沟表面要力求平整,不留各种死角,以减少细菌的残留为原则。舍内因为要经常消毒冲刷,所以地面与墙面的面层要坚固、耐用。墙面批白水泥。

（5）鸡舍门窗

鸡舍所有门的高度为 2 m;为方便转群,操作间门宽 1.5 m,后侧便门宽 0.9 m;鸡舍操作间、后侧便门为 100 mm 厚彩钢复合板保温门;休息间为塑钢门窗,门宽 0.9 m,窗高 1.1 m、窗宽 1.4 m。

第三节　鸡舍设施与设备

一、笼具

鸡笼是笼养鸡的主要设备,它主要由笼架、笼体及护蛋板、料槽、水槽等附属品组成。鸡笼因分类方法不同而有多种类型。鸡笼按照组装形式可分为全阶梯式、半阶梯式、叠层式和单层平置式(图 1-12 至图 1-15);按其用途又分为育雏笼、育成笼、蛋鸡笼、种鸡笼。

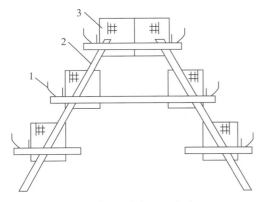

1.饲槽　2.笼架　3.笼体

图 1-12　全阶梯式鸡笼

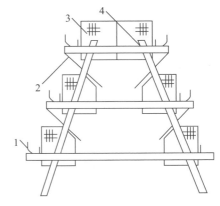

1.饲槽　2.承粪板　3.笼体　4.笼架

图 1-13　半阶梯式鸡笼

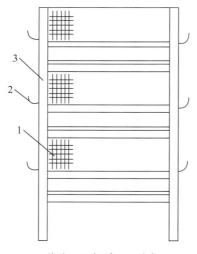

1.笼体　2.饲槽　3.笼架

图1-14　层叠式鸡笼

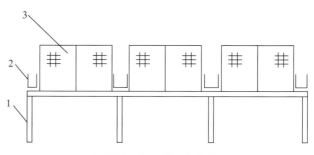

1.笼架　2.饲槽　3.笼体

图1-15　单层平置式鸡笼

1.育雏笼

育雏笼适用于养育1～60日龄的雏鸡,采用最多的是电热育雏笼。电热育雏笼由加热育雏笼、保温育雏笼和雏鸡活动笼3部分组成,各部分都是独立的结构,可进行组合和分拆。此类育雏笼比平养的饲养密度要提高3～4倍及以上。目前,育雏笼一般为3～4层叠式结构,材质为低碳钢丝,镀锌。单笼规格有:180 cm×60 cm×30 cm、188 cm×34 cm×37/32 cm、195 cm×34 cm×39/34 cm、197 cm×34 cm×37/32 cm 等,其饲养规模也各有不同。例如规格为180 cm×60 cm×30 cm 的三层阶梯育雏笼可饲养300～600只,四层立式笼可饲养200～400只(图1-16)。它的特点是笼内清洁,防疫效果好,成活率高。

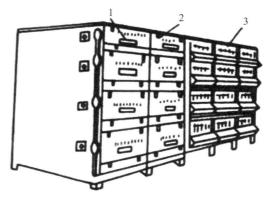

1.加热育雏笼　2.保温育雏笼　3.雏鸡活动笼

图1-16　9DYI-4型电热育雏器

2.育成笼

育成笼用于饲养60～120日龄的青年母鸡。目前,中小规模鸡场较为普遍的育成笼均为3～4层阶梯式,材质为低碳钢丝,镀锌。外观规格为:长1.95 m×宽0.6 m或长1.85 m×宽0.6 m。单笼规格为长1.85 m×底宽0.5 m×前高0.38 m或笼长1.95 m×底宽0.5 m×前高0.38 m。

3.产蛋笼

产蛋笼规格各有不同,一般单层四门,饲养量为12～16只的其规格为188 cm×60 cm×36/32 cm;单层五门,饲养量15～20只的其规格为198 cm×60 cm×37/33 cm。每个单笼可养3～4只鸡,鸡笼的安置方式有以下几种。

(1)层叠式

常为4～5层,各层鸡笼均在一条垂直线上重叠安置,每层笼下有承粪板或清粪传送带。商品蛋鸡可用此方式养殖(图1-17)。

（2）阶梯式

阶梯式笼具也称品字形安置，一般为 3 层，有 3 种安置方法：第一种是将三层笼子完全错开（全阶梯式）；第二种是每层笼之间有一半重叠（半阶梯式）；第三种是下面二层完全重叠，上面一层完全不重叠（图 1-18）。

（3）单层笼养式

所有的鸡笼均排列在一个水平面上，粪便可以直接落入粪槽内。

图 1-17 层叠式笼具

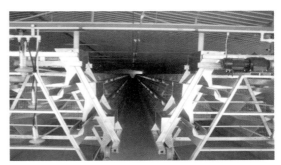

图 1-18 全阶梯式笼具

二、喂料设备

养鸡场的喂料设备合理与否关系到劳动力的配置，同时也间接地影响到饲养成本的高低。因为在蛋鸡生产中，饲料消耗的成本约占饲养成本的 70%。所以，一定要选择鸡采食方便、饲料不外洒、食槽平整、光滑的喂料设备。

1.饲槽

饲槽（图 1-19）为长条形状，用塑料或镀锌铁皮制造，在个体饲养户和小型成鸡养殖场中广泛应用。采购时要根据家禽个体大小而制成长短不同，规格不一的长形饲槽。料槽的外侧面略向外倾斜并比内侧面稍高，以便于在添加饲料的时候减少饲料的抛撒。内侧壁垂直，顶部向内卷曲，可以防止鸡采食过程中将饲料钩到槽外。

图 1-19 塑料饲槽

2.喂料桶

喂料桶(图 1-20)是现代养鸡业常用的喂料设备,由塑料制成,主要由锥形的料桶底、料盘和连接调节结构组成。料桶与料盘之间有短链相接,留一定的空隙,可使料桶内的饲料靠自身重量不断落入料盘中,适用于散养、平养鸡舍。使用喂料桶时通常挂在鸡舍的梁上,悬挂的高度要根据鸡龄调节。

图 1-20　喂料桶

3.喂料车

喂料车(图 1-21)有播种式喂料车和行车式喂料车两种,常用于多层鸡笼。

播种式喂料车设有机械传动装置、保护装置、料车、上料与分料两个自动化控制系统,料车大跨横梁部位采用拱形结构,可对四列三层阶梯式鸡笼进行送料。

行车式喂料机主要由驱动部件、料箱、落料管等组成。特点是驱动部件与料箱安装在一起,直接以链轮驱动料箱沿轨道运行,从而完成喂料作业。

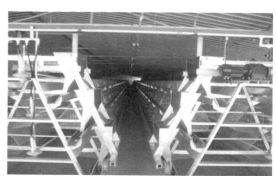

a　　　　　　　　　　　　　　　　　　　b

a.播种式喂料车　b.行车式喂料车

图 1-21　喂料车

4.喂料机

喂料机是料塔和舍内喂料机的连接纽带,将料塔或贮料间的饲料输送到舍内喂料机的料箱内。因输送饲料的原理不同有链式喂料机、螺旋弹簧式喂料机、塞盘式喂料机。

（1）链式喂料机

链式喂料机由驱动器通过链轮带动链片在长饲槽中循环移动,链片的一边有斜面可以推运饲料,把饲料均匀地送往四周饲槽,同时将饲槽中的剩余的饲料和鸡毛等杂物带回,通过清洁器时,可把饲料与杂物分离,被清理后的饲料送回料箱,杂物掉落地面。链式喂食机既可用于笼养,也可用于平养(图1-22)。

（2）螺旋弹簧式喂料机

螺旋弹簧式喂料机(图1-23)属于直线形喂料设备,由驱动器带动螺旋弹簧转动,弹簧的螺旋面连续把饲料向前推进,通过落料口落入食盘,当所有食盘都加满料后,最后一个食盘中的料位器就会自动控制电机停止转动,便停止输料。当饲料被采食后,食盘料位降到料位器启动位置时电机又开始转动,螺旋弹簧又将饲料依次推送到每一个食盘。

图1-22 链式平养喂料机

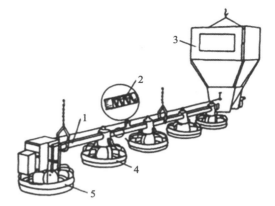

1.输料管 2.螺旋弹簧 3.输料机 4.食盘 5.料位器

图1-23 螺旋弹簧式喂料机

（3）塞盘式喂料机

塞盘式喂料机由一根直径为5～6 mm的钢丝和每隔7～8 cm一个的塞盘组成(塞盘是用钢板或塑料制成的),在经过料箱时将料带出。使用这种喂料机时饲料在封闭的管道内运送,可保证饲料的清洁,并且工作效率很高,一台塞盘式喂食机可同时为2～3栋鸡舍供料。但是,当塞盘或钢索折断时,修理比较麻烦。

三、饮水设备

饮水设备包括水泵、水塔、过滤器、限制阀、饮水器以及管道设施等,常用的饮水器类型有以下几种。

1.长形水槽

长形水槽(图1-24)断面呈"U"形或"V"形,由镀锌薄板或塑料制成,结构简单、成本低,便于饮水免疫。缺点是耗水量大,易受污染,刷洗工作量大。

2.真空饮水器

真空饮水器(图1-25)由水罐和饮水盘两部分组成。水罐倒扣在水盘上。水由壁上的小孔流入饮水盘,当水将小孔盖住时即停止流出,适用于雏鸡和平养鸡。其优点是:供水均衡,使用方便,但清洗工作量大,饮水量大时不宜使用。

图 1-24　长形水槽

图 1-25　真空饮水器

3.吊塔式饮水器

吊塔式饮水器（图 1-26）又称钟形饮水器，由饮水盘和控制机械两部分组成，其适应于平养雏鸡、成鸡，其直径为 400 mm，槽深 40 mm，可供 90～100 只鸡饮水。优点是：节约用水，清洗方便。

4.乳头式饮水器

乳头式饮水器（图 1-27）直接同水管相连，利用毛细管作用控制滴水，使阀杆底端经常保持挂着一滴水，鸡饮水时，用喙推开阀芯即可使水流出。乳头饮水器因控水阀杆不同，又分为球阀式乳头饮水器和锥阀式乳头饮水器。这两种饮水器广泛应用于平养全自动鸡用饮水线和笼养乳头供水系统。

图 1-26　吊塔式饮水器

5.杯式饮水器

杯式饮水器（图 1-28）呈杯状，与水管相连，此饮水器采用杠杆原理供水，杯中有水能使触板浮起，由于进水管水压的作用，平时阀帽关闭，当鸡吸触板时，通过联动杆即可顶开阀帽，水流入杯内，借助于水的浮力使触板恢复原位，水不再流出。缺点是：水杯需要经常清洗，且需配备过滤器和水压调整装置。

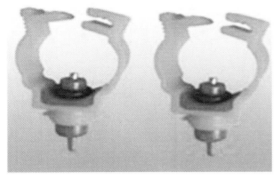

图 1-27 乳头式饮水器

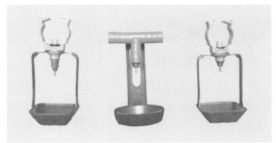

图 1-28 杯式饮水器

四、集蛋设备

集蛋设备有笼养用和平养用两类。笼养集蛋设备有单层平置、两层全阶梯、三层半阶梯、叠层式等多种形式。

集蛋设备主要用于养鸡场,将清洁的鲜蛋按操作程序收集、整理后装箱,源源不断地运输到城乡各地的市场,满足城乡人民对鲜鸡蛋的需求。

1.捡蛋车

捡蛋车为中小型鸡场笼养蛋鸡舍内人工捡蛋时的运输工具。人工捡蛋时装运盛蛋箱或盛蛋盘。也可用于运输鸡笼输送育成鸡和淘汰鸡。

2.自动集蛋装置

自动集蛋装置(图 1-29)是由纵向输蛋线、降蛋器、横向输蛋线和升蛋器等部分组成。这种装置可完成横向、纵向及由上而下的集蛋工作,比人工捡蛋提高工效 3~4 倍,但投资大,若设备质量不过关,易增加破蛋率。

图 1-29 自动集蛋装置

3.集蛋箱

集蛋箱是用机器将 50~60 mm 厚硬壳纸板压制而成。箱体长 600 mm、宽 300 mm、高 300 mm。箱内同时配有长 290 mm、宽 290 mm、高 48 mm 凹形纤维装蛋板 12 块。纤维装蛋板是用机器冲压纸浆而成,较结实耐用,每块板上有 30 个凹形槽,刚好容纳一个鸡蛋位。使用

时,只要将清洁的鸡蛋小心轻放在装蛋板凹形槽内,然后将 12 块装满蛋的纤维蛋板,分两格(每格叠蛋板 6 层)装入集蛋箱内,这时集蛋箱已装满,盖好箱盖,最后用宽 50 mm 黄色胶带将箱口封牢。每箱装鸡蛋 360 枚,每箱重 27～31 kg。

五、清粪设备

1.传送带清粪设备

传送带清粪设备(图 1-30)常用于高密度叠层式鸡笼,安装在两层笼之间清粪,鸡的粪便可由底网空隙直接落于传送带上,可省去承粪板和粪沟。传送带清粪装置由传送带、主动轮、从动轮、托轮等组成。传送带的材料要求较高,成本也昂贵。如制作和安装符合质量要求,则清粪效果好;否则,该系统易出现问题,会给日常管理工作带来许多麻烦。

图 1-30　传送带清粪设备

在一些设备生产企业也有在阶梯式鸡笼下安装传送带用于自动清粪的,一般是将传送带安装在鸡笼下面承接鸡粪并传送到鸡舍末端再清除。

传送带清粪系统关键在于传送带的韧性和耐腐蚀性,一旦出现开裂就需要及时更换。在传送带的末端有一刮板将传送带上的粪便刮下来,并有毛刷将传送带上附着的粪便刷掉。从传送带上刮下的粪便落到横向传送带上被送出鸡舍,集中到送粪车上或粪池内。

2.牵引式刮粪机

牵引式刮粪机(图 1-31)一般由牵引机、刮粪板、框架、钢丝绳、转向滑轮、钢丝绳转动器等组成。主要用于鸡舍内同一个平面一条或多条粪沟的清粪;一条粪沟与相邻粪沟内的刮粪板由钢丝绳相连,可在一个回路中运转,一个刮粪板正向运行,另一个则逆向运行。刮粪板在清粪时自动落下,返回时,刮粪板自动抬起。

图 1-31　牵引式刮粪机

钢丝绳牵引的刮粪机结构比较简单,维修方便,但钢丝绳易被鸡粪腐蚀而断裂。一旦钢丝绳断裂就不能继续使用,需要更换新的,成本较高。目前,有的场使用尼龙绳代替钢丝绳,虽然其耐用性不如钢丝绳,但其更换成本比较低。这种清粪系统一般在鸡舍的末端都建有贮粪池,用于暂时贮存从鸡舍内清理出来的鸡粪,之后粪便被清运到贮粪池。

目前,中小规模的鸡场大多考虑选用传送带清粪设备,减少粪污的残留和有毒有害气体的挥发。

六、环境控制设备

环境控制设备主要包括控温、光照及通风设备等。

1.通风设备

鸡舍内一般选用节能、大直径、低转速的轴流式风机,它由机壳、托架、护网、百叶窗、叶轮和电机等组成。这种风机所吸入和送出的空气流向与风机叶片轴的方向平行。其特点主要是:叶片旋转方向可以逆转,旋转方向改变气流方向将随之改变,而通风量不减少,轴流式风机已设计成尺寸不同、风量不同的多种型号,并可在鸡舍的任何地方安装。以往采用小直径、高转速的工业风机,多实行横向通风,需要安装多台风机才能达到通风量要求,耗电量大,因气流阻力大造成风速不均,循环气流短路,鸡舍内易有死角。

二维码 1-5
通风系统的组成与使用

目前,多改用纵向通风方式,采用轴流式风机使气流沿舍内纵向流动,阻力较小,近似于隧道式通风。据测算,采用轴流风机以纵向通风方式可比横向通风节电 40%～50%。

2.降温设备

(1)湿帘风机降温系统

湿帘风机降温系统的主要作用是夏季空气通过湿帘进入鸡舍,可以降低进入鸡舍空气的温度,起到降温的效果。湿帘风机降温系统由纸质波纹多孔湿帘、湿帘冷风机、水循环系统及控制装置组成。在夏季空气经过湿帘进入鸡舍,可降低舍内温度 5～8 ℃(图 1-32)。

图 1-32　湿帘风机

(2)喷雾降温系统

喷雾降温系统(图 1-33)由高压陶瓷柱塞泵、高压水过滤器、雾化喷嘴、高压水管、喷嘴及控制单元组成,工作时,高压陶瓷柱塞泵能产生 3～7 MPa 的高压水,通过高压水过滤器,然后通过高压水管将水传到各个鸡舍内,经过喷嘴雾化后喷射到整个空间。经统计,每使用 1 kg 的水激发成浮游漂浮状态的人造雾,得到的效果等于溶解 7 kg 的冰,鸡舍内降温可达 5～8 ℃。同时,还可以喷雾消毒,并具有不留死角,杀虫、灭菌、防疫等优点。

3.供暖设备

在养禽生产中,只有育雏舍或严冬季节进行集中供暖。供暖设备可用电热、保温伞、红外线灯、远红外辐射加热器、热风炉、煤炉和烟道等设备加热保暖。

(1)育雏保温伞

育雏保温伞(图 1-34)由伞状罩和热源两部分组成。传统的伞状罩是用铁皮或纤维板做成,热源可采用电热、燃气或燃煤等。保温伞设有温度控制器,可方便调节设定温度,保温伞里面设有照明灯。一只伞可容300～500只雏鸡使用。

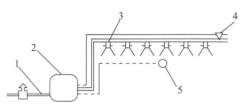

1.供水器 2.微雾机 3.喷头
4.排水电磁阀 5.湿控器
图1-33 喷雾降温系统

1.电线 2.伞状罩 3.观察孔 4.热源
图1-34 育雏保温伞

（2）红外线灯

在距地面一定高度悬挂红外线灯泡,利用红外线灯发出的热量育雏。开始时一般离地面35～45 cm,随着日龄的增加,逐渐提高灯泡高度或逐渐减少灯泡数量,以逐渐降低温度。每只250 W功率的灯泡,可供100～250只雏鸡的供温用。红外灯育雏具有供温稳定,室内清洁的优点,但耗电量多,灯泡易损,成本高（图1-35）。

（3）远红外辐射加热器

育雏时多用板式远红外辐射加热器,长24 cm,宽16 cm,功率800 W。一般50 m²育雏室用该板一块,挂于距离地面2 m高处,辐射面朝下。当辐射面涂层变为白色时,应重新涂刷（图1-36）。

图1-35 红外线灯

（4）热风炉

热风炉主要用原煤作燃料,比普通火炉节煤50%～70%。工作过程中内燃升温,烟气自动外排,配备自动加湿器,室内升温和加湿同步运行。同时,能自动压火控温,煤燃尽时自动报警（图1-37和图1-38）。

图1-36 远红外辐射加热器

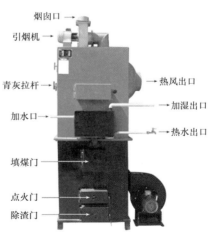

烟囱口
引烟机
青灰拉杆
加水口
填煤门
点火门
除渣门
热风出口
加湿出口
热水出口

图1-37 热风炉

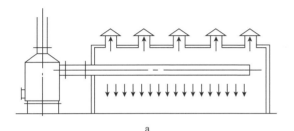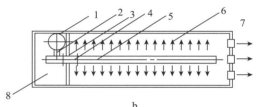

a

a.自然通风禽舍热风采暖系统　b.纵向通风禽舍热风系暖系统

1.热风炉　2.调节风门　3.引风机　4.风管　5.有孔风道 6.禽舍 7.排风机 8.加热间

图 1-38　热风炉供暖原理

　　为了节能环保,目前燃煤热风炉逐渐更换为燃油热风炉或燃气热风炉。

（5）煤炉

　　这是小规模养鸡常用的供暖设备。煤炉供暖投资少,简便易行,但舍内温度不均匀。使用煤炉供暖要注意:首先合理安装煤炉和烟筒,保持烟道畅通,以防一氧化碳中毒;其次,在煤炉周围不应有易燃物,以防失火,尤其是地面平养煤炉周围不应有垫料。煤炉周围可撒些干沙防火(图1-39)。

图 1-39　煤炉

七、光照设备

　　雏鸡和产蛋鸡都需要补充光照。照明设备除了光源之外,主要是光照自动控制器,光照自动控制器的作用是能够按时开灯和关灯。鸡舍用光控器有石英钟机械控制和电子控制两种,使用效果较好的是电子显示光照控制器。它的特点是:①开关时间可任意设定,控时准确;②光照强度可以调整,光照时间内日光强度不足,补充光照系统可自动启动;③灯光渐亮或渐暗;④停电程序不乱。

　　现在许多鸡场安装定时器自动控制灯的开关,从而取代人工开关,保证光照时间的准确可靠。灯泡一般采用 LED 节能暖光灯。灯泡高度 2~2.5 m,间距 3~4 m,呈梅花状排列。

二维码 1-6
光照系统的组成与
使用

二维码 1-7
自动化设备的使用
与维护

二维码 1-8
标准化肉鸡舍设备
的整装

第四节 鸡舍的环境控制

一、鸡舍的温热环境控制

1.热量来源

鸡舍内的热量主要来自鸡体自身的产热量,产热量的大小和家禽的类型、饲料能量值、环境温度、相对湿度等有关。相同体重的肉鸡和蛋鸡,由于前者生长快而使得产热量相对后者高;体重较大的鸡单位体重产热量少;降低鸡舍温度能增加家禽的散热量。在夏季需要通过通风将家禽产生的过多热量排出鸡舍,以降低舍内温度;在天气寒冷时,家禽所产生的大部分热量必须保持在舍内以提高舍内温度。

2.温度对鸡物质代谢的影响

环境温度对鸡物质代谢的影响主要表现在采食量、饮水量、水分排出量的变化。随温度的升高,采食量减少、饮水量增加,产粪量减少而呼吸产出的水分增加,造成总的排出水量大幅度增加。排出过多的水分会增加鸡舍的湿度,鸡感觉更热。水分的排出量对鸡舍湿度有影响,水分的排出形式有两种,即呼吸蒸发散热排出和随粪便排出。蒸发散热只增加环境湿度,不提高环境温度,又称为"无感散热"。

3.环境温度对鸡生产性能的影响

刚孵化出的雏鸡一般需要较高的环境温度,但是在高温、低湿时也容易脱水。对生长鸡来讲,适宜温度范围(13～25 ℃)对其能够达到理想生产指标很重要,生长鸡在超出或低于这个温度范围时饲料转化率降低。蛋鸡的适宜温度范围更小,尤其在超过30 ℃时,产蛋减少,而且每枚蛋的耗料量增加。在较高环境温度下(25 ℃以上),蛋重开始降低;27 ℃时产蛋数、蛋重、总蛋重降低,蛋壳厚度迅速降低,同时死亡率增加;37.5 ℃时产蛋量急剧下降;43 ℃以上超过3 h,鸡就会死亡。

相对来讲,冷应激对育成鸡和产蛋鸡的影响较少。成年鸡可以抵抗0 ℃以下的低温,但是饲料利用率降低,同时也受换羽和羽毛多少的影响。雏鸡在最初几周因体温调节机制发育不健全,羽毛还未完全长出,保温性能差,10 ℃就可致死。

4.空气湿度对鸡散热的影响

湿度对家禽的影响只有在高温或低温情况下才明显,在适宜温度下无大的影响。高温时,鸡主要通过蒸发散热,如果湿度较大,会阻碍蒸发散热,造成高温应激。低温高湿环境下,鸡失热较多,采食量加大,饲料消耗增加,严寒时会降低生产性能。低湿容易引起雏鸡的脱水反应,羽毛生长不良。鸡只适宜的湿度为60%～65%,但只要环境温度不是偏高或偏低,湿度在40%～70%范围内也能适应。

5.维持适宜温热环境的措施

(1)鸡舍结构

环境控制鸡舍更适合于环境温度31 ℃以上时的温度控制。环境控制鸡舍墙壁的隔热标准要求较高,尤其是屋顶的隔热性能要求较高。鸡舍的外墙和屋顶涂成白色或覆盖其他反射热量的物质,以利于降温。较大的屋檐不仅能防雨而且提供阴凉,对开放式鸡舍的防暑降温很有用处。

（2）通风

通风可以将污浊的空气和水汽排出，同时补充新鲜空气，而且一定的风速可以降低鸡舍的温度。风速达到 30 m/min，鸡舍可降温 1.7 ℃；风速达到 152 m/min，可降温 5.6 ℃。封闭鸡舍需要安装机械通风设备，以提供适当的空气流动，并通过对流进行降温。

（3）蒸发降温

蒸发降温主要有以下几种方法：房舍外喷水，以降低进入鸡舍空气的温度；利用湿帘风机降温系统，使空气通过湿帘进入鸡舍；舍内低压或高压喷雾系统，形成均匀分布的水蒸气。

（4）调整饲养密度和足够饮水

减少单位面积的存栏数，能降低环境温度；提供足够的饮水器和尽可能凉的饮水，也是简单实用的降温方法。

二、鸡舍空气质量的控制

1.鸡舍内的有害气体

鸡舍内的有害气体包括粪尿分解产生的氨气和硫化氢，呼吸或物体燃烧产生的二氧化碳，以及垫料发酵产生的甲烷，另外用煤炉加热燃烧不完全还会产生一氧化碳。这些气体对鸡的健康和生产性能均有负面影响，而且有害气体浓度的增加会相对降低氧气的含量。鸡舍内各种气体的浓度有一个允许范围值（表 1-2），通风换气是调节鸡舍空气环境状况最主要最常用的手段。

表 1-2　鸡舍内各种气体的致死浓度和最大允许浓度　　　　　　　　　　　　　%

气体	致死浓度	最大允许浓度	气体	致死浓度	最大允许浓度
二氧化碳	＞30	＜1	氨气	＞0.05	＜0.0025
甲烷	＞5	＜5	氧气	＜6	
硫化氢	＞0.05	＜0.004			

2.通风方式

鸡舍通风按通风的动力可分为自然通风、机械通风和混合通风 3 种，机械通风又主要分为正压通风、负压通风。根据鸡舍内气流运动方向，分为纵向通风和横向通风。

（1）自然通风

依靠自然风的风压作用和鸡舍内外温差的热压作用，形成空气的自然流动，使舍内外的空气得以交换。开放式鸡舍采用自然通风，空气通过通风带和窗户进行流通。在高温季节，仅靠自然通风降温效果不理想。

（2）机械通风

机械通风是依靠机械动力强制进行舍内外空气的交换。一般使用轴流式通风机进行通风。吊扇只起到使鸡感觉凉爽的作用，起不到气体交换的作用，不能改善舍内空气质量（图 1-40）。

1）负压通风：利用排风机将舍内污浊空

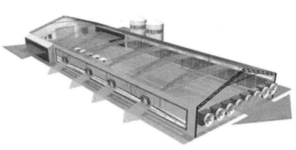

图 1-40　机械通风

气强行排出舍外,在舍内造成负压,新鲜空气便从进风口自行进入鸡舍。负压通风投资少,管理比较简单,进入鸡舍的气流速度较慢,鸡体感觉比较舒适,成为广泛应用于封闭鸡舍的通风方式。

2)正压通风:风机将空气强制输入鸡舍,而出风口作相应调节,以便出风量稍小于进风量而使鸡舍内产生微小的正压。

3)正压负压混合通风:在鸡舍的一面墙体上安装输风机,将新鲜空气强行输入舍内;对面墙上安装抽风机,将污浊废气、热量强行排出鸡舍。对高密度饲养鸡舍有时需要使用此法。

4)纵向通风(图1-41):风机全部安装在鸡舍端的山墙(一般在污道边)或山墙附近的两侧墙壁上,进风口在对面山墙或靠山墙的两侧墙壁上,鸡舍其他部位无门窗或门窗关闭,空气沿鸡舍的纵轴方向流动。封闭鸡舍为防止透光,进风口设置遮光罩,排风口设置弯管或用砖砌遮光洞。进气口风速一般要求夏季 2.5～5 m/s,冬季 1.5 m/s。

5)横向通风(图1-42):横向通风的风机和进风口分别均匀布置在鸡舍两侧纵墙上,空气从进风口进入鸡舍后横穿鸡舍,由对侧墙上的排风扇抽出。采用横向通风方式的鸡舍,舍内空气流动不够均匀,气流速度偏低,死角多,因而空气不够清新,现在较少使用。

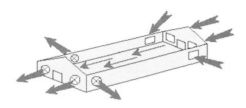

图 1-41　纵向通风

图 1-42　横向通风

三、光照管理

1.光照的作用

(1)光照对雏鸡和肉仔鸡的作用

对于雏鸡和肉仔鸡来讲,光照的作用主要是使它们能熟悉周围环境,进行正常的饮水和采食。为了增加肉仔鸡的采食时间,提高增重速度,通常采用每天 23 h 光照、1 h 黑暗的光照制度或间歇光照制度。

(2)光照对育成鸡的作用

通过合理光照控制鸡的性成熟时间。光照减少,延迟性成熟,使鸡的体重在性成熟时达标,提高产蛋潜力;光照增加,缩短性成熟时间,使鸡适时性成熟。

(3)光照对产蛋母鸡的作用

增加光照并维持相当长度的光照时间(15 h 以上),可促使母鸡正常排卵和产蛋,并且使母鸡获得足够的采食、饮水、社交和休息时间,提高生产效率。

(4)光照对公鸡的作用

通过合理光照控制公鸡的体重,适时性成熟。20 周龄后,每天 15 h 左右的光照有利于精子的生成,增加精液量。

(5)红外线的作用

红外线的生物学作用是产生热效应,用红外线照射雏鸡有助于防寒,提高成活率,促进生长发育。

(6)紫外线的作用

用紫外线照射家禽皮肤,可使皮肤中的 7-脱氢胆固醇转化成维生素 D 从而调节鸡体的钙、磷代谢提高生产性能。紫外线有杀菌能力,可用于空气、物体表面的消毒及组织表面感染的治疗。

2.光照颜色

不同的光照颜色对鸡的行为和生产性能有不同的影响(表 1-3)。

根据鸡对光照颜色的反应,环境控制鸡舍育成期可采用红色光照,产蛋期采用绿色光照;开放式鸡舍由于自然光属于不同波长的光混合而成的复合白光,所以一般采用白炽灯泡或荧光灯作为补充光源。目前生产中使用 LED 球泡灯暖红色谱,灯光柔和,促进鸡只的生长,光照强度可自动调节,更加节能环保。

表 1-3　鸡对不同颜色光线的反应

光照颜色	作　用					
	性成熟	啄癖	产蛋性能	饲料效率	公鸡配种能力	受精率
红	延迟	减少	略升	略高	稍降	稍降
绿	加快	极少		略低	稍升	稍升
黄	延迟	增加	略降	略低	稍升	稍升
兰	加快			增加	稍升	稍升

3.光照强度

调节光照强度的目的是控制家禽的活动性,因此鸡舍的光照强度要根据鸡的视觉和生理需要而定,过强过弱均会带来不良的后果。光照太强不仅浪费电能,而且鸡显得神经质,易惊群,活动量大,消耗能量,易发生斗殴和啄癖;光照过弱,则影响采食和饮水,起不到刺激作用,影响产蛋量。表 1-4 列出了不同类型的鸡需要的光照强度,其他家禽的光照强度也可参照执行。

表 1-4　鸡对光照强度的需求

项目	年龄	灯泡功率 /(W/m²)	光照强度/lx		
			最佳	最大	最小
雏鸡	1～7 日龄	4～5	20	—	10
育雏、育成鸡	2～20 周龄	2	5	10	2
产蛋鸡	20 周龄以上	3～4	15	20	5
肉种鸡	30 周龄以上	5～6	30	30	10

为了使照度均匀,一般光源间距为其高度的 1～1.5 倍,不同列灯泡采用梅花分布,注意鸡笼下层的光照强度是否满足鸡的要求。使用灯罩比无灯罩的光照强度增加约 45%。由于鸡舍内的灰尘和小昆虫黏落,灯泡和灯罩容易脏,故需要经常擦拭干净,坏灯泡应及时更换,以保持足够亮度。

4.光照管理程序

(1)光照管理原则

育雏期第 1 周或转群后几天可以保持较长时间的光照,以便雏鸡熟悉环境,及时饮水和吃料,以后光照时间逐渐减少到最低水平。育成期每天光照时间应保持恒定或逐渐减少,切勿增加,以免造成光照刺激使鸡早熟。产蛋期每天光照时间逐渐增加到一定时间后保持恒定,切勿减少。

（2）光照制度

肉鸡的光照程序比较简单，一般每天 23 h 光照、1 h 黑暗，不足部分用人工光照补充。蛋鸡和种鸡的光照比较复杂，下面主要介绍蛋鸡的光照制度，其他种鸡可参考。

1）封闭鸡舍的光照制度：封闭式鸡舍由于完全采用人工光照，所以光照程序比较简单。表 1-5 列出了褐壳蛋鸡的封闭式鸡舍参考光照制度。增加光照进行光照刺激的时间并不是完全按周龄确定的，当以下任何项达到时必须对鸡加以光照刺激：平均体重已达 20 周龄时平均体重标准；自然产蛋率达到 5%；体型发育成熟。如果在育成期鸡的体重不达标，就要把最低光照时间从 8 h 增加到 9 h，以增加采食时间。

表 1-5　封闭式鸡舍的光照制度

周龄	光照/h	周龄	光照/h
1	22	21	12
2	18	22	12.5
3	16	23	13
4～17	8	24	13.5
18	9	25	14
19	10	26	14.5
20	11	27～72	15～16

2）开放式鸡舍的光照制度：开放式鸡舍利用自然光照，日照时间随季节和纬度的变化而异。我国大部分地区处于北纬 20°～45°，较适合使用开放式鸡舍的地区在北纬 30°～40°。冬至日（12 月 21—22 日）日照时间最短，夏至日（6 月 21—22 日）最长，开放式鸡舍的光照制度应根据当地实际照情况，遵循光照管理程序原则来确定（表 1-6）。

表 1-6　开放式鸡舍的光照制度

周龄	光照时间	
	5 月 4 日至 8 月 25 日出雏	8 月 26 日至翌年 5 月 3 日出雏
0～1	22～23 h	22～23 h
2～7	自然光照	自然光照
8～17	自然光照	恒定此期间最长光照
18～68	每周增加 0.5～1 h 至 16 h 恒定	每周增加 0.5～1 h 至 16 h 恒定
69～72	17 h	17 h

二维码 1-9
鸡舍环境的控制

3）间歇光照制度：间歇光照就是把光照期分成明（L）暗（D）相间的几段，如肉鸡每天的连续光照改为 2 h 光照 2 h 黑暗，每天循环 6 次，简称 6(2L：2D)。也可将蛋鸡光照期的每个小时分为照明（如 15 min）和黑暗（如 45 min）两部分，反复循环。由于间歇光照计划具有节约电能、提高饲料利用率、降低蛋重、提高蛋壳质量等优点，而且对鸡的生产性能无不利影响，所以渐受欢迎。

第二章 ▶▶▶

鸡的解剖学结构与生物学特性

鸡属鸟类动物,有其特有的解剖学结构和生物学特性。要养好鸡,必须首先认识鸡体表及内部各系统和器官的名称、形态结构和生理机能,在此基础上,我们才能有效进行鸡的品种选择、饲养管理及疾病的预防和诊治,降低生产成本,提高经济效益。

第一节 鸡的外貌特征

一、鸡体表各部位名称

不同品种、性别和年龄的鸡外貌各不相同,但体表各部位有其固定的名称。各部位的划分和命名,一般以骨为基础,分为头部、躯干部和四肢部三大部分(图 2-1)。

1. 头部

头部的形态可反映出鸡的品种、性别、生产性能和健康状况等。头部可分为冠、脸、眼、喙、鼻、耳和肉髯等(图 2-2)。

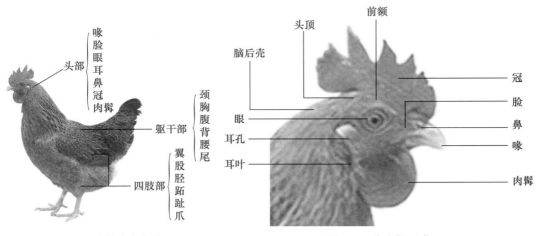

图 2-1　鸡体表各部位　　　　图 2-2　鸡头部组成

（1）冠

冠位于头顶,为皮肤衍生物。冠是鉴别鸡的品种、性别及健康状况的重要标志。冠型是品种特征之一,不同品种的鸡冠型不同,有单冠、豆冠、玫瑰冠、草莓冠、胡桃冠、花冠等(图 2-3),常见的为前 4 种。单冠,由喙基部延至头顶后端的单片组成,国内饲养的鸡多为这种冠型,如爱拔益加肉鸡(简称 AA 肉鸡)、罗斯 308 肉鸡、京红 1 号蛋鸡等;豆冠,又称三叶冠,由三叶小的单冠组

成,代表品种为河南斗鸡等;玫瑰冠,冠体前宽后尖,宽部表面有玫瑰状突起,尖部形成无突起冠尾,代表品种为甘肃静原鸡等;草莓冠,与玫瑰冠相似,但无冠尾,冠形较小,形如草莓,少数品种如内蒙古边鸡、泰和鸡可见这种冠型。鸡冠也是雌雄鉴别的主要标志,公鸡冠较大而肥厚,色泽更为红润,公鸡单冠多直立,母鸡单冠常倒向一侧(去势公鸡和产卵期母鸡与前述相反)。健康鸡冠的颜色大多呈红色,肥润柔软,表面光滑,生病鸡冠常出现发绀、苍白、肿胀、结节、鳞屑等病变。

a. 冠型模式图   b. 代表冠型实物图

图 2-3　不同鸡冠类型

（2）脸

蛋用鸡宜脸面清秀,无堆积的脂肪和肌肉,肉用鸡宜脸面丰满。脸毛应细小,被皮多赤裸,色红润,老弱者色苍白而有皱纹。

（3）眼

眼位于脸的中央,头部两侧。应圆大而明亮有神,反应灵敏,向外突出,可环视360°。眼睑宜单薄,虹彩颜色因品种而异,常见的主要有淡青、橙黄和黑色等。

（4）喙

喙位于上下颌前端呈锥状的角质壳,是鸡的采食工具,也是攻击和自卫的武器。其颜色因品种而异,一般与胫一致,多为黄色,也有黑色、浅棕色等。喙多短粗,略弯曲。规模化饲养中,常进行雏鸡断喙,以防鸡群啄癖的发生,也可防止鸡在采食中将饲料啄落地上,浪费饲料。

（5）鼻

鼻位于上喙基部,呈左右对称。中间为鼻中隔,西侧鼻孔上缘各有一膜质鼻瓣。

（6）耳

体表可见的包括耳孔和耳叶两部分。耳孔位于眼的后下方,周围常有卷毛覆盖。耳叶位于耳孔下方,呈椭圆形或圆形,有皱褶,无毛,颜色因品种而异,多为红、白两种。

（7）肉髯

肉髯也称肉垂,从下颌长出的皮肤衍生物,左右对称,应丰满鲜红。

2.躯干部

躯干部包括颈部、胸部、腹部、背腰部和尾部等(图2-4)。

（1）颈部

鸡颈部长而灵活,其长度因品种而异,肉用鸡较粗短,蛋用鸡较细长。

（2）胸部

胸部是心脏与肺脏所在的部位,宜深而宽,稍向前突,胸骨应长而直。肉用仔鸡的胸肌应发达。

（3）腹部

腹部是消化和生殖器官所在的部位,容积应大。特别是产蛋母鸡,耻骨间距及耻骨与胸骨末端间距都比未开产或停产母鸡的大。这两个数值越大,表示正在产蛋期或产蛋能力越强。

（4）背腰部

背腰部应长而宽直。其长度因品种而异。

（5）尾部

蛋用型鸡尾部较长,肉用型较短,应端正而不下垂。

3.四肢部

四肢部包括翼部和腿部(图2-5)。

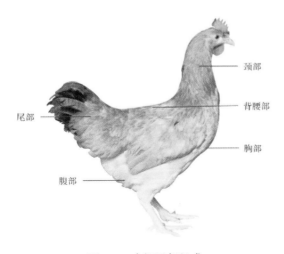

图2-4　鸡躯干部组成　　　　图2-5　鸡四肢部组成

（1）翼部

即鸡翅,平时折叠成"Z"字形,紧贴胸廓,不下垂,病鸡可有垂翅现象。

（2）腿部

腿部由股、胫、飞节、跖、趾、爪等组成,其长短因品种而异,蛋鸡腿较长而肉鸡腿较短。腿的长短应与体形相称,两腿间宜宽。股部和胫部常俗称为"大腿"和"小腿",多被毛。下端为跖、距、趾,多裸露。跖部上覆鳞片,鸡年幼时鳞片柔软,成年后角质化,年龄越大,鳞片越硬,甚至向外侧突起,可据此判断鸡的年龄大小。跖部因品种不同而呈不同的颜色。鸡一般有4个脚趾,少数为5个,趾端有爪。公鸡在跖部内侧有距,距随年龄的增长而增大,可根据距的长短来鉴别公鸡的年龄。

二、皮肤及羽毛

1.皮肤

鸡大部分皮肤薄而柔软，无皮脂腺和汗腺，不能出汗，所以皮肤较为干燥。鸡体温调节仅靠呼吸道及体表蒸发散热，所以不耐高温，炎热夏季易发生中暑，饲养时应注意控制舍温。尾上部尾综骨背侧有1对尾脂腺，较小，呈豌豆形，其分泌物含脂肪、卵磷脂和麦角固醇等。麦角固醇经阳光照射在紫外线作用下能变成维生素D而被皮肤吸收。因此，成年种鸡只要能自由地晒太阳，一般不需在饲料中添加维生素D。鸡皮肤在翼部形成皱褶，称为翼膜，鸡痘疫苗刺种免疫时即在翼膜三角区无血管处进行。

不同品种的鸡，可表现出不同的皮肤颜色，由此可判定品种纯正与否。如泰和鸡，皮肤应为黑色，寿光鸡为白色，仙居鸡为黄色。

2.羽毛

鸡大部分皮肤被羽毛覆盖，在不同部位，羽毛分布有明显的界线，形状各异。鸡有多种羽毛颜色，一片羽毛上也有多种花纹。羽毛的颜色和花纹可以遗传给下一代，是培育品种的重要特征。根据生长部位不同，可分为颈羽、翼羽、鞍羽和尾羽等。

(1)颈羽

颈羽着生于颈部，与鸡的性特征有关。母鸡颈羽缺乏光泽，短而宽，末端钝圆；公鸡颈羽色泽美丽，长而窄，末端尖，像梳齿一样，又称为梳羽。

(2)翼羽

翼羽着生于鸡翼，主要有主翼羽、覆主翼羽、副翼羽、覆副翼羽和轴羽。两翼外侧最下端最大的长硬羽毛，为主翼羽，一般为10根。每根主翼羽上都覆盖着1根覆主翼羽。副翼羽为翼部近尺骨和桡骨处所生的大羽毛，一般为11根。每根副翼羽上也覆盖着1根覆副翼羽。主翼羽与副翼羽间有1根羽毛，较短而圆，称轴羽。部分商品代鸡，如海蓝灰、海蓝白、罗曼粉、京白939等蛋鸡品种，或罗斯308等肉鸡品种，可根据翼羽的形态，对初生雏鸡进行雌雄鉴别，主翼羽明显长于覆主翼羽者，为雌雏，反之为雄雏(图2-6a)。

(3)鞍羽

鞍羽鸡背腰部着生的羽毛。母鸡鞍羽短而圆；公鸡鞍羽长而尖，像蓑衣一样披在背腰部，又称为蓑羽。

(4)尾羽

尾羽分为主尾羽和覆尾羽。主尾羽长在尾端，硬而长，共12根，主尾羽上也覆盖有羽毛，称为覆尾羽。多数品种的公鸡覆尾羽特别发达，形如镰刀，故称镰羽。其中，最前面是一对大镰羽，是尾部最长而弯曲的一对羽毛，后面的3～4对较短，称小镰羽。

综上所述，羽色(及斑纹)和羽形的不同，可用以进行鸡的品种和性别的鉴别。不同品种的鸡，羽色可不同，常见的有白羽、黄羽、斑纹羽等，代表品种有白羽AA肉鸡、黄羽浦东鸡、斑纹羽横斑白洛克鸡等；有的品种，商品代公母雏鸡的羽色不同，可用来进行雌雄鉴别，如海兰褐壳蛋鸡，母雏鸡羽色为红色，公雏鸡则为白色(图2-6b)。特定部位羽毛的外形，可用于鸡的性别鉴定，如公鸡有梳羽和蓑羽，色泽艳丽，羽体窄长，羽尾尖，同时，有发达的镰羽；而母鸡颈羽和鞍羽缺乏光泽，较宽短而尾圆，覆尾羽也较不发达(图2-6c)。

二维码2-1
家禽外貌部位的识别和体尺测量

 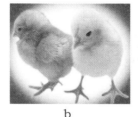 

a　　　　　　　　　　　b　　　　　　　　　　　c

a.雏鸡翼羽　b.雏鸡羽色　c.成年鸡颈羽和鞍羽

注：左♀，右♂

图 2-6　鸡雌雄鉴别的羽毛判定法

第二节　鸡的解剖生理

鸟类最重要的特征是飞翔，为适应这一行为特征，鸟类形成了自身特有的结构组成。鸡虽然丧失了飞翔的能力，但其身体的解剖结构和生理机能仍保持了其固有的特点。

一、运动系统

1.骨骼

为便于飞翔，鸡骨骼在结构上出现了强度大而质量轻的特点：一是强度大。鸡的骨骼骨密度大，骨质坚硬，钙盐含量高，并且许多骨愈合成一整体，如颅骨、腰荐骨和骨盆带等，以增加其坚固性。二是质量轻。成年鸡的很多骨与气囊相通，为含气骨，骨髓吸收后为空气所取代，以减轻身体重量。鸡的骨骼由头骨、躯干骨和四肢骨组成。骨骼构成坚固的支架，在维持体型、保护脏器、支持体重等方面发挥重要作用，同时，骨髓也是造血和免疫器官。鸡的全身骨骼见图 2-7。

（1）头骨

头骨呈圆锥形，以大而明显的眼眶为界，分为颅骨和面骨。

颅骨在发育早期即已大部分愈合，形成较小颅腔，内有脑和视觉器官。

面骨不发达，上颌与下颌向前延伸形成喙，不具牙齿。在下颌骨和颞骨间有特殊的方骨，口腔张合时，可使上喙升降，便于吞食较大饲料。

（2）躯干骨

躯干骨分为椎骨、肋骨和胸骨。

鸡的颈椎数量多，有 13～14 枚，构成"乙"状弯曲，能使颈部灵活伸缩转动，便于啄食、警戒和啄取尾脂腺的分泌物、梳理与润泽羽毛。胸、腰、荐椎数量较少，且多互相愈合，使其支持作用更为坚实。胸椎 7 枚，第 2～5 胸椎愈合为 1 块背骨，第 7 胸椎与腰椎、荐椎和第 1 尾椎愈合为综荐骨。尾椎 5～7 枚，最后几块愈合为 1 块尾综骨，支撑羽毛和尾脂腺。

肋骨 7 对，与胸椎相对应。除前 2 对外，每一肋骨都由椎肋和胸肋两部分构成，与背侧胸椎相接的部分叫椎肋，与腹侧胸骨相接的部分叫胸肋，两者夹成直角。椎肋的上端以肋头和肋结节与相应的胸椎形成关节。第 2～5 对椎肋上有钩状突，向后覆于后一椎肋的外侧面，起加固胸廓侧壁的作用。除最后 1～2 对外，胸肋的下端与胸骨形成活动关节，长度由前向后逐渐增大，最后 1 对胸肋则直接连接于前 1 个胸肋上。

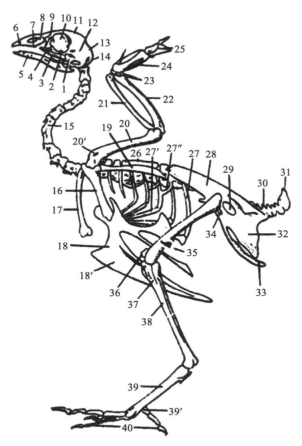

1.方骨 2.翼骨 3.颧弓 4.腭骨 5.下颌骨 6.颌前骨 7.上颌骨 8.鼻骨 9.泪骨 10.筛骨(垂直板) 11.额骨 12.颞骨 13.顶骨 14.枕骨 15.颈椎 16.乌喙骨 17.锁骨 18.胸骨 18′.胸骨嵴 19.肩胛骨 20.臂骨 20′.气孔 21.桡骨 22.尺骨 23.腕骨 24.掌骨 25.指骨 26.胸椎 27.肋骨(椎骨肋) 27′.肋骨(胸骨肋) 27″.钩突 28.髂骨 29.坐骨孔 30.尾椎 31.尾综骨 32.坐骨 33.耻骨 34.闭孔 35.股骨 36.膑骨 37.腓骨 38.胫骨 39、39′.跗骨 40.趾骨

图 2-7　鸡全身骨骼(引自江苏泰州畜牧兽医学校,1994)

胸骨又叫龙骨,非常发达,向腹侧形成庞大的胸骨嵴(俗称龙骨突),便于发达的胸肌附着。发达的胸骨向后伸延,以支持内脏、防止飞行时内脏晃动。胸骨背侧以及侧缘有大小不等的气孔与气囊相通,为含气骨。

(3)四肢骨

四肢骨由前肢骨和后肢骨构成。

前肢骨分为肩带部和游离部。肩带部包括肩胛骨、乌喙骨和锁骨。肩胛骨狭长,与脊柱平行。乌喙骨 1 对,粗大,斜位于胸廓之前,下端与胸骨构成牢固的关节。锁骨 1 对,较细,下端愈合,又称叉骨。游离部发展为翼,分布于躯干两侧,由臂骨、前臂骨和前脚骨组成,用作鸡的飞翔工具。翼骨在平时呈"Z"形折曲于胸旁,跑动时能迅速展开并扇动两翼。

后肢骨较为发达,支持后躯重量,分为盆带部和游离部。盆带部又称髋骨,由髂骨、坐骨和耻骨构成,耻骨后端略向内弯,但两侧耻骨末端并不相接,形成开放性骨盆,以便于产蛋。耻骨间距和龙耻间距的大小,常作为判定母鸡产蛋性能的标志。游离部包括股骨、髌骨、小腿骨和后脚骨。后脚骨包括跗

骨、跖骨和趾骨,跗骨不独立存在,分别与胫骨和跖骨相愈合。公鸡跖骨后内侧有距骨长出形成突起,可用以区别母鸡。鸡多为4趾,第1趾伸向后内侧,其他3趾向前,便于支持身体重量。

2.肌肉

鸡的肌肉和其他动物一样,分为横纹肌、平滑肌和心肌3种。横纹肌主要附着在骨骼上,又称骨骼肌,是鸡体的动力器官,构成鸡体可食用的主要部分;平滑肌分布于内脏和血管;心肌为构成心脏的肌肉。根据分布部位,分为头颈部肌肉、躯干肌、肩带肌、后肢肌、皮肌等。鸡的全身肌肉见图2-8。

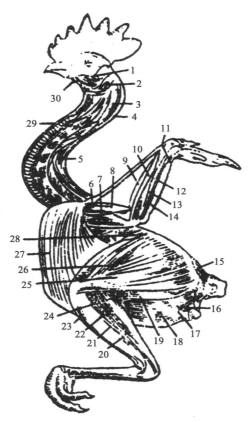

1.咬肌　2.枕下颌肌　3.头半棘肌　4.颈二腹肌　5.颈半棘肌　6.翼膜长肌　7.臂三头肌　8.臂二头肌　9.腕桡侧伸肌　10.旋前浅肌　11.指浅屈肌　12.指深屈肌　13.旋前深肌　14.腕尺侧屈肌　15.尾提肌　16.肛提肌　17.尾降肌　18.腹外斜肌　19.半膜肌　20.腓肠肌　21.腓骨长肌　22.第2趾穿孔和被穿屈肌　23.胫骨前肌　24.半腱肌　25.股二头肌　26.股阔筋膜张肌　27.胸浅肌　28.缝匠肌　29.胸骨舌骨肌　30.颌舌骨肌

图 2-8　鸡全身肌肉(引自江苏泰州畜牧兽医学校,1994)

(1)头颈部肌肉

头部肌肉不发达,仅张合上下颌的肌肉较为发达。颈部肌肉发达,所以头颈运动灵活。其中,在前几个颈椎背侧浅层有腹肌,又称孵肌,能帮助雏鸡啄破蛋壳完成孵化。

(2)躯干肌

躯干部骨骼活动性小,因此肌肉不发达。

(3)肩带肌

肩带肌主要作用于翼,其中最发达的是胸肌,它们是飞翔的主要肌肉,分布于胸骨龙骨突两侧,胸大肌(即胸浅肌)使翼向下向前扑动,胸小肌(即胸深肌)使翼向上向后提举,两肌交互作用,使翼能连续上下运动。鸡胸肌颜色较浅淡,为白肌。

(4)后肢肌

盆带肌不发达,腿肌发达,分布于股部和胫部,俗称为大腿肌和小腿肌。股内侧有一条特殊的栖肌,向下绕过膝关节外侧和小腿后面,下端并入趾浅屈肌腱内,止于第2、3趾。栖肌收缩时,可使跗关节和趾关节机械性屈曲,保证栖息时牢牢抓住栖架不致跌落。

(5)皮肌

皮肌薄而发达,分布广泛,与羽区相联系,能使相应的皮肤和羽毛发生抖动,进行沙浴。

二、消化系统

鸡必须从外界啄取食物,吸收营养供其生长、发育、生殖等需要,同时排出残渣。这一任务主要依赖于消化管和消化腺来完成。消化管包括口咽、食管、嗉囊、腺胃、肌胃、小肠、大肠、泄殖腔和肛门;消化腺包括唾液腺、胃腺、肠腺、肝和胰等。鸡的消化器官见图2-9。

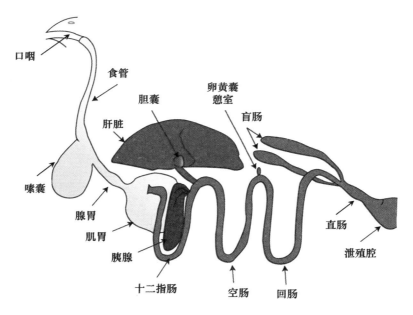

图2-9 鸡的消化器官

1.口咽

鸡口腔与咽之间没有明显的界线,直接相通,合称口咽。口腔没有软腭、唇和齿,颊不明显。上、下颌被覆坚硬角质,形成尖锥形喙,便于啄食。舌与喙形状相似,舌黏膜内味蕾少,味觉功能差(鸡觅食主要靠视觉和触觉),但对水温敏感。鸡唾液腺很发达,分布广泛,能分泌大量黏液性唾液,助其消化。咽为肌质囊,以咽乳头、喉乳头与食管为界。鸡采食后很快下咽,借助吞咽动作将饲料推向食管。

2.食管和嗉囊

食管宽大、壁薄、易扩张,分颈段和胸段。颈段起初位于气管背侧,后转至气管右侧,胸段位于两肺之间、心脏背侧。在进入胸腔之前食管下1/3处,形成膨大的嗉囊,嗉囊仅临时贮存和发

酵软化食物,消化功能几近于无。鸡采食有毒饲料后,可切开嗉囊,取出有毒饲料。

3.胃

鸡有两个胃前后相连,前为腺胃,后为肌胃。

腺胃为食管末端的膨大部,位于腹腔左侧肝的左右叶之间,呈纺锤形。胃壁较厚,内腔较小,食物存留时间较短。胃黏膜上分布有 30~40 个腺乳头,为胃腺的开口,胃腺分泌的胃液中含有黏液、胃蛋白酶和盐酸,具有消化蛋白质和溶解矿物质等作用。

肌胃呈双面凸的扁圆形,前接腺胃后连十二指肠。胃壁厚而坚实,由发达的平滑肌组成。肌胃黏膜有许多小腺体,它分泌的胶样物质与脱落上皮一起,迅速硬化,形成一层淡黄色、坚硬的鸡内金,使胃壁在粉碎坚硬饲料时不至于受损。肌胃的主要功能是磨碎食物,代替牙齿的咀嚼作用。采食整粒料时,肌胃的研磨作用非常重要。通常情况下,磨碎过程还需要吃进砂砾或石子来辅助完成,因此,肌胃又叫砂囊。机械化养鸡场颗粒饲料中,需定期掺入一些砂粒,确保肌胃消化作用的发挥。

4.肠和泄殖腔

鸡的肠管较短,约为体长的 6 倍,分为小肠和大肠两段。

（1）小肠

小肠从前向后依次为十二指肠、空肠和回肠。十二指肠起始于肌胃幽门部,位于肌胃右侧,以对折的盘曲为特征,盘曲内夹有淡黄色的胰。胰管、肝管和胆管均汇入十二指肠末端。空肠形成 10~11 圈半环状肠袢,由肠系膜悬挂于腹腔右侧顶壁。空肠中部有一小突起,为卵黄囊憩室。回肠短而直,以系膜与两侧盲肠相连。

饲料的消化与吸收主要在小肠。小肠消化液中富含各种消化酶,如小肠液含有淀粉酶,胰液含有蛋白酶、脂肪酶和淀粉酶等,同时,胆汁有助于脂肪乳化和加强胰液的消化作用。小肠黏膜上有许多皱褶、指状突起的绒毛和隐窝,扩大了吸收面积。因此,饲料在不到 3 h 内就能被消化和吸收。

（2）大肠

大肠可分为盲肠和直肠。鸡有两条与回肠等长的粗大盲肠,分布在回肠两侧,其游离端为盲端,基部开口于回肠末端。由回肠来的物质有 6%~10% 进入盲肠。盲肠具有消化纤维、吸收含氮物质和水分的功能。距回盲交界处约 1 cm 的盲肠壁上有 1 对膨大物,称盲肠扁桃体,是鸡的外周免疫器官。某些疾病能引起盲肠扁桃体的充血、出血、肿胀甚至坏死,病理剖检时要重点检查该部位。大肠的最后一段为直肠。直肠能吸收部分水分和盐类,形成粪便。直肠很短,末端连于泄殖腔。

泄殖腔是消化、泌尿和生殖三大系统的共同出口。泄殖腔分为前、中、后 3 部分:前部为粪道,与直肠相通;中部为泄殖道,输尿管、输精管或输卵管开口于此;后部为肛道,其背侧壁上有腔上囊(法氏囊)的开口。肛道向后通肛门。

肠道的消化液除了不含分解纤维素的酶外,其他大体上与哺乳动物相同。但家禽的肠道长度与体长比值比哺乳动物的小。食物从胃进入肠后,在肠内停留时间较短,一般不超过一昼夜,食物中许多成分还未经充分消化吸收就随粪便排出体外;添加在饲料或饮水中的药物也同样如此,较多的药物尚未被吸收进入血液循环就被排到体外,药效维持时间短。因此在生产实际中,为了维持较长时间有效浓度的药效,常常需要长时间或经常性添加药物才能达到目的。

三、呼吸系统

鸡的呼吸系统,由鼻腔、咽、喉、气管、支气管、肺和气囊构成,它们能为机体提供新鲜氧气,排出

二氧化碳。公鸡每分钟呼吸 12～20 次,母鸡每分钟呼吸 20～36 次。鸡的呼吸器官见图 2-10。

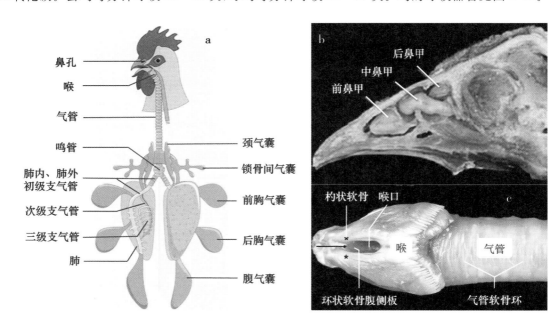

a.鸡呼吸系统模式图　b.鸡鼻甲实物图　c.鸡喉气管实物图

图 2-10　鸡的呼吸器官

1.鼻腔与喉

鸡有 2 个鼻孔,两侧鼻腔较狭长,各有前、中、后 3 个鼻甲。在眼的下方有一个与鼻腔相通的空腔,叫眶下窦。患传染性呼吸道疾病时,该窦黏膜上常有病变。鸡的喉分前喉和后喉。前喉由环状软骨和两个杓状软骨构成,没有声带,不能发音;后喉又叫鸣管,是鸡的发音器官,位于气管分叉处。母鸡在注射大量雄性激素后,也会像公鸡一样啼叫。

2.气管、支气管和肺

气管很像洗衣机的进水管,由许多完整的软骨环连接构成圆柱状长管,能伸缩,保证颈能灵活运动。在心脏的前上方,气管分为左右支气管进入肺。鸡的肺呈粉红色,位于胸腔背侧并嵌入肋骨之间。支气管入肺后,以初级支气管穿过全肺,直通腹气囊。初级支气管又沿途发出四群粗细不等的次级支气管(又称侧支气管),包括腹内侧、背内侧、腹外侧、背外侧次级支气管。次级支气管除与颈、胸气囊相通外,又分出许多三级支气管(又称副支气管,相当于哺乳动物的肺泡管),三级支气管之间头尾相连,相互吻合,构成弯曲的环状支气管环路,并有短的吻合支与附近的次级支气管相通连。三级支气管遍及全肺,共 400～500 支,其中,约 2/3 来自腹内侧和背内侧两群次级支气管,其余 1/3 由腹外侧和背外侧次级支气管发出。肺房相当于哺乳动物的肺泡囊,开口于三级支气管壁,为不规则的球形腔,呈辐射状排列。肺房的底壁形成一些漏斗,漏斗又分出许多肺毛细管(相当于家畜的肺泡),相邻肺毛细管互相吻合。一条三级支气管及其相连的肺房、漏斗和肺毛细管共同构成一个肺小叶。

3.气囊

气囊是家禽特有的器官,在呼吸运动中主要起着空气贮备库的作用。此外,它还有调节体温,减轻重量、增加浮力、利于水禽在水面漂浮等多种功能。鸡有 9 个气囊,除腹气囊是初级支气管的直接延续外,其他气囊都是与二级支气管相连。正是由于这一独特的结构,决定了鸡独特的呼吸生理:每呼吸一次,必须在肺内进行两次气体交换。吸气时,外界空气进入支气管和侧支气管,其中的一部分气体继续经副支气管到达肺毛细管,与其周围的毛细血管直接进行气体交换;另一部分气体则直接或经二级支气管进入大多数的气囊内。在呼吸周期中,气体运行在肺内的同时,气囊中的部分气体经回返支气管进入肺的细支气管,最后也到达肺毛细管进行气体交换。

鸡没有明显完善的膈,因此胸腔和腹腔在呼吸机能上是连续的。胸腔内不保持负压状态,即使造成气胸,也不会出现像哺乳动物那样的肺萎缩。鸡的呼吸运动主要靠肋骨和胸骨的交互活动完成,也就是主要通过呼吸肌的收缩和舒张交替进行而实现,其中吸气肌主要为肋间外肌和肋胸肌,呼气肌主要为肋间内肌和腹肌。

鸡在炎热的环境发生热喘呼吸,常使三级支气管区域的通气量显著增大,导致 CO_2 分压严重偏低,出现呼吸性碱中毒而死亡,因此夏季要做好鸡舍的防暑通风工作。

四、泌尿系统

鸡的泌尿系统由肾和输尿管组成,没有膀胱和尿道。鸡泌尿器官见图 2-11。

鸡肾呈红褐色,长豆荚状,占体重的 1% 以上,紧靠腹腔背侧,每侧肾脏分为明显可见的前、中、后三叶,肾外没有脂肪囊包裹。肾脏由许多肾小管和肾小体组成。它们是肾脏的基本功能单位,血液中的细胞和血浆蛋白经过滤后保留下来,其滤液进入小管。滤液中有用的物质大部分被重新吸收,而废物(尿液)经输尿管排到泄殖腔与粪便一起从肛门排出。输尿管从肾的中间叶表面走出,沿肾的腹侧向后伸延,直接开口于泄殖腔顶壁的两侧。鸡的尿液呈淡黄色,并含有一种白色糊状物。这种白色糊状物主要是尿酸,它使鸡粪呈白色。磺胺类药物的代谢终产物乙酰化磺胺在酸性的尿液中会出现结晶,从而导致肾脏的损伤,因此在应用磺胺类药物时,适当添加一些碳酸氢钠,以减少乙酰化磺胺结晶对肾脏的损伤。

五、生殖系统

公鸡的生殖器官主要包括睾丸、附睾、输精管和交配器官,母鸡的主要是卵巢和输卵管。鸡生殖器官见图 2-11 和图 2-12。

1.公鸡生殖器官

公鸡有 2 个睾丸,位于腹腔内,呈豆形,左侧比右侧略大,各以短的睾丸系膜悬挂在肾前叶的腹侧。雏鸡的睾丸只有米粒大,淡黄色;成年后尤其在生殖季节,可达鸽蛋大,且因生成大量精子而呈乳白色。睾丸具有生精作用和激素分泌功能。鸡生成的精子比哺乳动物的精子更为细长些,其长度增加 1/3 左右,但总体积却比哺乳动物的小。睾丸能分泌雄激素,雄激素能促进精子的发生发育,延长成熟精子的寿命,并促进生殖器官的发育,刺激副性征的出现、维持和性行为,同时还能发挥促进骨骼生长等作用。

鸡的附睾较小,位于睾丸背内侧缘,呈长纺锤形,主要由睾丸输出小管组成,发出的附睾管出附睾后延续为输精管。

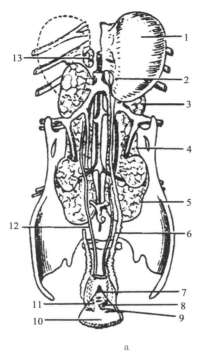

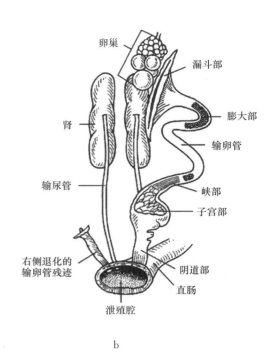

a   b

a.公鸡泌尿、生殖器官模式图(引自马仲华,2002) b.母鸡泌尿、生殖器官模式图

1.睾丸 2.附睾 3.肾脏前叶 4.肾脏中叶 5.肾脏后叶 6.输精管 7.粪道

8.泄殖道 9.射精管口 10.肛道 11.输尿管口 12.输尿管 13.肾上腺

图2-11 鸡泌尿、生殖器官

输精管为两条极为弯曲的细管,与输尿管平行,沿肾脏腹内侧面行至肾脏后端,末端形成乳头状射精管,开口于泄殖道内输尿管的下方。

公鸡的交配器官不发达,是纯粹生殖性的,由1对输精管乳头、1对脉管体、阴茎体和淋巴襞组成,在肛道底壁近肛门处,阴茎体呈乳头状隆起,在刚出壳的公雏鸡明显可见,可以此鉴别雌雄。

鸡的射精量较小,一次为0.6~0.8 mL,但精子密度大,每毫升精液中含有31亿~34亿个精子。由于鸡没有副性腺,因此普遍认为精清主要来源于交配器官海绵组织中的淋巴滤过液或输精管的分泌物。公鸡的精液几乎不含果糖、柠檬酸、磷酰胆碱和甘油磷酸胆碱,氯化物的含量也很低,但钾和谷氨酸含量高。

2.母鸡生殖器官

母鸡的卵巢位于腹腔左侧左肾前叶的头端腹面,左肺叶的紧后方,以较短的卵巢系膜韧带悬于腰部背壁。胚胎发育的早期,母鸡各有2个卵巢和2条输卵管,但发育至第7天开始,右侧卵巢停止发育,只有左侧正常发育并逐渐形成生殖机能。处于性成熟的母鸡,其发达的左侧卵巢产生1 000~3 000个卵泡,每1个卵泡内有1个卵子,每成熟1个卵泡就排出1个卵子。产蛋鸡的卵巢通常含有5~6个正在发育的大卵黄(卵泡)和大量小的白色卵泡。由于卵泡能依次成熟,所以母鸡在一个产蛋周期中,能连续产蛋,但排卵后不形成黄体。

输卵管是受精和形成蛋清、壳膜和蛋壳的场所,占据了腹腔左侧的大部。根据其形状结构与功能的不同,可分为漏斗部、膨大部、峡部、子宫部和阴道部这五部分:①漏斗部,又叫喇叭部或伞部,是输卵管的入口处,形似漏斗,开口朝向卵巢,边缘薄而不整齐,黏膜形成皱褶,为接纳卵黄和受精的地方,长度约为 9 cm;②膨大部,又叫蛋白分泌部,长而弯曲,黏膜形成螺旋形纵襞,分泌的蛋白包裹蛋黄形成蛋清,长 30～50 cm;③峡部,是输卵管最细的部分,为形成内外壳膜的地方,长约 10 cm,此处鸡蛋称为软壳蛋;④子宫部,呈袋状,管壁厚而富有肌肉,分泌无机盐和水分,渗入蛋白中,形成蛋壳,长 8～12 cm;⑤阴道部,为输卵管的末端,呈特有的 S 状弯曲,管壁厚。是母鸡的交配器官,开口于泄殖腔左侧,黏膜的分泌物使蛋壳表面涂上一薄层胶质保护膜,以减少蛋水分的损失和防止细菌侵入蛋壳,长度和子宫部相当。母鸡生殖器官见图 2-12。

鸡蛋在形成过程中,卵黄在卵巢需 7～9 d 发育时间,随后进入输卵管,经过约 25 h 后,排出体外。在输卵管各段发育过程及所需时间如表 2-1 所示。

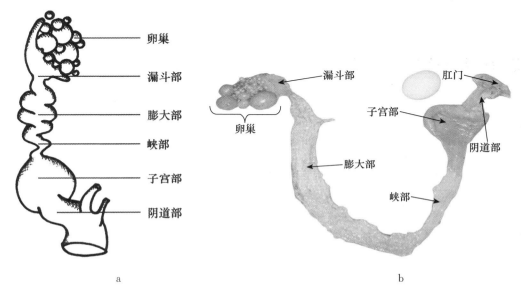

a.母鸡生殖器官模式图　b.母鸡生殖器官实物图

图 2-12　母鸡生殖器官

表 2-1　输卵管中鸡蛋的形成

部位	蛋的形成	需要时间	部位	蛋的形成	需要时间
漏斗部	受精	1 min	子宫部	形成蛋壳	19～20 h
膨大部	形成蛋清	3 h	阴道部	蛋的排出、形成保护膜	1～10 min
峡部	形成壳膜	1.25 h			

六、内分泌系统

鸡的内分泌器官主要包括脑垂体、甲状腺、甲状旁腺、肾上腺、性腺等,均为没有导管的腺体,称为无管腺。它的分泌物叫激素,直接进入组织液,并经毛细血管或淋巴管输出,到达全身,对鸡的生长发育、调节生理功能等方面起着重大作用。

1.脑垂体

脑垂体为扁平卵圆形红褐色小腺体,位于颅腔底部,由前叶腺垂体和后叶神经垂体 2 部分组成。腺垂体能分泌许多激素,如生长激素、促甲状腺激素、促肾上腺皮质激素、促卵泡激素、黄体生成素等,此外,还分泌催乳激素以促使鸡抱窝和换羽。神经垂体主要分泌催产素以促使子宫收缩而引起产蛋,还产生加压素,促使血管收缩,血压上升,并具有抗利尿作用。

2.甲状腺

甲状腺呈椭圆形,暗红色,成对位于胸腔入口处、气管两侧。它分泌的甲状腺素与鸡的生长、生殖和换羽等关系密切。若甲状腺受损,常导致小鸡生长受阻,成年鸡则表现为产蛋减少,停止或延缓换羽等。

3.肾上腺

肾上腺有 1 对,呈橙黄色,位于肾的前端,由周围皮质部和中央髓质部组成,分别合成和分泌多种肾上腺皮质激素和髓质激素,主要包括皮质醇、皮质酮、醛固酮、肾上腺素和去甲肾上腺素等,在鸡的糖代谢、应激性、水盐代谢及心血管系统的调节等方面发挥着重要作用,是维持鸡生命不可缺少的内分泌腺,摘除肾上腺后鸡会很快死亡。

七、神经系统和感觉器官

1.神经系统

鸡的脑脊膜与哺乳动物一样,由硬膜、蛛网膜和软膜组成,脊髓的长度几乎与椎管完全一致,因此脊神经向外侧而不必向后方就能到达相应的椎间孔,而且没有马尾。鸡的延髓发育良好,除有维持和调节呼吸运动、心血管运动等重要作用外,它的前庭核还与内耳迷路相联系,因此鸡的延髓在维持正常姿势和调节空间方位平衡方面也有一定作用。

鸡的小脑有发达的小脑蚓,没有小脑半球。小脑有控制躯体运动和平衡的中枢,与脊髓、延髓和大脑有着紧密的联系,切除小脑后,会引起颈和腿部肌肉痉挛,导致行走和飞翔困难。

鸡的大脑半球皮质结构较薄,但纹状体非常发达。纹状体可分为上纹状体、原纹状体、外纹状体、旧纹状体和新纹状体,其中上纹状体和外纹状体与视觉反射活动有关,新纹状体是听觉的高级中枢所在地。

鸡的自主神经系统与哺乳动物一样,由副交感神经和交感神经组成,而且每种神经都是由节前和节后传出神经纤维构成。两种自主神经的节前神经纤维末梢则有所不同,交感神经的节后神经纤维为肾上腺型,而副交感神经的节后神经纤维则为胆碱能型。鸡大多数外周神经纤维属于 A 类神经纤维,直径 8~13 μm,传导速度平均为 50 m/s。

2.感觉器官

鸡同家畜一样都有眼、耳、口、鼻等器官,但鸡的视觉、听觉、味觉、嗅觉能力与家畜不同。鸡的视觉发达,眼较大,位于头部两侧,视野宽广,能迅速识别目标,但对颜色的区别能力较差,只对红、黄、绿灯光敏感;鸡的听觉发达,能迅速辨别声音;鸡的味觉和嗅觉较不发达,对食盐却很敏感,拒绝采食含食盐过多的食物,拒绝饮用浓度超过 0.9% 的盐水,如饲料中含盐量过高,则易因饮水量加大而造成腹泻,甚至会引起食盐中毒。

二维码 2-2
鸡的内脏器官解剖观察

二维码 2-3
鸡的消化器官解剖观察

二维码 2-4
鸡的泌尿生殖器官解剖观察

第三节　鸡的生物学特性

鸡作为鸟类的一员有其固有的生物学特征,这些生物学特征是我们进行科学化饲养和管理的理论依据。

一、体温高,代谢旺盛

鸡的体温为 40.5～42 ℃。标准体温是 41.5 ℃。心跳很快,每分钟心跳可达 120～200 次。基础代谢也高于其他动物,鸡的基础代谢是猪、牛的 3 倍,安静时的耗氧量与排出二氧化碳的量也高出 1 倍以上。因此,鸡的寿命相对较短。根据这一特征,给鸡创造良好的环境条件,给予充分的饲料营养,鸡就能产出更多的蛋、肉产品。

二、消化道短,饲料利用率低

鸡的消化道短,仅为体长的 6 倍,而牛为 20 倍,猪为 14 倍。因此饲料通过鸡消化道较快,消化吸收不完全。另外,鸡口腔无牙齿,不能咀嚼食物。腺胃分泌胃液的消化功能主要是在肌胃中进行,靠肌胃的胃壁肌肉把食物磨碎来加强消化。如在饲料中添加适量砂粒会帮助肌胃磨碎饲料,提高饲料利用率。

三、粗纤维消化率低

鸡的消化道内没有分解纤维素的酶,所以鸡对粗纤维消化率比其他家畜低得多,鸡的日粮必须以精料为主。

四、繁殖能力强

母鸡的右侧卵巢与输卵管退化消失,仅左侧发达,机能正常。母鸡的卵巢能产生许多卵泡,可达 1 200 个。产蛋鸡在 120～150 d 就可开产,高产蛋鸡年产蛋 300 枚以上,大群年产蛋 280 枚以上已实现。一只产蛋鸡一年共可生产出 10 倍于体重的鸡蛋,这些蛋经过孵化,如果有 70% 成为小鸡,则每只鸡一年可获得 200 羽小鸡。

公鸡的繁殖性能也很突出。一只健壮的公鸡每天可交配 10～15 只母鸡。有时交配可达 40 次以上,并仍可获得很高的种蛋受精率。公鸡精子适应性强、存活时间长,在母鸡输卵管内可以存活 5～10 d,最长甚至可达到 24 d。

五、抗病能力差

鸡没有淋巴结,缺少阻止病原体在机体内通过的关卡。同时鸡的肺脏很小,连接着很多气囊,这些气囊分布于体内多个部位,因此通过空气传播的病原体可以沿呼吸道进入肺和气囊,从而进入体内与气囊相通的含气骨之中。鸡的生殖孔与排泄孔都开口于泄殖腔,产出的蛋经过泄殖腔容易受到污染。鸡没有横膈膜,腹腔的感染容易进入胸部的器官,因此在同样条件下,鸡比鸭、鹅等水禽抗病能力差,存活率低,尤其在工厂化高密度舍内饲养的情况下,对疾病的控制非常不利。根据以上特点,要求鸡场制定严格的卫生防疫措施,加强饲养管理,减少疾病的发生。

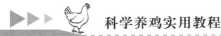

六、对环境变化敏感

鸡的听觉不如哺乳动物,但易受突如其来的噪声惊吓。鸡的视觉很灵敏,鸡舍进来陌生人可以引起炸群。另外,光照制度和饲喂制度的突然改变,同样会影响鸡的生长发育和产蛋。此外,环境温度、湿度和空气中的有害气体也会影响鸡的健康状况和产蛋性能。因此要对鸡舍的噪声、温度、湿度、空气和光照等加以控制。

七、产品营养价值高,对饲料营养要求高

鸡蛋的生物价居各种畜禽食品蛋白质的首位。一个蛋含有一个新生命所需要的一切物质。鸡肉中也含有较多的蛋白质,为 19.3%,每千克鸡肉中约含 9.37 MJ 的热能。鸡蛋和鸡肉中含有人体必需的各种氨基酸,且组成比例非常均衡。由于鸡产品营养价值高,而产品需要由饲料转化而来,因此必须给鸡提供易消化、营养全面的全价配合饲料。

八、具有就巢性和自然换羽的特性

就巢是母鸡的一种繁殖本能,表现为愿意孵卵和育雏。每次就巢平均停止产蛋 15 d 左右,从而影响了鸡的产蛋量。经过人工的选育,现在大多数品种已无就巢性,饲养者可饲养无就巢性的蛋用品种鸡。

自然换羽是鸡的一种正常生理特征,是鸡羽毛组织衰老和生殖机能减退的结果。鸡利用这一阶段进行休养生息、调整体况。人们根据鸡的这一生理特性,采取人工强制换羽,不仅改善了蛋的品质,提高了种蛋的合格率、受精率和孵化率,同时也延长了鸡的经济寿命,增加了鸡场的经济效益。

第三章 ▶▶▶

鸡种的选择

第一节　鸡的品种分类

一、标准品种分类法

在 20 世纪中叶前,一般采用标准分类法。这种分类方法按照 4 级条目进行分类,即类、型、品种和品变种。国际上较多采用的是《美洲家禽标准品种志》和英国《大不列颠家禽标准品种志》。

（1）类

类的区分主要是依据鸡的原产地所在区域。按照原产地把鸡分为英国类、美洲类、亚洲类、地中海类等。

（2）型

型的划分依据是鸡的主要经济用途,包括蛋用型、肉用型、兼用型、玩赏型等。

（3）品种

品种是经过系统选育、具有高的生产性能、相对一致的外貌特征、遗传性能稳定、数量达到一定规模的优良群体。

（4）品变种

品变种也称内种,是在一个品种内根据某种外貌特征方面的差异而区分的群体,这种外貌差异包括鸡冠的形状、羽毛的颜色等。它反映出的是在一个品种内遗传结构方面的差异。几个常见标准品种的分类情况见表 3-1。

表 3-1　标准品种分类示例

分类项目	单冠白来航鸡	白洛克鸡	科尼什鸡
类	地中海类	美洲类	英国类
型	蛋用型	兼用型	肉用型
品种	来航鸡	洛克鸡	科尼什鸡
品变种	单冠白来航鸡	白洛克鸡	白色科尼什鸡
	单冠褐来航鸡	芦花洛克鸡	红色科尼什鸡

我国在 1979—1982 年进行了全国范围的畜禽品种资源普查,在之后出版的《中国家禽品种志》中收录了中国地理品种鸡 27 个,把鸡分为蛋用型、肉用型、兼用型、药用型、观赏型和其他共 6 种。在 2006 年农业部公告(第 662 号)《国家级畜禽遗传资源保护名录》中收录的地方鸡品种

有 23 个,分别是:九斤黄鸡、大骨鸡、鲁西斗鸡、吐鲁番斗鸡、西双版纳斗鸡、漳州斗鸡、白耳黄鸡、仙居鸡、北京油鸡、丝羽乌骨鸡、茶花鸡、狼山鸡、清远麻鸡、藏鸡、矮脚鸡、浦东鸡、溧阳鸡、文昌鸡、惠阳胡须鸡、河田鸡、边鸡、金阳丝毛鸡和静原鸡。2007 年由农业部牵头组织进行了全国性的畜禽遗传资源调查工作,2011 年出版了《中国畜禽遗传资源志:家禽志》,包含了国家级畜禽遗传资源(家禽)保护名录和各省市畜禽遗传资源(家禽)保护名录。2021 年修订了《国家畜禽遗传资源品种名录》,收录鸡地方品种、培育品种、引入品种及配套系 240 个。

二、现代鸡种分类法

现代鸡种的分类主要是依据其生产性能和产品特征,根据生产性能把鸡的品种分为蛋用鸡和肉用鸡,然后再根据蛋壳颜色或羽毛、皮肤颜色进行细分。由于现代鸡种绝大多数都是商业杂交配套系,不宜称为品种,多以配套品系命名。

1.蛋用鸡配套系

主要用于生产鲜蛋,产蛋性能高,一般的配套系平均每只商品代母鸡 72 周龄产蛋在 280 枚以上(绿壳蛋鸡除外,其年产量仅有 180 枚左右)。根据蛋壳颜色,蛋用鸡配套系可以分为 4 种。

(1)褐壳蛋鸡

蛋壳颜色为红褐色。

(2)白壳蛋鸡

蛋壳颜色为白色。

(3)粉壳蛋鸡

蛋壳颜色为淡褐色或奶油色。

(4)绿壳蛋鸡

蛋壳颜色为青绿色或青蓝色。

2.肉用鸡配套系

主要用于生产鸡肉。根据羽毛颜色和生长速度可以分为两种。

(1)白羽快大型肉鸡

羽毛颜色为白色,早期生长速度很快,6 周龄末体重能够达到 2.3 kg 以上。

(2)优质黄羽(麻羽)肉鸡

羽毛颜色为黄色或麻色,生长速度略慢或较慢。根据其生长速度又可以分为快大型优质肉鸡(公鸡 56 日龄体重达到 2 kg 以上,母鸡 65 日龄体重 1.8 kg 以上)、中速型优质肉鸡(公鸡 70 日龄体重 1.8 kg 以上,母鸡 1.5 kg 以上)和特优型肉鸡(公鸡 90 日龄体重 1.5 kg,母鸡 110 日龄体重 1.5 kg)。由于优质肉鸡在国内育种方面存在很多地方需求性特色,这种分类也不能完全概括。

第二节　常见鸡种介绍

一、国外引进的品种

1.海兰蛋鸡

海兰蛋鸡是海兰家禽育种公司育成的系列高产鸡种,在国内外蛋鸡生产中被广泛饲养。

（1）海兰白壳蛋鸡

海兰白壳蛋鸡是美国海兰国际公司培育的四系配套优良蛋鸡品种。中国从 20 世纪 80 年代引进，目前在全国有多个祖代或父母代种鸡场，是白壳蛋鸡中饲养较多的品种之一。

该鸡体型小，全身羽毛白色，单冠，冠大，耳叶白色，皮肤、喙和胫的颜色均为黄色，体型轻小清秀，性情活泼好动（图 3-1）。耗料少，抵抗力强，适应性好，产蛋多，饲料转化率高，脱肛，啄羽发生率低。

海兰白壳蛋鸡父母代生产性能：入舍母鸡 20～75 周龄产蛋 274 枚，母鸡 20 周龄和 60 周龄体重分别为 1 320 g 和 1 730 g，公鸡 20 周龄和 60 周龄体重分别为 1 500 g 和 2 180 g。

图 3-1　海兰 W-36 商品代母鸡

海兰白壳蛋鸡商品代生产性能：0～18 周龄存活率为 97％，耗料 5.70 kg，18 周龄体重 1 280 g，161 日龄达 50％产蛋率，高峰期产蛋率 91％～94％，32 周龄、70 周龄平均蛋重分别为 56.7 g 和 64.8 g，80 周龄的产蛋量，按入舍母鸡计算为 298～315 枚，按母鸡饲养日计算为 305～325 枚，产蛋期料蛋比为（2.1～2.3）∶1，商品代雏鸡以快慢羽辨别雌雄。

（2）海兰褐壳蛋鸡

海兰褐壳蛋鸡原产于美国，是由美国海兰国际公司培育的四系配套优良蛋鸡品种。我国从 20 世纪 80 年代引进，目前，在全国有多个祖代或父母代种鸡场，是褐壳蛋鸡中饲养较多的品种之一。该鸡生命力强，适应性较广，有较强的抗病能力，耐热，产蛋多，饲料转化率高，生产性能优异，商品代可依羽色自别雌雄。

海兰褐的商品代初生雏，母雏全身红色，公雏全身白色，可以自别雌雄。但由于母本是合成系，商品代中红色绒毛母雏中有少数个体在背部带有深褐色条纹，白色绒毛公雏中有部分在背部带有浅褐色条纹。

商品代母鸡在成年后，全身羽毛基本红色，尾部上端大都带有少许白色。该鸡的头部较为紧凑，单冠，耳叶红色，也有带部分白色的；皮肤、喙和胫黄色；体型结实，基本呈元宝形（图 3-2 和图 3-3）。

海兰褐壳蛋鸡父母代生产性能：0～18 周龄成活率 95％，鸡群开产日龄（产蛋率达 50％）为 161 d，入舍母鸡 18～70 周龄产蛋 244 枚，可孵化蛋 211 枚，可提供鉴别母雏 86 只，18～70 周龄成活率 91％，入舍母鸡平均每只每天耗料量为 112 g；母鸡 18 周龄和 60 周龄体重分别为 1 620 g 和 2 310 g；公鸡 18 周龄和 60 周龄体重分别为 2 410 g 和 3 580 g。

海兰褐壳蛋鸡商品代生产性能：0～18 周龄成活率为 96％～98％，饲料消耗（限饲）5.9～6.8 kg/只，18 周龄体重 1 550 kg，开产日龄 153 d，高峰期产蛋率为 92％～96％。至 72 周龄，每只入舍母鸡平均产蛋 298 个，平均蛋重 63.1 g，产蛋期成活率为 95％～98％，料蛋比为（2.2～2.4）∶1，72 周龄体重为 2.25 kg。成年母鸡羽毛棕红色，性情温顺，易于饲养。

图 3-2 海兰褐父母代鸡

图 3-3 海兰褐商品代母鸡

（3）海兰灰鸡

海兰灰鸡为美国海兰国际公司育成的粉壳蛋鸡商业配套系鸡种。现国内兼有多家祖代、父母代种鸡场，其中以北京市华都峪口禽业有限责任公司最为著名。海兰灰的父本与海兰褐鸡父本为同一父本（洛岛红型鸡的品种），母本白来航，单冠，耳叶白色，全身羽毛白色，皮肤、喙和胫的颜色均为黄色，体型轻小清秀。

海兰灰的商品代初生雏鸡全身绒毛为鹅黄色，有小黑点成点状分布全身，可以通过羽速鉴别雌雄，成年鸡背部羽毛成灰浅红色，翅间、腿部和尾部成白色，皮肤、喙和胫的颜色均为黄色，体型轻小清秀（图 3-4 和图 3-5）。

海兰灰鸡父母代生产性能：1～18 周龄母鸡成活率为 95%，18～65 周龄为 96%，50%产蛋日龄 145 d，18～65 周入舍鸡产蛋数 252 枚，合格的入孵种蛋数 219 枚，生产的母雏数 96 只。

图 3-4 海兰灰父母代种鸡

图 3-5 海兰灰商品代母鸡

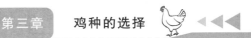

海兰灰鸡商品代生产性能:1~18 周龄母鸡成活率为 96%,饲料消耗 5.66 kg,18 周龄体重 1 420 g。产蛋期(至 72 周)日耗料 110 g,50%产蛋日龄 151 d,32 周龄蛋重 60.1 g,至 72 周龄饲养日产蛋总重 19.1 kg,料蛋比 2.16:1。

2.罗曼蛋鸡

罗曼(Lohmann)蛋鸡是由德国罗曼总公司下属的育种组织罗曼动物饲养有限公司育成的。该公司培育的蛋用鸡种有罗曼褐壳蛋鸡、罗曼白壳蛋鸡和罗曼粉壳蛋鸡,20 世纪 90 年代初又育成利用快慢羽自别雌雄的白壳蛋鸡 L-23 和 L-24 两个配套系。

（1）罗曼白壳蛋鸡

罗曼白壳蛋鸡(图 3-6)是由德国罗曼家禽育种有限公司培育成的两系配套杂交鸡。由于其产蛋量高,蛋重大,受到人们的青睐。该鸡具有产蛋率高、饲料转化率高、蛋重适中、蛋品质优良、蛋壳硬等优点。

罗曼白壳蛋鸡父母代生产性能:生长期成活率为 96%~98%,产蛋期成活率为 94%~96%,72 周龄产蛋总数 254~264 枚,每只母鸡可提供母雏 91~95 只。

罗曼白壳蛋鸡商品代生产性能:0~20 周龄成活率 96%~98%,耗料量 7.0~7.4 kg/只,20 周龄体重为 1 300~1 350 g,鸡群开产日龄为 150~155 d,高峰期产蛋率为 92%~95%,72 周龄产蛋 290~300 枚,平均蛋重 62~63 g,产蛋期存活率为 94%~96%,料蛋比为(2.1~2.3):1。

（2）罗曼褐壳蛋鸡

罗曼褐壳蛋鸡(图 3-7)是由德国罗曼家禽育种有限公司培育而成的四系配套褐壳蛋鸡。父本两系均为褐色,母本两系均为白色。商品代雏可用羽色自别雌雄:公雏白羽,母雏褐羽。该鸡适应性好,抗病力强,产蛋量多,饲料转化率高,蛋重适度,蛋品质好,产蛋高峰以及高峰后的产蛋力持久。

罗曼褐壳蛋鸡父母代生产性能:0~18 周龄成活率为 96%~98%,20 周龄体重为 1 600~1 700 g,鸡群开产周龄为 23~24 周龄,入舍母鸡 72 周龄产蛋 265~275 枚,种蛋平均孵化率为 81%~83%,产蛋期存活率为 94%~96%,末期体重为 2.2~2.4 kg。

图 3-6　罗曼白壳蛋鸡

图 3-7　罗曼褐壳蛋鸡

罗曼褐壳蛋鸡商品代生产性能:0～18周龄成活率为97％～98％,20周龄体重为1 500～1 600 g,鸡群开产周龄为152～158 d,入舍母鸡72周龄产蛋285～295枚,平均蛋重63.5～64.5 g,总蛋重18.2～18.8 kg,产蛋期存活率为94％～96％,末期体重为2.2～2.4 kg,料蛋比为(2.3～2.4):1,72周龄体重为2.2～2.4 kg。商品代雏鸡可依羽色自别雌雄。

(3)罗曼粉壳蛋鸡

罗曼粉壳蛋鸡(图3-8)是由德国罗曼家禽育种有限公司培育而成的杂交配套高产浅粉壳蛋鸡。该鸡商品代毛白色,抗病力强,产蛋率高,维持时间长,蛋色一致。

罗曼粉壳蛋鸡父母代生产性能:0～20周龄成活率为96％～98％,产蛋期存活率为94％～96％,20～22周龄产蛋率达50％,产蛋高峰日产蛋率达89％～92％,入舍母鸡68周龄产蛋250～260枚,72周龄产蛋266～276枚。

罗曼粉壳蛋鸡商品代生产性能:0～20周龄成活率为97％～98％,20周龄体重为1 400～1 500 g,产蛋期体重为1 800～2 000 g,达50％产蛋率日龄为140～150 d,产蛋高峰日产蛋率达92％～95％,入舍母鸡72周龄产蛋300～310枚,平均蛋重61～63 g,0～20周龄耗料7.3～7.8 kg,产蛋期日耗料110～118 g,料蛋比为(2.1～2.2):1。

3.海赛克斯蛋鸡

(1)海赛克斯白鸡

海赛克斯白鸡(图3-9)是由荷兰尤利布里德公司培育的四系配套杂交鸡。以产蛋强度高、蛋重大而著称,被认为是当代最高产的白壳蛋鸡之一。该鸡体型小,羽毛白色而紧贴,外形紧凑,生产性能好,属来航鸡型。

海赛克斯白鸡父母代生产性能:0～20周龄成活率为95.5％,20周龄平均体重为1 380 g,耗料量7.9 kg/只,产蛋期月淘汰率为0.5％～1％,日耗料114 g/只,70周龄产蛋196枚,入孵蛋孵化率为87％。

海赛克斯白鸡商品代生产性能:0～18周龄成活率为96％,18周龄平均体重为1 160 g,鸡群开产日龄为157 d。20～32周龄平均产蛋率为77％,入舍母鸡82周龄产蛋314枚,平均蛋重60.7 g,料蛋比2.34:1,78周龄体重为1 720 g。

图3-8 罗曼粉壳蛋鸡

图3-9 海赛克斯白鸡

（2）海赛克斯褐蛋鸡

海赛克斯褐蛋鸡（图3-10）是荷兰尤利布里德公司育成的四系配套杂交鸡，是目前国际上产蛋性能最好的褐壳蛋鸡之一。父本两系均为红褐色，母本两系均为白色，商品代雏可用羽色自别雌雄：公雏为白色，母雏为褐色。该鸡以适应性强、成活率高、开产早、产蛋多、饲料转化率高而著称。

海赛克斯褐蛋鸡父母代生产性能：0～20周龄成活率为96%，20周龄母鸡体重为1 690 g，耗料量7.9 kg/只，入舍母鸡至70周龄产蛋257枚，种蛋平均孵化率为80.6%，每只鸡平均日耗料为122 g，每4周母鸡淘死率为0.7%，70周龄体重为2 210 g。

图3-10　海赛克斯褐蛋鸡

海赛克斯褐蛋鸡商品代生产性能：商品代公雏为银白羽，母雏为金黄羽。0～18周龄成活率为97%，18周龄和20周龄体重分别为1 490 g和1 710 g，20～78周龄每4周淘死率为0.4%，鸡群开产日龄为152 d，产蛋率80%以上可持续26～30周，入舍母鸡至78周龄产蛋307枚，平均蛋重63.1 g，总蛋重19.33 kg，产蛋期每只母鸡日耗料116 g，料蛋比为2.36：1，产蛋末期体重2 150 g。

4.宝万斯蛋鸡

（1）宝万斯白蛋鸡

宝万斯白蛋鸡（图3-11）是荷兰汉德克家禽育种有限公司培育的四元杂交白壳蛋鸡配套系。A系、B系、D系为单冠，白毛快羽系；C系为单冠，白毛慢羽系。父母代父本单冠、白毛快羽，母本为单冠、白毛慢羽。商品代雏鸡单冠、白羽、羽色自别；快羽为母雏，慢羽为公雏。其具典型的单冠白来航鸡的外貌特征。其高产性已被世界公认，蛋重均匀，蛋壳强度好。

父母代种鸡开产日龄140～150 d，高峰产蛋率为90%～92%；68周龄入舍母鸡产蛋260～265枚，产合格种蛋230～240枚，体重1 750～1 850 g。商品鸡20周龄体重1 350～1 400 g，1～20周龄耗料6.8～7.0 kg/只，成活率为96%～98%；开产日龄140～147 d，高峰产蛋率93%～96%；80周龄入舍母鸡产蛋327～335枚，蛋重61～62 g，体重1 700～1 800 g；21～80周龄日耗料104～110 g/只，料蛋比（2.1～2.2）：1。

（2）宝万斯高兰蛋鸡

宝万斯高兰蛋鸡（图3-12）是荷兰汉德克家禽育种有限公司培育四元杂交褐壳蛋鸡配套系。A系及B系为单冠，褐色羽；C系及D系为单冠，白色羽。父母代父本为红色单冠、褐色羽产褐

图3-11　宝万斯白蛋鸡

（父母代）　　　　　　　　　　　（商品代）

图3-12　宝万斯高兰蛋鸡

壳蛋,母本为单冠,白色羽产褐壳蛋。商品代雏鸡单冠,羽色自别:褐羽为母雏(有部分雏在背部有深褐色绒羽带),白羽为公雏(有部分雏在背部有浅褐色绒羽带)。成年母鸡为单冠、褐羽产褐壳蛋。其主要特点为成活率高,蛋壳颜色深,蛋重稍大。

宝万斯高兰商品代蛋鸡6周龄平均体重450 g,18周龄体重1 450～1 520 g,20周龄体重1 620～1 720 g,20周龄成活率为96%～98%,入舍鸡耗料7.5～7.9 kg。产蛋阶段(21～80周龄):成活率为93%～94%,平均日耗料114～117 g/只,达50%产蛋日龄140～147 d,高峰产蛋率为93%～95%,入舍鸡产蛋数326～335枚,平均蛋重62.5～63.5 g,料蛋比(2.2～2.3):1。

(3)宝万斯尼拉蛋鸡

宝万斯尼拉蛋鸡(图3-13)是荷兰汉德克家禽育种有限公司培育四元杂交褐壳蛋鸡配套系。A系及B系为单冠,红褐色羽;C系及D系为单冠,芦花羽。父母代父本为单冠,红褐色羽;母本为单冠,芦花色羽,产褐壳蛋。商品代雏鸡单冠,羽色自别:母雏羽色为灰褐色,公雏为黑色。成年母鸡为单冠、红褐色羽,产褐壳蛋;公鸡为芦花色羽毛。该品种具有性情温顺、易饲养管理、耐粗饲、料蛋比理想、蛋色均匀、蛋形整齐等特点。

宝万斯尼拉蛋鸡育成期(0～17周龄)成活率为98%,18周体重1 525 g,18周耗料6.6 kg。产蛋期(18～76周龄)存活率为95%,开产日龄143 d,高峰产蛋率为94%,平均蛋重61.5 g,入舍母鸡产蛋数316枚,平均每日耗料114 g。

(父母代) (商品代)

图3-13 宝万斯尼拉蛋鸡

5.尼克蛋鸡

(1)尼克珊瑚粉壳蛋鸡

尼克珊瑚粉壳蛋鸡(图3-14)是由美国尼克国际公司育成的配套杂交鸡。其特点是开产早、产蛋多、体重小、耗料少、适应性强。

尼克珊瑚粉壳蛋鸡父母代生产性能:0～20周龄成活率为97%～98%,产蛋期成活率为94%～96%,20～22周龄产蛋率达50%,产蛋高峰日产蛋率达89%～91%,入舍母鸡68周龄产蛋255～265枚。尼克珊瑚粉壳蛋鸡商品代生产性能:0～18周龄成活率为97%～99%,达50%产蛋率日龄为140～150 d,18周龄体重为1 400～1 500 g,0～18周龄耗料量为5.5～6.2 kg/只,80周龄产蛋325～345枚,平均蛋重60～62 g,料蛋比为(2.1～2.3):1,产蛋期成活率为89%～94%。

(2)尼克白壳蛋鸡

尼克白壳蛋鸡(图3-15)是美国辉瑞公司育成的三系配套杂交鸡,体型紧凑,羽毛纯白色,皮肤及喙黄色,单冠,体重较小。商品代初生雏鸡可根据快慢羽自别雌雄。

该鸡的特点是产蛋多、体重小、耗料少、适应性强。18周龄体重1 270 g。开产日龄140～153 d,80周龄产蛋量为325～347枚,蛋重60～62 g,料蛋比为(2.1～2.3):1,产蛋期存活率为89%～94%。

图3-14　尼克珊瑚粉壳蛋鸡

图3-15　尼克白壳蛋鸡

（3）尼克褐壳蛋鸡

尼克褐壳蛋鸡(图3-16)也称尼克红蛋鸡,是德国罗曼家禽育种公司所属尼克公司培育的高产蛋鸡。种鸡四系配套,商品代羽色自别雌雄,成年母鸡外羽红色,内羽白色(红带白底)。尼克红蛋鸡产蛋多、蛋重大、饲料报酬高、蛋壳优质、蛋形规则。

尼克红蛋鸡抗逆性强,成活率高,疫病净化好,无惊群、啄肛现象。尼克红商品蛋鸡成活率:0～18周龄达98%,产蛋期达94%～95%。饲料消耗:18周龄累计7 kg,产蛋期每天耗料115～118 g/只。产蛋性能90%以上产蛋持续期5～6个月,76周龄总产蛋量314枚,平均蛋重68.8 g。

6.爱拔益加肉鸡

爱拔益加肉鸡(图3-17)简称AA肉鸡,是美国爱拔益加育种公司培育的四系配套白羽肉鸡品种,父本豆冠,母本单冠,胸宽,腿粗,肌肉发达,尾巴短,蛋壳棕色。我国从20世纪80年代开始引进,其父母代与商品代遍及全国,是我国白羽肉鸡市场的重要品种。

图3-16　尼克褐壳蛋鸡

图3-17　爱拔益加肉鸡

其特点是：生长快，成活率高，饲料报酬高，抗逆性强。可在全国绝大部分地区饲养，适宜集约化养鸡场、规模鸡场、专业户。其生产性能见表3-2和表3-3。

表3-2　爱拔益加父母代肉鸡生产性能

项目	指标
开产日龄/d	175
产蛋数/枚	193
可入孵种蛋数/枚	185
平均孵化率/%	91
平均出健雏数/只	159

表3-3　爱拔益加商品代肉鸡生产性能

日龄/d	体重/kg	料肉比
42	2.08	1.74∶1
49	2.57	1.91∶1
56	3.07	2.09∶1
63	3.51	2.28∶1

7.艾维茵肉鸡

艾维茵肉鸡（图3-18）是美国艾维茵国际有限公司培育的配套白羽肉鸡品种，我国自1987年开始引进，是我国肉鸡饲养较多的品种。其外貌特征是：体型饱满，胸宽，腿短，黄皮肤，具有增重快、成活率高、饲料报酬高、适应性强的特点。可在我国绝大部分地区饲养、适宜集约化饲养场、规模鸡场、专业户饲养。其生产性能见表3-4和表3-5。

图3-18　艾维茵肉鸡

表3-4　艾维茵父母代肉鸡生产性能

项目	指标
开产日龄/d	175～182
产蛋数/枚	194.8
可入孵种蛋数/枚	184.5
平均孵化率/%	85
平均出健雏数/只	160

表3-5　艾维茵商品代肉鸡生产性能

日龄/d	体重/kg	料肉比
42	1.97	1.72∶1
49	2.45	1.89∶1
56	2.92	2.08∶1
63	3.36	2.27∶1

8.安卡红肉鸡

安卡红肉鸡（图3-19）原产于以色列，为四系配套的速生型黄羽肉鸡，其外貌特征是：体型大，单冠，黄腿，黄喙，肉髯、耳均为红色、肥大。具有适应性强、耐应激、生长速度快、饲料报酬高的特点，与我国地方鸡种杂交有较好的配合力，可在我国绝大部分地区饲养，适宜集约化鸡场、规模化养鸡场、专业户。其生产性能见表3-6和表3-7。

图3-19　安卡红肉鸡

表 3-6　安卡红父母代肉鸡生产性能

项目	指标
开产日龄/d	175
产蛋数/枚	176
可入孵种蛋数/枚	164
平均孵化率/%	87
平均出健雏数/只	140

表 3-7　安卡红商品代肉鸡生产性能

日龄/d	体重/kg	料肉比
42	2.01	1.75：1
49	2.41	1.94：1
56	2.88	2.15：1

9.哈巴德高产宽胸肉鸡

哈巴德高产宽胸肉鸡(图 3-20)是由美国哈巴德公司培育而成的。配套系为白羽毛、白蛋壳；商品鸡可羽速自别雌雄，有利于分群饲养；种鸡产蛋性能高，孵化率高，易于管理；商品肉仔鸡生产速度快，出肉率高，饲料转化率高，体型适中，适宜深加工和生产附加值高的产品，可在我国大部分地区饲养。其生产性能见表 3-8 和表 3-9。

图 3-20　哈巴德高产宽胸肉鸡

表 3-8　哈巴德高产宽胸父母代肉鸡生产性能

项目	指标
开产日龄/d	175
产蛋数/枚	180
可入孵种蛋数/枚	173
平均孵化率/%	86～88
平均出健雏数/只	135～140

表 3-9　哈巴德高产宽胸商品代肉鸡生产性能

日龄/d	体重/kg	料肉比
28	1.25	1.54：1
35	1.75	1.68：1
42	2.24	1.82：1
49	2.71	1.96：1

10.狄高肉鸡

狄高肉鸡(图 3-21)是由澳大利亚狄高公司培育而成的两系配套杂交肉鸡，父本为黄羽、母本为浅褐色羽，商品代皆黄羽。其特点是商品肉鸡生长速度快，与我国地方优良种鸡杂交，其后代生产性能好，肉质佳，可在我国大部分地区饲养。其生产性能见表 3-10 和表 3-11。

图 3-21　狄高肉鸡

表 3-10　狄高肉鸡父母代生产性能

项目	指标
开产日龄/d	175
产蛋数/枚	191
可入孵种蛋数/枚	177.5
平均孵化率/%	89
平均出健雏数/只	175

表 3-11　狄高商品代肉鸡生产性能

日龄/d	体重/kg	料肉比
42	1.81	1.88：1
49	2.12	1.95：1
56	2.53	2.07：1

11.红布罗肉鸡

红布罗肉鸡(图 3-22)是加拿大雪佛公司育成的大型肉鸡。其外貌特征是:体大,红羽,黄腿,黄皮肤,胸部肌肉发达。该品种鸡适应性好,抗病力强,生长速度快,肉质好,与我国地方品种肉鸡杂交效果好,可在我国大部分地区饲养。其生产性能见表 3-12 和表 3-13。

图 3-22　红布罗肉鸡

表 3-12　红布罗父母代肉鸡生产性能

项目	指标
开产日龄/d	168
产蛋数/枚	185
可入孵种蛋数/枚	172
平均孵化率/%	84
平均出健雏数/只	137～145

表 3-13　红布罗商品代肉鸡生产性能

日龄/d	体重/kg	料肉比
40	1.29	1.86：1
50	1.73	1.94：1
62	2.20	2.25：1

12.罗斯-308 肉鸡

罗斯-308 肉鸡(图 3-23)是由英国罗斯育种公司培育而成,父母代为四系配套,白羽,体大。其特点是:父母代繁殖力强,出雏数多,商品肉鸡可羽速自别,成活率高,生长快,屠宰率高,饲料报酬高,适宜全鸡生产及分割加工,畅销世界市场,可在我国大部分地区饲养。其生产性能见表 3-14 和表 3-15。

图 3-23　罗斯-308 肉鸡

表 3-14　罗斯-308 父母代肉鸡生产性能

项目	指标
开产日龄/d	168
产蛋数/枚	186
可入孵种蛋数/枚	177
平均孵化率/%	85
平均出健雏数/只	149

表 3-15　罗斯-308 商品代肉鸡生产性能

日龄/d	体重/kg	料肉比
42	1.67	1.81：1
49	2.09	2.01：1
56	2.50	2.15：1
63	2.92	2.28：1

13.海波罗-PN 肉鸡

海波罗-PN 肉鸡（图 3-24）是荷兰海波罗公司培育而成的新配套系鸡种,其父母代全为白色羽毛。其特点是:父母代繁殖力强,持续高产,饲料消耗低,商品肉鸡生长快,均匀度好,腹脂率低,抗病力强,能在各种不同的饲养管理条件下健康成长,可在我国大部分地区饲养。其生产性能见表 3-16 和表 3-17。

图 3-24　海波罗-PN 肉鸡

表 3-16　海波罗-PN 父母代肉鸡生产性能

项目	指标
开产日龄/d	161
产蛋数/枚	185
可入孵种蛋数/枚	178
平均孵化率/%	86
平均出健雏数/只	148

表 3-17　海波罗-PN 商品代肉鸡生产性能

日龄/d	体重/kg	料肉比
28	1.26	1.45：1
35	1.83	1.61：1
42	2.42	1.74：1
49	2.97	1.85：1

14.塔特姆肉鸡

塔特姆肉鸡由美国塔特姆公司培育而成。父系属考尼什型,体躯大,豆冠,黄腿,黄皮肤,黄喙,白羽;母系是杂交选育而成,单冠,黄喙,黄皮肤,白羽,可在我国大部分地区饲养。其生产性能见表 3-18 和表 3-19。

表 3-18　塔特姆父母代肉鸡生产性能

项目	指标
开产日龄/d	168
产蛋数/枚	174
可入孵种蛋数/枚	167
平均孵化率/%	85
平均出健雏数/只	143

表 3-19　塔特姆商品代肉鸡生产性能

日龄/d	体重/kg	料肉比
42	1.63	1.83：1
49	2.05	1.97：1
56	2.48	2.05：1
63	2.81	2.15：1

15.D 型矮洛克肉鸡

D 型矮洛克肉鸡原产于法国,属小型肉鸡品种。其外貌特征是:体小,白羽,黄喙,黄胫,黄皮肤,胫部短,比正常鸡胫短 1/3 左右。其特点是:产蛋量高,生长速度快,抗病力强,可在我国大部分地区饲养,适合笼养。其生产性能见表 3-20 和表 3-21。

表 3-20 D 型矮洛克父母代肉鸡生产性能

项目	指标
开产日龄/d	175
产蛋数/枚	173
可入孵种蛋数/枚	167
平均孵化率/%	86

表 3-21 D 型矮洛克商品代肉鸡生产性能

日龄/d	体重/kg	料肉比
49	1.71	2.15∶1
56	1.90	2.32∶1

二、我国培育的品种

1.京红 1 号

京红 1 号(图 3-25)是北京峪口禽业公司自主培育出的优良褐壳蛋鸡配套系。具有适应性强、开产早、产蛋量高、耗料低等特点,父母代种鸡 68 周龄可提供健母雏 94 只以上,商品代 72 周龄产蛋总量可达 19.4 kg 以上。父母代种鸡生产性能:育雏期成活率为 96%~97%,18 周龄公鸡体重 2 330~2 430 g,母鸡 1 410~1 510 g,68 周龄公鸡体重 2 800~2 900 g,母鸡 1 910~2 010 g;产蛋期成活率为 92%~94%;开产日龄 143~150 d,入舍鸡产蛋 268~278 枚。

2.京粉 1 号

京粉 1 号(图 3-26)是北京峪口禽业公司培育的,是利用褐壳蛋鸡高产系与白壳蛋鸡高产系相配套而成的。商品代雏鸡羽毛白色并有较小的黑色斑点,可以利用快慢羽自别雌雄。京粉 1 号具有适应性强、抗病力强、耐粗饲、产蛋量高、耗料低等特点,72 周龄产蛋总重可达 18.9 kg 以上,死淘率在 10% 以内,产蛋高峰稳定,90% 产蛋率可维持 6~10 个月。72 周龄蛋鸡体重达 1 700~1 800 g。

图 3-25 京红 1 号

图 3-26 京粉 1 号

3.农大 3 号

（1）农大褐 3 号

农大褐鸡原称农昌一号,是由原北京农业大学(现中国农业大学)利用从美国引进的 MB 小型褐壳种鸡育种素材与该校的纯系蛋鸡杂交后育成的优良蛋鸡品种。由于在育种过程中导入了矮小型基因（dw）,因此这种鸡腿短、体格小,体重比普通蛋鸡约小 25%。农大褐 3 号(图 3-27)占地面积小,饲料报酬高,性情温驯,由于品种关系其体型、蛋重、蛋壳颜色更加趋近于土鸡,尤其蛋黄颜色要比普通鸡蛋深,味感更接近土鸡。农大褐鸡的父本两系均为红褐羽色,称为合成红,母本两系均为白色,称为合成白,商品鸡可用羽速自别雌雄。

商品代生产性能:1～120 日龄成活率大于 96%,产蛋期成活率大于 95%,开产(产蛋率达 50%)日龄 146～156 d,72 周龄入舍鸡产蛋数 281 枚,平均蛋重 53～58 g,120 日龄体重 1 250 g,成年体重 1 600 g,育雏育成期耗料 5.7 kg,产蛋期平均日耗料 90 g。

（2）农大 3 号粉壳蛋鸡

农大 3 号粉壳蛋鸡(图 3-28)是由中国农业大学培育的蛋鸡良种。由于在育种过程中导入了矮小型基因（dw）,因此这种鸡腿短、体格小,体重比普通蛋鸡约小 25%,粉壳蛋鸡比普通蛋鸡的饲料利用率提高 15% 以上。进行林地或果园放养具有易管理、效益高、蛋质好等优点。

商品代生产性能:1～120 日龄成活率大于 96%,产蛋期成活率大于 95%,开产(产蛋率达 50%)日龄 145～155 d,72 周龄入舍鸡产蛋数 282 枚,平均蛋重 53～58 g,120 日龄体重 1 200 g,成年体重 1 550 g,育雏育成期耗料 5.5 kg,产蛋期平均日耗料 89 g。蛋壳颜色为粉色。

图 3-27　农大褐 3 号

图 3-28　农大 3 号粉壳蛋鸡

4.新杨蛋鸡

（1）新杨白壳蛋鸡配套系

新杨白壳蛋鸡配套系(图 3-29)是由上海新杨家禽育种中心主持培育的蛋鸡配套系新品种。该配套系是在利用从国外引进的纯系蛋鸡育种资源的基础上,通过产学研相结合的方式,以国内蛋鸡优良品种的市场需求为导向,运用系统选育的方法,经过 3 年时间选育的白羽白壳蛋鸡新配套系。在蛋鸡配套系选育的过程中,拥有了纯系合成、品系配套、疾病净化等多项育种专用技术。纯系的进一步选育,着重对蛋品质、产蛋量、饲料消耗进行选择,进一步提高纯系的生产性能和抗应激性能。针对商品代母鸡的一些表型性状,如毛色、肤色、蛋色以及商品代母鸡的饲料转化率等性状进行选择。

新杨白壳蛋鸡具有典型的单冠白来航蛋鸡特征。公、母雏外貌特征:喙上缘无绒毛,全身白

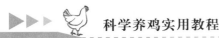

色,占98%,全身雪白色,占2%,脚色为黄偏红。商品鸡20周龄体重1 300~1 400 g,1~18周龄耗料5.0~5.5 kg;达50%产蛋日龄142~147 d,高峰期产蛋率为92%~95%;72周龄产蛋量295~305枚,72周龄总产蛋重18~19 kg,平均蛋重61.5~63.5 g,料蛋比(2.08~2.2):1,产蛋期日耗料108~110 g/只,72周龄体重1 650~1 700 g,产蛋期成活率为91%~94%。

(2)新杨绿壳蛋鸡配套系

新杨绿壳蛋鸡配套系(图3-30)是由上海新杨家禽育种中心主持培育的蛋鸡配套系鸡种。以家系选择和DNA标记辅助选择为基础,进行纯系选育和杂交配套。在营养调控、疾病进化、饲养管理和产品加工等方面进行多方面研究,通过产学研相结合的方式,培育出的低胆固醇、高效功能性绿壳蛋鸡品系。公、母雏喙上缘无绒毛。60%全身花毛,带黑点;40%全身花毛,带红点,脚均为黑青色。成年母鸡为花羽偏黑、青腿产绿壳蛋、绿壳率占85%。

新杨绿壳蛋鸡父母代主要生产性能:1~18周龄存活率为96%,1~18周龄耗料6.01 kg,18周龄体重1 240 g。50%产蛋率日龄为141 d,高峰产蛋率为90%,75周龄入舍母鸡产蛋数293枚,淘汰体重1 620 g。

新杨绿壳蛋鸡商品代主要生产性能:18周龄体重960 g,1~18周龄成活率为95%~97%,1~18周龄耗料5.8 kg。50%产蛋率周龄为22周龄,高峰产蛋率为88%~90%,72周龄产蛋量227~238枚,平均蛋重48.8~50 g,产蛋期日耗料85 g/只,淘汰体重1 475 g。

图3-29　新杨白壳蛋鸡配套系　　　　图3-30　新杨绿壳蛋鸡配套系

(3)新杨褐壳蛋鸡配套系

新杨褐壳蛋鸡配套系(图3-31)是由上海新杨家禽育种中心主持培育的褐羽褐壳蛋鸡配套系。该配套系是在利用从国外引进的纯系蛋鸡育种资源的基础上,通过产学研相结合的方式,以国内蛋鸡优良品种的市场需求为导向,经过5年系统选育成的蛋鸡新配套系。在蛋鸡配套系选育的过程中,应用了纯系合成、品系配套、疾病净化等多项育种技术,着重对蛋品质、产蛋量、繁殖力、配合力、饲料消耗、表型性状(毛色、肤色、蛋色)等进行选择,进一步提高配套系的生产性能和抗应激性能。新杨褐壳蛋鸡外貌特征一致,主要经济性状遗传稳定。经国家家禽生产性能测定站的测定,该配套系还具有无鸡白痢、高成活率、高孵化

图3-31　新杨褐壳蛋鸡配套系

率、饲养综合效益高等特点。

新杨褐壳蛋鸡成年母鸡为红色单冠、褐羽,喙、腿黄色,产褐壳蛋。该鸡1~18周龄成活率为96%~98%,18周龄体重1 480 g,达50%产蛋日龄140~152 d,高峰期产蛋率为92%~98%,72周龄入舍鸡产蛋量280~310枚,72周龄总产蛋重17~20 kg,全期平均蛋重61.5~64.5 g,20~68周龄料蛋比(2.05~2.25):1,产蛋鸡淘汰体重2 000 g。

三、优良地方品种

1.三黄鸡系列品种

(1)广西三黄鸡

广西三黄鸡(图3-32)原产于广西东南部的桂平、平南、藤县、苍梧、贺县、岭溪、容县等地,广西容县三黄鸡原种场负责保种。广西三黄鸡肉质优良,是广西、广东、香港和澳门等地区用来制作白斩鸡的主要原料鸡,在华南土鸡市场占有率较高。广西三黄鸡体型小巧、外貌华丽、柔嫩骨细,具有三黄特征。羽色金黄,光泽好,脚矮细,早熟。公鸡70 d出栏重1 100 g,母鸡(刚开产)110 d出栏重1 400 g。150~180 d开产,年产蛋80枚,蛋重42 g,蛋壳浅褐色。

(2)正阳三黄鸡

正阳三黄鸡(图3-33)原产于河南省正阳、汝南、确山三县,正阳县三黄鸡原种场负责保种。正阳三黄鸡属蛋肉兼用鸡种,体格较小,体态匀称,结构紧凑,具有黄喙、黄羽、黄脚三黄特征。冠型分为单冠、复冠两种,单冠直立,占86%。公鸡全身羽毛金黄色,主翼羽黄褐色,尾羽黑褐色;母鸡颈羽黄色,较躯干羽色略深,带金光。胸圆,肌肉发达。成年鸡体重:公鸡2 000 g,母鸡1 500 g。150日龄半净膛率:公鸡81.0%,母鸡80.0%;全净膛率:公鸡72.0%,母鸡72.0%。母鸡194 d开产,年产蛋153枚,蛋重52 g,蛋壳呈褐色。

图3-32 广西三黄鸡

图3-33 正阳三黄鸡

(3)岑溪三黄鸡

岑溪三黄鸡(图3-34)是广西供港澳地区的历史名鸡,经过了严格系统选育。该鸡体型小巧、外貌华丽、柔嫩骨细、爱啄好动。当地推行"鸡场+养殖户+客户"的经营管理模式,把商品肉鸡全部发放给养殖户在山坡果园中放牧饲养。140~150 d上市,体重1 300 g。开产日龄145 d,年均产蛋145枚。阉鸡180~200 d上市,体重2 100 g。

(4)宁都三黄鸡

宁都三黄鸡(图3-35)也称江西黄鸡,属于肉蛋兼用型,原产于江西省宁都县及其周边县市,宁都黄鸡原种场保种。江西黄鸡肉质鲜美,蛋营养价值高。宁都三黄鸡体型小而清秀,母鸡羽毛紧凑,匀称秀丽。头小,单冠,颈细长,背平直,两翼紧贴,尾羽翘起,骨细。毛色以黄色、白色较多,腿为黄色。成年公鸡体重 1 250～1 500 g,母鸡750～1 200 g,年产蛋120 枚,蛋重40～45 g,蛋壳白色。性情活泼好动,觅食力强,易受惊吓。项鸡上市体重较小,属高档型肉鸡,鸡肉味浓。上市日龄110 d 以上,上市体重 1 100～1 200 g。

图 3-34　岑溪三黄鸡

图 3-35　宁都三黄鸡

(5)溧阳鸡

溧阳鸡(图 3-36)原产于江苏省溧阳县。外貌特征:体大、胸宽,羽毛、喙和腿多为黄色,体躯呈方形,羽毛生长快,公鸡单冠直立,羽毛多为黄色和橘黄色。母鸡呈草黄色,少数黄麻色。成年公鸡体重3.8 kg,母鸡2.6 kg左右。开产日龄 243 d,500 日龄平均产蛋 145 枚,蛋重57.2 g。优点:觅食能力强,产蛋多,肌肉丰满,肉质好;缺点:有啄癖,增重慢。

图 3-36　溧阳鸡

适养地区:我国江南的山区和丘陵地区,以放养方式为佳。其屠宰性能见表3-22。

表 3-22　溧阳鸡屠宰性能　　　　　　　　　　　　%

日龄	性别	半净膛屠宰率	全净膛屠宰率	日龄	性别	半净膛屠宰率	全净膛屠宰率
90	公鸡	82.0	71.9	成年	公鸡	87.5	79.3
	母鸡	83.2	72.0		母鸡	85.4	72.9

2.乌骨鸡

(1)丝毛乌骨鸡

丝毛乌骨鸡(图 3-37)又称泰和鸡,属药用型或玩赏型,是现代消费者喜爱的食用鸡之一。原产江西省泰和县,分布很广,现在全国各地都有分布。体型小巧,性情温顺,行动迟缓,肌肉不丰满。冠型有桑葚冠和单冠两种,呈紫色。喙、胫和脚为黑色。羽色复杂,有白羽、黑羽、红羽、麻色和其他羽色等。羽毛的形状有丝羽和片羽2 种。成年公鸡体重 1 250～1 500 g,母鸡体重 1 000～1 250 g。开产日龄为170～205 d,年产蛋 75～150 枚,平均蛋重 42 g,蛋壳浅褐色。该品种鸡以其紫冠、缨头、绿耳、胡须、五爪、毛脚、丝毛、乌皮、乌肉、乌骨等"十全"特征而出名。

(2)余干乌骨鸡

余干乌骨鸡(图 3-38)原产于江西省余干县和城南县,属药用型鸡种,全身羽毛乌黑,喙、冠、皮、肉、骨、趾均为乌黑色。母鸡单冠,头清秀,羽毛紧凑,丰满;公鸡单冠,呈暗紫红色,肉垂宽而薄,体形呈菱形。成年公鸡体重1 585 g,母鸡体重1 250 g。成年鸡半净膛率:公鸡85.1%,母鸡80.1%;全净膛率:公鸡71.2%,母鸡65.3%。余干乌骨鸡开产日龄156 d,500日龄产蛋157枚,蛋重48 g。

图3-37　丝毛乌骨鸡　　　　　　　　图3-38　余干乌骨鸡

3.东乡绿壳蛋鸡

东乡绿壳蛋鸡(图3-39)原产地为江西省东乡县,中心产区为东乡县长林乡,主要分布于东乡县各乡镇,江苏、湖南、陕西、湖北等省也有分布。东乡绿壳蛋鸡体形呈菱形。有少数个体羽色为白色、麻色或黄色。单冠直立,冠、喙、皮、肉、骨、胫、趾多呈乌黑色。公鸡冠呈暗紫色,肉髯长而薄;母鸡头清秀,羽毛紧凑。雏鸡腹部有灰白色绒毛。

图3-39　东乡绿壳蛋鸡

东乡绿壳蛋鸡开产日龄170~180 d,平均开产蛋重30 g,500日龄平均产蛋数152枚,300日龄平均蛋重48 g,500日龄平均蛋重49.6 g,平均种蛋受精率为90%,平均受精蛋孵化率为83%,就巢率约为5%。12周龄体重公鸡790 g,母鸡640 g。成年公鸡体重1 809.6 g,半净膛屠宰率为78.40%,全净膛屠宰率为64.50%;成年母鸡体重1 307.8 g,半净膛屠宰率为81.75%,全净膛屠宰率为63.25%。

4.仙居鸡

仙居鸡(图3-40)又称梅林鸡,是浙江省的优良小型蛋用地方鸡种。主要产区在浙江省仙居县及邻近的临海、天台等县,分布于浙江省东南部。仙居鸡头部大小适中,面部清秀。单冠,公鸡的冠直立;母鸡的冠较矮。肉垂为中等大,较薄;耳叶为椭圆形,均为鲜红色。公鸡羽毛为黄红色,母鸡的羽色以黄色为主。仙居鸡体型轻小,体态匀称,骨骼纤细,全身羽毛紧密贴体,体型结构紧凑,体态匀称,头昂胸挺,尾羽高翘,背平直,反应敏捷,易受惊,善飞跃,具有蛋用型鸡的典型特征。经多年选育,现黄羽毛色已较一致。

仙居鸡开产日龄为150 d左右,年产蛋量160~180枚,蛋重42 g左右,蛋壳颜色以浅褐色为主。生长速度和肉质较好,180日龄公鸡体重1 256 g,母鸡953 g;性比按1:(16~20)配种,受精率为94.3%,受精蛋孵化率为83.5%。

5.白耳黄鸡

白耳黄鸡(图 3-41)又称白银耳鸡、上饶自耳鸡、江山白耳鸡,因其全身羽毛黄色、耳叶白色而闻名。它是我国稀有的白耳鸡种。原主要产区在江西省广丰县、玉山县、上饶县和浙江省江山县。

白耳黄鸡属我国稀有的白耳蛋用早熟鸡种。体型矮小,体重较轻,羽毛紧凑,但后躯宽大,具有蛋用型鸡种体型。白耳黄鸡的选择以三黄一白的外貌为标准,即黄羽、黄喙、黄脚、白耳。单冠直立,耳垂大,呈银白色,虹彩金黄色,喙略弯,黄色或灰黄色,全身羽毛黄色,大镰羽不发达,黑色有绿色光泽,小镰羽橘红色,皮肤和胫部黄色,无胫羽。成年鸡体重:公鸡 1 450 g,母鸡 1 190 g。白耳黄鸡成年鸡半净膛率:公鸡 83.3%,母鸡 85.3%;全净膛率:公鸡 76.7%,母鸡 69.7%。开产日龄 152 d,年产蛋量 184 枚,蛋重 55 g,蛋壳呈深褐色。

图 3-40　仙居鸡

图 3-41　白耳黄鸡

6.土柴鸡

土柴鸡(图 3-42 和图 3-43)又名土鸡、柴鸡、草鸡或笨鸡,是本地鸡经过长期品种间杂交而形成的特有品系。其繁衍后代的羽毛色泽相互之间差异较大,有"黑、红、黄、白、麻"等多种颜色,脚的皮肤也有黄色、黑色、灰白色等。故要选养适宜消费市场的品种,如三黄鸡、茶花鸡、麻鸡均属于此类品种。

从外观上看,土鸡的头很小、体型紧凑、胸腿肌健壮、鸡爪细;冠大直立、色泽鲜艳。仿土鸡接近土鸡,但鸡爪稍粗、头稍大。快速型鸡则头和躯体较大,鸡爪很粗,羽毛较松,鸡冠较小。

土鸡皮肤薄、紧致,毛孔细,是呈网状排列的,肤色偏黄、皮下脂肪分布均匀。

图 3-42　庭院散养土柴鸡

图 3-43　规模散养土柴鸡

7.浦东鸡

浦东鸡(图3-44)原产于上海市南汇、奉贤、川沙县沿海。

外貌特征:体大,黄羽,黄喙,黄脚,近似方形,单冠、肉垂,耳叶和脸均为红色。成年公鸡有黄胸黄背、红胸红背和黑胸红背3种;成年母鸡全身金黄,有胫羽和足上羽。成年公鸡体重可达4 kg,母鸡体重3 kg,年产蛋100～130枚,蛋重58 g。优点:肉肥质优,生长速度快,饲料报酬高;缺点:产蛋量低,就巢性强。

适养地区:我国不同地区规模养鸡场、专业户。其生长及屠宰性能见表3-23和表3-24。

图3-44　浦东鸡

表3-23　浦东鸡生长性能　　　　g

性别	初生重	30日龄	60日龄	90日龄	180日龄
公鸡	36.4	250.0	767.5	1 600.0	3 346.0
母鸡	36.4	250.0	678.5	1 250.0	2 213.0

表3-24　浦东鸡屠宰性能　　　　%

性别	半净膛屠宰率	全净膛屠宰率
公鸡	85.11	80.06
母鸡	84.76	77.32

8.桃源鸡

桃源鸡(图3-45)主要产于湖南省桃源县中部,长沙、岳阳、郴州等地也有分布。

外貌特征:体型高大、结实,单冠,青脚,羽毛金黄或黄麻。公鸡性好斗,侧视呈"U"字形,冠直立;母鸡体高,性情温顺,后躯浑圆,近似方形,母鸡冠倒向一侧。成年公鸡平均体重达3.37 kg,母鸡2.94 kg。平均开产日龄为195 d,年产蛋70～120枚,平均蛋重53.59 g,优点:肉质细嫩,肉味鲜美,富含脂肪;缺点:性成熟晚,产蛋量低。

图3-45　桃源鸡

适养地区:湖南省南方广大山区丘陵地区饲养,以放养方式为佳。其生产及屠宰性能见表3-25和表3-26。

表3-25　桃源鸡生长性能　　　　g

性别	初生重	30日龄	60日龄	90日龄	180日龄
公鸡	41.9	192.7	481.7	1 093.4	2 387.0
母鸡	41.9	192.7	481.7	862.0	1 833.1

表3-26　桃源鸡屠宰性能　　　　%

性别	半净膛屠宰率	全净膛屠宰率
公鸡	84.90	75.90
母鸡	87.06	73.56

9.惠阳胡须鸡

惠阳胡须鸡(图3-46)主要产于广东省惠阳地区。

外貌特征:体质结实,头大、颈粗,胸深、背宽,胸肌发达,后躯呈葫芦瓜形,丰满,下颚有发达而张开的胡须状髯羽,单冠直立。公鸡背部羽毛枣红色;母鸡全身羽毛紫色,脚黑色。成年公鸡体重2.1～2.3 kg,母鸡体重1.5～1.8 kg。开产日龄为150 d,年产蛋45～50枚,平均蛋重45.8 g。优点:早熟易肥,脂肪沉积能力强,肉质鲜美,是我国活鸡出口量较大、经济价值较高的传统品种;缺点:产蛋量低,就巢性强。适养地区:广东省沿海山区坡地饲养,以放养方式为佳。其生长及屠宰性能见表3-27和表3-28。

图3-46 惠阳胡须鸡

表3-27 惠阳胡须鸡生长性能　　g

性别	初生重	35日龄	84日龄	105日龄
公鸡	31.6	250.0	1 140.0	1 400.0
母鸡	31.6	250.0	845.0	1 015.0

表3-28 惠阳胡须鸡屠宰性能　　%

性别	半净膛屠宰率	全净膛屠宰率
120日龄公鸡	86.6	81.2
150日龄母鸡	87.5	78.7

10.北京油鸡

北京油鸡(图3-47)主要产于北京市郊区。

外貌特征:该鸡体型不大,羽毛发达,具有单冠羽和胫羽,不同个体的颈下或颈部生有髯须。通常把这"三羽"看作北京鸡的主要特征,即"凤头、毛腿和胡子嘴"。公鸡体重2.5～3 kg。优点:屠体皮肤微黄,紧凑丰满,肌间脂肪分布好,肉质细嫩,适用烹调,为肌肉中上品,该鸡耐粗饲,适应性强,容易饲养;缺点:生长慢,就巢性强。一般在农家散养条件下,200日龄开产,年产量110枚左右,良好饲养条件下年产蛋125枚,蛋重56 g左右。

图3-47 北京油鸡

适养地区:我国不同地区、不同规模、不同方式饲养。其生产及屠宰性能见表3-29和表3-30。

表3-29 北京油鸡生长性能　　g

性别	初生重	28日龄	56日龄	84日龄	102日龄	140日龄
公鸡	38.4	220.0	549.1	959.7	1 128.1	1 500
母鸡	38.4	220.0	549.1	959.7	1 128.1	1 500

表3-30 北京油鸡屠宰性能　　%

性别	半净膛屠宰率	全净膛屠宰率
公鸡	83.5	76.6
母鸡	70.7	64.0

11.河田鸡

河田鸡(图3-48)产于福建省长汀、上杭两县。

外貌特征:鸡体宽深,颈粗,躯短,近似方形,羽毛黄色,黄胫,单冠分叉,躯体浑圆。成年公鸡体重1.7 kg左右,母鸡1.2 kg左右。开产日龄180 d左右,年产蛋量100枚左右,蛋重42.9 g。优点:屠宰丰满,皮薄骨细,肉质细嫩,肉味鲜美,肥嫩适口;缺点:生长速度慢,就巢性强,屠宰率低。

适养地区:我国东南沿海山区、丘陵地带饲养,以散养方式为佳。其生产性能见表3-31。

图3-48 河田鸡

表3-31 河田鸡生长性能　　　　g

性别	初生重	30日龄	90日龄	150日龄
公鸡	30.7	111.6	588.6	1 294.8
母鸡	29.6	91.4	488.1	1 093.7

12.略阳鸡

略阳鸡(图3-49)原产于陕西省秦岭以南的略阳、勉县、宁强、城固、洋县、西乡诸县的山区和丘陵地区。以略阳和勉县的鸡种为优。

外貌特征:体大,是我国目前最大的乌皮鸡种,腿长,体躯略偏长,胸部较宽,多单冠,喙黑色稍弯曲,胫为乌色,公鸡羽有黑、红、白3种,母鸡有黑、麻、白3种。成年公鸡体重2.8 kg,母鸡2.5 kg。开产日龄240 d,500日龄平均产蛋100枚,蛋重60 g。优点:肉细嫩、味鲜香,皮下脂肪少,胸肌和腿肌发达,肌体较细,母鸡肉最佳,耐粗饲,抗病力强,耐干旱;缺点:产蛋率低,就巢性强,生长速度慢。

图3-49 略阳鸡

适养地区:可在我国南北不同山区饲养。其生产及屠宰性能见表3-32和表3-33。

表3-32 略阳鸡生长性能　　　　g

性别	初生重	30日龄	60日龄	90日龄	120日龄	150日龄	180日龄
公鸡	39.3	189.0	617.0	1 225.0	1 788.0	2 402.0	2 759.0
母鸡	39.3	189.0	546.0	1 009.0	1 735.0	1 629.0	1 937.0

表3-33 略阳鸡屠宰性能　　　%

性别	半净膛屠宰率	全净膛屠宰率
公鸡	85.6	80.4
母鸡	82.3	77.0

13.大骨鸡

大骨鸡(图3-50)原产于辽宁省庄河县,还分布于吉林、黑龙江、山东等省。

外貌特征:体型高大,骨架大,胸背宽长,腿高粗壮,腹部丰满,喙、胫、趾均黄色,公鸡羽毛棕红色或棕色,尾羽黑色、有光泽,母鸡羽毛多呈麻黄色,头颈粗壮,单冠、耳叶、肉垂均红色。成年公鸡体重达2.9 kg,母鸡2.3 kg。开产日龄213 d,年平均产蛋160枚,蛋重62～64 g。优点:胴体肥瘦适中,肉味鲜美,具有较强的抗寒和抗干燥性气候能力,觅食能力强;缺点:性成熟晚,屠宰率低。

适养地区:我国北方地区饲养。其生产性能见表 3-34。

图 3-50　大骨鸡

表 3-34　大骨鸡生长性能　　　　g

性别	30 日龄	60 日龄	120 日龄	150 日龄	180 日龄
公鸡	650.0	1 039.5	1 478.0	1 771.0	2 223.5
母鸡	334.0	881.0	1 115.0	1 202.0	1 784.5

14.霞烟鸡

霞烟鸡(图 3-51)产于广西容县。

外貌特征:体躯短圆,胸宽深,外形呈方形,羽毛浅黄,单冠,颈粗短,羽毛紧凑,常分离出 10% 左右的裸颈、裸体鸡。成年公鸡平均体重 2.2 kg,母鸡 1.7 kg。开产日龄 170～180 d,年产蛋量 80～110 枚,蛋重 43.6 g。优点:该鸡屠体美观,肉质嫩滑,味道鲜;缺点:脂肪易沉积,长速慢,就巢性强。

适养地区:可在我国不同地区饲养,饲养方式以笼养为佳。其生长与屠宰性能见表 3-35 和表 3-36。

图 3-51　霞烟鸡

表 3-35　霞烟鸡生长性能　　　　g

性别	初生重	30 日龄	60 日龄	90 日龄	120 日龄	150 日龄
公鸡	29.0	191.8	536.0	922.0	1 281.0	1 595.0
母鸡	29.03	171.4	444.0	776.0	1 078.0	1 293.0

表 3-36　霞烟鸡屠宰性能　　%

性别	半净膛屠宰率	全净膛屠宰率
公鸡	82.4	69.2
母鸡	87.9	81.2
阉割鸡	84.8	74.8

15.文昌鸡

文昌鸡(图 3-52)原产于海南省文昌市一带。

外貌特征:体型中等,具有"三黄三短"特征,三黄即嘴黄、脚黄、皮黄,三短即嘴短、颈短、脚短,单冠直立,冠片一般 5～7 个。成年鸡羽毛黄黑相间,颈羽、主翼羽、主尾羽为黑色;公鸡头大、冠大,母鸡头小,体呈楔形,雏鸡羽绒为黄色。成年公鸡体重 2.0 kg 左右,母鸡体重1.7 kg左右。优点:胸肌发达,肌肉纤细,皮薄,皮下脂肪分布均匀,育肥性能好,屠宰率高;缺点:不适合笼养,环境适应力差。母鸡开产日龄为 160～210 d,年产蛋 70～80 枚。6 月龄母鸡和 8 月龄公鸡,体重分别可达到 1～1.3 kg、1.5～1.8 kg。

适养地区:该鸡只适合在海南山区、丘陵地带饲养,以自由采食为主,并辅助人工饲喂当地果、粮,提高生长速度,保持鸡肉的风味。

图 3-52 文昌鸡

16.寿光鸡

寿光鸡(图 3-53)原产于山东省寿光县。有大型和中型两种,少数是小型的。

外貌特征:大型寿光鸡外貌雄伟,体躯高大,骨骼粗壮,体长胸深,胸部发达,胫高而粗,体型近方形。成年鸡全身羽毛黑色,颈背面、前胸、背、鞍、腰、肩、翼羽、镰羽等部位呈深黑色,并有绿色光泽。其他部位羽毛略淡,呈黑灰色。单冠,公鸡冠大而直立;母鸡冠形有大小之分,喙、胫、趾灰黑色,皮肤白色。大型成年鸡体重:公鸡3 610 g,母鸡3 310 g;中型成年鸡体重:公鸡2 880 g,母鸡2 340 g。优点:适应性和抗逆性强,遗传性能稳定,蛋肉品质皆优;缺点:产蛋量低,就巢性强。成

图 3-53 寿光鸡

年鸡屠宰率:大型鸡半净膛公鸡83.7%,母鸡80.3%;中型鸡半净膛公鸡83.7%,母鸡77.2%;大型鸡全净膛公鸡72.3%,母鸡65.6%;中型鸡全净膛公鸡71.8%,母鸡63.2%。开产日龄:大型鸡240~270 d,中型鸡190~210 d。年产蛋:大型鸡90~100 枚,中型鸡120~150 枚。蛋重:大型鸡65~75 g,中型鸡60~65 g,蛋壳呈褐色。

适养地区:适合我国不同地区适养。

二维码 3-1
蛋鸡品种介绍

二维码 3-2
肉鸡品种介绍

第三节　鸡种选择要点

一、市场需求

鸡的主要产品是商品鲜鸡蛋和商品肉仔鸡。由于欧洲市场上消费者偏爱褐壳鸡蛋,我国为了出口,也鼓励发展褐壳蛋鸡生产,形成了目前蛋鸡生产以褐壳蛋鸡为主的局面。但国内消费者随着对营养的科学认识,对蛋壳颜色已无明显的偏好,近年来白壳蛋鸡生产呈现上升趋势。白壳蛋鸡与褐壳蛋鸡各有特色,前者体型轻小、性成熟较早、耗料少、饲料转化率较高,但胆小易惊、易产生应激;而后者则性情温顺、易于管理,因其体型较大,属中型蛋鸡,耗料较多,而二者的总产蛋重不相上下,在引种的选择上要充分考虑。

根据我国的实际情况,北方地区肉鸡产品应以发展快大型肉鸡为主,并要高度重视产品的深加工。在我国南方地区以及东南亚地区,华人消费群体喜爱有色羽肉鸡,特别是黄羽和其他有色羽肉鸡和乌骨鸡。

1.蛋鸡的市场需求

市场需求是一只无形的大手,它在推动生产企业正确地配置资源,以满足人们的消费需要。我国鸡蛋生产的现状是,供大于求,人均鸡蛋消费量远远高于世界平均水平,鸡蛋生产已明显开始从数量型向质量型转变。

在选择品种时要认真分析拟选品种的特点,优良鸡种应具备高的产蛋性能,年平均产蛋率达$75\%\sim80\%$,平均每只入舍母鸡年产蛋 $16\sim18$ kg。有很强的抗应激能力,抗病力、育雏成活率、育成率和产蛋期存活率都能达到较高水平。体质强健,体力充沛,能持续高产。蛋壳质量好,即使在产蛋后期和夏季仍保持较小的破蛋率。

饲养者经验不足、栏舍条件较差的情况下,首选抗病力和抗应激能力较强的鸡种。养殖经验丰富、栏舍条件具备、环境控制得力的情况下,首选产蛋性能突出的鸡种。鸡蛋以枚计价销售和小蛋好销的区域,可选择体型小、蛋重小的鸡种。以称重销售和大蛋好销的地区,则养体型大、蛋重大的鸡种。寒冷地区应饲养抗寒能力强、体重稍大的鸡种。天气炎热的地带可饲养体型较小,抗热能力强的鸡种。选购鸡种必须在有生产许可证、有很强的技术力量、规模较大、管理正规、没发生严重疫情的种鸡场购雏。管理混乱、生产水平不高的种场,很难提供具有高产能力的健康雏鸡。在考虑市场需求时重点是以下因素。

（1）蛋壳颜色

地方品种所产的鸡蛋绝大多数是粉壳鸡蛋,粉壳鸡蛋开始大受欢迎;具有明显特色的绿壳鸡蛋销售价格更具优势。

（2）蛋重大小

过去人们对蛋重较小的鸡蛋(50 g 以下)不喜欢,因为较小鸡蛋蛋壳所占比例高;但现在地方品种鸡的蛋重多数较轻,过大的鸡蛋反而不好销售,这种现象在粉壳鸡蛋销售中普遍存在。

（3）蛋壳质量

在鸡蛋选择、处理、包装、运输、销售过程中,蛋壳质量不佳的鸡蛋可能破损;蛋壳质量虽然受饲喂管理的影响大,但与鸡的品种也有关系。

2.肉鸡的市场需求

养殖户可以根据当地肉鸡消费的特点,确定养殖的品种。如当地有肉鸡加工企业或大型肉鸡公司,快长型肉鸡品种销路好,就可以饲养艾维茵肉鸡、AA肉鸡、罗曼肉鸡等,还可以选择"公司＋农户"的饲养方式饲养肉鸡;如果本地区对土种鸡的需求量较大,就可以饲养我国的地方品种肉鸡。无论选择哪个品种,只要加强饲养管理,产销对路,都能取得比较好的经济效益。

养殖快长型肉鸡品种对饲料以及饲养环境要求相对较高,鸡舍建设投入相对较高,因此应根据自己的经济条件选择鸡品种,一开始规模不应太大。如资金较少,可以建简易的大棚饲养一些适应能力和抗病力较强的地方品种。

二、企业的基本情况

根据企业自身的条件选择品种。

1.市场定位

企业生产的产品是走高端产品,还是普通产品。

2.资金

企业的资产负债率和自有资金情况会影响到对品种的选择。

3.技术力量

企业技术人员的饲养管理水平和经验能力会影响对品种的选择。

4.销售渠道

自销或包销,产品进超市还是农贸市场,都会影响到对品种的选择。

三、拟选品种的特点

1.快大型肉鸡品种的选择

目前,国内快大型肉鸡呈现出AA肉鸡、罗斯308和科宝500三个品种三分天下的局面。从市场占有率来看,AA肉鸡的市场份额达到47.8％,位居第一,罗斯308和科宝500的市场份额分别占到31.4％和20.8％,位居第二和第三。

我们可以根据饲养者对肉鸡的不同市场目标与需求对快大型肉鸡品种进行选择。从广义上讲,对待肉鸡的市场需求可分为3个不同的方向。第一个是追求高繁殖性能的种鸡,同时商品肉鸡的生长速度要快,且上市体重小于2kg;第二个是侧重于商品肉鸡的性能,兼顾出肉率,对繁殖性能要求不高;第三个是深加工型的,强调商品肉鸡的性能,特别注重产肉量。饲养者的最终产品,如果是以活鸡的形式上市,就地销售,可以按照第一个标准去筛选;如果产品是以屠宰的分割的形式销售的,则可按照第二个标准去筛选;如果产品以深加工形式上市的,则可按照第三个方式筛选。

确定了饲养肉鸡品种的大致方向后,第二步就是要针对当地饲养的肉鸡品种情况,分析判断当地饲养的主流品种。尽可能多地了解到不同的肉鸡品种在当地的实际的饲养效果,以及不同品种间饲养的难易程度比较。

2.优质肉鸡品种的选择

优质肉鸡是我国肉鸡养殖业的一大特色,广东省黄羽肉鸡出栏量占全国总量的20％以上。除了供应省内消费外,还占据了港澳地区80％以上的市场份额。随着市场经济的日趋完善,人们生活水平不断提高,广西、海南、云南、福建、浙江、江苏、湖南、湖北、江西、上海以及长江中下游沿江各大中城市对优质黄羽肉鸡的需求正迅速增加。

总的来说,对于优质鸡品种的选择,可以从以下几个性状着手:体型外貌、生长、繁殖、早熟性、健康与生活力以及肉质性状。一直以来,优质鸡的销售方式是以活鸡为主,优质鸡的体型外貌直接影响其销售的价格,虽然大部分体型外貌与肌肉质量并无本质的联系,但不同体型外貌与上市价格相差很大。随着优质鸡体型外貌的相对稳定,对优质鸡的生长性能和种鸡的繁殖性能以及优质鸡的肉质和生活力等性状越来越重视。

　　体型外貌性状:是指鸡的外貌特征,不同地区对体型外貌性状的要求差异较大,如两广地区要求羽毛为黄色或米黄色、肤黄、脚黄、尾巴短、脚矮、身体浑圆、鸡冠高且红润等,而华东地区要求麻羽或纯黄羽、脚色为青色、脚高、冠高、尾巴要长且上翘等。

　　生长性状:包括早期体重、体增重、群体体重均匀度、饲料转化率。不同类型的优质鸡均有各自的上市体重规格和要求,需要注意的是关注生长速度指标的同时,还要兼顾到抗病力的强弱。

　　种鸡繁殖性能:包括产蛋量、产蛋合格率、受精率、受精孵化率等性状。对于含地方品种血缘较多的优质型品种,还要关注就巢性。

　　早熟性:一般指性早熟。鸡冠作为最重要的第二性征,也成为最重要的早熟性性状,近年来越来越受大家重视,越是高档的优质鸡受重视程度越高,一般都要求鸡冠高而肉质厚、直立、红而亮。

　　肉质性状:主要肉质指标包括风味物质含量(如羰基化合物、肌苷酸、2,4-癸二烯醛等)、肌纤维直径、肌间脂肪、肌内脂肪以及嫩度等。

　　由于我国有众多的优质肉鸡品种,体型外貌相差较大,相对快大型肉鸡而言,优质肉鸡的市场细分更为明显。为此,还要根据不同地区、不同的市场消费需求,选择适销对路的优质肉鸡品种进行饲养。

　　我国优质肉鸡的市场需求相当多元,不同的地区人们对优质鸡的体型外貌有不同的要求。具体列举如下:

　　华南市场是优质鸡的主力市场,目前,华南市场呈现出快大型、中速型、优质型三分天下的格局。对品种的要求是黄脚、毛色以纯黄或纯麻为主,也有少量黄麻。对体型的要求是短尾、矮脚、身躯团圆、皮黄。对品种类型选择一般是快大三黄鸡、中速型黄脚麻鸡、中速型黄鸡、中速型黄麻鸡。

　　华东市场是我国第二大优质鸡市场。依据消费需求的不同,又可细分为沪浙市场、江苏和安徽市场,沪浙一带以优质型为主,苏皖一带以快大型为主。华东市场对品种的接受程度高。对鸡的外貌要求是黄脚或青脚,毛色纯黄或纯麻,长尾、高冠、脚细、皮黄。主要品种有:快大型三黄鸡、快大型青脚麻鸡、中速型三黄鸡、中速型青脚麻鸡、中速型黄脚麻鸡、优质型三黄鸡、优质型青脚麻鸡等。

　　华中市场以前主要以快大型三黄鸡为主,对肉质的要求不高,但现在优质型的品种占据一定的份额。比如湖南市场对优质型的鸡要求较多,在品种方面主要有快大型三黄鸡、不同档次的青脚麻鸡、优质型三黄鸡、乌骨鸡等。对体型和外貌上的要求与华东市场相似。要早熟高冠、长翘尾、脚青色或黄色,羽色为黄色、麻羽或黄麻羽,对优质型要求脚细。

　　西南市场要求销售体重较大,生长速度快,对冠头和长尾的要求严格。品种的类型主要是青脚麻鸡和青脚乌皮麻鸡,但毛色以黄麻为主。

　　3. 蛋鸡品种的选择

　　选择蛋鸡品种时,首先要选择生产性能好、抗逆性强、蛋品质量高的品种;其次,要考虑到经济效益,饲料转化比要好,假如产相同重量的蛋,母鸡的体重每增加 0.25 g,每年约多耗料 3 kg。因此,选择蛋鸡品种,还要考虑到成年蛋鸡的体重指标。最后,还应根据当地蛋品的市场对蛋壳

颜色的不同需求,选择适宜的蛋鸡品种。

一般而言,白壳蛋鸡体型小,耗料少,开产早,产蛋量高,适应性强,适用于集约化、工厂化饲养,单位面积饲养密度大,效益较高;但是,蛋重小,蛋壳薄,神经敏感,抗应激性差,啄癖多。褐壳蛋鸡的蛋重大,蛋破损率低,适于保存和运输,鸡性情温顺,应激性较低,易管理,体重大,耐寒性好,啄癖少,杂交鸡可以自别雌雄;但是,体重大,耗料多,耐热性差,血斑蛋和肉斑蛋多。粉壳蛋鸡的鸡蛋壳色介于褐壳蛋和白壳蛋之间,呈浅褐色,国内俗称粉壳蛋。粉壳蛋鸡的体重、产蛋量、蛋重、壳色均介于褐壳蛋鸡与白壳蛋鸡之间,融二者优点于一体。

4.地方良种鸡品种的选择

我国有不少优良的地方鸡种,可以根据不同的饲养方式和产品的销路定位选择地方良种鸡的品种。

如果是利用果园、林地、山地等场所进行放养,则要选择耐粗饲、活泼、动作敏捷、抗病力强、适应性广、生产性能好、肉质细嫩鲜美、蛋的品质良好的品种,诸如固始鸡、仙居鸡、萧山鸡、杏花鸡、崇仁麻鸡、宁都黄鸡、清远麻鸡等著名地方鸡种。这类产品的目标对象是消费能力相对较强的人群,可以结合观光农业项目、农家乐项目、生态农业项目以及旅游项目做成特色家禽养殖,形成品牌优势。

如果是以生产土鸡蛋为主,产品针对相对高端的消费人群,则常采用舍饲为主的饲养方式,在品种上可选择经过育种改良的仿土鸡,如东台花凤鸡、农大褐 3 号等。这是因为大部分土鸡种(草鸡种、柴鸡种、地方鸡种等)的产蛋性能不高,年产蛋一般在 150 枚左右,平均蛋重 45～53 g。产蛋期饲料转化率(3.2～4.2):1。产蛋数较高的地方品种有浙江的仙居鸡、江西的白耳鸡和海南的文昌鸡等,在良好的饲养条件下,年产蛋也仅为 180 枚左右。地方鸡种(蛋用型)很少作为蛋鸡生产利用(仙居鸡和白耳鸡),大部分作优质肉鸡开发。仿土鸡是指用引入高产品系杂交配套,生产的蛋品质较好,产蛋数提高,蛋形与土种鸡蛋相似,深受广大消费者喜爱,市场稳定,销售价格高,经济效益好。

四、供种场的情况

要对拟供种企业进行调查了解,查看必要的证明文件。

1.资质

引种要根据《种畜禽管理条例》《种畜禽生产经营许可证管理办法》《中华人民共和国动物防疫法》要求,查看相应证明和购种鸡的发票,谨防假冒伪劣,以免给生产带来损失。

从国外引种时,按要求首先向省级畜牧主管部门申请,由省级畜牧主管部门报农业农村部种畜禽管理部门审批后方可进行引种。同时注意引进的蛋鸡品种必须持有当地动物防疫监督机构办理的检疫证书和检疫合格证,供种用的还要有种禽合格证。

2.了解生产经营和疫病情况

一方面要细致了解拟引入品种产地 3 年来的疫病情况,不仅要了解鸡的疫病情况,同时还要了解其他家禽的疫病情况,严禁到疫区引种。另一方面要了解拟引入品种的产地环境状况,比较引入地和产地差异,为引种后发挥引入品种的优良性能做好准备工作。另外,还要注意了解拟引进品种所在场的生产、经营情况。

3.信誉

要到有信誉的种禽场引种,行业内各种禽场的口碑不同,要到好的种禽场引种。

鸡的繁育与孵化

第一节 种鸡的选配与繁育体系

一、种鸡的选择

1.肉种鸡的选择

对祖代和父母代种鸡都要进行选择,通常分 3 次进行。

(1)1 日龄选择

母雏鸡:绝大部分留下,只淘汰过小、过瘦和畸形的。

公雏鸡:选留活泼健壮的,数量为选留母雏鸡的 17%～20%。

(2)6～7 周龄选择

此阶段是选择的关键时期,主要选择公鸡。此时种鸡体重与后代呈相当高的正相关,后期相关性不高。淘汰交叉嘴、鹦鹉嘴、歪颈、弓背、瘸腿、瞎眼、体重过小的个体。选公雏鸡时,要外貌合格,胸部和腿部肌肉发育良好,腿脚粗壮结实,体重较大的个体。数量为选留母鸡的 12%～13%。

(3)转入种鸡舍时选择

此次淘汰数很少,只淘汰那些明显不合格的,如发育差、畸形、断喙过多的鸡。公鸡按选留母鸡的 11%～12%留下。

2.蛋种鸡的选择

通常主要根据体型外貌特征和生产性能两个方面进行选择。

(1)体型外貌

蛋鸡要求体型较小,体躯稍长,头宽,深而短,喙短粗,微弯曲而结实有力,眼明亮有神,背平宽而长,龙骨直,腹部柔软,皮肤滑润,富有弹性。将头窄长,皮肤粗糙,腹小而硬,喙直细长,体质衰弱的低产鸡淘汰。注意:高产鸡到秋后也会因产蛋过多及营养消耗大,而出现光背、头部缺毛和色素苍白等情况,不要与低产鸡混淆。

(2)生理特征

1)冠和髯:高产鸡大而丰满,色泽鲜红,光滑柔软,富有弹性,触感温暖。低产鸡冠质粗糙,色泽不鲜,苍白无光,触感冷凉。

2)泄殖腔:高产鸡腔大、松弛、湿润、色白、呈半开状。低产鸡腔小、紧缩、干燥、有皱褶。

3)耻骨间距:高产鸡耻骨间距宽,能容 4～8 指,且骨质柔软而有弹性。低产鸡耻骨间距窄小,仅能容 1～2 指,且骨组织较硬,向内弯曲。

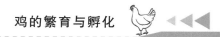

4）腹部：高产鸡腹部宽大而柔软,耻骨与胸骨末端间距可容一掌。低产鸡腹小而硬,耻骨与胸骨末端间距仅能容 2～3 指。

5）色素消退：鸡皮肤、喙跖的黄色素和蛋黄的黄色素均由饲料中的叶黄素形成。凡具有黄色素皮肤品种的高产蛋鸡,由于需要的叶黄素量无法满足,皮肤往往会有规律地褪色。褪色的顺序是：先从肛门开始,然后到眼圈、耳叶、喙,再到脚底、胫前部、胫后部、趾尖端,最后到飞节。如来航高产鸡的皮肤、喙、跖,到产蛋后期均要由黄变淡,低产鸡则始终保持黄色不变。

6）换羽：当母鸡产蛋到一定时期,体内贮存的营养物质被耗尽时,羽毛便开始脱换。换羽首先从头颈部开始,继而胸、体、尾,最后到翼羽。当主翼羽脱换时,大多数母鸡就停止产蛋,主翼羽的脱换很有次序,先从靠近轴羽的第一根主翼羽开始,再第二、第三根,依次向外脱换。从换羽季节的早、迟和速度的快、慢,可判定为高产或低产鸡。

高产鸡多在秋末或冬初换羽,常 2 根、3 根同时脱换,同时生长。一般只需 1～2 个月即全部换完,有些鸡还边换羽边产蛋。低产鸡换羽季节早,多在夏秋之间,而且逐根脱换,每换 1 根约要 2 周时间。常需 3～4 个月才完成换羽,停产时间长。

鸡换羽时间的早迟,快慢,往往与品种和饲养管理有关。采用人工光照和限制喂料,进行强制换羽,可缩短换羽时间,提高产蛋量。

7）行动和性情：高产鸡活泼好动,不停觅食,常发出咯咯叫声,如为平面放养,常早出晚归,勤于觅食。低产鸡行动迟缓,安静,食欲不旺盛,出舍晚入舍早。

（3）产蛋力

产蛋力是蛋用型鸡和蛋肉兼用型鸡重要选种指标之一。常用产蛋量、蛋重和蛋品质等指标来表示。

1）产蛋量：通常按产蛋年度来衡量,即从开产第一个蛋日起到第二年同日止 365 d 所产的总蛋数。种鸡场还常以 300 d 或 500 d 来衡量鸡群的品质和产量水平。年产蛋量的计算公式为：

$$年平均产蛋量（枚）=\frac{全年总产蛋数}{总饲养日÷365}$$

一只母鸡饲养一天为一个饲养日（也叫母鸡只日）。式中总饲养日为：总鸡数乘饲养日数减去死亡淘汰鸡饲养总日数。在一般情况下,常无每天记录,故以初期鸡数加期末鸡数除 2,求出平均饲养鸡数量,再计算产蛋量。公式如下：

$$年平均产蛋量（枚）=\frac{全年总产蛋量}{（初期鸡数＋期末鸡数）÷2×饲养日数÷365}$$

在生产中为了计算方便,也常以月为单位,先算出月平均产蛋量,然后将每个月平均产蛋量相加,即为年平均产蛋量。

为了解当前鸡群产蛋情况,还常用日产蛋率来表示。公式如下：

$$日产蛋率=\frac{当天产蛋量}{当日存栏母鸡数}×100\%$$

如要了解全年平均产蛋率,则以下列公式计算：

$$全年平均产蛋率=\frac{全年总产蛋数}{总饲养日}×100\%$$

由于上述公式中已减去饲养期间的死亡鸡和淘汰鸡的饲养日,仅说明鸡的产蛋水平,不能反映鸡群质量,故在种鸡场育种工作中常采用入舍母鸡产蛋量（率）的计算方法。其公式如下：

$$入舍母鸡平均产蛋量（数）＝\frac{期间产蛋总数}{初期入舍母鸡数}$$

$$入舍母鸡平均日产蛋率＝\frac{总产蛋数}{入舍母鸡数×饲养期间天数}×100\%$$

产蛋量是蛋鸡业中的一个极为重要的经济性状指标。影响产蛋量的因素，除了生活环境外，还有下列 5 个主要性状。

①初产日龄：即母鸡初产第 1 枚蛋的那天。这是性成熟的表现又叫性成熟期。计算方法是：从雏鸡出壳到产第 1 枚蛋的总日龄。测定个体需要自闭产蛋箱；测定群体常按全群产蛋率达 50％时即为该群初产日龄。初产日龄可以衡量鸡的早熟程度和管理水平，一般适宜的"产蛋早"，可以提高年产蛋量，但过于早产反会影响产蛋量和蛋重。

②产蛋强度：即产蛋周期性或连续性，就是鸡在一定天数内连续产蛋的能力。产蛋强度常用 300 日龄的产蛋率表示。产蛋率越高，表明产蛋强度越大，年产蛋量也越多。

③产蛋持久性：即产蛋年度持续产蛋时间的长短。一般指从初产日龄到翌年换羽停产这一阶段的天数。但由于这种方法受孵化季节影响大，故目前多用产蛋满 1 年的最后 2 个月的产蛋量来表示。一般最后 2 个月产蛋量高的，产蛋持久性就好，年平均产蛋量也高。

④冬季休产性：即春孵雏至秋季开产，进入冬季后常有连续停产几天后又产蛋的间断产蛋现象，称为冬季休产性。常从 11 月份到翌年 2 月份的 4 个月时间内，用其所出现的休产次数和休产天数来表示。冬季休产性强、产蛋少，年产蛋量也少，并会影响蛋的平衡供应和经济收入。一般应将此种鸡淘汰。

⑤就巢性：即抱窝性。鸡在抱窝期间，卵巢萎缩，停止产蛋。就巢性强的鸡年产蛋量少，应予淘汰。

在计算产蛋量时，还要同时考虑产蛋量与饲料报酬的关系。计算饲料消耗量即"料蛋比"，这也是衡量蛋鸡好坏的一个重要指标。如每生产 1 kg 蛋需要消耗饲料 8 kg，其料蛋比即为 8：1。如料蛋比越大，饲料消耗越多，经济上不合算，一般也应将此鸡淘汰。

2）蛋重：指蛋的大小，也是衡量产蛋力的重要指标。蛋重与品种、季节、日龄有关。一般兼用种、肉用种的蛋较重。春季蛋较大，夏季蛋较小。日龄大，蛋也大，以初产蛋最小，在开产后 7 个月左右产的蛋可达品种标准蛋重，即 56 g 左右。

蛋重与产蛋量成负相关。即蛋越重，产蛋量越小。故要防止片面追求蛋重而降低产蛋量。同时蛋重与性成熟和饲养管理也有关系。过早性成熟的鸡，蛋较小。饲养不良时，蛋重也往往减轻。

测定蛋重的方法，通常种鸡场采用测定初产蛋重（开产时每只鸡的头 5 枚蛋平均重）、300 日龄和 500 日龄蛋重（每只鸡连续测量 5 枚蛋求其平均数）。大群生产时，常测定 300 日龄或 365 日龄时蛋重。每月测定 8 次，每次集中称重，求其单枚平均蛋重。

3）蛋的品质：包括蛋形，蛋壳色泽、厚度、结构和新鲜度等。要求蛋形椭圆、蛋壳坚实、蛋黄圆聚，蛋内无血块和血斑。随着机械化养鸡的发展，蛋壳厚度特别受到重视。测量蛋壳厚度一般用蛋壳厚度测量仪或比重法表示，种蛋壳厚度以 0.33～0.35 mm 最适宜。蛋形以蛋形指数表示，即蛋的横径与纵径之比的百分数（蛋形指数＝横径÷纵径×100％）。一般要求蛋形指数为 72％～76％。小于或大于这个指数范围，都不宜作种蛋用。

（4）生活力

通常以鸡的早期成活率作为统计指标，如育雏率、育成率。这也是一项重要的选择指标，它

可直接影响鸡的产蛋率、产肉率。

（5）繁殖力

除产蛋量、蛋的合格率外,还包括受精率、孵化率和育雏率等指标。

1）受精率:指入孵种蛋中受精蛋所占的百分比。公式为:

$$受精率 = \frac{受精蛋数}{入孵总蛋数} \times 100\%$$

正常受精率要求在90%以上。它主要与遗传、环境和饲养管理有关。

2）孵化率:指受精蛋或入孵蛋中出壳雏所占的百分比。公式为:

$$受精蛋孵化率 = \frac{出雏总数}{受精蛋总数} \times 100\%$$

$$入孵蛋孵化率 = \frac{出雏总数}{入孵蛋总数} \times 100\%$$

二维码 4-1
种鸡的选择

正常孵化率要求,以入孵蛋计算时,不应低于65%;以受精蛋计算时,不应低于85%。孵化率与饲养管理、孵化技术及蛋的品质有关。

二、种鸡的配种

1.种鸡的选配

种鸡的选择和淘汰,选出优秀的个体或家系作为种用,如何把它们的优秀性状通过公母配种传给下一代,这就面临了选配的问题。选配恰当,就可大大发挥种鸡的作用。选好种鸡和配种制度是家禽育种工作的两个相互联系、相互促进的重要手段。

与亲代比较,配种后代的纯合型或杂合型为增加或减少或不变,可分为下列3类。

（1）同质选配

具有相同生产性能特点或同属高产的交配称同质交配。这种配种,可以增加亲代与后代和后代全同胞间的相似性,可以增加后代基因的纯合型。但是在亲代中相似的杂合型基因,也常希望在选育的性能上,后代向两个极端分离,因此同质交配也可在后代中增加群体变异程度,分为具有一定特点的小群。

（2）异质选配

具有不同生产性能特点或性状间的交配,称异质选配。这种配种,可以增加后代基因的杂合型的比例,降低后代与亲代的相似性;在后代群体中出现比较一致的生产性能和与亲代相比介于中间状态的后代,性状很少出现向两极发展的倾向。

（3）随机交配

这种选配是为保持群体遗传结构不变,而不加人为控制,让公母鸡自由随机交配。这种配种,一般在后代中基因频率不变。其形式为大群配种,但绝不同于无计划的杂交乱配。

2.鸡的自然交配配种

自然交配是由公鸡与母鸡自主进行交配的一种配种方式。自然交配方式主要应用于平养方式的种鸡。

（1）自然交配控制方法

自然交配的公母配比是指一只公鸡能够负担配种的能力,即多少只母鸡应配备一只公鸡才能保证正常的种蛋受精率。自然交配的繁殖要求在种蛋收集的前1~2周将公鸡放入母鸡群内。适宜的公、母比例白壳蛋鸡为1:(12~15),褐壳蛋鸡、优质肉种鸡为1:(10~12),快大型肉种鸡为 1：（8～10）。

公、母比例适当，对提高繁殖效率有利。若公鸡过少，则每只公鸡所负担的配种任务过大，就会影响精液品质，降低受精率；若是公鸡过多（群体大时），由于"群体次序"的影响，一些健壮好斗的"进攻性"公鸡往往占有较多的母鸡，而一些胆怯的公鸡只能与少许母鸡交配，甚至不能交配，然而那些强壮好斗的公鸡并不一定种用价值（如遗传品质、精液质量等）就高，而且当其负担的母鸡过多时，势必造成全群受精率的降低。

要保证受精率能稳定在较高水平，不仅公、母比例要合适，还应注意选留一定数量的后备公鸡，以防在繁殖生产中个别公鸡因患病、伤残、死亡等原因而不能配种时及时更换或补充。在配种初始，后备公鸡可按所需公鸡数量的 10％选留。在生产实践中公、母比例的确定还应该考虑多方面的因素。

1）饲养方式：地面散养时每只公鸡所负担的母鸡数可以多于网上平养。

2）种公鸡年龄：第一个繁殖年中 45 周龄前的种公鸡的配种能力最强，可适当增大公母比例，而年龄大的种公鸡则应缩小公、母比例。

3）配种方式：大群配种每只公鸡负担的配种任务可大于小群配种。

4）季节：在春、秋季种公鸡性欲旺盛，公、母比例可适当大于严寒、酷暑季节。

5）种鸡体质：饲养管理条件良好时公鸡体质健壮、精力旺盛，公母比例可适当加大。

（2）种鸡配种适龄与使用年限

1）配种适龄。鸡性成熟的主要标志是能够产生成熟的配子，然而性功能要在性成熟后几周才能稳定，若过早用于繁殖生产则种蛋合格率和受精率都低，种公鸡也易于过早衰退。母鸡一般在 20 周龄即达性成熟，但在其后几周内畸形蛋较多；公鸡约在 12 周龄开始生成精子，并可采得少量精液，然而精液质量还远达不到品质要求标准。

2）种用年限。一般鸡的产蛋率以第一个产蛋年为最高，其后每年降低 15％～20％，种公鸡的精液质量也有类似变化。但是第二个产蛋年蛋壳质量最好，蛋重均匀，且孵化出的雏鸡具有良好的抗病能力。

在育种工作中，某些特别优秀的个体可以延长使用 1～2 个繁殖年。

（3）自然交配方式

1）大群配种。在一个数量较大的母鸡群体内按比例要求放入公鸡进行随机配种，母鸡的数量：肉种鸡为 500～1 000 只，蛋种鸡和优质肉种鸡为 500～1 500 只。

这种方法的优点是所需公鸡数量较少，如每百只鸡只需 5～6 只公鸡即可，种蛋的受精率比较高，每只公鸡都有与每只母鸡交配的机会，即便是个别公鸡性功能较差也不会明显影响全群的配种质量。其缺点是公鸡之间可能发生啄斗，且不能确定雏鸡的亲本。

这种配种方法只能用于种鸡的扩群繁殖和一般的生产性繁殖场。

2）小群配种。对鸡舍内空间进行分隔使之成为若干个小圈，每个小圈饲养 20～200 只种鸡。

（4）减少窝外蛋的发生

窝外蛋容易破损和被污染。控制措施包括：

1）开产前提前放置产蛋箱或设置产蛋窝。

2）产蛋箱的数量要足够，如肉种鸡生产中 4 只母鸡要有 1 个产蛋箱。

3）产蛋箱（窝）不要放在光线太强的地方。

4）产蛋箱内的垫料要干净、松软、定期更换，以吸引母鸡进产蛋箱产蛋。

5）注意观察产窝外蛋的个体并及时将其放入产蛋箱（窝）。

（5）提高自然交配种鸡种蛋受精率的措施

对于平养的种鸡，要提高其种蛋受精率，需要在生产上采取如下措施：

1）采用合适的饲养方式：两高一低混合地面的效果优于全网上平养和全地面垫料平养。

2）做好种鸡的选择，及时淘汰病、弱、残个体。

3）合理分群：每个鸡舍内要按照鸡只的情况分为若干个群，便于在饲养管理和卫生防疫方面有区别地采取措施。

4）及时更换配种能力差的公鸡，育成末期要选留部分后备公鸡，用于替换配种能力差的公鸡。

5）公、母比例要合适。

6）保证饲料营养完善，避免由于营养不足造成精液质量差或种蛋品质差。

7）保持鸡群合适的体况，种鸡不能偏肥或偏瘦；控制产蛋后期的种鸡体重，防止过肥。

8）保持适宜的环境条件，尤其是防止夏季高温和冬季严寒带来的不良影响；保持环境条件的相对稳定，防止突然变化；减少应激，否则会影响到种蛋质量。

9）保持合适的饲养密度，防止饲养密度过高，密度高影响配种且易出现应激。

10）保证鸡群的健康，只有健康的鸡群才可能获得良好的种蛋质量。

三、良种繁育体系

现代家禽良种繁育包括复杂的育种保种及制种生产两大部分。育种保种体系包括品种场、育种场、测定站和原种场。制种生产体系包括曾祖代场（原种场）、祖代场、父母代场和商品代场，各场分别饲养曾祖代种鸡（GGP）、祖代种鸡（GP）、父母代种鸡（PS）和商品代鸡（CS）。一般的种鸡场主要属于制种生产体系部分。

1.各级种鸡场及其任务

（1）原种场（曾祖代场）

原种场饲养配套杂交用的纯系种鸡，其任务一是保种，二是制种。保种通过不断地选育以保证种质的稳定和提高；制种则是向祖代场提供单性别配套系种鸡。

（2）祖代场

二系配套的祖代种鸡是纯系鸡，三系或四系配套的祖代种鸡即纯系种鸡（曾祖代）的单性，只能用来按固定杂交模式制种，不能纯繁，故需每年引种。祖代场的主要任务是引种、制种与供种，一般四系配套的祖代引种比例，即 A 系∶B 系∶C 系∶D 系为 1∶5∶5∶35；肉鸡的父系应多一些。

（3）父母代场

每年由祖代场引进配套合格的父母代种雏；按固定模式制种，并保证质量向商品代场供应苗鸡或种蛋。

（4）商品代场

每年引进商品雏鸡，生产鸡蛋或肉鸡。

不同配套模式的杂交制种情况见图 4-1。

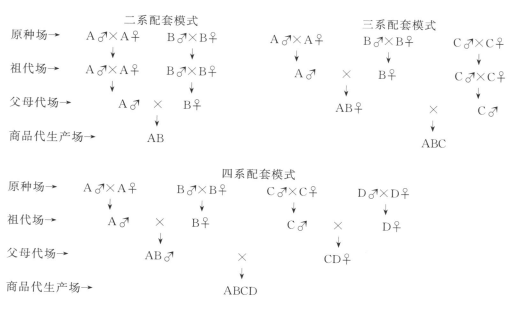

图 4-1　不同配套模式的杂交制种情况

2.鸡良种繁育体系的建设

良种对养鸡业的影响大而深远,其繁育体系的构成与管理均较复杂,要建设并巩固家禽的良种繁育体系,需注意下列几点。

1)所有良种鸡的引进与推广皆须纳入良种繁育体系。

2)遵照国家有关法规、条例,分级管理好各级种鸡场。定期进行检查验收,合格的颁发"种畜禽生产经营许可证",凭证经营。

3)各级种鸡场必须根据其在繁育体系中的地位和任务,严格按照种畜禽生产经营许可证规定的品种、品系、代别和有效期从事生产经营工作。

4)各级鸡场的规模,应根据下一级场(下一代鸡)的需求量及扩繁比例,适当发展,并搞好宏观调控。大致扩繁倍数为:从 GGP 到 GP 和从 GP 到 PS 为 30～50 倍,从 PS 到 CS 蛋鸡约为 50 倍,肉鸡约为 100 倍。

5)各级种鸡场必须强化防疫保健工作,确保供种质量。祖代及曾祖代种鸡尤其要从严要求。

第二节　鸡的孵化技术

一、孵化场的建造与设备

1.孵化场的建筑设计原则

(1)孵化场规模的确定

孵化场的规模大小应根据种鸡饲养量和市场情况,预计每年需要孵化多少种蛋、提供多少雏鸡,尤其集中供雏的季节需要提供的雏鸡数量,确定孵化批次、入孵种蛋量、每批间隔天数等与供雏有关的事项。

在此基础上确定孵化室、出雏室及附属房屋的面积,确定孵化器的类型、尺寸、数量。一般入孵器和出雏器数量或容量的比例为 4：1 较为合理。例如容蛋量 10 万枚的孵化室,使用 19200 型孵化器,可以有 4 台入孵器,1 台出雏器,每 4 d 入孵 1 批,17 d 转到出雏器,每月可以孵化 7 批鸡,按入孵蛋 85% 出雏率计算,可以出母雏 5.7 万只。

（2）场址的选择

孵化室应建立在交通相对便利的地方,以方便种蛋和雏鸡的运输,但又要远离交通干线、居民区、畜禽场,以免污染环境和被污染。如果是作为种鸡场的附属孵化场,应建在鸡场的下风向,离鸡场至少 500 m 以上,有独立的出入口,而且与养鸡场分开。另外,孵化场的电力供应有保障,还必须配备发电机。

（3）孵化场的工艺流程

孵化场的建筑设计应遵循入孵种蛋由一端进入,雏鸡由另一端出去。一般的流程是:种蛋—种蛋消毒—种蛋贮存—分级码盘—孵化—移盘—出雏—鉴别、分级、免疫—雏鸡存放—外运。小型孵化场可采用长条形布局,大型孵化场为了提高建筑物的利用率,在各室安排时应以孵化室和出雏室为中心,缩短种蛋的移动路程,减少职工在各室之间的来往。

（4）孵化场的建筑要求

孵化室的墙壁、地面、天花板应选用防水、防潮、便于冲洗且耐腐蚀的材料,墙壁采用混凝土磨面,用防水涂料将表面涂光滑。天花板至地面的高度一般为 3.2 m 以上,天花板的材料最好用防水的压制木板或金属板,天花板上面使用隔热材料。门要求高度在 2.4 m 以上,宽 1.5 m 以上,以利于运输车进出。门的密封性能要好。地面用混凝土浇筑,并用钢筋镶嵌防止开裂,地面要平整,且有一定的坡度,使冲洗的水流进下水道。

孵化场必须安装通风换气系统,目的是供给氧气,排出废气和驱散余热,保持室温在 25 ℃左右。

2.孵化场的设备

孵化场除了孵化器外,还需要多种配套设备。设备的大小和数量受孵化场的大小、孵化器的类型、孵化场须完成的服务项目等众多因素的影响。

（1）水处理设备

孵化场用水需要进行分析,如果水的硬度较大,含泥沙较多,矿物质和泥沙会沉积于湿度控制器及喷嘴处,很快就使其无法运转,阀门也会因此而关闭不严并发生漏水。因此,孵化场用水必须进行软化处理和安装过滤器。

（2）种蛋运输设备

为了尽量减少蛋箱、蛋盘和雏鸡运输等在厂内的搬运,提高工作效率,孵化场经常使用各种类型的小车以便于搬运,常用的有四轮车、半升降车、集蛋盘、输送机等。

（3）种蛋分级和洗蛋设备

种蛋按大小分级进行孵化可以提高孵化效果,大型孵化场种蛋在入孵前都必须按大小进行分级。孵化场为了提高生产效率,经常使用真空吸蛋器、移蛋器、种蛋分级器、种蛋清洗机等设备。

（4）孵化设备

孵化器的质量要求温差小、控温和控湿精确、孵化效果好、安全可靠、便于操作管理、故障少、便于维修和服务质量好。孵化器的类型大致分平面孵化器和立体孵化器两大类,立体孵化器分为箱式和巷道式。现在采用最多的是立体孵化器。

中小型孵化场一般使用箱式立体孵化器,箱式孵化器分入孵器和出雏器,容蛋量可以达到几千枚到 2 万枚,适用于每年多批次孵化的孵化场。

巷道式孵化器(图4-2)专为大型孵化场设计,尤其孵化商品肉鸡苗的孵化场孵化量很大,使用巷道式孵化器可以节省设备和能源。巷道式孵化器分入孵器和出雏器,两机分别放置在孵化室和出雏室,入孵器容蛋量达8万~16万枚,甚至更大,出雏器容蛋量可达1.3万~2.7万枚。

二维码4-2
孵化场的建造与设备

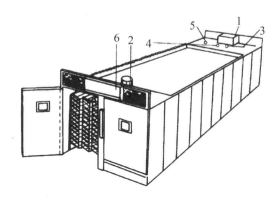

1.进气孔 2.出气孔 3.冷却进水入口 4.供湿孔 5.压缩空气 6.电控部分

图4-2 巷道式孵化器

另外,孵化场还需配备清洗机、雌雄鉴别台、照蛋器(图4-3)、疫苗注射器(图4-4)等设备。

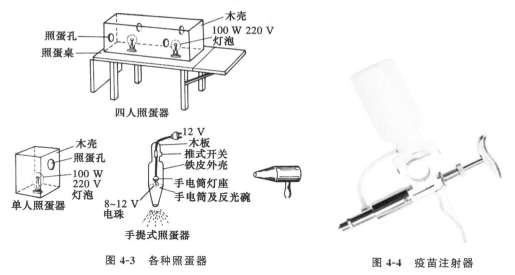

图4-3 各种照蛋器

图4-4 疫苗注射器

二、种蛋的管理

种蛋收集后需要进行筛选,经过消毒后才能进行孵化,有时还要进行运输和短期的贮存。种蛋的质量受种鸡质量、种蛋保存条件等因素的影响,种蛋质量的好坏会影响种蛋的受精率、孵化率以及雏鸡的质量。

1.种蛋的收集

蛋产出母体后,在自然环境中很容易被细菌、病毒污染,刚产出的种蛋细菌数为100~300个,15 min后为500~600个,1 h后达到4 000~5 000个,且有些细菌可通过蛋壳上的气孔进入蛋内。每天产出的蛋都要及时收集,不能留在产蛋箱中过夜,否则会降低孵化率。

每日从产蛋箱收集种蛋不应少于 4 次。在气温过高或过低时每日集蛋 5~6 次,勤收集种蛋可降低种蛋在产蛋箱中的破损并有助于保持种蛋的质量。收集到的种蛋应及时剔除破损、畸形、脏污蛋等,将合格种蛋立即放入种鸡舍配备的消毒柜中,用福尔马林密闭熏蒸 30 min。

2.种蛋选择标准

健康、优良的种鸡所产的种蛋并非 100% 都合格,还必须严格选择,选择的原则是首先注重种蛋的来源,其次要对外形进行表观选择。

（1）种蛋的来源

种蛋应来自生产性能好、无白痢和支原体等经蛋传播的疾病、受精率高、管理良好的鸡场。受精率在 80% 以下、患有严重传染病或患病初愈以及有慢性病的种鸡所产的蛋,均不能用作孵化场种蛋来孵化苗鸡（图 4-5）。

图 4-5　种蛋的来源

（2）种蛋的选择。

1）蛋形。蛋形指数是鸡蛋短轴与长轴的比值。椭圆形的蛋孵化最好,合格种蛋的蛋形指数为 0.72~0.75。选种蛋时剔除细长、短圆、枣核状、腰凸状等不合格种蛋。蛋壳有皱纹、砂皮的都属于遗传缺陷,不能作种蛋（图 4-6）。

2）蛋重。品种不同,对蛋重大小的要求不一,蛋重过大或过小都会影响孵化率和雏鸡质量。

图 4-6　不合格的种蛋

3）蛋的大小。大蛋和小蛋的孵化效果均不如正常的种蛋。对同一品系（品种）同一日龄的鸡群,所产的大小越接近一致,种蛋合格率越高,也说明鸡群的选育程度较高,饲养管理也越好。大蛋的孵化时间较长,而小蛋的孵化时间又较短,雏鸡质量都不太好,都不宜作种蛋。鸡群刚开产时主要产小蛋,这时的大蛋几乎都是双黄蛋,鸡的产蛋率正处于上升阶段,受精率较低,孵出的雏鸡也很小、很弱,饲养成活率很低。

4）蛋壳颜色。不同的品种蛋壳颜色不同,但是必须要求种蛋符合本品种特征。对于褐壳蛋鸡或其他选择程度较低的鸡蛋壳颜色一致性较差,留种蛋时不一定苛求蛋壳颜色完全一致。然而对由于疾病或饲料营养等因素造成的蛋壳颜色突然变浅应千万注意,如确系该原因造成的应暂停留种蛋。

5）清洁度。合格种蛋的蛋壳上不应有粪便或破蛋液污染。脏蛋入孵不仅本身孵化率很低,还会污染孵化器以及孵化器内的正常胚蛋,增加臭蛋和死胚蛋,导致孵化率降低,并影响雏鸡成活率和生长速度。

6)蛋壳厚度。良好的蛋壳(鸡蛋壳厚度为 0.35 mm 左右)不仅破损率低,而且能有效地减少细菌的穿透数量,孵化效果好。蛋壳过厚,孵化时蛋内水分蒸发慢,出雏困难;蛋壳太薄不仅易破,而且蛋内水分蒸发过快,细菌易穿透,不利于胚胎发育。蛋壳厚度在 0.40 mm 以上的钢皮蛋和 0.27 mm 以下的薄皮蛋,以及砂皮蛋、厚薄不匀的皱纹蛋都应剔除。表 4-1 显示了蛋壳厚度和细菌侵入情况。

表 4-1　蛋壳厚度和细菌侵入情况

蛋的比重	蛋壳厚度/mm	被细菌侵入的蛋比例/%		
		30 min	60 min	24 h
1.070	0.32	33	41	54
1.080	0.34	18	25	27
1.090	0.36	11	16	21

7)内部质量。裂纹蛋、气室破裂、气室不正、气室过大的陈蛋以及大血斑蛋孵化率也低,在筛选种蛋时需要剔除。

有些性状不能通过外观直接看到,但是又不可能全部进行检查,只能进行抽测。通过测比重和哈氏单位可以了解种蛋的新鲜程度。存放时间长的种蛋比重较低,且哈氏单位因蛋白黏度的降低而降低。通过照蛋检查裂纹蛋,裂纹蛋经过冷库贮存 1 d 后从外观上就可以看出来,或者通过几个鸡蛋的轻微碰击也能听出来。

3.种蛋保存的条件

根据种蛋的物理特性,将种母鸡的生产周期划分为 3 个时期,即产蛋前期、产蛋中期和产蛋后期。依产蛋期不同采取不同的贮存条件,才能充分发挥种蛋的孵化潜力。

(1)产蛋前期

种母鸡刚开产或开产不久,蛋形较小、蛋壳厚、色素沉积较深,且有质地较好的胶护膜。但此阶段的种蛋蛋白浓稠,不易被降解,在孵化期间表现为早期死胎率高,雏鸡质量差,孵化时间相对较长,晚期胚胎啄壳后无法出雏的比例高。此阶段的种蛋能贮存较长时间,但是较长时间贮存会降低孵化率,若只贮存 1～3 d,则贮存湿度不要超过 60％。

(2)产蛋中期

该产蛋期内,蛋壳厚度、胶护膜以及蛋白质量最佳,孵化时间基本上为 20.5～21 d。此阶段的种蛋贮存期在 1 周以内,温度 18 ℃、相对湿度 75％的贮存条件较为合适;贮存超过 1 周时间则需降低贮存温度、提高湿度,才能收到良好的效果。

(3)产蛋后期

与前期和中期相比,蛋白的胶状特性已减弱,蛋壳变薄。如果贮存较长时间孵化,孵化初期容易失水,造成早期死胎率高。产蛋后期的种蛋贮存时间不要超过 5 d,降低贮存温度,保持在 15 ℃ 左右,提高贮存相对湿度到 80％。

(4)种蛋的消毒措施

每次捡蛋完毕,立即将种蛋在鸡舍里的消毒室或者送到孵化场消毒。种蛋入孵后,应在孵化器里进行第二次消毒。主要有以下几种消毒方法。

1)甲醛熏蒸消毒法。每立方米空间用 42 mL 福尔马林加 21 g 高锰酸钾,密闭熏蒸 20 min,可

以杀死蛋壳上95%以上的病原体。在孵化器中进行消毒时,每立方米用福尔马林28 mL加高锰酸钾14 g,但应避开发育到24～96 h的胚龄。甲醛熏蒸要注意安全,防止药液溅到人身上和眼睛里,消毒人员应戴防毒面具,防止甲醛气体吸入人体内。

2)过氧乙酸熏蒸消毒法。每立方米用16%过氧乙酸40～60 mL加高锰酸钾4～6 g,熏蒸15 min。

3)新洁尔灭浸泡消毒法。用含5%的新洁尔灭原液加水50倍,即配成1∶1 000的水溶液,浸泡3 min,水温保持在43～50 ℃。

4)碘液浸泡消毒法。将种蛋浸入1∶1 000的碘溶液中0.5～1 min。浸泡10次后,溶液浓度下降,可延长消毒时间至1.5 min或更换碘液,溶液温度保持在43～50 ℃。

4.种蛋的贮存

(1)种蛋贮存的适宜温度

对鸡而言,虽然种蛋孵化的适宜温度为37.5～37.8 ℃,但是胚胎发育的阈值温度为23.9 ℃,超过这个温度胚胎就开始发育,低于这个温度胚胎就停止发育。种蛋产出前就已经是发育了的多细胞胚胎,产出体外后会暂时停止发育,如果环境温度忽高忽低,使胚胎数次发育又数次停止,胚胎就会死亡或其活力减弱。种蛋产下后应使其温度降至低于胚胎发育的阈值温度,一直保持到种蛋入孵前为止。

如果种蛋贮存1周之内,要求种蛋库的贮存温度是15～18 ℃;如果种蛋贮存1周以上,则要求蛋库的贮存温度在12～15 ℃,此时孵化效果所受影响最小。种蛋贮存期间应保持温度的相对恒定。

(2)种蛋贮存的适宜相对湿度

种蛋贮存期间,蛋内水分通过气孔不断蒸发,蒸发的速度与周围环境湿度有关,环境湿度越高蛋内水分蒸发越慢。如果湿度过大,会使盛放种蛋的纸蛋托和纸箱吸水变软,有时还会发霉。种蛋库的相对湿度要求为75%～80%,既可大大减慢蛋内水分的蒸发速度,同时又不会因湿度过大使蛋箱损坏。

(3)种蛋贮存时间

从表4-2可以看出,在15～18 ℃的贮存条件下,种蛋贮存5 d之内对孵化率和雏鸡质量无明显影响,但是超过7 d孵化率会有明显下降,超过2周的种蛋孵化的价值就不大了。如果要保存2周以上的时间,需要进一步降低种蛋贮存的温度,而且孵化率也会明显降低。

表4-2　种蛋贮存时间对孵化率的影响

贮存天数/d	1	4	7	10	13	16	19	22	29
受精蛋孵化率/%	88	87	79	68	56	44	30	26	0

即使种蛋贮存条件很好,经过贮存的种蛋受精率和孵化率也会随贮存时间的延长而降低。随着种蛋保存时间的延长,孵化时间延长,种蛋每多保存1 d,孵化时间延长0.5～1 h,而且雏鸡的质量也降低。

如果种蛋需要保存较长时间,可将种蛋装在不透气的塑料袋内,充满氮气后保存,这样可以减少袋内氧气含量,阻止蛋内物质和微生物的代谢,防止蛋内水分蒸发,减少孵化率的降低幅度。有研究表明,用这种方法保存21 d的种蛋,孵化率仍能达到75%～80%。

(4)种蛋保存注意事项

1)种蛋放置的位置。一般要求种蛋在贮存期间大头向上,小头向下,这样利于种蛋存放和孵化时的种蛋码放和处理。

二维码 4-3
种蛋的选择与管理

2)转蛋。如果种蛋贮存时间不超过1周,在贮存期间不用转蛋。保存2周时间,在贮存期间需要每天将种蛋翻转90°,以防止系带松弛、蛋黄贴壳,减少孵化率的降低幅度。

3)种蛋上的水汽凝结。当种蛋由种蛋库移出运到码盘室时,由于码盘室的温度较高,水蒸气会凝集到蛋壳上,形成水滴,俗称"冒汗"。种蛋"冒汗"不仅不利于操作,而且容易受细菌污染。

三、人工孵化技术

人工孵化就是人为创造适宜的孵化环境,对种蛋进行孵化,从而大大提高鸡的繁殖效率和生产效率。人工孵化已成为现代家禽生产的一项基本技术。

1.种蛋的形成与构造

鸡的卵子在受精后,在输卵管内向泄殖腔方向移动。种蛋中除卵黄(卵子)以外的其他结构,包括蛋白、蛋壳膜和蛋壳等部分都是卵子在输卵管内移动时,由输卵管分泌后附在卵子外面形成的(表4-3)。

表 4-3　鸡蛋各种结构在输卵管内形成的部分和时间

生殖系统部位	需要时间	形成的结构
卵巢	7～9 d	卵(蛋黄)
输卵管	23～25 h	全部非蛋黄成分
漏斗部	15 min	受精部位
膨大部	3 h	卵系带,浓蛋白
峡部	75 min	内、外壳膜
子宫	19～20 h	蛋壳、蛋壳色素以及形成稀蛋白的水分
阴道	1～10 min	蛋排出

鸡的输卵管只有左侧发育,性成熟后输卵管随生殖周期具有显著的变化。产蛋期显著加长,在孵卵期和换羽期,可缩短1倍以上。输卵管按结构和功能可分为5部分,分别为:漏斗部,其前端为伞部,游离,边缘薄,中央为裂缝状的输卵管腹腔口,伞部后为漏斗的管部。膨大部,紧接漏斗部,呈弯曲的管状,是输卵管最长的部分。峡部,位于膨大部之后,较细,后接子宫。子宫,为输卵管后端扩大成的囊状,其壁较厚。阴道,位于子宫后,呈"S"形,后接泄殖腔。

输卵管以系膜悬于腹腔背侧左侧,输卵管腹侧有游离的腹侧韧带,游离缘厚而短,向后固定于阴道的第二曲上。

输卵管壁由黏膜、肌膜和浆膜组成,黏膜有皱褶,血管丰富,上皮由柱状纤毛上皮细胞和腺细胞构成,固有层内含有管状腺,无黏膜肌层,肌膜内有2层平滑肌。因此,鸡的输卵管管壁的特点是分泌旺盛、有弹性、能收缩。

在近漏斗处的输卵管部位,输卵管分泌一种黏胶状的蛋白,附在卵黄膜上,由于输卵管壁呈螺旋的皱褶状,卵在输卵管内转动前进,使附在卵上的黏胶蛋白在卵的两端形成索状扭转的卵黄系带。输卵管的膨大部分泌浓蛋白,包在卵的外面,卵经过约3h,而后通过输卵管的膨大部,进入输卵管的峡部。在输卵管峡部,首先由管壁腺体分泌形成的蛋白纤维覆盖于浓蛋白之外,形成内壳膜,然后卵在峡部继续移动,形成第2层较厚的蛋白纤维层,即外壳膜,卵经过峡部约需 75 min。峡部管腔的粗细决定了蛋的形状。峡部和子宫分泌的水分透过壳膜,渗入蛋内,与外层的浓蛋白相混,形成稀蛋白。蛋经过峡部与子宫结合处,蛋壳的乳头体的核心置入外壳膜,并与外壳膜纤维结合,在子宫内形成栅状层及垂直晶体层和油质层。蛋壳物质由子宫壁蛋壳腺的黏膜细胞分泌的蛋壳液沉积而成。蛋壳液中含有钙离子和碳酸氢根离子,其中钙离子主要来源于血液,碳酸氢根离子主要由来自血液和蛋壳腺中细胞代谢产生的二氧化碳在蛋壳腺中的碳酸酐酶的催化下合成,二者结合形成碳酸钙,沉积于蛋壳膜表面。蛋壳上的色素斑点也是在子宫内形成。蛋形成后,很快就会产出体外,蛋在子宫部移动需 18~20 h。

蛋产出后,温度下降,空气通过蛋壳上的孔隙进入蛋内,在蛋的钝端的内外壳膜之间形成腔隙,即气室。

由于卵黄系带的存在和卵子的动物极较植物极轻,因而卵可在蛋内转动,使胚盘永远朝上。

2.种蛋的构造

蛋由蛋黄、蛋白、胚盘(胚珠)、蛋壳膜、蛋壳5 部分组成(图 4-7)。

（1）蛋黄

蛋黄位于蛋的中央,蛋黄外面有一层极薄且有弹性的膜称蛋黄膜。在蛋黄上有一白色圆点,未受精的称胚珠,已受精的称为胚盘,胚盘发育成胚胎。

（2）蛋白

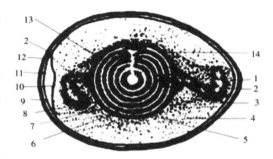

1.胶护膜　2.蛋黄系带　3.内浓蛋白　4.外稀蛋白
5.内稀蛋白　6.蛋黄膜　7.黄蛋黄　8.白蛋黄
9.外壳膜　10.内壳膜　11.气室　12.蛋壳　13.卵黄心　14.胚盘(胚珠)

图 4-7　鸡蛋的构造

蛋白是带黏性的半流动透明胶体。蛋白从外到内依次为外稀蛋白、浓蛋白、内稀蛋白和最浓蛋白四层。在最浓蛋白层由于蛋黄的旋转形成螺旋状的系带,系带起固定蛋黄的作用。种蛋在运输过程中若受到剧烈振动,会引起系带断裂。种蛋存放时间过长,浓蛋白变稀,系带与蛋黄易脱离。在种蛋的运输和存放中应尽量避免上述情况出现,否则将会影响孵化效果。

（3）胚盘(胚珠)

胚盘(胚珠)是位于蛋黄中央且被蛋黄膜包裹的一个小白色圆点。胚盘分明区和暗区,中央透明较薄部分为明区,周围较厚不透明部分称为暗区。胚珠无明暗之分。

（4）蛋壳膜

蛋壳膜分内壳膜和外壳膜两层。内壳膜包围蛋白,外壳膜紧贴蛋壳,内壳膜可防止微生物的侵入。两层膜紧贴在一起,只有在蛋的钝端形成一个空间叫气室。随着蛋存放和孵化时间的延长,蛋内水分不断蒸发,气室将逐渐增大。

（5）蛋壳

蛋壳为蛋最外层的硬壳,蛋壳上有许多小气孔,胚胎发育过程中通过气孔进行气体交换。新鲜蛋的蛋壳表面有一层胶护膜,可防止微生物的侵入和蛋

内水分的过分蒸发。但是,随着种蛋存放时间的延长或孵化,会使胶护膜逐渐脱落,洗涤种蛋也会使胶护膜脱落。

3.鸡的胚胎发育特征

鸡的胚胎发育分为 2 个阶段,第一阶段在母体内进行,精子移动到喇叭口与卵子结合,在鸡体内较高的温度条件下开始发育,当受精蛋产出体外后,胚胎就处于相对静止的状态;第二阶段在母体外进行,若将受精蛋置于适宜的环境里孵化,胚胎就继续发育,经过 21 d(鸡的孵化期为21 d),发育出壳成为雏鸡。孵化期内,胚胎每天都在变化,并且有一定的规律性。采取照蛋办法可以检验胚胎的发育情况(表 4-4)。

表 4-4　鸡胚胎发育和照蛋特征

胚龄/d	胚蛋解剖时的特征	照蛋特征
1	胚胎重新开始发育;入孵 24 h 可见到绿豆大小的血岛	蛋黄表面有一颗颜色稍深、四周稍亮的圆点,俗称"鱼眼珠"
2	血液循环开始,卵黄囊血管区出现心脏,开始跳动,卵黄囊、羊膜和浆膜开始生出	已经可以看到卵黄囊血管区,其形状很像樱桃,俗称"樱桃珠"
3	眼睛开始出现黑色,胚胎头尾分明,内脏器官开始形成。卵黄囊明显扩大	卵黄囊血管的分布像蚊子,俗称"蚊虫珠"
4	胚胎头明显增大,与卵黄分离,各器官和组织都已具备,可见脚、翼、喙的雏形。尿囊迅速生长,卵黄囊血管所包围卵黄约达 1/3。羊水增加,胚胎已能自由地在羊膜腔内活动	卵黄不随着蛋转动而转动,俗称"钉壳"。胚胎和卵黄囊血管形状像一只小的蜘蛛,又称"小蜘蛛"
5	胚胎头弯向胸部,四肢开始发育,已具有鸟类外形特征,生殖器官形成。公母已定。尿囊与浆膜、壳膜接近,血管网向四周发射	能明显看到黑色的眼点,称"单珠""起眼"
6	胚胎的躯干部增大,口部形成,翅与腿可分辨,胚胎开始活动,羊膜有规律地收缩。卵黄囊包围一半以上的卵黄,尿囊迅速增大。	胚胎头部明显,与弯曲增大的躯干部形似"电话筒",俗称"双珠"
7	胚胎已现明显的鸟类特征,颈伸长,翼、喙明显,脚上生出趾。卵黄增大至最大,蛋白质量减少	羊水增多,胚胎活动尚不强,似沉在羊水中,俗称"沉"。正面已布满扩大的卵黄和血管
8	胚胎的肋骨、肺、肝和胃明显,四肢成形	正面:胚胎较易看到,像浮在水中,俗称"浮"。背面:卵黄扩大到背面,转动时两边卵黄不易晃动,称"边口发硬"
9	胚胎眼裂呈椭圆形,脚趾上出现爪,绒毛原基扩展到头、颈部,羽毛突起明显,腹腔愈合,软骨开始骨化。尿囊迅速向小头伸展,几乎包围了整个胚胎	蛋转动时,两边卵黄容易晃动,俗称"晃得动"。背面尿囊血管迅速伸展,越出卵黄,俗称"发边"
10	胚胎的头部偏向气室,眼裂缩小,喙具一定形状,爪角质化,全部躯干覆以绒羽。尿囊在蛋的小头完全合拢	尿囊血管继续伸展,在蛋小头合拢,整个蛋除气室外都布满血管,俗称"合拢""长足"
11	胚胎各器官进一步发育,头部和翅生出羽毛,腺胃可区别出来,足部鳞片明显可见	血管开始加粗,血管颜色开始加深

续表

胚龄/d	胚蛋解剖时的特征	照蛋特征
12	鼻孔出现,肾脏开始工作。小头蛋白由一管状道(浆羊膜道)输入羊膜腔中	血管继续加粗,颜色逐渐加深。左右两边卵黄在大头端连接
13	胚胎头部位于翼下,生长迅速,骨化作用急剧。胚胎大量吞食稀释的蛋白,尿囊中有白色絮状排泄物出现。绒毛覆盖头部	
14	卵黄与蛋白显著减少,羊膜腔及尿囊中液体减少,绒毛明显覆盖全身,气室增大	背面看:小头发亮的部分逐渐缩小,蛋内黑影部分则相应增大,胚体不断增大
15	胚胎的头部全在翼下,眼睛已被眼睑覆盖,胚胎开始由横向转向纵向	
16	冠和髯明显,蛋白几乎全被吸收到羊膜腔内	
17	鼻孔已形成,小头蛋白已全部进入羊膜囊中,蛋壳与尿囊极易剥离	小头看不到发亮的部分,俗称"封门"
18	喙开始朝向气室端,眼睛睁开。吞食蛋白结束,卵黄已有小量进入腹中	胚胎转身引起气室朝一方倾斜,俗称"斜口"
19	胚胎两腿弯曲朝向头部,颈部肌肉发达,同时大转身,颈部及翅凸入气室内,准备啄壳。卵黄绝大部分已进入腹中,尿囊血管逐渐萎缩。隔膜完全退化	气室内可以看到黑影在闪动,俗称"闪毛"
20	胚胎的喙进入气室,开始啄壳见嘌,卵黄收净,可听到雏的叫声,肺呼吸开始。尿囊血管枯萎。少量雏鸡出壳	开始啄壳,俗称"啄壳""见嘌"
21	出壳重为蛋重的65%～70%,腹中尚有5 g左右的卵黄	出壳完毕

4.孵化机的构造

(1)孵化机的类型

二维码 4-6
家禽的胚胎发育
特征

孵化机的类型很多,目前普遍采用的是立体孵化机。立体孵化机根据出雏方式不同分为机下出雏、机旁出雏和单机出雏3种。单机出雏因为其孵化效果好,便于管理而被广泛采用,故在此重点介绍该类型。单机出雏孵化机包括孵化器(入孵器)和出雏器,孵化器是胚蛋前、中期发育场所,出雏器是后期破壳的场所,同容量孵化器与出雏器以(3～4)：1组合效率高。

1)孵化机。单机出雏孵化机可分为箱式孵化机和巷道式孵化机。

①箱式孵化机。箱式孵化机根据蛋架结构可分为蛋盘架和蛋架车两种形式。蛋盘架又分滚筒式和八角式,蛋盘架均固定在箱内不能移动,入孵和操作管理不方便。目前,蛋架车的使用越来越多,可以直接到蛋库装蛋,消毒后推入孵化机,减少了种蛋的装卸次数。

②巷道式孵化机。其特点是多台箱式孵化机组合连体拼装,配备独有的空气搅拌和导热系统,容蛋量一般在7万枚以上。使用时,将种蛋码盘放在蛋架车上,经消毒、预热后,逐台按一定轨道推进巷道内,18 d后转入出雏机。机内新鲜空气由进气口吸入,加热加湿后从上部的风道由多个高速风机吹到对面的门上,大部分气体被反射进入巷道,通过蛋架车后又返回进气室。这种循环充分利用胚

蛋的代谢热,箱内没有空气死角,温度均匀,所以较其他类型的孵化机省电,并且孵化效果好。

2)出雏机。出雏机是与孵化机配套的设备。鸡蛋入孵 18～19 d 转到出雏机完成出壳。出雏机容蛋量是 8 000～20 000 枚。由于从孵化机移至出雏机后不需要进行翻蛋,故不设翻蛋机构和翻蛋控制系统。出雏盘要求四周有一定高度,底面网格密集。

(2)孵化机的主体结构

1)箱体。箱体要求保温性能好,防潮能力强,坚固美观。一般箱壁由 3 层组成,外层为 ABS 工程塑料板,也有用 PVC 板的,里层为铝合金板,夹层中填塞的是玻璃纤维或聚苯乙烯泡沫等隔热材料,三层厚度约为 50 mm,孵化机的门要密贴封条。孵化机一般没有底部,这样既便于清洗消毒,又解决了烂底问题。10 000 枚以上入孵量的孵化机,其箱壁均设计成拆卸式板块结构。

2)种蛋盘。种蛋盘分为孵化盘和出雏盘 2 种,多采用塑料制品。孵化盘又分为栅式塑料孵化盘和孔式塑料孵化盘。孔式塑料孵化盘能增加单位面积容蛋量,与出雏盘配套使用,可用于抽盘移盘法,因此比栅式塑料孵化盘更受用户欢迎。出雏盘一般与孵化盘配套,能提高移盘的劳动效率,减少移盘的时间和应激现象,提高孵化率。

3)蛋架车和出雏车。蛋架车(图 4-8)按形式可分为滚筒式、八角架式和跷板式 3 种。现代孵化设备厂生产的大多是跷板式蛋架车。跷板式蛋架车由多层跷板式蛋盘托组成,靠连杆连接,转蛋时以蛋盘托的中心为支点,分别左右或前后倾斜 45°。其中活动车架能将多层蛋盘托连接在一个框架上,车架底配 4 个轮子。出雏车一般为层叠式平底车,每车有 24 个聚丙烯塑料出雏盘,分两排 12 层叠放在四轮平底车上,层与层之间由上盘底部的四角露出的塑料柱插入下盘顶部相应位置的 4 个孔中或出雏盘底的长边上,既固定了出雏盘,又使盘与盘之间保持一定的通风缝隙。它与抽屉式出雏方式相比,更有利于出雏机的清洗消毒。

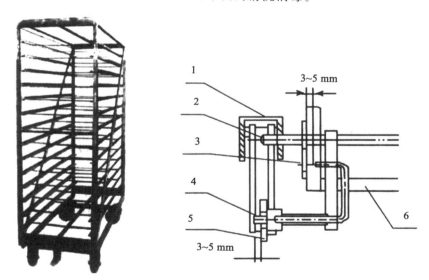

1.固定杆　2.蛋架车定位销　3.锁定销　4.翻蛋销轴　5.连杆　6.蛋车车架

图 4-8　蛋架车与锁定销

(3)控温、控湿系统

控温、控湿系统是孵化器的控制中心(图 4-9),通过它提供胚胎发育适宜的温、湿度条件。一个孵化器孵化效果的好坏,首先取决于其控温、控湿系统。

1)控温系统。控温系统是由加热棒和温度调节控制器两部分组成。

加热棒的功率：入孵器配备 $200\sim250$ W/m³，出雏器配备 $150\sim200$ W/m³，并分多组放置于风扇叶片的侧面或下面。

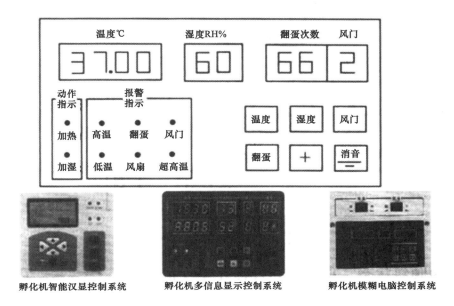

图 4-9　孵化机控制系统

温度调节控制器种类很多，由过去的电子管温度调节器、晶体管温度调节器发展到集成电路温度调节器、电脑温度控制器。感温元件由原来的双金属片、水银电接点温度表、热敏电阻，发展到使用铂电阻集成感温元件。

2）控湿系统。控湿系统较简单的是在孵化器的下面放一个适宜的水盘来调节孵化器内的湿度。大型孵化器多采用以下 2 种供湿方式。

①卧式圆盘滚筒自动供湿装置。孵化器底部设置一个浅水槽，水槽中有一个横卧的圆柱供湿轮。湿度不足时，湿度计触点导通，驱动电机运转，带动滚筒转动，以增加水分蒸发；当湿度达到设定值时，湿度计触点断开，电机停转而停止供湿。

②叶片式供湿轮自动供湿装置。通过水银电接点湿度计和电磁阀对水源控制，机内湿度不足时，电磁阀打开，水源经喷嘴喷到叶片轮上，提高机内湿度。

3）报警系统。报警系统是监督控制系统正常工作的安全装置，分为超温报警及降温冷却系统，低温、高湿和低湿报警系统，电机缺相、过载及停转报警系统。超温装置包括超温报警感温元件、电铃和指示灯。当超温时能声光报警，同时切断电热源，有冷却系统装置的可同时打开电磁阀门通冷水降温。为了解决孵化中停电超温报警问题，应增设使用干电池作电源的超温报警装置的低温、高湿和低湿报警系统，温度低于设定值 1 ℃时，实现低温声光报警，并自动关闭风门，主副加热同时工作。孵化机内相对湿度超过设定值±1％时，实现声光报警，并在控制器面板上显示孵化机内实际的相对湿度。电机缺相、过载及停转报警系统，能及时发现电机缺相、过载及停转的情况，声光报警可避免造成电机烧毁的结果。万一出现故障，它能使孵化的损失降到最低。

4）冷却系统。常用的冷却形式有风冷和水冷两种。风冷是在超温时增加排风量，增大排风门或开启排气口的小型排风扇；水冷是在机内装有冷却水排，水排由弯曲的铜管制成，装在风扇附近。

5)电控系统。孵化机常用的电控系统有一般电器控制系统和电脑控制系统。电器控制系统的主要功能是控温、控湿、超温报警、定时翻蛋、通风量控制、冷却系统操作和自动化控制等。采用先进的电脑设备可以输入多套孵化程序,连接打印机,自动记录孵化参数。可以单机使用,也可与 PC 机联网,由中心控制室集中控制。一套中心控制系统可控制几十台至上百台机器,管理人员在中心控制室利用计算机就可以监视孵化机的运行,当孵化机内温度过高时,电磁阀打开,使冷水通过并吸收热量,将机内温度尽快降下来,冷水温度应低于 15 ℃。这种冷却装置在夏季及孵化厅没有空调设施时,能防止孵化机超温。

5.机械传动系统

(1)翻蛋系统

八角活动翻蛋式的孵化器,其转蛋系统是由安装在中轴管一端的 90°扇形蜗轮与蜗杆相配合组成。可以手动转蛋,也可自动转蛋。转蛋角度为中心线前俯或后仰 45°～50°(图 4-10)。

(2)均温装置

孵化机内顶部和近热源区域温度较高,通过风机叶片对机内空气进行搅拌以均匀机内温度。均温装置可设在孵化器两侧(侧吹式)、顶部(顶吹式)

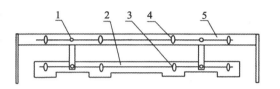

1.销轴　2.连杆　3.翻蛋销孔翻蛋机构　4.蛋架车定位销孔　5.固定杆

图 4-10　翻蛋系统

或后部(后吹式),一般电机转速为 160～240 r/min,若控制好电机转速,则均温效果较好。孵化器里的温度是否均匀,除与是否备有均温风扇有关外,还与电热管及进出气孔的布局、孵化器门密封性能等有很大的关系。

(3)通风换气系统

通风换气系统由进气孔、均温电机和风扇叶组成。常见的形式是机顶上设排气孔,接替气管与室外相通,进气孔设在风叶近区,以便新鲜空气吸入。进气孔设分挡控制,根据孵化的不同时期控制不同的通风量。巷道式孵化器进气孔设在孵化器尾部机顶,出气孔在孵化器入口机顶,这一设计适应了胚蛋后期需氧较多的特点。为了方便,观察机内一般都设有照明设备,可手动控制也可将开关设在机门框上。当开机门时,机内照明灯亮起;关机门时,机内照明灯熄灭。

6.孵化制度的确定

(1)孵化室的准备

孵化前对孵化室要做好准备工作。孵化室内必须保持良好的通风和适宜的温度。一般孵化室的温度为 22～26 ℃,湿度 55％～60％。为保持这样的温度、湿度,孵化室应严格密封,保温良好,最好建成密闭式的。如为开放式的孵化室,窗子也要小而高一些,孵化室天棚距地面应有 4 m 以上,以便保持室内有足够的新鲜空气。

孵化室应有专用的通风孔或风机。现代孵化场一般都有两套通风系统,孵化机排出的空气经过上方的排气管道,直接排出室外,孵化室另有正压通风系统,将室外的新鲜空气引入室内,如此可防止从孵化机排出的污浊空气再循环进入孵化机内,保持孵化机和孵化室内空气清洁、新鲜。孵化机要离开热源,并避免日光直射。孵化室的地面要坚固平坦,便于冲洗。

(2)孵化器的检修

孵化人员应熟悉和掌握孵化机的各种性能。种蛋入孵前,应当检查孵化机各部分配件是否完整无缺,通风运行时,整机是否平稳;孵化机内的供温、抽风部件及各种指示灯是否都正常;各部位螺丝是否松动,有无异常声响;特别是检查安全系统和报警系统是否灵敏。待孵化机运转1~2 d,未发现异常情况,方可入孵。

（3）孵化温度表的校验

所有的温度表在入孵前要进行校验,其方法是:将孵化温度表与标准温度表水银球一起放到38 ℃左右的温水中,观察它们之间的温差。若温差太大,则孵化温度表不能使用,没有标准温度表时可用体温计代替。

（4）孵化机内温差的测试

因机内各处温差大小直接影响到孵化成绩的好坏,所以在使用前一定要弄清该机内各个不同部位的温差情况。方法是在机内的蛋架装满空的蛋盘,将多只校验过的温度表固定在机内的上、中、下、左、右、前、后等27个部位。将蛋架翻向一边,通电使鼓风机正常运转,机内温度控制在37.8 ℃左右,恒温半小时取出温度计,记录各点的温度,再将蛋架翻转至另一边去,如此反复各2次,就能查清孵化机内的温差及其与翻蛋状态间的关系。

（5）孵化室、孵化器的消毒

为了保证雏鸡不受疾病感染,孵化室的地面、墙壁与顶棚均应彻底消毒。孵化室墙壁的建造,要能经得起高压冲洗消毒。每批孵化前机内必须清洗,并用福尔马林熏蒸,也可用药液喷雾消毒。

（6）入孵前种蛋预热

种蛋预热能使静止的胚胎有一个缓慢的"苏醒适应"过程,这样可减少突然高温造成的死精偏多,并减缓入孵初期孵化器温度下降,防止蛋表凝水,有利于提高孵化率。预热方法是:在25 ℃的环境中放置12~18 h或在30 ℃环境中预热6~8 h。

（7）码盘入孵

将种蛋大头向上放置在孵化盘上称为码盘,码盘的同时挑出破蛋。一般整批孵化,每周入孵2批;分批孵化时,3~5 d入孵一批。整批孵化时,有种蛋的孵化盘插入孵化蛋架车推入孵化器内。分批入孵,装新蛋与老蛋的孵化盘应分开放置,注意保持孵化架重量的平衡。为防止不同批次的种蛋混淆,应在孵化盘上贴好标签。

7.孵化条件

（1）温度

温度是有机体生存发育的重要条件,活的鸡胚胎必须有一个最适宜的环境温度,才能完成正常的胚胎发育,获得高孵化率和健康雏鸡。

1）生理零度。低于某一温度胚胎发育被抑制,要高于这一温度胚胎才开始发育,这一温度被称为"生理零度",也称临界温度。因为干扰因素太多,生理温度的准确值很难确定,并且,这一温度还随鸡的品种、品系不同而异,一般认为鸡胚的生理零度为23.9 ℃。

2）胚胎发育的温度范围和孵化最适温度。胚胎发育对环境温度有一定的适应能力,温度在35~40.5 ℃,都能孵化出雏鸡。在环境温度得到控制的前提下（如24~26 ℃）,立体孵化器最适宜孵化温度（1~19 d）为37.5~37.8 ℃,出雏期间为36.9~37.2 ℃。

另外,最适宜温度还受蛋的大小、蛋壳质量、鸡的品种品系、种蛋保存时间、孵化期间的空气湿度等因素的影响。

3）高温的影响。胚胎在高于最适宜温度条件下孵化,会加速胚胎发育的速度,缩短孵化期,孵化率和雏鸡质量会有不同程度的下降。如16日龄鸡胚在40.6 ℃的温度下,经历24 h孵化率只有轻微的下降,但是在43.3 ℃条件下,放置6 h孵化率有明显下降,9 h后会严重下降。孵化温度升至46.1 ℃,经历3 h或48.9 ℃经历1 h,所有胚胎将全部死亡。当发生停电事故时,风扇停止运转,热量不均匀,较热的空气上升至孵化器顶部,会造成孵化器上部的种蛋过热,而下部温度不足。

4)低温的影响。在低于最适合温度条件下孵化,胚胎发育变缓,延长孵化期,人工机器孵化和自然孵化一样,短时间的降温(0.5 h以内)对孵化效果无明显的不良影响,孵化14 d以前胚胎发育受温度降低的影响较大,15～17 d即使将温度短时间降至18.3 ℃,也不会严重影响孵化率。18～21 d虽然要求的最适宜温度低,但是温度下降却会对出雏率有严重的影响,如果温度降低到18.3 ℃以下,孵化率可以降低到10%以下。在此期间即使是短时间的停电,也会严重影响出雏率。

5)恒温孵化和变温孵化。

①恒温孵化。孵化的1～19 d始终保持一个温度(如37.8 ℃),19～21 d保持一个温度(如37.2 ℃)。恒温孵化要求的孵化器水平较高,而且对孵化室的建筑设计要求较高,需保持22～26 ℃较为恒定的室温和良好的通风。巷道式孵化器采用的是恒温孵化。如果达不到要求的室温,可以考虑适当提高孵化温度0.5～0.7 ℃;室温超过要求的温度,则应该通风降温,如果降温效果不理想,孵化温度应降低0.2～0.6 ℃。

②变温孵化。根据不同的孵化器、不同的环境温度和不同胚龄,给予不同的孵化温度。我国传统孵化法多采用变温孵化。鸡变温孵化的给温方案见表4-5。

表4-5　变温孵化给温方案　　　　　　　　　　　　　　　　　　　℃

室温	孵化天数/d			
	1～6	7～12	13～18	19～21
15～20	38.5	38.2	37.8	37.5
22～28	38.0	37.8	37.3	36.9

(2)相对湿度

1)相对湿度的重要性。相对湿度降低,蛋内水分蒸发过快,雏鸡提前出壳,雏鸡个体就会小于正常雏鸡,容易脱水;相对湿度较大,水分蒸发过慢,延长孵化时间,个体较大且腹部较软。

2)胚胎发育的适宜相对湿度。鸡的胚胎发育对环境的相对湿度的要求没有对温度的要求那样严格,一般40%～70%均可。立体孵化器的适宜相对湿度,孵化期1～19 d为50%～60%,出雏期(20～21 d)为75%。出雏期要求湿度较高的原因是湿度和空气中的二氧化碳作用,使蛋壳的碳酸钙变成碳酸氢钙,使蛋壳变脆,有利于破壳出雏。适宜相对湿度只是针对中等大小的种蛋的平均值,不同大小的种蛋在相同的湿度下水分蒸发比例是不同的,应根据不同的蛋重进行必要的湿度调节(表4-6)。

表4-6　种蛋大小和适宜相对湿度

蛋重/g	相对湿度/%	蛋重/g	相对湿度/%	蛋重/g	相对湿度/%	蛋重/g	相对湿度/%
52.1	55～65	56.7	50～60	61.4	45～55	66.1	40～50
54.2	52～62	59.1	47～57	63.8	42～52		

3)温度和湿度的关系。在胚胎发育期间,温度和湿度之间有一定的相互影响。孵化前期,温度高则要求湿度低,出雏时湿度要求高则温度低。一般由于孵化器的最适宜温度范围已经确定,所以只能调节湿度。出雏器在孵化的最后2 d要增加湿度,那么就必须降低温度,否则,孵化率和雏鸡的质量都会产生严重的不良影响。孵化的任何阶段都必须防止同时高温和高湿。

（3）通风换气

胚胎在发育过程中，不断与外界进行气体交换，吸收氧气，排出二氧化碳和水分（表4-7）。为保持正常的胚胎发育，必须供给新鲜的空气，二氧化碳浓度不超过0.5％，如果超过1％，则胚胎发育迟缓和畸形，死亡率增高。

表4-7　孵化期间的气体交换（每万枚蛋）

孵化天数/d	氧气吸入量/m³	二氧化碳排出量/m³	孵化天数/d	氧气吸入量/m³	二氧化碳排出量/m³
1	0.14	0.08	15	6.36	3.22
5	0.33	0.16	18	8.40	4.31
10	1.06	0.53	21	12.71	6.64

氧气含量为21％时孵化率最高，每减少1％，孵化率下降5％。氧气含量过高孵化率也降低，每增加1％，孵化率下降1％左右，一般情况下不会氧气不足或含量过高。新鲜空气中的二氧化碳含量为0.03％～0.04％，只要孵化器通风设计合理，运转操作正常，孵化室空气新鲜，一般二氧化碳不会过高。应注意通风不要过度，通风过度不利于保持温度和相应的湿度。

胚胎发育过程与外界的气体交换随着胚龄的增加而加强，尤其19 d以后，鸡胚开始用肺呼吸，其耗氧更多，胚胎自身的产热量也随着胚龄的增加成比例增加，尤其孵化后期胚胎代谢更加旺盛，产热量更多，热量必须散发出去，否则会造成温度过高，烧死胚胎或影响其正常发育。孵化器内的均温风扇，不仅可以提供胚胎发育所需要的氧气，排出二氧化碳，而且还起到均匀温度和散热的功能。

海拔较高的地方空气密度小，容易缺氧，我们可以空气加压和输氧，否则孵化率会随海拔高度的上升而下降。

（4）转蛋

1）转蛋的重要性。转蛋也称翻蛋。刚产下鸡蛋的蛋黄由于比重较大而停留在稀蛋白中，但是，入孵后蛋黄因比重下降而从稀蛋白中上升，漂浮在上面，如果不转动鸡蛋，蛋黄就会同外层浓蛋白相接触，发生粘连，造成胚胎死亡。转蛋的目的是改变胚胎方位，防止胚胎粘连，使胚胎各部分均匀受热，促进羊膜运动。

2）种蛋放置位置。人工孵化时种蛋的大头应高于小头，但是不一定垂直，正常情况下雏鸡的头部在蛋的大头部位近气室的地方发育，并且发育中的胚胎会使其头部定位于最高位置，如果蛋的大头高于小头，那么上述过程较容易完成。相反，如果蛋的小头位置较高，那么约有60％的胚胎头部在小头发育，雏鸡在出壳时，其喙部不能进入气室进行肺呼吸。

二维码4-7
孵化参数的设定与调整

3）转蛋次数、角度和时间。多数自动孵化器设定的1～18 d为每2 h转蛋1次，每天12次。每天转蛋6～8次对孵化率无影响。19～21 d为出雏期，不需要转蛋。孵化的第1周转蛋最为重要，第2周次之，第3周效果不明显。转蛋的角度应与垂直线呈45°。如果转动角度较小不能起到转蛋的效果，太大会使尿囊破裂从而造成胚胎死亡。

8.停电时的措施

大型孵化场应自备发电机，否则，孵化时期应与有关电力部门取得联系，以便停电时能事先做好准备。孵化室应备有加温用的火炉或火墙，在停电前几小时将火炉烧起。停电时使室内温度达到37 ℃左右（孵化器的上部），打开全部机门，每隔0.5 h或1 h转蛋1次，保证上下部温度均匀。同时在地面上喷洒热水,以调节湿度。注意,停电时不可立即关闭通风孔,以免机内上部的蛋因太热而遭损失。如为临时停电几小时,则不必生火加温。

9.孵化效果的检查与分析

(1)衡量孵化效果的指标

1)入孵蛋活胚率。指活胚蛋数占入孵蛋数的比例,一般在91%以上。计算公式为:

$$入孵蛋活胚率 = \frac{照蛋后的活胚蛋数}{入孵蛋数} \times 100\%$$

2)标准受精率。指受精蛋数占入孵蛋数的比例,一般在95%以上。计算公式为:

$$标准受精率 = \frac{受精蛋数}{入孵蛋数} \times 100\%$$

3)受精蛋孵化率。指出壳雏禽数占受精蛋比例,统计雏禽数应包括健、弱、残和死雏。一般在97%以上。计算公式为:

$$受精蛋孵化率 = \frac{出雏数}{受精蛋数} \times 100\%$$

4)活胚蛋健苗率。指健雏禽数占活胚蛋的比例,一般在95%以上。计算公式为:

$$活胚蛋健苗率 = \frac{健雏数}{活胚蛋数} \times 100\%$$

5)入孵蛋出苗率。指出壳雏禽数占入孵蛋的比例,一般在87%以上。计算公式为:

$$入孵蛋出苗率 = \frac{出雏数}{入孵蛋数} \times 100\%$$

6)入孵蛋健苗率。指健雏禽数占入孵蛋的比例,一般在85%以上。计算公式为:

$$入孵蛋健苗率 = \frac{健雏数}{入孵蛋数} \times 100\%$$

7)健雏率。健雏是指精神良好,无明显肚脐愈合不良、无盲眼、无跛脚、无畸形残次、重量大于或等于该品种最低重量标准的健康鸡苗,一般在98.5%以上。计算公式为:

$$健雏率 = \frac{健康雏数(或售出雏数)}{总出雏数} \times 100\%$$

(2)孵化效果的检查

孵化效果的检查包括孵化过程中的孵化条件及最终的孵化结果,目的是及时发现在孵化过程中出现的不正常现象,采取技术措施、给予纠正,总结经验,进一步提高孵化成绩。通常在孵化过程要经常抽检,特别在更换新机型、新的种蛋来源和其他孵化条件有变动的情况下,更应加强在孵化过程中的抽检工作。

通过照蛋及对出雏情况的细致观察,结合鸡群的健康情况,对饲养管理、种蛋保存、运输及孵化条件、操作技术等方面的调查,进行综合分析,做出客观判断,并以此为依据进一步改善饲养管理、种蛋保存和调整孵化条件,提高孵化率。

二维码 4-8
家禽胚胎发育观察

1)照蛋(验蛋)。

①照蛋的时间和目的。照蛋就是用照蛋灯透视胚胎发育情况。一般整个孵化期进行1~2次,白壳鸡蛋6 d左右头照,褐壳鸡蛋10 d左右头照,19 d落盘时二照,中间可以抽检,见表4-8。孵化率高而稳定的孵化场,一般在整个孵化期仅在落盘时照1次蛋。

表 4-8　鸡照蛋胚龄及其胚胎发育特征

照蛋	孵化天数/d	胚胎发育特征
头照	5～6	"黑眼"
抽检	10～11	"合拢"
二照	19	"闪毛"

照蛋的主要目的是观察胚胎发育情况,并以此作为调整孵化条件的依据。头照挑出无精蛋和死精蛋,特别是观察胚胎发育是否正常。抽验仅抽查孵化器中不同点的胚蛋发育情况。二照在移盘时进行,挑出死胎蛋。一般头照和抽验作为调整孵化条件的参考,二照作为掌握移盘时间和控制出雏环境的参考。

②各种胚蛋的判别。

a)正常的活胚蛋。剖视新鲜的受精蛋,肉眼可以看到蛋黄上有一中心透明带,周围浅暗的圆形胚盘,有明显的明暗之分。白壳蛋头照时,正常的活胚蛋可以明显地看到黑色眼点,血管成放射状且清晰,蛋色暗红。白壳蛋 10 胚龄抽检时尿囊绒毛膜合拢,整个蛋除气室外布满血管。二照时气室向一侧倾斜,有黑影闪动,胚蛋暗黑。

b)弱胚蛋。头照胚体小,黑眼点不明显,血管纤细且模糊不清,或看不到胚体和黑眼点,仅仅看到气室下缘有一定数量的纤细血管。抽验时胚蛋小头未合拢,呈淡白色。二照时气室比正常的胚蛋小,且边缘不齐,可看到红色血管。因胚蛋小头仍有少量蛋白,所以照蛋时胚蛋小头浅白发亮。

c)无精蛋。俗称"白蛋",头照时蛋色浅黄发亮,看不到血管或胚胎,气室不明显,蛋黄影子隐约可见。

d)死精蛋。俗称"血蛋",头照时可见黑色血环贴在蛋壳上,有时可见死胎的黑点静止不动,蛋色透明。

e)死胎。二照时气室小且不倾斜,边缘模糊,颜色粉红、淡灰或黑暗,胚胎不动。

另外,还有破蛋和腐败蛋需要在照蛋时剔除。

2)孵化期间的失重。种蛋在孵化期间由于水分的蒸发需要失去一定的重量,失重过多或不足,对孵化率和雏鸡质量都有一定的影响,一般 1～19 d 失重 11.5%,雏鸡出壳体重是种蛋重的60%左右。测定种蛋失重的方法,可以用称量工具测量。但是大多凭经验,根据种蛋气室的大小、后期的气室形状,了解孵化湿度和胚胎发育是否正常。

3)出雏期间的观察。

①出雏的持续时间。孵化正常时,出雏时间较一致,有明显出雏高峰,雏鸡一般 21 d 全部出齐;孵化不正常时无明显的出雏高峰,出雏持续时间长,"毛蛋"较多,至第 22 天仍有不少未破壳的胚蛋。

②初生雏观察。主要观察绒毛、脐部愈合、精神状态和体形等。

a)健雏。发育正常的雏鸡体格健壮,精神活泼,体重合适,蛋黄吸收腹内;脐部愈合良好、干燥、无黑斑;绒毛干燥、有光泽、长度合适,用两个手指可以夹住绒毛;雏鸡站立稳健,叫声洪亮。

b)弱雏。腹部潮湿,脐带愈合不良,绒毛污乱、无光泽,肚大或干瘪,手握无弹性,精神不振,叫声无力或尖叫呈痛苦状,反应迟钝。

c)残雏、畸形雏。脐部开口并流血,蛋黄外露,腹部残缺,喙交叉或过度弯曲,眼瞎脖歪,绒毛稀疏焦黄。

4)死雏和死胎外表观察及病理解剖。种蛋品质差或孵化条件不良时,除了孵化率低之外,死雏和死胎一般表现出病理变化。通过对死胎、死雏的外表观察和解剖,可以及时了解造成孵化效果不良的原因。检查时注意观察啄壳情况,然后打开胚蛋,确定死亡时间。观察皮肤、绒毛生长、内脏、腹腔、卵黄囊、尿囊等有无病理变化,胎位是否正常,初步判断死亡原因。

5)死雏和死胎的微生物检查。定期抽验死雏、死胎及胎粪、绒毛等,做微生物检查。当种鸡群有疫情或种蛋来源较混杂或孵化效果较差时尤应取样化验,以便确定疾病的性质及特点。

(3)孵化效果的分析

1)胚胎死亡原因的分析。

①孵化期胚胎死亡的分布规律。胚胎死亡在整个孵化期不是平均分布的,而是存在着 2 个死亡高峰。第 1 个高峰在孵化前期,鸡胚在孵化前 3～5 d,死胚率约占全部死胚数的 15％;第 2 个高峰出现在孵化后期(第 18 天后),约占 50％。高孵化率鸡群,鸡胚多死于第 2 个高峰;低孵化率鸡群第 1、2 高峰期的死亡率大致相似。

②胚胎死亡高峰的一般原因。第 1 个死亡高峰正是胚胎生长迅速、形态变化显著时期,各种胎膜相继形成而作用尚未完善。胚胎对外界环境的变化敏感,稍有不适胚胎发育便受阻,以至夭折。种蛋贮存不当,降低胚胎活力,也会造成胚胎死亡;另外,种蛋贮存期用过量甲醛熏蒸就会增加第一期死亡率,维生素 A 缺乏会在这一时期造成重大影响。第 2 个死亡高峰正处于胚胎从尿囊绒毛膜呼吸过渡到肺呼吸时期。胚胎生理变化剧烈,需氧量剧增,其自温产热猛增。传染性胚胎病的威胁更突出,对孵化环境要求高,若通风换气、散热不好,势必有一部分原本较弱的胚胎死亡。另外,由于蛋的位置放置不当,也会使雏鸡因姿势异常而不能出壳。

孵化率高低受内部和外部两方面因素的影响。影响胚胎发育的内部因素是种蛋内部品质,它们是由遗传和饲养管理所决定的。外部因素包括入孵前的环境(种蛋保存)和孵化中的环境(孵化条件)。内部因素对第 1 死亡高峰影响大,外部因素对第 2 死亡高峰影响大。

2)影响孵化效果的因素。影响孵化效果的三大因素:种鸡质量、种蛋管理和孵化条件。种鸡质量和种蛋管理决定入孵前的种蛋质量,是提高孵化率的前提。只有入孵是来自优良种鸡、供给营养全面的饲料、精心管理健康种鸡的种蛋,并且种蛋管理得当,孵化技术才有用武之地,在实际生产中种鸡饲料营养和孵化技术对孵化效果的影响较大。

①营养对孵化效果的影响。营养缺乏或毒素既影响产蛋率,又影响孵化率,影响的程度随营养缺乏或毒素的含量而变化。营养缺乏造成的影响往往来得慢,但是持续时间长,而孵化技术或疾病造成的影响一般是突发性的,采取措施可以较快恢复。

② 孵化技术对孵化效果的影响。孵化管理技术适当也是影响孵化效果的一个重要方面。

3)孵化效果不良的原因分析。由于造成孵化率低的因素很多,为了能够及时找到造成这种现象的原因,以便采取措施,使孵化率迅速恢复到正常的水平,必须从孵化效果分析出具体的原因,然后结合孵化记录和种鸡的健康及产蛋情况,采取有效措施。表 4-9 给出了孵化过程中常见的不良现象和原因,然后再结合有关记录和检验就可以分析出具体原因。

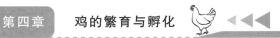

表 4-9　孵化效果不良的原因分析

不良现象	原因
蛋爆裂	蛋脏,被细菌污染;孵化器内脏
照蛋时清亮	未受精;甲醛熏蒸过度或种蛋贮存时间太长,胚胎入孵前就已死亡
胚胎死于 2～4 d	种蛋贮存时间太长;种蛋被剧烈震动;孵化温度过高或过低;种鸡染病
种蛋上有血环,胚胎死于 7～14 d	种鸡日粮不当;种鸡染病;孵化器内温度过高或过低;供电故障,转蛋不当;通风不良,二氧化碳浓度过量
气室过小	种鸡日粮不当;蛋大;孵化湿度过高
气室过大	蛋小;1～19 d 期间湿度过低
雏鸡提前出壳	蛋小;品种差异,温度计读数不准,1～19 d 温度高或湿度低
出壳延迟	蛋大;蛋贮存时间长;室温多变;温度计不准,1～19 d 温度低或湿度高;第 19 天后温度低
胚胎已发育完全但喙未进入气室	种鸡日粮不当;孵化 1～10 d 温度过高;第 19 天湿度过高
胚胎已充分发育,喙进气室后死亡	种鸡日粮不当;孵化器内空气循环不良;孵化 20～21 d 期间温度过高或湿度过高
雏鸡在啄壳后死亡	种鸡日粮不当;致死基因;种鸡群染病;蛋在孵化时小头向上,蛋壳薄,头两周未转蛋;蛋移至出雏器太迟;20～21 d 空气循环不良或二氧化碳含量过高;20～21 d 温度过高或湿度过低;孵化 1～19 d 温度不当
胚胎异位	种鸡日粮不当;蛋在孵化时小头向上,畸形蛋,转蛋不正常
蛋白粘连鸡身	移盘过迟;孵化 20～21 d 温度过高或湿度过低;绒毛收集器功能失调
蛋白粘连初生绒毛	种蛋贮存时间长;20～21 d 空气流速过低,孵化器内空气不当,20～21 d 温度过高或湿度过低;绒毛收集器功能失调
雏鸡个体过小	种蛋产于炎热天气;蛋小;蛋壳薄或砂皮;孵化 1～19 d 湿度过低
雏鸡个体过大	蛋大;孵化 1～19 d 湿度过高
不同孵化盘孵化率和雏鸡品质不一致	种蛋来自不同的鸡群,蛋的大小不同,种蛋贮存时间不等,某些种鸡群遭受疾病或应激;孵化器内空气循环不足
棉花鸡(鸡软)	孵化器内不卫生;孵化 1～19 d 温度低;20～21 d 湿度过高
雏鸡脱水	种蛋入孵过早,20～21 d 期间温度过低,雏鸡出壳后在出雏器内停留时间过长
脐部收口不良	种鸡日粮不当,20～21 d 期间温度过低,孵化器内温度发生很大变化,20～21 d 期间通风不良
脐部收口不良、脐炎,并且潮湿有气味	孵化场和孵化器不卫生
雏鸡不能站立	种鸡日粮不当,1～21 d 期间温度不当,1～19 d 孵化期间湿度过高,1～21 d 期间通风不良
雏鸡跛足	种鸡日粮不当,1～21 d 期间温度变化,胚胎异位
弯趾	种鸡日粮不当,1～19 d 孵化期间温度不当
八字腿	出雏盘太光滑
绒毛过短	种鸡日粮不当,1～10 d 孵化期间温度过高
双眼闭合	20～21 d 期间温度过高,20～21 d 期间湿度过低,出雏器内绒毛飞扬,绒毛收集器功能失调

四、初生雏鸡的处理

1.初生雏的分级

初生雏鸡分为强雏、弱雏和残次雏3级。残次雏很难养活,一般不出场。

(1)强雏

其特征是活泼、健壮有力,眼大有神;体重符合品种要求;两肢健壮,站得稳;腹部大小适中,平整柔软,卵黄吸收良好,脐部愈合良好;绒毛长短适中,毛色符合品种要求。

(2)弱雏

其特征是眼小,呆立、嗜睡,体重不符合本品种要求,两肢瘦弱,站立不稳,喜卧;腹部膨大或较小,肛门污秽;卵黄吸收不好,脐部愈合不良,有血痂;绒毛长或短、脆、色浅或深。

(3)残次雏

其特征是不睁眼或是单眼、瞎眼;体重过小或干瘪;两后肢站立不起,弯趾;腹部过大、软或硬;蛋黄吸收不完全,血脐;绒毛呈卷毛、火烧毛;有歪嘴等畸形雏。

2.初生雏的雌雄鉴别

(1)初生雏自别雌雄

在生产实际中常用的有金银羽自别雌(母)雄(公)法和快慢羽自别雌雄法。

1)金银羽自别雌雄法。金黄色(或银白色)羽毛是指雏鸡绒羽的底色为金黄色(或银白色),简称金羽(或银羽)。通常在四系配套的褐壳蛋鸡中,父系(A系与B系)都是金羽,母系(C系和D系)都是银羽。杂交后父母代种鸡的父系(A♂×B♀→AB♂)也是金羽,母系(C♂×D♀→CD♀)也是银羽。由于伴性遗传是一种交叉遗传现象,父母代杂交产生的商品代母雏为金羽,公雏为银羽。因此,在正规鸡场购买商品代雏鸡时通过雏鸡的毛色就可分辨出是公雏还是母雏。即凡是具有金羽特征的就是母雏,凡是具有银羽特征的就是公雏,其准确率可达90%以上,如星杂579、罗斯褐的商品代蛋鸡。

2)快慢羽自别雌雄法。鸡的主翼羽(在两翼外侧最下缘的最大的长硬羽毛称为主羽翼,一般为10根)按生长速度分为快生羽和慢生羽两类,快生羽又称速生羽或早生羽,简称快羽;慢生羽又称晚生羽,简称慢羽。快生羽的特征是雏鸡孵出后主翼羽即已长出,而且长度比覆主翼要长(在每根主翼上都覆盖着一根羽毛,称覆主翼羽);慢生羽的特征是雏鸡出壳后主翼羽比覆主翼羽短或二者等长。因此,在正规鸡场购雏鸡时通过雏鸡主翼羽生长快慢而分辨出公雏和母雏,即凡是具有快生羽特征的就是母雏,凡是具有慢生羽特征就是公雏,如星杂288的商品代鸡和京白939商品代鸡的快生羽雏鸡是母雏,慢生羽雏鸡是公雏。

(2)肛门鉴别法

它是采用在强光下分辨生殖突起的外部形态来鉴别雏鸡雌雄的方法,需在出雏后2～12 h内进行。熟练的鉴别者每小时可鉴别500～800只,准确率在90%以上。

鉴别时左手握住雏鸡,使鸡背紧贴掌心,肛门向上,鸡颈部和两脚任其自由(图4-11)。

用左手拇指在腹部泄殖腔下端轻压,把泄殖腔内的粪便排出,排粪后拇指不要离开,仍压在原来位置,迅速将雏鸡移到有灯罩的60 W灯光下观察。左手拇指从排粪位置很快移到肛门左侧,左食指弯曲贴于雏鸡背部。同时,右食指放在肛门右侧,右拇指侧放在雏鸡脐部。右拇指沿直线往上顶推,左拇指往里收拢,右食指往下收拢,三指在肛门外凑拢推挤形成一个小三角区。这时雏鸡肛门翻开,使生殖突起裸露出来,可根据雏鸡生殖突起的形状、大小及生殖突起旁边的

"八"字皱襞的形状,识别公、母(图4-12)。

雄雏(公雏):雄雏的生殖突起大而圆,其直径在 0.5 mm 以上,形状饱满,轮廓清晰;"八"字形皱襞很发达,并与外皱襞断绝联系;在生殖突起两旁有粒状突起。

雌雏(母雏):生殖突起小而扁,形状不饱满,有的雏鸡仅留痕迹;"八"字形皱襞退化,并和外皱襞相连;在生殖突起两旁没有两个粒状突起,而且中间生殖器也不明显。

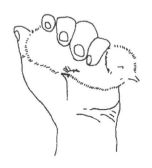
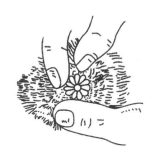
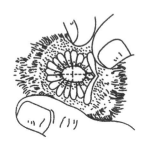

图 4-11　握住雏鸡的手法
(引自《养鸡学基本知识》)

图 4-12　雏鸡翻肛法
(引自《养鸡学基本知识》)

3.初生雏的运输

初生雏运输的基本原则是:迅速及时,舒适安全,注意卫生。初生雏鸡最好在8～12 h运到育雏舍,如为远距离运雏也不应超过48 h,路途过远可用飞机运送。

运雏最好有专用的雏箱。例如长 60 cm、宽 45 cm、高 18 cm 的厚纸箱,纸箱上下左右均应有洞孔,箱内分 4 个格子,每格装雏鸡 25 只,每箱可装 100 只雏鸡。如此可以避免互相拥挤,不致造成损失。

运输装车时每行雏箱之间,雏箱与车厢之间要留有空隙,最好有木架隔开,以免雏箱滑动。装卸雏箱时要小心平稳,避免倾斜。运雏车事先要做好消毒、加油等一切准备工作.防止中途停歇,运雏最好用带空调的汽车,如用火车或一般汽车运输,早春时要用棉毯或麻袋等遮盖雏箱,夏季要携带雨布,并尽可能在早晨和夜间凉爽时运输。无论任何季节,运输途中均应注意雏鸡状态,如发现过热、过冷或通风不良时,应及时采取措施。

二维码4-9
初生雏鸡的处理

二维码4-10
雏鸡的雌雄鉴别

二维码4-11
雏鸡翻肛雌雄鉴别

第三节　人工授精技术

人工授精是采集公鸡的精液,并进行一定的处理(如评定、稀释等),再把处理后的精液按一定要求输入母鸡生殖道内以代替鸡自然交配的一种配种方法。主要用于笼养种鸡。

一、人工授精器具的准备

（1）采精器械

小玻璃漏斗形采精杯或试管。

（2）贮精器械

可使用 10～15 mL 刻度试管。

（3）保温用品

普通保温杯，以泡沫塑料做盖，上面 3 个孔，分别为集精、稀释液管和温度计插孔，内贮 30～35 ℃温水。

（4）输精器械

采用普通细头玻璃胶头滴管、输精枪、移液器。

（5）其他器械和用品

剪刀、显微镜、水浴锅、棉球、卫生纸。

二、种公鸡的选留和训练

1.蛋用种公鸡的选留

种公鸡必须符合本品种特征，人工授精公母配种比例比自然交配扩大 3～4 倍，对后代的影响大，因此要选择父母亲生产性能高，本身生长发育好的公鸡留种。初选年龄在 35 日龄左右，选留健康活泼、发育良好、冠大色红的小公鸡。蛋用公鸡根据冠形选留对以后的受精率有很重要的意义。研究发现生长期公鸡的鸡冠发育与将来的精液品质有高度正相关，凡 35 日龄前小公鸡的鸡冠发育不突出的，其中约有 41% 是受精能力差或不育的。第二次选择在 16 周龄左右，结合种鸡转舍上笼时进行，选择生长发育好，毛色光亮、腹部柔软、按摩背部和尾根部，尾巴向上翘的公鸡，每 15～20 只母鸡选留 1 只公鸡。第三次选择在 28 周龄左右，通过采精训练，选留射精量多，精液品质好的公鸡，每 40～60 只母鸡选留 1 只公鸡，并增留 15% 的后备公鸡，繁殖期一结束，公鸡就可淘汰。

2.肉用种公鸡的选留

肉用种公鸡的选留应分 3 次进行。第一次选择在 6～7 周龄时，将有明显缺陷如腿病、瞎眼、歪头、杂色羽毛或体型较小、体重较轻、发育差的劣质鸡剔除淘汰。第二次选择在 18～20 周龄转群装笼时，选留体型外貌符合本品种要求的发育良好、体重在该鸡种要求的标准体重范围内，用手从公鸡背部向尾羽方向按摩，尾羽向上翘、性反应好的公鸡。公鸡选留与母鸡数的比例为 1：（15～20）。

第三次的选择应待公鸡训练以后，在 30 周龄左右进行。采精量少、精液品质差的公鸡去除，选留每次采精量在 0.3 mL 以上、精液浓、质量好的公鸡。肉用种公鸡的公、母留种比例应按出雏季节而有不同，春季孵化出的雏鸡，秋季开产，第二年夏天高温前淘汰，整个产蛋繁殖期避开了炎热的高温季节，公母留种比例可为 1：（40～50）。夏秋季孵化的雏鸡，第二年春季产蛋，繁殖期要经过炎热的夏季，高温期间公鸡采精量减少，精液质量下降，所以公、母留种比例以 1：（25～35）为宜。

3.公鸡的训练

供采精用的公鸡，最好单笼饲养，以免因啄架和相互爬跨而影响采精量。平时群养的公鸡，应

在采精前一周转入笼内,熟识环境,便于采精。开始采精前要进行调教训练,以建立稳定的性反射。先把公鸡泄殖腔外周2~4 cm宽的羽毛剪掉,并剪短两侧鞍羽,以免影响采精和污染精液。

调教训练方法:操作人员坐在凳子上,双腿夹住公鸡的双腿,使鸡头向左,鸡尾巴向右。左手放在鸡的背腰部,从背腰向尾部轻轻按摩,连续几次。同时,右手辅助从腹部向泄殖腔方向按摩,轻轻抖动。注意观察公鸡是否有性感,即表现翘尾,出现反射动作,露出充血的生殖突起。每天按摩1~2次,连续3~4 d,以建立性反射。对于无性反射、不排精或习惯性排粪、出血的公鸡,应予以淘汰。正常情况下淘汰率为3%~5%。不同类型、不同品种的公鸡建立性反应的射精时间和射精比例不一样。

三、采精技术

虽然自然条件下,公鸡每天会发生多次交配活动,但真正发生射精的次数很少,并且精液量和精子密度随着射精次数的增多而减少。目前,种公鸡的采精多采用背腹式按摩双人采精法,采精一般安排在15:00—16:00时为宜,每周可采精3~5次。按摩训练及日常采精,手法应温柔准确,并且人员、时间、地点要固定。采精过度会导致种公鸡早衰,利用期缩短。

1.准备工作

(1)种公鸡的准备

种公鸡要求体质结实,发育良好。采精前1周将公鸡单独隔开饲养。

1)断水断料。采精前3~4 h断水、断料,防止采精时排粪,污染精液。

2)剪羽剪毛。剪去种公鸡泄殖腔周围的羽毛。

3)清洗消毒。用70%乙醇棉球对种公鸡肛门周围皮肤擦拭消毒,再用蒸馏水擦洗,待微干后采精。

(2)器械的准备

做好集精杯的清洗和消毒工作,收集精液的集精杯多用优质茶色玻璃制成(图4-13)。

1)器具准备。采精用具主要是集精杯。

2)消毒。采精、贮精器具必须经高压消毒后备用,集精瓶内水温应保持在30~35 ℃。

(3)采精员的准备

采精员必须熟练掌握采精技术要领,操作娴熟。

2.采精操作

公鸡的采精主要采用按摩法。

图4-13　鸡用集精杯

(1)背腹式按摩两人采精法

1)鸡的保定。保定人员打开笼门后双手伸入笼内抱住公鸡的双肩,头部向前将公鸡取出鸡笼,用食指和其他3个手指(中指、无名指、小拇指)握住公鸡两侧大腿的基部,并用大拇指压住部分主翼羽以防翅膀扇动,使其双腿自然分开,尾部朝前、头部朝后,保持水平位置或尾部稍高,保定者小臂自然放平,将公鸡固定于右侧腰部旁边,高度以适合采精者操作为宜(图4-14)。

对于体型小的公鸡,将其取出鸡笼后,用右手抓住鸡的双翅根部,左手抓住鸡的双腿胫部,放在身体的左前方,使公鸡尾部斜向前上方。也可以采用其他保定方法,只要不对公鸡造成不良刺激、有利于保定和采精操作就可以。

图 4-14　公鸡的采精

2）采精操作。采精者右手持采精杯（或试管）夹于中指与无名指或小拇指中间，站在助手的右侧，与保定人员的面向呈 90°角，采精杯的杯口向外，若朝内时需将杯口握在手心，以防污染采精杯。右手的拇指和食指横跨在泄殖腔下面腹部的柔软部两侧，虎口部紧贴鸡腹部；先用左手自背鞍部向尾部方向轻快地按摩 3～5 次，以降低公鸡的惊恐感，并引起性反射，接着左手顺势将尾部翻向背部，拇指和食指分别捏在泄殖腔两侧，中间位置稍靠上。与此同时采精者在鸡腹部的柔软部施以迅速而敏感的抖动按摩，然后迅速地轻轻用力向上顶压泄殖腔，此时公鸡性感强烈，采精者右手拇指与食指感觉到公鸡尾部和泄殖腔有下压感觉，左手拇指和食指即可在泄殖腔上部两侧下压使公鸡翻出退化的交媾器并排出精液，在左手施加压力的同时，右手迅速将采精杯的口置于交媾器下方承接精液。

（2）单人按摩采精训练

这种采精方法主要在小型种鸡场或养鸡户使用，其操作方法是：采精者系上围裙，坐于凳子（高度约 35 cm）上，双腿伸直，左腿压在右腿上，用大腿夹住公鸡双腿，公鸡头部朝向左侧，操作要求同上面方法。

训练好的公鸡，一般按摩 2～3 次便可射精，有些习惯于按摩采精的公鸡，在保定好后，采精者不必按摩，只要用左手把其尾巴压向背部，拇指、食指在其泄殖腔上部两侧稍施加压力即可采出精液。

每采完 10～15 只公鸡精液后，应立即开始输精，待输完后再采。

保定和采精操作掌握的原则：不让公鸡感到不舒适，有利于提高采精效率，有利于精液卫生质量的保持。

3.采精频率

采精频率指在一定时间内采精的次数。繁殖生产中鸡的采精次数为每周 3 次或隔日采精。若配种任务大时，每采 2 d（每日 1 次）休息 1 d。生产中一般是将公鸡分为 2 批，每天采其中的一批，轮流采精。

采精间隔时间不宜过久，如每 6 d 采 1 次所得精液量和精子密度与每天采 1 次相似；若间隔时间超过 2 周，会使退化的精子数增加，第 1 次采得的精液应弃之不用。

4.采精注意事项

（1）公鸡的调教

采精前必须对公鸡进行调教训练。首先剪去泄殖腔周围的羽毛，以防污染精液，每天训练

1～2次,经3～4 d后即可采到精液。多次训练仍没有条件反射或采不到精液的公鸡应予以淘汰。

（2）公鸡的隔离

公鸡最好单笼饲养,以免相互斗殴,影响采精量,采精前2周将公鸡上笼,使其熟悉环境,以利于采精。

（3）采精前要停食

公鸡当天采精前3～4 h停水停料,以防排出粪、尿,污染精液。

（4）固定采精员

采精的熟练程度、手势和压迫力的不同都会影响采精量和品质,所以最好固定采精员。

（5）卫生要求

整个采精过程中应遵守卫生操作,每次工作前用具要严格消毒,工作结束后也必须及时清洗消毒。工作人员手要消毒,衣服定期消毒。遇到公鸡排粪要及时擦掉,如果粪便污染精液则不要接取;遇到有病的公鸡要标记、隔离,不要采精。

（6）精液的保存和使用

精液采集后,置于35～40 ℃温水中暂存,输精一定要在30 min内完成。

四、精液品质检查

1.精液的感官评定

（1）准备工作

将采集好的精液做好标记迅速置于37 ℃左右的温水或保温瓶中备用。

（2）检查方法

1）采精量。采精后应立即检测其采精量。将采集后的精液盛放在带有刻度的集精杯或量筒中,检测精液量的多少。

2）颜色。观察装在透明容器中的精液颜色。

3）气味。用手慢慢在装有精液的容器上端煽动,并嗅闻精液的气味。

4）云雾状。观察装在透明容器中的精液状态,主要观察液面的变化情况。

（3）结果评定

1）采精量。鸡的采精量一般为0.5～1.0 mL。采精量的多少受多种因素影响,但超出正常范围太多或太少,应及时查明原因。采精量太多可能是由于过多的副性腺分泌物或其他异物的混入等造成的;采精量太少可能是由于采精频率过高或生殖器官机能衰退等原因造成的。

2）颜色。正常精液一般为乳白色,精子密度越大,乳白颜色越明显。鸡的精液呈乳白色,若被粪便污染呈黄褐色,被尿酸盐污染呈白色棉絮状。颜色异常的精液应废弃,并停止采精,查明原因,及时治疗。

3）气味。正常精液略带腥味,如有异常气味,可能是混有尿液、脓汁、粪渣或其他异物,应废弃。

4）云雾状。精液的液面呈上下翻滚状态,像云雾一样,称为云雾状。云雾状越明显,说明精液密度越大,活率越高。

2.精子活率评定

（1）准备工作

1）器械的准备。将光电显微镜调成弱光,打开显微镜的保温箱（图4-15）或载物台上的电热板(图4-16);清洗干净的载玻片和盖玻片,并放入37℃左右的恒温箱内备用;玻璃棒;镊子;烧杯;擦镜纸。有条件的也可选用全自动精子分析仪。

2)试剂的准备。生理盐水、38~40℃的温水。

3)精液的准备。新鲜的鸡精液。

(2)评定方法

1)平板压片法。用玻璃棒蘸取1滴原精液或经生理盐水稀释的精液,滴在载玻片上,呈45°盖好盖玻片,载玻片与盖玻片之间应充满精液,避免气泡存在,置于显微镜下观察,估测呈直线运动的精子数占总精子数的百分率。

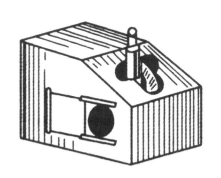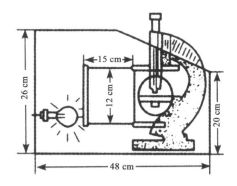

图4-15 显微镜保温箱(引自侯放亮,2005)

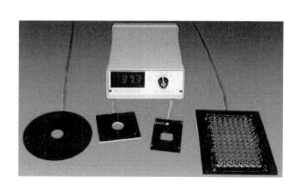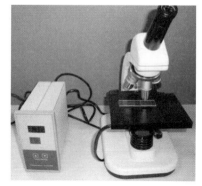

图4-16 恒温载物台显微镜

2)悬滴法。取一小滴精液滴于盖玻片上,迅速翻转盖玻片使精液形成悬滴,置于凹玻片的凹窝上形成悬滴片,置于显微镜下放大400倍观察。此法精液较厚,检查结果可能偏高。

(3)结果评定

精子活率是指精液中呈直线运动的精子数占总精子数的百分率。评定精子活率多采用"十级评分制"法,若在显微镜视野中有80%的精子作直线前进运动,活率评为0.8;有70%的精子作直线前进运动,评为0.7,依此类推。新鲜精液活率一般为0.7~0.8,否则不能用于输精。

(4)注意事项

1)鸡的精子密度较大,可用生理盐水稀释后再检查。

2)活率是评价精液品质的一个重要指标,与受精力密切相关,一般在采精后、精液处理前后及输精前都要进行检测。

3)温度对精子活率影响较大,要求检查温度在 37～38 ℃,如果没有保温装置的,检查速度要快,在 10 s 内完成。

4)精子活率评定带有一定的主观性,应观察 2～3 个视野,取平均值。

3.精子密度评定

精子密度又称精子浓度,是指每毫升精液中所含有的精子数。根据精子密度可计算出每次采精量中的精子总数,结合精子活率可确定适宜的稀释倍数。目前,常用的评定方法有估测法、血细胞计数法和精子密度仪测定法。

（1）估测法

1)准备工作。

①器材的准备:显微镜、载玻片、盖玻片、玻璃棒、擦镜纸等。

②精液的准备:新鲜的精液。

2)检查方法。取 1 小滴精液滴于清洁的载玻片上,盖上盖玻片,使精液分散成均匀一薄层,不得存留气泡,也不能使精液外流或溢于盖玻片上,置于显微镜下观察精子间的空隙。通常结合精子活率评定进行。

3)结果评定。根据显微镜下精子的密集程度,把精子密度大致分为密、中、稀 3 个等级(图 4-17)。

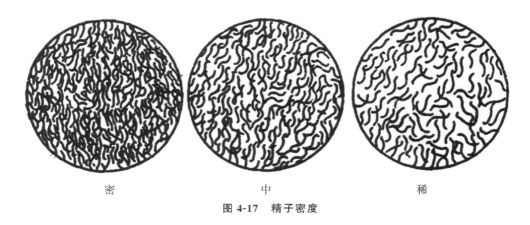

密　　　　　　　　　中　　　　　　　　　稀

图 4-17　精子密度

密:视野中精子之间的空隙不明显,看不清单个精子活动。每毫升所含精子数 30 亿～40 亿个及以上。

中:视野中精子之间的空隙明显,可容纳 20～30 个精子。每毫升所含精子数为 2 亿～10 亿个。

稀:精子在视野中分布稀疏,精子之间的空隙较大,可容纳多个精子。每毫升所含精子数为 15 亿个以下。

该法具有较大的主观性,误差也较大,但简便易行。

（2）血细胞计数法

1)准备工作。

①器材的准备:显微镜、血细胞计数板、盖玻片、胶头滴管、计数器、擦镜纸等。

②试剂的准备:3％的 NaCl 溶液。

③精液的准备:新鲜的精液。

2）操作方法。

①清洗器械：先将血细胞计数板及盖玻片用蒸馏水冲洗，使其自然干燥。

②稀释精液：用 3‰ NaCl 溶液对精液进行稀释，根据估测精液密度确定稀释倍数，稀释倍数以方便计数为准。

③找准方格：将血细胞计数板置于载物台上，盖上盖玻片，先在 100 倍显微镜下查看方格全貌（由 25 个中方格组成，每个中方格又有 16 个小方格）（图 4-18），再用 400 倍显微镜查找其中一个中方格（四角中的一个）。

④镜检：将稀释好的精液滴一滴于计数室上盖玻片的边缘，使精液自动渗入计数室（图 4-19），静置 3 min 检查，计数具有代表性的 5 个中方格内的精子数。一般计数四个角的中方格和中间一个中方格（或对角线 5 个中方格）。

⑤计算：1 毫升原精液的精子数＝5 个中方格内的精子总数×5×10×1 000×稀释倍数。

3）结果评定。正常情况下，鸡的精子密度较大，每毫升含精子 20 亿～40 亿个。

该方法因检测速度慢，在生产上用得较少，但结果准确，一般都用于结果的校准及产品质量的检测。

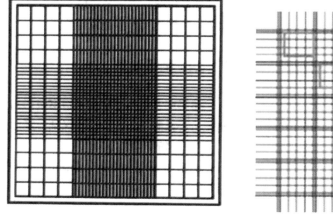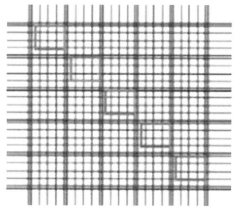

图 4-18 计数室结构

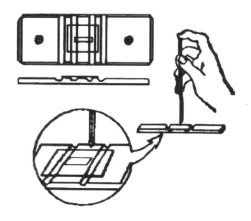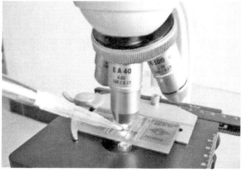

图 4-19 滴加精液

4）注意事项。

①血细胞计数板一定要清洗干净。

②滴入精液时，不要使精液溢出盖玻片，也不可因精液不足而导致计数室内有气泡或干燥之处，如果出现有上述现象应重新做。

③计数时，以头部压线为准，按照"数头不数尾、数上不数下、数左不数右"的原则（图4-20），避免重复或漏掉。

④为了减少误差，应连续检查2次，取其平均值，若两次计数误差大于10%，则应做第三次检查。

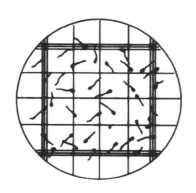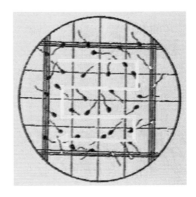

图4-20　精子计数顺序

（3）精子密度仪测定

1）准备工作。准备好精子密度测定仪（图4-21）、精液。

图4-21　精子密度测定仪

2）操作方法。将待检精液样品按一定比例稀释，置于精子密度仪中读取结果，结果与标准管比较或查对精液密度对照表，确定样品的精子密度。此法快速、准确、操作简便，广泛用于畜禽的精子密度测定。

4.精子畸形率评定

（1）准备工作

1）器械的准备：显微镜、载玻片、计数器、染色缸、镊子、玻璃棒、擦镜纸。

2)试剂的准备:蓝墨水(或红墨水或0.5%龙胆紫溶液)、96%酒精等。

3)精液的准备:新鲜的精液或冷冻保存的精液。

(2)检查方法

1)抹片。用细玻璃棒蘸取精液1滴,滴于载玻片一端,以另一载玻片的顶端呈35°角抵于精液滴上,精液呈条状分布在两个载玻片接触边缘之间,自右向左移动,将精液均匀涂抹于载玻片上(图4-22)。

2)干燥。抹片于空气中自然干燥。

3)固定。置于96%酒精固定液中固定5~6 min,取出冲洗后阴干。

4)染色。用蓝(红)墨水染色3~5 min,用缓慢水流冲洗干净并使之干燥。

5)镜检。将制好的抹片置于400倍显微镜下,查数不同视野的300~500个精子,记录畸形精子的数量,并计算精子畸形率。

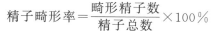

$$精子畸形率=\frac{畸形精子数}{精子总数}\times100\%$$

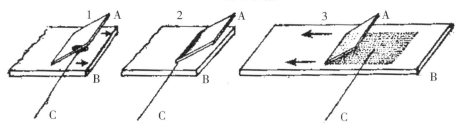

1.A片后退,使其边缘接触精液小滴(C)　　2.精液均匀分散在A片的边缘

3.A片向前推进,使精液均匀涂抹在B片上

图4-22　精液抹片示意图(引自王元兴,郎介金,1997)

(3)结果评定

凡形态和结构不正常的精子统称为畸形精子。畸形精子类型很多,按其形态结构可分为3类:头部畸形,如头部巨大、瘦小、细长、缺损、双头等;颈部畸形,如颈部膨大、纤细、曲折、双颈等;尾部畸形,如尾部膨大、纤细、弯曲、曲折、回旋、双尾等(图4-23)。

正常情况下,精液中会含有一定比例的畸形精子。在大多数精液中,畸形精子比例为5%~20%。

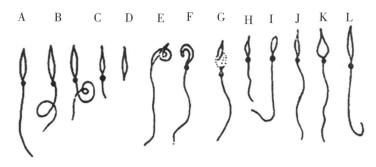

A　B　C　D　E　F　G　H　I　J　K　L

图4-23　畸形精子类型

四、输精技术

1.准备工作

（1）母鸡的选择

输精母鸡应是营养中等、泄殖腔无炎症的母鸡。输精前对母鸡进行白痢检疫,检疫阳性者应淘汰。开始输精的最佳时间应为产蛋率达到70%的种鸡群。

（2）器具及用品准备

准备输精枪数支(图4-24)、原精液或稀释后的精液、注射器、酒精棉球等。

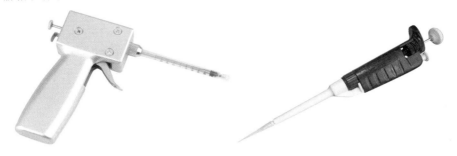

图 4-24　鸡用输精枪

2.输精要求

输精时间与种蛋受精率之间有密切关系,当母鸡子宫内有硬壳蛋存在时输精则明显地影响种蛋受精率和受精持续时间。有人通过实验发现,鸡在蛋产出之前输精种蛋受精率仅为50%左右,产蛋后10 min内输精种蛋受精率有所提高,而在产蛋3 h之后输精则种蛋的平均受精率超过90%。因此,应在鸡子宫内无硬壳蛋存在时输精。

母鸡一般在当天的14:00—18:00时输精。鸡的输精间隔为每5～7 d输精1次,每次输入原精液0.025～0.03 mL或稀释精液0.1 mL,输入有效精子数至少为5 000万～7 000万个,最好为1亿个。

3.输精操作

翻肛员右手打开笼门,左手伸入笼内抓住母鸡双腿,把鸡的尾部拉出笼门口外,右手拇指与其他四指分开横跨于肛门两侧的柔软部分向下按压,当给母鸡腹部施加压力时,泄殖腔便可外翻,露出输卵管口(图4-25)。此时,输精员手持输精枪对准输卵管开口中央,插入1～2 cm注入精液。在输入精液的同时,翻肛员立即松手解除对母鸡腹部的压力,输卵管口便可缩回而将精液吸入。

4.注意事项

1)精液采出后应尽快输精,未稀释(或用生理盐水稀释)的精液要求在0.5 h内输完;精液应无污染,凡是被污染的精液必须丢弃,不能用于输精。

2)输精前2～3 h禁食禁水。

3)抓取母鸡和输精动作要轻缓,尽量减少母鸡的恐惧感,防止引起鸡群骚动,插入输精管不可用力过猛,勿使空气进入。

4)防止精液回流输精深度合适,在输入精液的同时要放松对母鸡腹部的压力,防止精液回流。在抽出输精管之前,不要松开输精管的皮头,以免输入的精液被吸回管内,然后轻缓地放回母鸡;输精时防止滴管前端有气柱而在输精后成为气泡冒出。

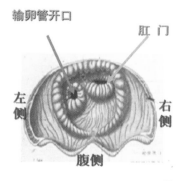

图 4-25　输卵管开口

5)输精时遇有硬壳蛋时动作要轻,而且要将输精管偏向一侧缓缓插入输精。

6)输精深度要适当,一般轻型蛋鸡采用浅阴道输精,即插入阴道 1～2 cm;中型蛋鸡或肉种鸡,应插入阴道 2～3 cm 输精;母鸡产蛋率下降或精液品质较差时,插入阴道 4～5 cm 输精。

二维码 4-12
鸡的人工授精技术

7)每只母鸡输一次应更换一支输精管,以防交叉感染。如采用滴管类输精器,必须每输一只母鸡用消毒棉球擦拭一次输精器,输 8～10 只母鸡后更换一支输精器。

8)不要对母鸡后腹部挤压用力太大,由于产蛋鸡腹腔内充满消化器官和生殖器官,如果用力太大会造成这些器官的损伤。

9)母鸡在产蛋期输卵管开口易翻出,每周重复输精一次,可保证较高的受精率。

五、提高种蛋受精率的措施

种蛋受精率的高低会影响种蛋和雏鸡的质量,还会影响到孵化率,从而影响育成期的产蛋性能,最终影响蛋鸡养殖场的经济效益。种蛋受精率的影响因素主要有鸡群的公母比例,种鸡的健康状况,种公鸡的体况、发育程度、精液品质、交配能力及种鸡饲养管理水平和营养水平等。在养殖过程中需全面了解这些影响因素,以便于采取有效的措施来提高种蛋的受精率,从而获得较高的经济效益。

1.鸡种蛋受精率的影响因素

（1）种公鸡的选择

种公鸡在种蛋的受精率方面起着很重要的作用。如果种公鸡的体况不适宜,发育不良,精液的数量和品质较差,交配能力差等都会对种蛋的受精率造成直接的影响。种公鸡的体况如果过肥或者过瘦会影响种用价值而需要淘汰。种鸡在养殖过程中受到伤害或者在进行断喙处理时操作不当都会影响到公鸡的交配,从而影响种蛋的受精率。另外,公鸡精子的活力差,射精量少也会对种蛋的受精率产生影响。

（2）公母比例

公鸡和母鸡的比例是否适宜是影响种蛋受精率的重要因素,在养殖过程要注意配置合适的公母比。

（3）营养因素

如果营养的供应不足或者配比不当时会影响到鸡的生长发育,从而使性器官发育不良,繁殖性能下降。其中维生素 A 的缺乏会使母鸡的产蛋率下降,导致公鸡的性机能降低,精液的品质变差;维生素 E 缺乏时会使公鸡的睾丸易发生退化变性,生殖机能减退,从而使蛋鸡所产的蛋的受精率和孵化率都降低。而微量元素中铁是机体构成血红蛋白的必需物质,如果日粮中的铁不足会影响到种蛋的受精率和孵化率;铜对铁的吸收和利用有促进的作用,铜的缺乏会降低机体对铁的吸收,从而影响到母鸡的产蛋率,降低种蛋的受精率和孵化率。

（4）疾病因素

在养鸡生产中很多疾病都会影响到种鸡的产蛋率,从而影响到蛋的受精率,如鸡霉形体病、支气管炎等疾病会对鸡的内脏器官及功能造成损伤,从而导致鸡的产蛋率降低,受精率降低。另外,当鸡感染寄生虫病后,皮肤会发生机械性损伤,并且身体内的营养会被寄生虫摄取,还会分泌毒素使鸡机体营养不良,最终导致母鸡的产蛋率下降,公鸡的配种能力降低,使受精率降低。

（5）环境因素

鸡对温度表现得极为敏感,不良的环境温度会影响到鸡的生长发育,当鸡舍的温度过低时,公鸡睾丸的生长会受到抑制从而使受精率降低,而鸡舍的空气质量较差时会诱发鸡群患多种疾病;当光照不合理时会影响鸡的性成熟,而饲养密度过大,对会造成公、母鸡配种困难。

2.鸡种蛋受精率的提高措施

（1）提高种鸡的健康水平,做好疾病的预防工作

鸡场要科学选址,要求养鸡场与外界隔离,进入场区内的人员和车辆要进行严格的消毒,以防止将病原菌带入场区。鸡场和鸡舍要定期进行消毒,通常鸡场可每周消毒 1 次,鸡舍则每天带鸡消毒 1 次,以降低饲养环境中的病原菌数量。鸡群要根据本场的免疫计划进行免疫接种,以使种鸡产生对某些疾病的免疫力。因一些疾病和病菌对种蛋受精率的影响较大,因此还要适当地在饲料和饮水中投放药物进行疾病的预防。

（2）环境控制

做好鸡群的饲养管理工作,为鸡群提供适宜的饲养环境,这是养殖种鸡的基础工作。做好鸡舍环境的控制工作,在各环境条件中温度、湿度以及通风等因素都对鸡的健康和生产性能有着很大的影响,因此调控好舍内的温度,保持舍内适宜的相对湿度,做好通风与保温的关系,保持舍内空气新鲜都是提高种蛋受精率的必要措施。要科学地通风,通风的同时要兼顾到环境温度。

（3）加强日常的管理

还要做好鸡舍的光照管理工作,对于种公鸡每天维持 12～14 h 的光照时间可维持正常的繁殖性能,如果低于 9 h 则会导致精液的品质下降,对母鸡的影响也是同样的,因此,可适当对鸡群进行光照的刺激,以提高公鸡精液的品质,使其与母鸡的产蛋高峰同步。另外,还要调整好鸡群的饲养密度。加强日常的管理工作,将鸡群的公母比例控制在适宜的范围。调整好鸡群的年龄结构,鸡群中新鸡的数量应保持在 70% 以上,及时淘汰老龄化种鸡。

（4）加强种公鸡的饲养

种公鸡在种蛋的受精率方面影响非常重要,因此要高度重视种公鸡的饲养工作。提高饲养人员的技术水平和责任心,做好种公鸡日常的管理工作。控制好育成公鸡的体重,要按照体重标准来饲喂种公鸡,提供适宜的营养水平,避免种公鸡体重过大或过轻。除要控制好种公鸡个体的体重外,还要控制好群体的均匀度,各生长阶段都有其体重标准,饲喂时要注意将各阶段的体重控制在标准范围内。要按照种公鸡不同阶段的营养需求来提供营养,通常,种公鸡日粮中的营养水平要低于母鸡。要注意当种公鸡达到性成熟后,钙、磷的摄入量要适宜,否则会影响到肾功能,而影响到性能力。种公鸡对维生素的需求量要略高于母鸡,但是也不可过多,否则也会造成不利的影响。

第五章 ▶▶▶

鸡的营养及饲料配合

鸡需要哪些营养物质,优质的饲料原料主要有哪些,如何根据鸡的营养需要而经济合理地配合饲料,是养鸡的关键技术。只有掌握好这些关键技术,才能使肉鸡产肉快,蛋鸡产蛋多,饲料消耗少,经济效益高。

第一节　鸡的营养需要

一、蛋白质

蛋白质是生命的基础。鸡的羽毛、皮肤、神经、血液、肌肉和蛋等,都以蛋白质为基本成分。鸡体内的酶、激素、抗体、色素等,也是由蛋白质构成的。

饲料中的真蛋白和氨化物总称为粗蛋白质。配合鸡的饲粮时,往往以含粗蛋白质的百分数表示。

构成蛋白质的氨基酸有 20 余种。饲料中蛋白质在消化道内被降解,最后分解成氨基酸或小肽吸收。氨基酸又分为必需氨基酸和非必需氨基酸。鸡的必需氨基酸是指鸡体内不能合成或虽能合成,但合成的速度及数量不能满足鸡的营养需要,必须由饲料来供给的一类氨基酸,如赖氨酸、蛋氨酸、色氨酸、组氨酸、精氨酸、亮氨酸、异亮氨酸、苯丙氨酸、缬氨酸、苏氨酸和甘氨酸。在饲养实践中,用谷物和饼粕类饲料配制饲粮时,蛋氨酸、赖氨酸、苏氨酸等常常达不到营养标准的要求,使蛋白质的营养受到限制。因此,被称为限制性氨基酸。按缺乏多少的次序,分别称为第一、第二、第三限制性氨基酸。鸡的非必需氨基酸是指在鸡体内可以合成,不一定需要由饲料来供给的氨基酸。但是,已知非必需氨基酸中的胱氨酸要由蛋氨酸来合成,酪氨酸要由苯丙氨酸来合成。因此,胱氨酸与酪氨酸不足时,实质上是增加了必需氨基酸——蛋氨酸与苯丙氨酸的需要量,所以,饲粮中胱氨酸与酪氨酸的数量往往都分别与蛋氨酸、苯丙氨酸合并考虑。

蛋白质的营养,实质上主要就是氨基酸的营养,饲粮中各种必需氨基酸必须保持平衡。所谓氨基酸平衡,是指饲粮中各种必需氨基酸在数量和比例上同鸡的特定需要量相符合,一般是指与最佳生产水平的需要量相平衡。氨基酸对鸡的营养作用,犹如木桶一样,木桶上的每条木板代表一种氨基酸,木桶的容水量相当于氨基酸对鸡的生产效果。当供给鸡饲粮蛋白质中各种氨基酸趋于平衡时,也就相当于木桶上每条木板趋于最高高度,装水量也最多,即生产效果趋于最佳。这种氨基酸平衡的蛋白质称之为"理想蛋白质"。如果饲料中缺乏一种或几种限制性氨基酸,就像木桶上的木条短缺,这时其他氨基酸再多也无济于事,生产水平只能停留在最短的一条木板的水平上。所以,一旦鸡饲料缺乏这些氨基酸时,鸡生长缓慢,羽毛生长不良,性成熟晚,产蛋率降低,蛋重小;反之,如某些氨基酸过量,则蛋白质的利用率降低,造成浪费。

为了使鸡饲料中各种氨基酸趋于平衡,饲养实践中常将不同的饲料搭配起来使用。由于各种饲料中氨基酸的含量是不一定相同的,通过几种饲料原料搭配,可使必需氨基酸得到相互补充,氨基酸利用率也会相应得到提高。

饲养实践中也可按照限制性氨基酸缺乏程度,通过添加不同量合成氨基酸(如蛋氨酸)的方法,来获得氨基酸的平衡。然而,据此调整氨基酸平衡是以不降低饲粮蛋白质水平为前提的,常常会引起其他必需氨基酸的大量过剩,从而导致饲粮氨基酸新的失衡。所以,这一方法并非完美,它只能改善氨基酸的平衡状态,而不可能使氨基酸达到理想的平衡。目前,生产上在配制饲料配方,进行饲粮氨基酸平衡时,基本上是以其中所含各种氨基酸的总量为依据,而鸡对不同饲料中的氨基酸的利用率是不同的。因此,近年来营养学家提出按照可利用氨基酸为指标,来配制鸡的饲粮方案。采用这个方案所配制的饲粮,进一步满足了鸡的营养需要,为稳产、高产创造了条件;可以合理利用非常规蛋白质饲料如棉籽饼、菜籽饼、胡麻饼等,降低了配合饲料的成本;由于提高了饲料中氮源的利用率,减少了氮的排出,有益于降低氮对环境的污染。但是,由于测定各种饲料的可利用氨基酸指标的工作量大而复杂,且必须多次重复才行。因此,以可利用氨基酸为指标配合饲粮技术普遍推广应用还有一个过程。

二、脂肪

脂肪是鸡体组织和产品的重要成分,如神经、血液、骨骼、皮肤、肌肉和蛋黄等都含有脂肪。脂肪是供给鸡体能量和贮备能量的最好形式,它在体内氧化时放出的能量为同一重量碳水化合物或蛋白质的 2.25 倍。脂肪还是脂溶性维生素的溶剂,有助于脂溶性维生素的吸收。在生产实践中,配制肉鸡饲粮时,添加脂肪可明显提高肉鸡的生长速度,改善肉质,促进肉鸡的体液免疫和细胞免疫功能,尤其是含不饱和脂肪酸较多的鱼油,对促进抗体生成的作用更为显著。

饲料中脂肪含量过多或过少对鸡都不利。脂肪过多,会引起鸡食欲不振,消化不良,下痢;脂肪不足,会妨碍脂溶性维生素的输送和吸收,使鸡生长受阻,皮肤发炎,脱毛,生殖机能衰退等。饲料中大都含有一定量的脂肪,一般不会出现缺乏症。

三、碳水化合物

碳水化合物的来源最为广泛,它是植物性饲料中含量最多、供给数量最大的营养物质。根据化学成分,可将碳水化合物分为无氮浸出物和粗纤维两大类。无氮浸出物主要是由可溶性的单糖、双糖和多糖(淀粉)等组成。这类营养物质适口性好,极易消化。粗纤维是植物性饲料细胞壁的主要组成部分,由纤维素、半纤维素和木质素等组成。粗纤维对鸡来说,适口性差,不容易消化。但是,粗纤维在鸡的消化道中也有它特殊的作用:一是粗纤维在饲料中体积大,食下后能有饱感;二是粗纤维能刺激胃肠蠕动,有利于粪便的排泄,从而促进了体内的代谢过程。在鸡的饲粮配合时,粗纤维含量应控制,一般鸡为 2.5%～3%,青年鸡、产蛋鸡、种鸡为 3%～4.5%。

碳水化合物的营养作用,主要是供给鸡体内生命活动中所需要的能量。供应能量剩余的部分,可在体内转化为糖原和脂肪贮存起来。如果碳水化合物供应不足,鸡为了保持正常的生命活动,就开始动用体内的贮备物质,首先是糖原和体脂肪;若仍不足,则动用蛋白质来代替碳水化合物,以解决所需要的热能。在这种情况下,鸡就会出现消瘦、生长和产蛋率降低的现象。这一切说明碳水化合物在鸡营养中的重要性,在养鸡过程中必须给予足够的重视。

四、能量

鸡的生长发育、繁殖、维持体温和一切活动都需要能量,鸡对营养物质的需要量,能量所占的

比重最大。鸡所需的能量,来源于饲料中的 3 种有机物——碳水化合物、脂肪和蛋白质,而最主要的来源是碳水化合物。

鸡所需要的能量,除直接取自消化道吸收的葡萄糖和挥发性脂肪酸外,还可取自体内贮备的糖原和体脂肪,必要时体蛋白也可用于产生能量。

饲料中的有机物在鸡体内经完全氧化后,生成二氧化碳和水,同时产生能量。其能量在鸡体内转化的过程,如图 5-1 所示。

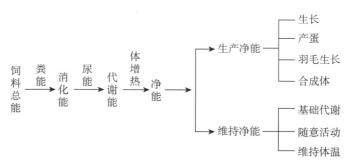

图 5-1　能量在鸡体内转化的过程

鸡有维持体温恒定的能力。当外界温度低时,机体代谢加速,产热量增加,以维持正常体温,维持能量消耗也就增多。因此,冬季饲粮中能量水平应适当提高。

鸡还有调节采食量的本能,饲粮能量水平低时就会多采食,使一部分蛋白质转化为能量,造成蛋白质的过剩或浪费;饲粮能量过高,将使鸡过肥,也会造成浪费。由于采食量的变化,影响了蛋白质和其他营养物质的摄取量,造成营养的不平衡。因此,在配合饲粮时必须首先确定适宜的能量标准,然后,在此基础上确定其他营养物质的需要量。我国鸡的饲养标准中,用蛋白质能量比来规定蛋白质与能量的比例关系。

五、矿物质

矿物质元素在鸡体内约占 4%,是构成骨骼、蛋壳的重要成分。同时一些矿物质元素分布于羽毛、肌肉、血液和其他软组织中,或参与构成维生素、激素、酶等。这些矿物质元素虽然不能给鸡提供能量,但有参与机体新陈代谢、调节渗透压、维持酸碱平衡的作用,是保持鸡正常生理功能和生产所必需的营养物质。矿物质元素的种类很多,根据其在鸡体内含量多少,可分为常量元素和微量元素两大类。占体重的 0.01% 以上的元素为常量元素,如钙、磷、钠、氯、硫和钾等元素;占体重的 0.01% 以下的元素为微量元素,如铁、铜、锌、锰、铬、碘和硒等元素。

1.常量元素

(1)钙和磷

钙和磷是鸡需要数量最多的两种矿物质元素,它们是构成骨骼、牙齿和蛋壳的主要成分。

钙在维持神经、肌肉、心脏的正常生理功能,以及调节酸碱平衡、促进血液凝固、形成蛋壳等方面都有重要作用。缺钙时,出现佝偻病和软骨病,生长停滞,产蛋减少,蛋壳变薄或产软皮蛋等。不同种类的鸡对钙的需要量不同,一般生长鸡饲粮中的含量为 0.6%～0.8%,肉鸡 0.8%～1%,蛋鸡产蛋期为 3.5%～4%。钙与饲粮中能量浓度有一定关系,一般饲粮中能量高时,含钙量也要适当增加。但并不是含钙量越高越好,如超过需要量,则影响鸡对镁、锰、锌等元素的吸收,对鸡的生长发育和生产也不利。生产中一般谷类饲料和糠麸中含钙很少,因此,配制鸡饲粮时必须补充含钙饲料,如磷酸氢钙、骨粉、蛋壳粉、贝壳粉和石粉等。磷作为骨骼的组成元素,其含量仅次于钙,也是构成蛋壳和蛋黄的组成成分。

磷在碳水化合物与脂肪的代谢、钙的吸收利用以及维持酸碱平衡中也有重要作用。缺磷时,鸡表现食欲减退,异食癖,生长缓慢。严重时关节硬化,骨脆易碎;蛋鸡产蛋率明显下降,蛋壳变薄,甚至停产。鸡的饲粮中磷的含量一般为 0.3%～0.5%。谷物和糠麸中含磷较多,但主要以植酸盐形式存在,而鸡对植酸磷的利用率较低,仅为 30%。因此,在配合饲粮时,应以有效磷作为磷需要量的指标。如在鸡的饲粮中添加植酸酶,可将部分植酸磷转化为可利用的有效磷,提高植物性饲料磷的利用率,减少含磷饲料的补充量。

钙和磷两种元素有着密切的关系,一种元素的含量过高都会影响另一种元素的吸收和利用。因此,二者必须保持适当的比例。钙、磷供应失衡是引起肉仔鸡腿疾的重要原因。一般情况下,生长鸡饲料中钙、磷的正常比例应为 1.2：1,范围不超过(1.1～1.5)：1,产蛋鸡为 5：1 或更宽些。另外,还要注意维生素 D 也影响钙、磷的吸收和利用。如饲粮中缺乏维生素 D,则钙、磷也不能被很好利用,同样会引起鸡的钙磷缺乏症。

（2）钠和氯

钠和氯是鸡血液、体液的主要成分之一,它们在维持体内渗透压、水、酸碱平衡上起着调节作用。同时,与调节心脏、肌肉的活动、蛋白质的代谢也有密切关系。若缺乏这两种元素,鸡通常会出现食欲减退,生长迟缓,出现啄癖和异嗜癖。饲料中一般钠和氯含量少,生产上常通过添加食盐来补充,一般雏鸡的用量占饲粮的 0.2%～0.3%,成年鸡为 0.3%～0.5%。值得注意的是,鸡对食盐过量非常敏感。当食盐喂多时会引起中毒。轻者大量饮水,发生下痢,重者中毒死亡。为此,配合饲粮时食盐用量要准确,粗盐要粉碎,混合均匀;配用鱼粉时要了解其含盐量,以免食盐过量。

2.微量元素

（1）铁和铜

铜与铁共同参与血红蛋白的形成。缺铁会发生贫血,缺铜时铁的吸收不良,也会发生贫血;缺铜也可以导致佝偻病和骨质疏松症,主要是不利于钙磷在软骨基质上沉积,影响骨骼正常发育;缺铜还会损害家禽的动脉血管弹性,使血管破裂;铜对鸡羽毛色泽及中枢神经都有影响。近年来的研究表明,铜还有促进生长、增强免疫功能和抗菌作用。铁的需要量,一般为每千克饲料 50～80 mg;铜的需要量,一般为每千克饲料 6～8 mg。肉鸡的饲粮中铜的添加量,可达每千克饲料 100 mg。

（2）锌

锌在鸡体内含量很少,但分布却很广。它是许多金属酶类和激素、胰岛素的构成成分,主要参与蛋白质、碳水化合物和脂类代谢。它还与羽毛的生长、皮肤的健康、创伤的愈合及免疫功能有关。缺锌时,主要表现为生长发育缓慢。羽毛生长不良,诱发皮炎。母鸡缺锌时,产蛋量下降或停止,种蛋的孵化率下降,鸡胚死亡或发生畸形。鸡对锌的需要量为每千克饲料 35～65 mg。一般饲料中均缺锌,配合时应注意补充。过量的锌可以抑制大脑中的食欲中枢,引起鸡的采食大幅度减少,体重减轻,产蛋率下降。如在鸡的人工强制换羽时,通过饲喂 5～7 d 含 2.5% 的氧化锌(或 3% 硫酸锌)饲料,可使母鸡体重减轻,产蛋停止而换羽。

（3）锰

锰主要存在于血液、肝脏中,是作为碳水化合物、脂类和蛋白质代谢的一些酶的组成成分,具有促进骨骼正常生长发育的作用。缺锰时,因软骨营养不良,表现腿短,胫骨与跖骨接头处肿胀,使后跟腱从髁状突滑出,病鸡不能站立,即所谓"骨短粗症"或称"滑腱症",蛋鸡产蛋率及种蛋的孵化率降低。鸡对锰的需要量为每千克饲料 30～60 mg。一般饲料中均缺锰,配合饲粮时应注意补充。

(4)硒

硒是谷胱甘肽过氧化酶的必需成分,这种酶和维生素 E 都具有保护细胞膜不受氧化物损害的作用,并增强鸡的免疫功能。鸡缺硒时,出现渗出性素质病,表现为皮肤呈淡绿色至淡蓝色;皮下水肿、出血、肌肉萎缩,肝脏坏死,产蛋率、孵化率、雏鸡成活率下降。

饲料中硒含量与土壤中硒含量有关,如我国东北的一些山区,所产饲料中缺硒,鸡喂此饲料会引起缺硒症,必须在饲料中添加硒元素。鸡对硒的需要量为每千克饲料 0.1～0.3 mg。必须注意,鸡对硒的需要量与中毒量很接近。试验表明,鸡对硒的最大耐受量为每千克饲料 5 mg。因此,一定要严格按规定数量添加,并要确实做到混合均匀,以防过量中毒。

(5)铬

铬是葡萄糖耐受因子(GTF)不可缺少的成分。GTF 能强化胰岛素的生理功能。胰岛素是调节能量、脂肪代谢、蛋白质沉积和胆固醇利用的重要激素。当细胞的胰岛素敏感性下降,细胞利用葡萄糖和氨基酸的能力受到影响,导致脂肪细胞增加,蛋白质沉积减少。因此,铬对于维持机体三大物质代谢和正常生理状况有重要作用。

植物性饲料所含铬极少。以玉米-豆粕为基础的饲粮喂鸡,在环境温度较高时可能中度缺铬。在肉鸡饲粮中每千克饲料添加 300～400 mg 酵母铬,可提高胸肌产肉率和胴体瘦肉率。蛋鸡饲粮中每千克饲料添加 200 mg 甲基吡啶羧酸铬,可使禽蛋蛋白质质量提高,降低产蛋鸡血液胆固醇水平。

六、维生素

维生素是维持生命和生长所必需的一类特殊的营养物质。大多数维生素都必须从饲料中取得,需要量虽少,但在生理上却起着调节和控制新陈代谢的重要作用,还有抗病及免疫作用。对于鸡而言,维生素主要用于促进鸡的生长,保护健康,提高成活率、饲料利用率及繁殖率。如果体内缺乏维生素,就会引起一系列维生素缺乏症。

目前,已知的维生素有 20 多种。根据溶解性不同,一般将它们分为脂溶性维生素和水溶性维生素两大类。鸡所需要的主要有下列几种。

1.脂溶性维生素

(1)维生素 A

能维持鸡的视觉、神经正常生理功能,维持上皮组织的健康,促进骨骼的正常生长发育,还能增强鸡的抗病力和免疫力。缺乏时,鸡生长缓慢或停止,精神不振,瘦弱,羽毛蓬松,运动失调,夜盲,眼干燥症;成年鸡产蛋率下降,种蛋受精率和孵化率降低;鸡群抗病力减弱,发病率、死亡率增高。所以应注意补充。

维生素 A 在动物肝脏、鱼肝油中含量较高,青绿饲料、黄玉米、胡萝卜中含有少量胡萝卜素(在体内水解后可转变成维生素 A)。肉用仔鸡每千克饲料中应含维生素 A 为 2 700 IU,育成鸡为 1 500 IU,蛋鸡及种鸡为 4 000 IU。

(2)维生素 D

能促进钙、磷在肠道中的吸收,调控钙、磷代谢,使其最终成为骨骼和蛋壳的基本结构。缺乏时,鸡骨化不良,腿脚无力,脚和胸骨软而易弯曲,成鸡产蛋量减少,蛋壳薄或产软壳蛋,产蛋率、孵化率降低。

对鸡而言,有营养意义的维生素 D 主要是维生素 D_2 和维生素 D_3 两种,且鸡对维生素 D_3 的利用能力强。维生素 D_3 效能比维生素 D_2 高 40 倍。维生素 D_3 在鱼肝油中含量较多。鸡本身的皮下有 7-脱氢胆固醇,经日光中紫外线照射也可转变为维生素 D_3。因此,有运动场的开放式鸡舍,鸡可晒太阳,不会缺乏维生素 D;在舍饲鸡的饲粮中必须补充维生素 D,一般每千克饲料中需 200～500 IU。

（3）维生素 E

具有很强的抗氧化作用,可维持鸡正常的生殖功能、肌肉和外周血管的正常生理状态。缺乏时,雏鸡患脑软化症,呈现共济失调,头向后或向下挛缩,有时伴有侧方扭转。还可发生渗出性素质病和肌肉营养不良。公鸡睾丸萎缩,种蛋孵化率降低。每千克全价配合饲料中维生素适宜的添加量是 15～30 IU,在种鸡受精率不高、产蛋率不明原因下降时可提高维生素 E 的用量。

（4）维生素 K

维生素 K 能增加家禽体内血液的凝固性,能治疗家禽的某些原因不明的贫血。缺乏维生素 K 可导致家禽凝血时间延长;皮下和肌肉间隙呈出血现象,家禽可能由于擦伤引起出血死亡,雏鸡表现出颈、翅、腹腔等部位呈现大片出血斑点。

2.水溶性维生素

（1）维生素 B_1（硫胺素）

维生素 B_1 是鸡体内碳水化合物代谢所必需的物质。雏鸡对维生素 B_1 的缺乏十分敏感,饲粮中缺乏维生素 B_1 时,1～2 周就可出现多发性神经炎,症状是头向后仰,呈"观星"姿势,有时倒地侧卧,严重时衰竭死亡。种鸡缺乏维生素 B_1 时,种蛋受精率及孵化率降低。糠麸及优质干草粉等含维生素 B_1 较多。雏鸡每千克饲料应含维生素 B_1 为 1.8 mg,种鸡、蛋鸡为 0.8 mg。

（2）维生素 B_2（核黄素）

维生素 B_2 是细胞内黄素单核苷酸(FMN)和黄素腺嘌呤二核苷酸(FAD)辅酶的成分,直接参与体内的生物氧化过程,参与蛋白质、脂肪和核酸的代谢。对鸡来说,维生素 B_2 也是 B 族维生素中最易缺乏的一种维生素。缺乏时,雏鸡发生卷爪症,足跟关节肿胀,趾向内弯曲成拳状,腿部麻痹。种鸡产蛋率、受精率、孵化率下降。维生素 B_2 含量较多的饲料有饲料酵母、鱼粉、糠麸、优质干草及青绿饲料等。肉鸡每千克饲料需含维生素 B_2 为 3.9 mg,蛋鸡为 2.2 mg,种母鸡为 3.8 mg。

（3）胆碱

胆碱参与脂肪代谢,防止脂肪变性。胆碱和蛋氨酸中的甲基可以相互转换。因此,饲料中胆碱充足,可以降低蛋氨酸的需要量。胆碱缺乏时,雏鸡生长缓慢,发生曲腱病,关节肿大等;蛋鸡产蛋率下降。鱼粉、豆饼、糠麸、酵母、小麦胚芽中含胆碱多。雏鸡每千克饲料应含胆碱 1 300 mg,蛋鸡与种鸡均为 500 mg。

（4）维生素 C

维生素 C 参与机体多种代谢,能增强鸡对寒冷和疾病的抵抗力,减少传染病的发生,提高产蛋率。每 100 kg 饲料中添加 5 g 维生素 C,饲料消耗可降低 8%,产蛋率可提高 7.6%。维生素 C 具有抗感染、解毒与抗应激等作用,可增强鸡对热应激和疾病的抵抗力,提高鸡的耐热性,增进食欲,提高产蛋率。在高温时节,每千克日粮中添加维生素 C 200～300 mg,产蛋率可提高 6%～8%。雏鸡每日添喂维生素 C 100 mg,有改善鸡体代谢的作用,能增强体质、增进食欲,促进生长发育,提高成活率。

生产上常用的维生素还有维生素 B_6、维生素 B_{12}、烟酸、泛酸、叶酸和生物素等。

七、水

水是构成鸡体各组织器官的重要组成成分。在鸡的生理活动中,水对养分的消化、吸收、代

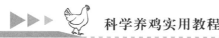

谢、废物排泄、血液循环及体温的调节均起重要作用。缺水时将导致食欲减退,饲料利用率下降,干扰体内所有代谢过程,影响生产性能的发挥。如对产蛋母鸡停止供水 1 d,产蛋率很快下降,要经过 3 周的时间,才能使产蛋率恢复正常。

必须给鸡供应充足饮水,并注意水质卫生。鸡的饮水量依季节、饲养方式、生产力而异,一般夏季饮水量高于冬季,笼养高于平养,生长速度快、产蛋量高的鸡饮水更多。

第二节 养鸡的常用饲料

可用作配制鸡的全价配合饲料的常用饲料原料有数十种之多,且营养特点各异。按其营养成分大致可分为能量饲料、青绿饲料及其干草粉、蛋白质饲料、矿物质饲料、维生素饲料和添加剂饲料。

一、能量饲料

凡饲料干物质中粗蛋白质含量低于 20％以下,粗纤维含量在 18％以下的饲料,均属能量饲料。如玉米、麦类、稻谷、碎米、高粱、麸皮、米糠以及油脂类饲料等,都是鸡常用的能量饲料。

1.玉米

玉米含能量高,纤维少,适口性好,消化率高,是养鸡生产中用得最多的一种能量饲料,素有"饲料能量之王"的称号。黄玉米(图 5-2)中胡萝卜素、叶黄素和玉米黄素含量较多,所以,用黄玉米喂鸡也可提供一定量的维生素 A,并对卵黄、腿、爪、喙和皮肤的黄色着色有良好效果。玉米的缺点是:蛋白质含量低,质量差,缺乏赖氨酸、蛋氨酸和色氨酸,钙磷含量也较低。另外,当玉米贮藏时若水分含量高,易受黄曲霉菌污染,产生黄曲霉毒素,使用时应注意。鸡的饲粮中,玉米可占 50％～70％。

2.麦类

这类饲料可占鸡饲粮的 10％～30％。主要为小麦(图 5-3)、大麦(图 5-4)、燕麦(图 5-5)等。小麦能量高,粗纤维少,蛋白质含量相对较高,氨基酸组成比其他谷类饲料完善,麦类的特点是含有丰富的 B 族维生素。大麦比小麦含能量低,皮壳较硬,不易消化,一般需经粉碎后才能饲喂。麦类饲料中还含有抗营养因子非淀粉多糖(如 β-葡聚糖与木聚糖),使鸡的消化道食糜黏稠度增加,降低饲料养分消化率,甚至引起腹泻等症状。在饲粮中添加含有 β-葡聚糖酶和木聚糖酶等非淀粉多糖复合酶制剂,是提高麦类饲用价值的有效途径。

3.稻谷、碎米

稻谷是我国南方水稻生产区的主要能量饲料,稻谷外壳粗纤维含量高,喂量不宜过多,以占饲粮的 10％～20％为宜。碎米适宜雏鸡啄食,是开食的好饲料,但粗蛋白含量低,远远满足不了雏鸡生长发育的需要。因此,只能在最初 1～2 d 单独饲喂,2 d 后即需换成配合饲料。碎米可占饲粮的 20％～40％。近年来研究表明,稻谷和糙米(图 5-6)可替代部分或全部替代玉米喂鸡。

4.高粱

高粱(图 5-7)的营养特点与玉米类似,营养价值稍低于玉米。不过高粱中含有一定量的抗营养因子单宁,而有涩味,适性较差,过量饲喂能引起便秘。一般在饲粮中用量不超过 10％～15％。

5.麸皮

麸皮(图 5-8)粗蛋白质含量较高,可达 12.5％～17％,B 族维生素含量也较丰富,质地松软,适口性好,有轻泻作用,适合饲喂育成鸡和蛋鸡。缺点是:粗纤维含量较高,能量含量相对较低,钙、磷含量比例不平衡,且含有鸡不易利用的植酸磷。一般可占饲粮的 3%～20%。

6.米糠

米糠(图 5-9)中粗脂肪、粗蛋白质及 B 族维生素含量均较高,但粗纤维含量高,粗脂肪中不饱和脂肪酸含量高,易因氧化而酸败,不耐贮藏。另外,含钙低,含磷高,主要是植酸磷,利用率不高。一般可占饲粮的 5%～10%。

7.油脂类饲料

油脂可分为植物油和动物油两类,热能价值高。植物油吸收率高于动物,且必需脂肪酸含量较高,有利于健康。为了提高肉鸡饲粮的能量水平,可在饲料中添加油脂,以达到促进生长、改善饲料利用率的目的。一般肉用仔鸡可占饲粮的 3%～5%,产蛋鸡为 2%～4%。

图 5-2　玉米　　　　　　　　　　　　图 5-3　小麦

图 5-4　大麦　　　　　　　　　　　　图 5-5　燕麦

图 5-6　糙米　　　　　　　　　　　　图 5-7　高粱

图 5-8　麸皮

图 5-9　米糠

二、青绿饲料和干草粉

青绿饲料的种类繁多,均属植物性饲料,包括天然牧草、栽培牧草、蔬菜类饲料、作物的茎叶、树叶及水生饲料等。

青绿饲料是一种多种营养物质相对平衡的饲料。青绿饲料水分含量很高,一般在 75％～90％,水生饲料高达 95％。青绿饲料的粗蛋白质含量丰富,必需氨基酸全面,维生素含量丰富,钙磷含量高,比例适当。因此,在不饲喂维生素添加剂的情况下,必须喂给适量的青绿饲料,以满足鸡对维生素的需要。这种方法尤其适用于农村养鸡,但是对于大批笼养鸡来说,因青绿饲料饲喂不便,则可利用青干草粉配制配合饲料。

常用的青绿饲料如胡萝卜、卷心菜、白菜、苜蓿、树叶及瓜类。这些青饲料可以生喂,切碎或打浆后拌入饲料中,一般喂量可达到精料的 25％～60％。

为了保证青绿饲料常年供应,在青绿饲料大量收割时可调制成干草粉。常用的如苜蓿草粉、槐树叶粉、松针草粉。配合饲粮时,干草粉可占饲粮的 3％～5％,有利于促进鸡的生长,提高产蛋率和孵化率。同时,还可使蛋黄颜色加深,尤其是家庭养鸡,青绿干草粉是冬季很好的维生素饲料。

三、蛋白质饲料

蛋白质饲料一般指饲料干物质中粗蛋白质含量在 20％以上、粗纤维含量在 18％以下的饲料。蛋白质饲料主要包括植物性蛋白质饲料和动物性蛋白质饲料。植物性蛋白质饲料以各种油料籽实榨油后的饼粕为主,主要有大豆饼(粕)、棉籽饼(粕)、花生饼(粕)和菜籽饼(粕)等;动物性蛋白质饲料主要包括鱼粉、肉骨粉、蚕蛹粉、血粉和羽毛粉等。

1.植物性蛋白质饲料

(1)大豆饼(粕)

大豆饼(粕)(图 5-10)是榨油的副产品,用压榨法加工的副产品叫大豆饼,用浸提法加工的副产品叫大豆粕。大豆饼(粕)中粗蛋白质含量在 40％～45％,代谢能达 10～11 MJ/kg,矿物质、维生素的营养水平与谷实类大致相似。大豆饼(粕)是鸡最理想的植物性蛋白质饲料,其用量可占饲粮的 10％～40％。大豆饼(粕)中赖氨酸含量比较高,但缺乏蛋氨酸,鱼粉中蛋氨酸含量较高。因此,在以大豆饼(粕)为主要蛋白质饲料的饲粮中,加入一部分鱼粉或加入一定量的合成蛋氨酸,饲养效果更好。

(2)菜籽饼(粕)

菜籽饼(粕)(图 5-11)含粗蛋白质 36％～38％,与豆饼相比,富含蛋氨酸,但赖氨酸含量低,且含有毒的芥子配糖物,可引起甲状腺的肿大,需经浸泡、浓氨水喷洒等脱毒处理后才能作为鸡饲料,雏鸡、产蛋鸡一般用量可占饲粮的 5%,生长鸡为 5%～8%。

（3）棉籽饼（粕）

棉籽饼（粕）（图 5-12）能量水平和粗蛋白质含量受脱壳程度的影响,通常粗蛋白质含量为 22%～40%,赖氨酸含量低,利用率也低,且含有毒物质棉酚,引起鸡的心肺肿大,公鸡不育。需去毒后才能饲喂,雏鸡、产蛋鸡一般用量可占饲粮的 3%～5%,生长鸡为 5%～8%。

（4）花生饼（粕）

花生饼（粕）（图 5-13）脱壳后的粗蛋白质含量可达 45%,而赖氨酸和蛋氨酸含量都较低。适口性好,鸡爱吃。但易感染上黄曲霉菌,其产生的黄曲霉毒素可引起鸡肝脏损害,甚至发生肿瘤,雏鸡特别敏感。育成鸡和产蛋鸡饲粮中一般用量不超过 6%～9%。

2.动物性蛋白质饲料

（1）鱼粉

鱼粉（图 5-14）是养鸡最佳的蛋白质饲料,其蛋白质含量高,必需氨基酸全面,维生素含量丰富,矿物质含量也较全面,钙、磷比例适当。进口鱼粉呈棕黄色,粗蛋白质含量在 65% 左右,含盐量低,一般可占饲粮的 10%～12%。国产鱼粉为灰褐色,粗蛋白质含量为 35%～55%,有些产品含盐量高,配料时只能占饲粮的 5%～7%,否则易造成食盐中毒。使用鱼粉还应注意掺假、存放过久氧化酸败及鱼粉中肌胃糜烂素引起鸡发生"黑色呕吐病"等问题。

（2）肉骨粉

肉骨粉（图 5-15）是食品工业的副产品,以肉和骨为主体,其营养成分含量随骨、肉、血、内脏比例不同而异。粗蛋白质含量为 40%～50%,脂肪 8%～15%,最好与植物性蛋白饲料混合使用,用量约占饲粮的 6%。

3.氨基酸制品

（1）蛋氨酸

蛋氨酸是含硫氨基酸。在鸡的饲料中,蛋氨酸是第一限制性氨基酸,一般在植物性饲料中蛋氨酸含量很少,不能满足鸡的需要,如饲粮中不含鱼粉等动物性蛋白质饲料,必须添加。一般在配合饲料中添加 0.1% 的蛋氨酸,可提高蛋白质的利用率 2%～3%。在用植物性饲料配成的无鱼粉饲粮中添加蛋氨酸,其饲养效果同样可以接近或达到有鱼粉饲粮的生产水平。通常在饲粮中的添加量为 0.05%～0.2%。

生产上,常用 dl-蛋氨酸（图 5-16）进行添加,其商品标签标明纯度 98%,含氮量 9.4%,折算粗蛋白质等价为 58.6%,代谢能为 21 MJ/kg。蛋氨酸在预混料、配合饲料中稳定。

（2）赖氨酸

赖氨酸也是限制性氨基酸。在动物性蛋白质饲料中含量高。植物性饲料豆科饲料含量较高,而谷类饲料含量较少。在饲料中添加赖氨酸后,可减少饲料中粗蛋白用量的 3%～4%。一般添加量为饲粮的 0.05%～0.25%。

生产上,常用 L-赖氨酸盐酸盐（图 5-17）进行添加。其商品标签标明纯度为 98%,指的是 L-赖氨酸盐酸盐的含量。实际上 L-赖氨酸含量只有 78%,含氮 15.3%,折算粗蛋白质等价为 95.8%,代谢能这 16.7 MJ/kg。

目前,其他氨基酸如色氨酸、苏氨酸、精氨酸等,在生产中也已广泛应用。

图 5-10　大豆粕

图 5-11　菜籽粕

图 5-12　棉籽粕

图 5-13　花生粕

图 5-14　鱼粉

图 5-15　猪肉骨粉

图 5-16　dl-蛋氨酸

图 5-17　赖氨酸

四、矿物质饲料

矿物质饲料都是含营养物质比较专一的饲料,如磷酸氢钙、磷酸钙、骨粉等用来补充饲粮中钙磷的不足;石粉、贝壳粉、碳酸钙等含钙的饲料,专门用来补充钙;食盐用来补充钠和氯的需要;硫酸亚铁和硫酸铜分别用来补充铁和铜的需要。畜禽生理需要矿物元素种类虽多,但在正常饲养条件下,需要大量补充的种类并不多,常量元素中主要是钙、磷、钠和氯;微量元素为铁、铜、锌、锰、硒、碘、钴和铬等。

1.常量元素矿物质饲料

(1)磷酸氢钙

磷酸氢钙(图 5-18)是白色或灰白色粉末,含钙不低于 23%,含磷不低于 16%。是养鸡生产中主要饲用磷、钙的来源,但应注意使用脱氟磷酸氢钙。添加量一般为饲粮的 0.5%～2%。

(2)骨粉

骨粉(图 5-19)是动物骨骼经过高温、高压、脱脂、脱胶后粉碎而成。含钙量约为 36%,磷为16%,可见不仅钙、磷的含量丰富,而且比例适当,是很好的钙、磷补充饲料。骨粉用量一般占饲粮的 1%～3%。骨粉如在加工过程中消毒不严,常携带大量病原微生物,易引起感染。因此,应选用优质骨粉。

(3)贝壳粉和石粉

贝壳粉是江河湖海中螺蚌等外壳加工粉碎而成,含钙量在 30% 以上。石粉(图 5-20)为天然的碳酸钙,一般含钙量为 35% 以上。贝壳粉或石粉均为廉价钙的主要来源,但前者易于吸收利用。贝壳粉作为饲料,可加工成粒状或粉状两种。粒状贝壳粉既可补充钙,又有利于饲料的消化,通常单独放在饲槽里让鸡自由啄食;而粉状贝壳粉则拌在饲料中喂给。农户养鸡所用贝壳粉也可自行收集,如用河蚌壳等加工粉碎而成。配料时,贝壳粉或石粉可占雏鸡料的 1%～2%,成年产蛋鸡料的 4%～8%。

(4)食盐

在植物性饲料中大多缺乏钠和氯,一般饲粮中可添加食盐(图 5-21)0.37%。如鸡群发生啄食癖(如啄毛、啄肛门),在 3～5 日龄内饲粮中食盐用量可增至 0.5%～1%。如果饲料中配有咸鱼粉则不必加食盐,以免食盐中毒。

(5)砂砾

砂砾(图 5-22)有助于肌胃中饲料的研磨和养分的消化,起到“牙齿”的作用,特别是笼养和舍饲的鸡更应注意补给。若不喂砂砾,鸡的消化能力将大大降低。砂砾的给量可占饲料的 1%～2%,如有运动场,可添加砂盘,让其自由采食。

2.微量元素矿物质补充料

微量元素矿物质补充料,主要有硫酸亚铁(图 5-23)、硫酸铜(图 5-24)、硫酸锰、硫酸锌(图 5-25)、碘化钾(图 5-26)、亚硒酸钠(图 5-27)和氯化钴(图 5-28)等。目前,市售的产品大多是生产厂家按鸡对微量元素的营养需要配制而成的复

图 5-18　磷酸氢钙

合微量元素。市场也有少量含硒的单体微量元素产品出售,使用时要注意,如在购置的预混料或浓缩料中已含有硒,就不必重复使用,以免发生硒中毒。

图 5-19　骨粉

图 5-20　石粉

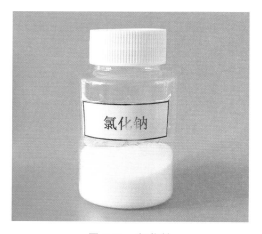

图 5-21　氯化钠

图 5-22　砂砾

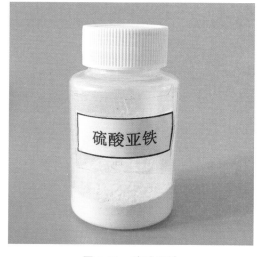

图 5-23　硫酸亚铁

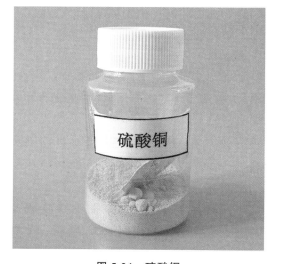

图 5-24　硫酸铜

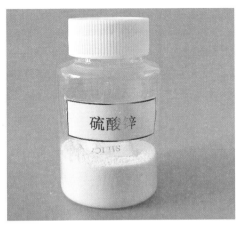

图 5-25　硫酸锌

图 5-26　碘化钾

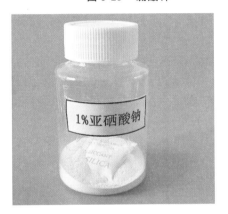

图 5-27　亚硒酸钠

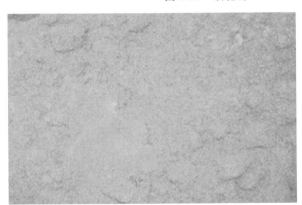

图 5-28　氯化钴

五、维生素饲料

　　维生素饲料有单一的制剂,如维生素 B_1、维生素 B_2、维生素 E 粉。但对养殖户来说,广泛使用的还是复合维生素制剂。复合维生素制剂(图 5-29)是由生产厂家按鸡对各种维生素的营养需要,将多种维生素原料按一定工艺混合而成。农村养鸡如散养或喂青绿饲料,可少喂或不喂多维素。但对于笼养鸡,青绿饲料饲喂不太方便,必须在配合饲料中添加维生素。另外,生产中如遇高温、寒冷、疾病、免疫接种、断喙和转群等,多维素的使用应在规定用量上有所增加。

图 5-29　复合维生素

六、饲料添加剂

　　饲料添加剂是指在配制饲料时添加的各种微量成分。天然饲料中尽管含有鸡生长发育所需要的营养成分,如蛋白质、碳水化合物、脂肪、矿物质和维生素等,可这些成分不一定完全能满足

鸡的需要。在原始的饲养方式中,如散养的鸡可以到处奔跑,采食到植物的种子、叶子、小虫及砂土等来满足鸡生长发育的需要,而这种饲养方式生产效率不高。大规模饲养后,饲料全部由人来供给。动物密集在一个范围中,仅靠少量几种天然饲料不能满足鸡的营养需要,以至于出现一些营养缺乏症,且病害极易蔓延。因此,在饲料配合中必须加入一些饲料添加剂,用以完善饲料的营养全价性,提高饲料的利用效率,促进鸡的生长发育和预防疾病,减少饲料在贮存期间营养物质的损失,改进鸡的肉蛋品质。

饲料添加剂根据其作用,有营养性添加剂、一般添加剂、药物饲料添加剂3类,大致分为促生长添加剂、驱虫保健剂、抗氧化剂、防霉剂、着色剂和中草药添加剂6类。

1.促生长添加剂

促生长添加剂有酶制剂和微生态制剂等。

(1)酶制剂

利用生物技术生产的外源酶制剂,可提高淀粉、蛋白质等养分的消化率,可打破饲料中一般不能被内源酶分解的特定化学键,降低或消除抗营养因子的有害影响,得到更多的营养物质;可克服雏鸡由于内源酶产生不足所引起的消化不良;可降解许多饲料中的抗营养因子,提高饲料的营养价值等。酶的作用有其特异性。如淀粉酶、纤维素酶、β-葡聚糖酶等不同种类的碳水化合物酶,用于提高包括饲粮中淀粉或纤维素在内的碳水化合物的消化;蛋白酶提高大豆或其他豆科植物蛋白的利用率;脂肪酶促进脂肪的分解利用;植酸酶提高磷、其他矿物元素、蛋白质和淀粉的消化和吸收,特别是对集约化程度较高的地区,利用植酸酶可减轻环境的负荷。目前,大多数商业用酶除植酸酶是单一酶外,而其他都是含有多种酶的复合酶。向饲粮中添加的复合酶,必须与饲粮原料中的底物类型相匹配。如在大麦-豆粕饲粮中添加的复合酶制剂,就以β-葡聚糖和果胶酶的活性为主,辅以纤维素酶和α-半乳糖苷酶的复合酶制剂。在玉米-小麦-黑麦-大豆饲粮中添加的酶制剂,应以阿拉伯木聚糖酶、蛋白水解酶、果胶酶、α-半乳糖苷酶为主。

(2)微生态制剂

在微生态等理论指导下,运用微生态学原理,利用对宿主有益的微生物及其促生长物质经特殊工艺制成的制剂。微生态制剂具有无毒、无害、无残留、无污染等优点,同时具有防病治病,提高饲料利用率及生产性能等作用,而且克服了抗菌类药物所产生的菌群失调、二重感染和耐药性等缺点。其主要作用是:微生态制剂作为鸡肠道内的优势菌,饲喂后可弥补正常菌群的数量,抑制病原菌的生长,从而恢复肠道菌群的平衡;作为正常菌群中的一员,可参与生物屏障结构,从而起到生物颉颃作用;有些可产生水解酶、发酵酶和呼吸酶,有利于降解饲料中蛋白质、脂肪和复杂的碳水化合物;作为非特异免疫调节因子,通过细菌本身或细胞壁成分刺激宿主免疫细胞,使其激活,促进吞噬细胞活力或作为佐剂发挥作用。

肠道菌群平衡理论适用于任何动物,但不同菌株复合成的微生态制剂产品有其最合适的使用对象。目前,用于微生态制剂商品化生产的主要菌种有嗜酸乳杆菌、粪链球菌属和枯草杆菌、酵母菌和米曲霉等。我国正式批准生产的菌株主要有蜡样芽孢杆菌、枯草芽孢杆菌、乳酸杆菌、乳酸球菌和酵母菌等。

微生态制剂可以最大限度地发挥动物生产潜能,但对于某些饲料,其配制水平已较高,添加的效果则不明显。因此,在使用时应注意以下几个方面:①初生雏鸡由于肠道菌群未建立或处于不断变化状态,在这期间用微生态制剂要比生长后期,已建立起相对稳定的菌群效果明显;②宿主肠道内的菌群组成缺乏有益菌,或肠道内有害菌存在时效果明显;③在低水平饲粮中使用效果,比营养较为全面的全价饲粮更为显著;④由于微生态制剂菌株间存在血清型的周期性变

异,因此,微生态制剂应持续使用;⑤不同生长期的鸡,要求的微生态制剂也有差别。

2.驱虫保健剂

在鸡的寄生虫病中,球虫病危害最大,尤其是采用地面饲养方式的鸡要特别注意预防,常用的抗球虫药有氨丙啉、氯羟吡啶、莫能霉素、盐霉素、常山酮和三字球虫粉等。使用时也应交替使用,以免产生抗药性。

3.抗氧化剂

饲料使用抗氧化剂,可明显减缓或防止这些饲料养分的氧化,进而起到保护饲料、提高饲料利用率的作用。常用的抗氧化剂有乙氧基喹啉、二丁基羟基甲苯和丁羟基茴香醚,多用于维生素、肉骨粉、鱼粉及含脂肪高的饲料中。

4.防霉剂

饲料中使用防霉剂,主要是抑制霉菌的代谢和生长,从而防止饲料在贮藏期因霉变而造成损失。常用的有丙酸钠、丙酸钙、柠檬酸、柠檬酸钠、乳酸和乳酸钙等。

5.着色剂

为改善鸡产品的外观,常在配合饲料中添加着色剂。着色剂有天然色素和人工合成色素。天然色素是一些植物中含浓度较高的胡萝卜和叶黄素等;如当要求肉鸡肤色金黄时,每千克饲料中应含有 12～27 mg 叶黄素;如欲加深产蛋鸡蛋黄色泽,每千克饲料中应含有 17～22 mg 叶黄素。常用的天然色素着色剂有红辣椒粉、苜蓿草粉、万寿菊花瓣粉和球茎甘蓝叶粉等;人工合成的有柠檬黄、日落黄、露康定、加丽素黄和加丽素红等。

6.中草药添加剂

中草药有营养与药物两种属性,能提供一定的营养成分,并有杀菌、调节机体代谢机能和免疫机能等作用,使鸡生长加快,饲料利用率提高。常用于蛋鸡的单方有大蒜、红辣椒、黄芪、艾叶、松针等;复方如蒲公英、野菊花、西瓜皮、黄芪、当归、益母草、枣仁、藿香、黄芩、麦芽、神曲。用于肉鸡的复方如苦参、黄芪、苍术、小茴香。虽然中草药具有抗病促生长作用,但由于受原料品质、炮制方法等因素的影响,其效果有很大的不稳定性,而且由于大多数中草药原料来源有限、价格较高,限制了中草药在饲料中的大量使用。因此,研制来源丰富、价廉高效的中草药制剂,是今后中草药添加剂的发展方向。

第三节　鸡饲料的配合

配合饲料是指根据养殖动物营养需要,将多种饲料原料和饲料添加剂按照一定比例配制的饲料。

长期以来,在养鸡业中习惯地使用单一饲料,导致鸡的生长期长,产蛋少,饲料报酬低,成本高,效益低。如在相同的条件下,一般来说,养肉鸡每增重 1 kg,需要 4 kg 谷物饲料,而用配合饲料只需 1.8～2 kg,且饲养周期可缩短一半以上。蛋鸡产蛋 1 kg,需 4 kg 谷物饲料,而用配合饲料只需 2.3～2.5 kg,且年产蛋量可增加 1/3 以上。由此可见,科学的配合饲料,能大大提高养鸡生产的经济效益。

一、鸡的饲养标准

饲养标准是根据鸡的不同种类、性别、体重、生产目的和水平,结合生产实践中积累的经验、能量与物质代谢试验以及饲养试验的结果,科学地规定鸡所需要的各种营养物质的数量。

按照饲养标准对鸡进行科学饲养,可以避免饲养中的盲目性。实践证明,营养不足或过度,均不利于鸡的健康和生产性能的发挥,特别是种鸡,后果更为显著。不合理的饲养,会严重影响种鸡的产蛋率、蛋的受精率及孵化率。因此,饲养标准是鸡饲料配合的重要依据;其次,饲养标准还可作为鸡场或养鸡农户制订全年饲料生产计划的依据。

饲养标准虽然具有一定的科学性和代表性,但由于鸡的品种、类型、生产水平、环境条件的差异,不同饲料品质及加工调制方法等因素的影响,不可能出现统一的标准和唯一的答案。因此,在生产中要灵活使用饲养标准,配合饲料时一般达到饲养标准的近似值程度即可,并且还应根据饲养的实际效果,及时做出相应的调整。

饲养标准包括鸡的营养需要量或供给量,及鸡的常用饲料的营养价值表两部分。我国制定的鸡饲养标准,见表5-1至表5-14。

1.我国蛋鸡的营养需要(选自 NY/T 33—2004)

我国蛋鸡的营养需要见表5-1至表5-3。

表5-1 生长蛋鸡的营养需要

营养指标	单位	0~8周龄	9~18周龄	19周龄至开产
代谢能	MJ/kg	11.91	11.70	11.50
粗蛋白质	%	19.00	15.50	17.00
蛋白能量比	g/MJ	15.95	13.25	14.78
赖氨酸能量比	g/MJ	0.84	0.58	0.61
赖氨酸	%	1.00	0.68	0.70
蛋氨酸	%	0.37	0.27	0.34
蛋氨酸+胱氨酸	%	0.74	0.55	0.64
苏氨酸	%	0.66	0.55	0.62
色氨酸	%	0.20	0.18	0.19
精氨酸	%	1.18	0.98	1.02
亮氨酸	%	1.27	1.01	1.07
异亮氨酸	%	0.71	0.59	0.60
苯丙氨酸	%	0.64	0.53	0.54
苯丙氨酸+酪氨酸	%	1.18	0.98	1.00
组氨酸	%	0.31	0.26	0.27
脯氨酸	%	0.50	0.34	0.44
缬氨酸	%	0.73	0.60	0.62
甘氨酸+丝氨酸	%	0.82	0.68	0.71
钙	%	0.90	0.80	2.00
总磷	%	0.70	0.60	0.55
非植酸磷	%	0.40	0.35	0.32
钠	%	0.15	0.15	0.15

续表

营养指标	单位	0~8周龄	9~18周龄	19周龄至开产
氯	%	0.15	0.15	0.15
铁	mg/kg	80	60	60
铜	mg/kg	8	6	8
锌	mg/kg	60	40	80
锰	mg/kg	60	40	60
碘	mg/kg	0.35	0.35	0.35
硒	mg/kg	0.30	0.30	0.30
亚油酸	%	1	1	1
维生素 A	IU/kg	4 000	4 000	4 000
维生素 D	IU/kg	800	800	800
维生素 E	IU/kg	10	8	8
维生素 K	mg/kg	0.5	0.5	0.5
硫胺素	mg/kg	1.8	1.3	1.3
核黄素	mg/kg	3.6	1.8	2.2
泛酸	mg/kg	10	10	10
烟酸	mg/kg	30	11	11
吡哆醇	mg/kg	3	3	3
生物素	mg/kg	0.15	0.10	0.10
叶酸	mg/kg	0.55	0.25	0.25
维生素 B_{12}	mg/kg	0.010	0.003	0.004
胆碱	mg/kg	1 300	900	500

注:根据中型体重鸡制定,轻型鸡可酌减10%;开产日龄按5%产蛋率计算。

表 5-2　产蛋鸡的营养需要

营养指标	单位	开产至高峰期(>85%)	高峰期后(<85%)	种鸡
代谢能	MJ/kg	11.29	10.87	11.29
粗蛋白质	%	16.50	15.50	18.00
蛋白能量比	g/MJ	14.61	14.26	15.94
赖氨酸能量比	g/MJ	0.64	0.61	0.63
赖氨酸	%	0.75	0.70	0.75
蛋氨酸	%	0.34	0.32	0.34
蛋氨酸+胱氨酸	%	0.65	0.56	0.65
苏氨酸	%	0.55	0.50	0.55
色氨酸	%	0.16	0.15	0.16
精氨酸	%	0.76	0.69	0.76
亮氨酸	%	1.02	0.98	1.02
异亮氨酸	%	0.72	0.66	0.72
苯丙氨酸	%	0.58	0.52	0.58
苯丙氨酸+酪氨酸	%	1.08	1.06	1.08
组氨酸	%	0.25	0.23	0.25
缬氨酸	%	0.59	0.54	0.59
甘氨酸+丝氨酸	%	0.57	0.48	0.57

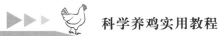

续表

营养指标	单位	开产至高峰期(>85%)	高峰期后(<85%)	种鸡
可利用赖氨酸	%	0.66	0.60	—
可利用蛋氨酸	%	0.32	0.30	—
钙	%	3.50	3.50	3.50
总磷	%	0.60	0.60	0.60
非植酸磷	%	0.32	0.32	0.32
钠	%	0.15	0.15	0.15
氯	%	0.15	0.15	0.15
铁	mg/kg	60	60	60
铜	mg/kg	8	8	6
锰	mg/kg	60	60	60
锌	mg/kg	80	80	60
碘	mg/kg	0.35	0.35	0.35
硒	mg/kg	0.30	0.30	0.30
亚油酸	%	1	1	1
维生素 A	IU/kg	8 000	8 000	10 000
维生素 D	IU/kg	1 600	1 600	2 000
维生素 E	IU/kg	5	5	10
维生素 K	mg/kg	0.5	0.5	1.0
硫胺素	mg/kg	0.8	0.8	0.8
核黄素	mg/kg	2.5	2.5	3.8
泛酸	mg/kg	2.2	2.2	10
烟酸	mg/kg	20	20	30
吡哆醇	mg/kg	3.0	3.0	4.5
生物素	mg/kg	0.10	0.10	0.15
叶酸	mg/kg	0.25	0.25	0.35
维生素 B_{12}	mg/kg	0.004	0.004	0.004
胆碱	mg/kg	500	500	500

表 5-3　生长蛋鸡的体重与耗料量　　　　　　　　　　　　g/只

周龄	周末体重	耗料量	累计耗料量	周龄	周末体重	耗料量	累计耗料量
1	70	84	84	11	875	413	2 807
2	130	119	203	12	965	441	3 248
3	200	154	357	13	1 055	469	3 717
4	275	189	546	14	1 145	497	4 214
5	360	224	770	15	1 235	525	4 739
6	445	259	1 029	16	1 325	546	5 285
7	530	294	1 323	17	1 415	567	5 852
8	615	329	1 652	18	1 505	588	6 440
9	700	357	2 009	19	1 595	609	7 049
10	785	385	2 394	20	1 670	630	7 679

注:0~8周龄为自由采食,9周龄开始结合光照进行限饲。

2.我国肉用鸡的营养需要(选自 NY/T 33—2004)

我国肉用鸡的营养需要见表 5-4 至表 5-8。

表 5-4 肉用仔鸡的营养需要之一

营养指标	单位	0~3 周龄	4~6 周龄	7 周龄以上
代谢能	MJ/kg	12.54	12.96	13.17
粗蛋白质	%	21.5	20.0	18.0
蛋白能量比	g/MJ	17.14	15.43	13.67
赖氨酸能量比	g/MJ	0.92	0.77	0.67
赖氨酸	%	1.15	1.00	0.87
蛋氨酸	%	0.50	0.40	0.34
蛋氨酸＋胱氨酸	%	0.91	0.76	0.65
苏氨酸	%	0.81	0.72	0.68
色氨酸	%	0.21	0.18	0.17
精氨酸	%	1.20	1.12	1.01
亮氨酸	%	1.26	1.05	0.94
异亮氨酸	%	0.81	0.75	0.63
苯丙氨酸	%	0.71	0.66	0.58
苯丙氨酸＋酪氨酸	%	1.27	1.15	1.00
组氨酸	%	0.35	0.32	0.27
脯氨酸	%	0.58	0.54	0.47
缬氨酸	%	0.85	0.74	0.64
甘氨酸＋丝氨酸	%	1.24	1.10	0.96
钙	%	1.0	0.9	0.8
总磷	%	0.68	0.65	0.60
非植酸磷	%	0.45	0.40	0.35
氯	%	0.20	0.15	0.15
钠	%	0.20	0.15	0.15
铁	mg/kg	100	80	80
铜	mg/kg	8	8	8
锰	mg/kg	120	100	80
锌	mg/kg	100	80	80
碘	mg/kg	0.70	0.70	0.70
硒	mg/kg	0.30	0.30	0.30
亚油酸	%	1	1	1
维生素 A	IU/kg	8 000	6 000	2 700
维生素 D	IU/kg	1 000	750	400
维生素 E	IU/kg	20	10	10
维生素 K	mg/kg	0.5	0.5	0.5
硫胺素	mg/kg	2.0	2.0	2.0
核黄素	mg/kg	8	5	5
泛酸	mg/kg	10	10	10
烟酸	mg/kg	35	30	30

营养指标	单位	0～3周龄	4～6周龄	7周龄以上
吡哆醇	mg/kg	3.5	3.0	3.0
生物素	mg/kg	0.18	0.15	0.10
叶酸	mg/kg	0.55	0.55	0.50
维生素 B_{12}	mg/kg	0.010	0.010	0.007
胆碱	mg/kg	1 300	1 000	750

表 5-5　肉用仔鸡的营养需要之二

营养指标	单位	0～2周龄	3～6周龄	7周龄以上
代谢能	MJ/kg	12.75	12.96	13.17
粗蛋白质	%	22.0	20.0	17.0
蛋白能量比	g/MJ	17.25	15.43	12.91
赖氨酸能量比	g/MJ	0.88	0.77	0.62
赖氨酸	%	1.20	1.00	0.82
蛋氨酸	%	0.52	0.40	0.32
蛋氨酸＋胱氨酸	%	0.92	0.76	0.63
苏氨酸	%	0.84	0.72	0.64
色氨酸	%	0.21	0.18	0.16
精氨酸	%	1.25	1.12	0.95
亮氨酸	%	1.32	1.05	0.89
异亮氨酸	%	0.84	0.75	0.59
苯丙氨酸	%	0.74	0.66	0.55
苯丙氨酸＋酪氨酸	%	1.32	1.15	0.98
组氨酸	%	0.36	0.32	0.25
脯氨酸	%	0.60	0.54	0.44
缬氨酸	%	0.90	0.74	0.72
甘氨酸＋丝氨酸	%	1.30	1.10	0.93
钙	%	1.05	0.95	0.80
总磷	%	0.68	0.65	0.60
非植酸磷	%	0.50	0.40	0.35
钠	%	0.20	0.15	0.15
氯	%	0.20	0.15	0.15
铁	mg/kg	120	80	80
铜	mg/kg	10	8	8
锰	mg/kg	120	100	80
锌	mg/kg	120	80	80
碘	mg/kg	0.70	0.70	0.70
硒	mg/kg	0.30	0.30	0.30
亚油酸	%	1	1	1
维生素 A	IU/kg	10 000	6 000	2 700
维生素 D	IU/kg	2 000	1 000	400
维生素 E	IU/kg	30	10	10

续表

营养指标	单位	0～2周龄	3～6周龄	7周龄以上
维生素 K	mg/kg	1.0	0.5	0.5
硫胺素	mg/kg	2	2	2
核黄素	mg/kg	10	5	5
泛酸	mg/kg	10	10	10
烟酸	mg/kg	45	30	30
吡哆醇	mg/kg	4.0	3.0	3.0
生物素	mg/kg	0.20	0.15	0.10
叶酸	mg/kg	1.00	0.55	0.50
维生素 B_{12}	mg/kg	0.010	0.010	0.007
胆碱	mg/kg	1 500	1 200	750

表5-6　肉用仔鸡体重与耗料量　　　　　　　　　　　　　　　　　g/只

周龄	体重	耗料量	累计耗料量	周龄	体重	耗料量	累计耗料量
1	126	113	113	5	1 309	867	2 369
2	317	273	386	6	1 696	954	3 323
3	558	473	859	7	2 117	1 164	4 487
4	900	643	1 502	8	2 457	1 079	5 566

表5-7　肉用种鸡营养需要

营养指标	单位	0～6周龄	7～18周龄	19周龄至开产	开产至高峰期（产蛋＞65%）	高峰期后（产蛋＜65%）
代谢能	MJ/kg	12.12	11.91	11.70	11.70	11.70
粗蛋白质	%	18.0	15.0	16.0	17.0	16.0
蛋白能量比	g/MJ	14.85	12.59	13.68	14.53	13.68
赖氨酸能量比	g/MJ	0.76	0.55	0.64	0.68	0.64
赖氨酸	%	0.92	0.65	0.75	0.80	0.75
蛋氨酸	%	0.34	0.30	0.32	0.34	0.30
蛋氨酸＋胱氨酸	%	0.72	0.56	0.62	0.64	0.60
苏氨酸	%	0.52	0.48	0.50	0.55	0.50
色氨酸	%	0.20	0.17	0.16	0.17	0.16
精氨酸	%	0.90	0.75	0.90	0.90	0.88
亮氨酸	%	1.05	0.81	0.86	0.86	0.81
异亮氨酸	%	0.66	0.58	0.58	0.58	0.58
苯丙氨酸	%	0.52	0.39	0.42	0.51	0.48
苯丙氨酸＋酪氨酸	%	1.00	0.77	0.82	0.85	0.80
组氨酸	%	0.26	0.21	0.22	0.24	0.21
脯氨酸	%	0.50	0.41	0.44	0.45	0.42
缬氨酸	%	0.62	0.47	0.50	0.66	0.51
甘氨酸＋丝氨酸	%	0.70	0.53	0.56	0.57	0.54
钙	%	1.00	0.90	2.0	3.30	3.50
总磷	%	0.68	0.65	0.65	0.68	0.65
非植酸磷	%	0.45	0.40	0.42	0.45	0.42

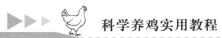

续表

营养指标	单位	0~6周龄	7~18周龄	19周龄至开产	开产至高峰期（产蛋＞65%）	高峰期后（产蛋＜65%）
钠	%	0.18	0.18	0.18	0.18	0.18
氯	%	0.18	0.18	0.18	0.18	0.18
铁	mg/kg	60	60	80	80	80
钢	mg/kg	6	6	8	8	8
锰	mg/kg	80	80	100	100	100
锌	mg/kg	60	60	80	80	80
碘	mg/kg	0.70	0.70	1.00	1.00	1.00
硒	mg/kg	0.30	0.30	0.30	0.30	0.30
亚油酸	%	1	1	1	1	1
维生素 A	IU/kg	8 000	6 000	9 000	12 000	12 000
维生素 D	IU/kg	1 600	1 200	1 800	2 400	2 400
维生素 E	IU/kg	20	10	10	30	30
维生素 K	mg/kg	1.5	1.5	1.5	1.5	1.5
硫胺素	mg/kg	1.8	1.5	1.5	2.0	2.0
核黄素	mg/kg	8	6	6	9	9
泛酸	mg/kg	12	10	10	12	12
烟酸	mg/kg	30	20	20	35	35
吡哆醇	mg/kg	3.0	3.0	3.0	4.5	4.5
生物素	mg/kg	0.15	0.10	0.10	0.20	0.20
叶酸	mg/kg	1.0	0.5	0.5	1.2	1.2
维生素 B_{12}	mg/kg	0.010	0.006	0.008	0.012	0.012
胆碱	mg/kg	1 300	900	500	500	500

表 5-8　肉用种鸡的体重与耗料量　　　　　　　　　　　g/只

周龄	体重	耗料量	累计耗料量	周龄	体重	耗料量	累计耗料量
1	90	100	100	16	1 595	553	5 616
2	185	168	268	17	1 710	588	6 204
3	340	231	499	18	1 840	630	6 834
4	430	266	765	19	1 970	658	7 492
5	520	287	1 052	20	2 100	707	8 199
6	610	301	1 353	21	2 250	749	8 948
7	700	322	1 675	22	2 400	798	9 746
8	795	336	2 011	23	2 550	847	10 593
9	890	357	2 368	24	2 710	896	11 489
10	985	378	2 746	25	2 870	952	12 441
11	1 080	406	3 152	29	3 477	1 190	13 631
12	1 180	434	3 586	33	3 603	1 169	14 800
13	1 280	462	4 048	43	3 608	1 141	15 941
14	1 380	497	4 545	58	3 782	1 064	17 005
15	1 480	518	5 063				

3.我国黄羽肉鸡的营养需要(选自 NY/T 33—2004)

我国黄羽肉鸡的营养需要见表 5-9 至表 5-13。

表 5-9 黄羽肉鸡仔鸡的营养需要

营养指标	单位	♀0～4 周龄 (♂0～3 周龄)	♀5～8 周龄 (♂4～5 周龄)	♀＞8 周龄 (♂＞5 周龄)
粗蛋白质	%	21.0	19.0	16.0
蛋白能量比	g/MJ	17.33	15.15	12.34
赖氨酸能量比	g/MJ	0.87	0.78	0.66
赖氨酸	%	1.05	0.98	0.85
蛋氨酸	%	0.46	0.40	0.34
蛋氨酸＋胱氨酸	%	0.85	0.72	0.65
苏氨酸	%	0.76	0.74	0.68
色氨酸	%	0.19	0.18	0.16
精氨酸	%	1.19	1.10	1.00
亮氨酸	%	1.15	1.09	0.93
异亮氨酸	%	0.76	0.73	0.62
苯丙氨酸	%	0.69	0.65	0.56
苯丙氨酸＋酪氨酸	%	1.28	1.22	1.00
组氨酸	%	0.33	0.32	0.27
脯氨酸	%	0.57	0.55	0.46
缬氨酸	%	0.86	0.82	0.70
甘氨酸＋丝氨酸	%	1.19	1.14	0.97
钙	%	1.00	0.90	0.80
总磷	%	0.68	0.65	0.60
非植酸磷	%	0.45	0.40	0.35
钠	%	0.15	0.15	0.15
氯	%	0.15	0.15	0.15
铁	mg/kg	80	80	80
铜	mg/kg	8	8	8
锰	mg/kg	80	80	80
锌	mg/kg	60	60	60
碘	mg/kg	0.35	0.35	0.35
硒	mg/kg	0.15	0.15	0.15
亚油酸	%	1	1	1
维生素 A	IU/kg	5 000	5 000	5 000
维生素 D	IU/kg	1 000	1 000	1 000
维生素 E	IU/kg	10	10	10
维生素 K	mg/kg	0.50	0.50	0.50
硫胺素	mg/kg	1.80	1.80	1.80
核黄素	mg/kg	3.60	3.60	3.00
泛酸	mg/kg	10	10	10
烟酸	mg/kg	35	30	25
吡哆醇	mg/kg	3.50	3.50	3.00
生物素	mg/kg	0.15	0.15	0.15
叶酸	mg/kg	0.55	0.55	0.55
维生素 B_{12}	mg/kg	0.010	0.010	0.010
胆碱	mg/kg	1 000	750	500

表 5-10 黄羽肉鸡仔鸡的体重及耗料量   g/只

周龄	周末体重		耗料量		累计耗料量		周龄	周末体重		耗料量		累计耗料量	
	公鸡	母鸡	公鸡	母鸡	公鸡	母鸡		公鸡	母鸡	公鸡	母鸡	公鸡	母鸡
1	88	89	76	70	76	70	7	1 274	751	751	359	2 816	1 620
2	199	175	201	130	277	200	8	1 560	949	719	479	3 535	2 099
3	320	253	269	142	546	342	9	1 814	1 137	836	534	4 371	2 633
4	492	378	371	266	917	608	10		1 254		540		3 028
5	631	493	516	295	1 433	907	11		1 380		549		3 577
6	870	622	632	358	2 065	1 261	12		1 548		514		4 091

表 5-11 黄羽肉鸡种鸡的营养需要

营养指标	单位	0～6 周龄	7～18 周龄	19 周龄至开产	产蛋期
代谢能	MJ/kg	12.12	11.70	11.50	11.50
粗蛋白（CP）	%	20.0	15.0	16.0	16.0
蛋白能量比（CP/MF）	g/MJ	16.50	12.82	13.91	13.91
赖氨酸能量比	g/MJ	0.74	0.56	0.70	0.70
赖氨酸	%	0.90	0.75	0.80	0.80
蛋氨酸	%	0.38	0.29	0.37	0.40
蛋氨酸＋胱氨酸	%	0.69	0.61	0.69	0.80
苏氨酸	%	0.58	0.52	0.55	0.56
色氨酸	%	0.18	0.16	0.17	0.17
精氨酸	%	0.99	0.87	0.90	0.95
亮氨酸	%	0.94	0.74	0.83	0.86
异亮氨酸	%	0.60	0.55	0.56	0.60
苯丙氨酸	%	0.51	0.48	0.50	0.51
苯丙氨酸＋酪氨酸	%	0.86	0.81	0.82	0.84
组氨酸	%	0.28	0.24	0.25	0.26
脯氨酸	%	0.43	0.39	0.40	0.42
缬氨酸	%	0.60	0.52	0.57	0.70
甘氨酸＋丝氨酸	%	0.77	0.69	0.75	0.78
钙	%	0.90	0.90	2.00	3.00
总磷	%	0.65	0.61	0.63	0.65
非植酸磷	%	0.40	0.36	0.38	0.41
钠	%	0.16	0.16	0.16	0.16
氯	%	0.16	0.16	0.16	0.16
铁	mg/kg	54	54	72	72
铜	mg/kg	5.40	5.40	7.00	7.00
锰	mg/kg	72	72	90	90
锌	mg/kg	54	54	72	72
碘	mg/kg	0.60	0.60	0.90	0.90
硒	mg/kg	0.27	0.27	0.27	0.27
亚油酸	%	1	1	1	1
维生素 A	IU/kg	7 200	5 400	7 200	10 800
维生素 D	IU/kg	1 440	1 080	1 620	2 160

续表

营养指标	单位	0～6周龄	7～18周龄	19周龄至开产	产蛋期
维生素E	IU/kg	18	9	9	27
维生素K	mg/kg	1.4	1.4	1.4	1.4
硫胺素	mg/kg	1.6	1.4	1.4	1.8
核黄素	mg/kg	7	5	5	8
泛酸	mg/kg	11	9	9	11
烟酸	mg/kg	27	18	18	32
吡哆醇	mg/kg	2.7	2.7	2.7	4.1
生物素	mg/kg	0.14	0.09	0.09	0.18
叶酸	mg/kg	0.90	0.45	0.45	1.08
维生素 B_{12}	mg/kg	0.009	0.005	0.007	0.010
胆碱	mg/kg	1 170	810	450	450

表5-12　黄羽肉鸡种鸡的生长期体重与耗料量　　　　　　　　　　g/只

周龄	体重	耗料量	累计耗料量	周龄	体重	耗料量	累计耗料量
1	110	90	90	11	950	406	3 198
2	180	196	286	12	1 030	427	3 625
3	250	252	538	13	1 110	448	4 073
4	330	266	804	14	1 190	469	4 542
5	410	280	1 084	15	1 270	490	5 032
6	500	294	1 378	16	1 350	511	5 543
7	600	322	1 700	17	1 430	532	6 075
8	690	343	2 043	18	1 510	553	6 628
9	780	364	2 407	19	1 600	574	7 202
10	870	385	2 792	20	1 700	595	7 797

表5-13　黄羽肉鸡种鸡的产蛋期体重与耗料量　　　　　　　　　　g/只

周龄	体重	耗料量	累计耗料量	周龄	体重	耗料量	累计耗料量
21	1 780	616	616	44	2 480	840	10 696
22	1 860	644	1 260	46	2 500	840	11 536
24	2 030	700	1 960	48	2 520	826	12 362
26	2 200	840	2 800	50	2 540	826	13 188
28	2 280	910	3 710	52	2 560	826	14 014
30	2 310	910	4 620	54	2 580	805	14 819
32	2 330	889	5 509	56	2 600	805	15 624
34	2 360	889	6 398	58	2 620	805	16 429
36	2 390	875	7 273	60	2 630	805	17 234
38	2 410	875	8 148	62	2 640	805	18 039
40	2 440	854	9 002	64	2 650	805	18 844
42	2 460	854	9 856	66	2 660	805	19 649

二、配合饲料的分类

配合饲料的种类很多,一般可按营养成分和饲料形态的不同进行分类。

1.按营养成分划分

（1）全价配合饲料

全价配合饲料能满足鸡全部营养需要的配合饲料。这类配合饲料是按饲养标准规定的营养需要量配制的,不需再加其他添加剂饲料就可直接喂鸡,使用方便。

（2）浓缩饲料

浓缩饲料又称平衡用配合饲料或蛋白质补充饲料。浓缩饲料是由蛋白质饲料、矿物质饲料和添加剂预混料,按一定比例配制成的混合料。通常含粗蛋白质30%以上,矿物质和维生素的含量也高于鸡需要量的2倍以上。因此,浓缩饲料不能直接饲喂,应按一定比例与用户的能量饲料搭配后才能饲喂。浓缩饲料的应用,可以减少能量饲料运输及包装方面的耗费,弥补用户的非能量养分短缺问题,使用方便。适用于具备一定养鸡规模且能量饲料来源充足的养殖户。养殖户可根据浓缩料厂家提供的参考配方,利用自家的能量饲料与浓缩料配合成全价,比直接使用全价成品料要降低成本。

（3）添加剂预混料

添加剂预混料或简称预混料。添加剂预混料是由一种或多种营养物质补充料（如氨基酸、维生素、微量元素等）和添加剂（如促生长剂、驱虫保健剂、抗氧剂、防腐剂、着色剂等）与某种载体或稀释剂,按配方要求比例均匀配制的混合料。添加剂预混料是一种半成品,可供配合饲料工厂生产全价配合饲料或浓缩料,也可供有条件的养鸡户配料使用。在配合饲料中添加量为0.5%～3%。养殖户可根据预混料厂家提供的参考配方,利用自家的能量饲料、蛋白质补充料与预混料配合成全价料。饲料成本比使用全价成品料和浓缩料都要低一些,但配合时饲料原料相对要多些。

2.按配合饲料的形态划分

（1）粉状料

粉状料指按全价料要求设计配方,将饲料中所有饲料都加工成粉状,然后加氨基酸、维生素、微量元素补充料及添加剂等混合拌匀而成。粉状料饲喂鸡,鸡不能挑食,摄入的饲料营养全面,易于消化。还可延长采食时间,鸡采食慢,所有鸡只能均匀地吃食,且饲料不易腐烂变质,生产成本低。但粉状料粉得过细,适口性差,影响采食量,易造成粉尘损失。粉状料常用于2周龄以内的肉用仔鸡,以及生长后备鸡和产蛋鸡。

（2）颗粒料

颗粒料指将按全价料要求生产的粉状料再制成颗粒。颗粒料易于采食,节省采食消耗的能量和时间,有防止鸡的挑食而保证平衡饲粮的作用。制粒时蒸汽处理可以灭菌,消灭虫卵,有利于淀粉的糊化,提高饲料利用率,减少采食与运输时的粉尘损失。但由于在加工过程中的高温易破坏饲料中的某些成分,特别是维生素和酶制剂等。改进的方法是先制粒,然后再将维生素等均匀地喷洒在颗粒表面,因此,颗粒料制粒费用双倍于生产粉料的成本。同时,制粒时增加了水分,不利于饲料的保存。这类饲料常用于3周龄以后的肉用仔鸡。产蛋鸡不宜喂颗粒料,因易造成鸡采食过多而导致身体过肥。此外,由于饲喂颗粒料的采食时间短,易发生啄癖。

（3）碎料

碎料指按全价料要求加工成6～8 mm直径的大颗粒,冷却后再经破碎机制成1～2 mm

的碎料。它除了具备颗粒料的优点外,可延长采食时间。碎料常用于饲喂 2 周龄以内的雏鸡和肉用仔鸡。

三、鸡全价配合料的配合原则

1)根据鸡的不同生产类型、不同生理阶段及不同生产水平,选用合适的饲养标准。

2)掌握本地饲料资源及价格状况,尽量选用当地营养丰富且价格低廉的饲料。

3)饲料力求多样化,以保证营养物质完善。

4)必须注意配合饲料的适口性,发霉变质的饲料不宜做配合饲料的原料。

5)饲料中粗纤维含量一般不超过 5%。特别是雏鸡、肉鸡及高产蛋鸡,应适当减少饲粮中糠麸饲料的含量。

6)配合饲料的原料及配合比例要保持相对稳定。如需改变时,必须逐步更换,使鸡有一个适应过程。

四、如何配制鸡的全价配合饲料

目前,各地虽然有各种类型的鸡配合饲料出售,但还远远满足不了养鸡业的需要,并且价格相对较高。因此,对于具有一定饲养规模的养鸡户来说,也可根据科学原理自行配制各种配合料,这样可大大降低饲料成本,提高养鸡的经济效益。

1.饲料配方的计算

鸡的饲料配方常用计算方法,有试差法和线性规划法等。目前,一般养殖场多用试差法计算。线性规划法需要用电子计算机计算,适用于工业化生产。现以产蛋鸡为例,介绍用试差法计算饲料配方的具体步骤。

1)根据鸡的饲养标准,从表 5-2 中查出所养品种、生理阶段、生产水平的鸡饲粮的主要营养指标。如为产蛋率大于 85% 的蛋鸡计算饲料配方。查我国蛋鸡产蛋率大于 80% 的营养指标是:代谢能 11.29 MJ/kg,粗蛋白质 16.5%,蛋白能量比 14.61 g/MJ,钙 3.5%,非植酸磷0.32%,食盐 0.37%,蛋氨酸+胱氨酸 0.65%,赖氨酸 0.75%。

2)根据当地饲料资源,选定所用饲料。如玉米、麸皮、豆粕、菜籽饼、国产鱼粉、磷酸氢钙、贝壳粉、食盐、氨基酸、预混料等。再从饲料营养成分表中,查出它们的主要营养成分(表 5-14)。

表 5-14　不同饲料的营养成分　　　　　　　　　　　　　　　　　　　　MJ,%

饲料名称	每千克饲料含有						
	代谢能	粗蛋白质	粗纤维	钙	非植酸磷	赖氨酸	蛋氨酸+胱氨酸
玉米	13.56	8.70	1.60	0.02	0.12	0.24	0.38
麸皮	6.82	15.70	8.90	0.11	0.24	0.58	0.37
豆粕	9.83	44.00	5.20	0.33	0.18	2.66	1.30
菜籽饼	8.16	35.70	11.40	0.59	0.33	1.33	1.42
国产鱼粉	11.80	60.20	0.50	4.04	2.90	4.72	2.16
磷酸氢钙	—	—	—	23.29	18.00	—	—
贝壳粉	—	—	—	33.00			

3)初步确定各类饲料的百分比例(各类饲料比例的确定可参考表 5-15),并计算出配合料中不同饲料所含有的各种主要营养成分。计算方法是用每一种饲料在配合料中所占的百分

比,分别去乘该种饲料的代谢能、粗蛋白质、粗纤维、钙、磷、赖氨酸、蛋氨酸＋胱氨酸含量,再将各种饲料的每项营养成分进行累加,即得出初拟配合料配方中每千克饲料所含的主要营养成分指标。

表5-15　配合饲料各类饲料的比例　　　　　　　　　　　　　　%

饲料种类	指标
谷类饲料	45～70
糠麸类饲料	5～15
植物性蛋白质饲料	15～25
动物性蛋白质饲料	3～7
矿物质饲料	5～7
干草粉	2～5
预混料(也可不按比例,直接按产品规定添加)	1
青饲料(两种以上,按精料总量加喂,用添加剂时可不喂)	30～35

4)将计算出来的配合料的各营养指标,与标准要求的营养指标进行比较。从表5-16可知,这个配方中粗蛋白质含量较高,代谢能和钙稍低,其他基本符合标准,因此需进行调整。调整的方法是针对原配方存在的问题,结合各类饲料的营养特点,相应地进行部分饲料配比的增减,并继续计算,直至调整到各主要营养指标基本符合要求为止。如本例调整需适当增加玉米和贝壳粉配比,降低豆粕配比,经调整成如下配方:玉米63.5%,麸皮1%,豆粕22%,菜籽饼1.5%,国产鱼粉1%,磷酸氢钙1.2%,贝壳粉8.3%,蛋氨酸0.13%,食盐0.37%,预混料1%。其主要营养指标为:代谢能11.082 MJ/kg,粗蛋白质16.49%,蛋能比14.88,钙3.15%,非植酸磷0.368%,赖氨酸0.811%,蛋氨酸＋脱氨酸0.70%,食盐0.37%,基本符合饲养标准,可投入生产试用。

2.饲料配制

饲料配方确定之后,即可按照配方中各种饲料的配比数,准确称取各种加工粉碎好的饲料,用搅拌机或手工搅拌。所用添加剂应按产品说明规定添加,因其用量很少,需先用少量粉料混合后再加入混合料中充分拌匀。各种养分在饲粮中分布越均匀,饲养效果越好。一般手工拌料直观的检查方法是,看料堆截面各类饲料是否分层。若分层还需继续拌和,通常需要轮番5～6遍。

表5-16　产蛋率＞80%的蛋鸡饲料配方计算示例　　　　　　　　　　MJ/kg,%

饲料组成	配合比	营养成分						
		代谢能	粗蛋白质	粗纤维	钙	非植酸磷	赖氨酸	蛋氨酸＋胱氨酸
玉米	55	0.55×13.56 =7.458	0.55×8.7 =4.785	0.55×1.6 =0.88	0.55×0.02 =0.011	0.55×0.12 =0.066	0.55×0.24 =0.132	0.55×0.38 =0.209
麸皮	4	0.04×6.82 =0.273	0.04×15.7 =0.628	0.04×8.9 =0.356	0.04×0.11 =0.004	0.04×0.24 =0.010	0.04×0.58 =0.023	0.04×0.37 =0.015
豆粕	24	0.24×9.83 =2.359	0.24×44.0 =10.56	0.24×5.2 =1.248	0.24×0.33 =0.079	0.24×0.18 =0.043	0.24×2.66 =0.638	0.24×0.13 =0.312
菜籽饼	5	0.05×8.16 =0.408	0.05×35.7 =1.785	0.05×11.4 =0.57	0.05×0.59 =0.03	0.05×0.33 =0.017	0.05×1.33 =0.067	0.05×1.42 =0.071
国产鱼粉	1	0.01×11.80 =0.118	0.01×60.2 =0.602	0.01×0.5 =0.005	0.01×4.04 =0.04	0.01×2.9 =0.02	0.01×4.72 =0.047	0.01×2.16 =0.022

续表

饲料组成	配合比	营养成分						
		代谢能	粗蛋白质	粗纤维	钙	非植酸磷	赖氨酸	蛋氨酸＋胱氨酸
磷酸氢钙	2.5	—	—	—	0.025×23.39 =0.582	0.025×18.0 =0.45	—	—
贝壳粉	7	—	—	—	0.07×33.0 =2.31			
蛋氨酸	0.13	—	0.13	—	—	—	—	0.13
食盐	0.37	—	—	—	—	—	—	—
1％预混料	1	—	—	—	—	—	—	—
合计	100	10.616	18.49	3.059	3.056	0.615	0.907	0.76
标准		11.29	16.5		3.5	0.32	0.75	0.65
偏差		−0.674	＋1.99		−0.444	＋0.295	＋0.157	＋0.11

第四节　日粮配方示例

为了便于读者参考,我们从有关资料中查阅并列举了部分家禽的配方示例,见表 5-17 至表 5-20。

表 5-17　蛋雏鸡饲料配方　　　　　　　　　　　　　　　　　　　　％,MJ/kg

原料	小雏期				大雏期	
	0～3 周龄				4～6 周龄	
玉米	67.25	63.3	64.15	64.7	63.2	64.7
麸皮	3	4	4	8	10	8.5
鱼粉	2.5	2	0	1	0	0
豆粕	18	19	21	14	16	12
花生粕	4	3.5	4.5	3	2	5
棉籽粕	2	3	0	3	3.5	3
菜籽粕	0	1.5	2.5	3	2	3.5
磷酸氢钙	1.2	1.4	1.5	1.5	1.5	1.4
石粉	0.8	1.0	1.0	0.5	0.5	0.6
食盐	0.25	0.3	0.35	0.3	0.3	0.3
预混料	1	1	1	1	1	1
营养水平 代谢能	11.92	11.90	11.93	11.75	11.60	11.70
粗蛋白	19.2	19.1	19.0	18.5	18.5	18.3
钙	1.0	1.2	1.1	0.90	0.91	0.91
有效磷	0.50	0.51	0.49	0.52	0.50	0.50
赖氨酸	1.0	0.99	0.97	0.95	0.95	0.93
蛋氨酸＋胱氨酸	0.70	0.70	0.68	0.68	0.67	0.65
食盐	0.35	0.35	0.35	0.35	0.35	0.35

表 5-18　育成鸡饲料配方　　　　　　　　　　　　　　　　　　　　　　　　%, MJ/kg

原料	育成期 7～14 周龄			产蛋前期 15～20 周龄		
玉米	62	61.8	61.95	60.2	57.85	58.55
麸皮	14	16	15	10	12	10
鱼粉	1.5	1	0	1	0	0
豆粕	10	8	9	12	12	11
花生粕	5.5	2.5	4	2	4	4.5
棉籽粕	4	4.5	3	4.5	3.5	4.5
菜籽粕	0	3	3.5	3	4	4
磷酸氢钙	1.2	1.4	1.5	1.5	1.6	1.6
石粉	0.5	0.5	0.7	2	2.2	2.5
贝壳粉	0	0	0	2.5	2.5	2
食盐	0.3	0.3	0.35	0.3	0.35	0.35
预混料	1	1	1	1	1	1
营养水平 代谢能	11.68	11.62	11.55	11.40	11.35	11.41
粗蛋白	16.0	16.2	16.1	14.5	14.3	14.3
钙	0.90	0.92	0.95	2.20	2.22	2.18
有效磷	0.40	0.42	0.42	0.40	0.39	0.39
赖氨酸	0.70	0.68	0.68	0.62	0.60	0.60
蛋氨酸＋胱氨酸	0.55	0.60	0.58	0.51	0.49	0.49
食盐	0.35	0.35	0.35	0.35	0.35	0.35

表 5-19　产蛋鸡饲料配方　　　　　　　　　　　　　　　　　　　　　　　　%, MJ/kg

原料	产蛋高峰期 产蛋率＞80%			产蛋后期 产蛋率＜80%		
玉米	58.4	55.9	52.7	59.1	59.4	56.95
麸皮	2	2	4	2	3	4
鱼粉	2.5	1.5	1	1.5	1	0
豆粕	15	17	17	14	13	16
花生粕	2	3.5	5	3.5	2	1.5
棉籽粕	5	4.5	4.5	4	5.5	5
菜籽粕	3.5	4	4.2	3.8	4	4.4
磷酸氢钙	1.8	1.8	1.8	1.8	1.8	1.8
石粉	4	4	4.5	4.5	4.5	4.5
贝壳粉	4.5	4.5	4	4.5	4.5	4.5
食盐	0.3	0.3	0.3	0.3	0.3	0.35
预混料	1	1	1	1	1	1
营养水平 代谢能	11.45	11.50	11.48	11.65	11.58	11.62
粗蛋白	17.0	16.8	16.8	16.0	15.9	15.9
钙	3.55	3.52	3.54	4.10	3.95	3.90
有效磷	0.45	0.44	0.43	0.35	0.35	0.34
赖氨酸	0.82	0.80	0.80	0.75	0.75	0.73
蛋氨酸＋胱氨酸	0.70	0.69	0.69	0.65	0.64	0.64
食盐	0.35	0.35	0.35	0.35	0.35	0.35

表 5-20　肉用仔鸡典型饲料配方　　　　　　　　　　　　　%,MJ/kg

配方组成	适用阶段		营养水平	适用阶段	
	0~4 周龄	5~8 周龄		0~4 周龄	5~8 周龄
玉米	61.17	66.22	代谢能	12.97	13.14
豆饼	29.50	28.00	粗蛋白质	20.80	19.10
鱼粉	6.50	2.00	有效磷	0.45	0.44
dl-蛋氨酸(98%)	0.19	0.27	钙	1.02	1.20
L-赖氨酸盐酸(98%)	0.05	0.27	赖氨酸	1.20	1.20
骨粉	1.22	1.89	蛋氨酸+胱氨酸	0.86	0.83
食盐	0.37	0.35			
微量元素、维生素预混料	1.00	1.00			

第五节　饲料加工与贮藏

一、饲料加工

1.青绿饲料的加工

（1）切碎法

切碎是青绿饲料最简单的加工方法。青绿饲料经切碎后,有利于鸡的采食和吞咽,有效提高了采食量。喂鸡的青绿饲料应切得细一些,长度一般以不超过 1 cm 为宜。

（2）干燥法

干燥的牧草由青绿饲料经过干燥而得,是在冬春季节广泛采用的一种补充饲料,具有成本低、收益大等特点,通过粉碎加工后,可作为鸡配合饲料的原料。青绿饲料收割期分别为:禾本科牧草由抽穗到开花,豆科牧草从初花到盛花,树叶类在秋季。其干燥方法可分为自然干燥和人工干燥。

自然干燥是将收割后的牧草在原地暴晒 5~7 h,当水分含量降到 30%~40% 时,再移到避光处风干,待水分降到 16%~17% 时,就可以上垛或打包贮藏备用。堆放时,在堆垛中间要留有通气孔。我国北方地区,干草含水量可在 17% 限度内贮存,而在南方地区应不超过 14% 才可贮藏。树叶类青绿饲料的自然干燥,应放在通风好的地点阴干,要经常翻动,防止发热和日晒,以免影响产品质量。待含水量降到 12% 以下时,即可进行粉碎。粉碎后最好用尼龙袋或塑料袋密封包装贮藏。

人工干燥的方法有高温干燥和低温干燥两种。高温干燥是在 800~1 100 ℃ 下经过 3~5 s,使青绿饲料的含水量由 60%~85% 迅速降至 10%~12%;低温干燥是以 45~50 ℃ 的温度,在室内停留数小时,使青绿饲料干燥。

青绿饲料的人工干燥,可以保证青绿饲料随收割、随干燥、随加工。这样可减少霉烂,制成优质的干草或干草粉,能保存青饲料养分的 90%~95%。而自然干燥只能保持青饲料养分的 40%,且胡萝卜素损失殆尽。但人工干燥工艺要求高,技术性强,且需一定的机械设备及费用等。

2.能量饲料的加工

能量饲料的营养价值和消化率一般都比较高,但是能量饲料籽实的种皮、颖壳、内部淀粉粒的结构等,都能影响其物质的消化和吸收,所以能量饲料也需经过一定的加工,以便充分发挥其营养物质的作用。常用的加工方法是粉碎,但粉碎不能太细,一般加工成直径为 2~3 mm 的小颗粒为宜。

能量饲料经粉碎后,与外界接触面积增大,容易吸潮和氧化,尤其是含脂肪较多的饲料,容易变质发苦,不宜长久保存。因此,能量饲料一次粉碎数量不宜太多。

3.蛋白质饲料的加工

(1)大豆饼、棉籽饼、菜籽饼的加工

这类饼的加工方法有压榨法、预榨浸提法和直接浸提法 3 种。①压榨法是将大豆、棉籽、菜籽经过净化处理、压碎、蒸炒、压榨等过程,使残油含量降低到 6%～7%,再将饼磨碎,以备饲用;②预榨浸提法是把净化处理的大豆、棉籽、菜籽先压榨加工,取出 70%～80%的油脂,再用乙烷有机溶剂浸提余下的油脂,可浸提出 90%以上的油脂;③直接浸提法是将大豆、棉籽、菜籽经压碎,蒸炒,压榨加工,取出部分的油脂,再用有机溶剂洗涤残余的油,饼粕供饲用。

预榨浸提法和直接浸提法的饼粕含油率低,一般在 1%左右。

(2)棉籽饼、菜籽饼的去毒

棉籽饼的去毒方法,主要介绍一种适合我国中小养鸡场和广大农村使用的去毒处理方法——硫酸亚铁-石灰水浸泡法。一般步骤如下。

1)根据棉籽饼(粕)中游离棉酚含量(预先测定),按游离棉酚与铁元素 1:1 的重量比加入硫酸亚铁($FeSO_4 \cdot 7H_2O$)粉末混匀。

2)加入新鲜配制的 0.5%～1%石灰水上清液(100 kg 水加 0.5 kg 生石灰粉),浸泡已加铁剂的棉籽饼 2～4 h,饼与水重量比为 1:(5～7)。

3)将湿的已浸泡过的棉籽饼一起拌入其他饲料,以湿料状喂鸡或晒干供配合饲料用。经去毒后的棉籽饼配料时,占饲粮的量应不超过 20%。

菜籽饼的去毒方法,主要有土埋法和硫酸亚铁法。土埋法是挖 1 m^3 容积的坑(地势要求干燥、向阳),铺上草席,把粉碎的菜籽饼加水(饼水比为 1:1)浸泡后装入坑内,2 个月后即可饲用。硫酸亚铁法是按粉碎饼重的 1%称取硫酸亚铁,加水拌入菜籽饼中,然后在 100 ℃下蒸 30 min,再放至鼓风干燥箱内烘干或晒干后供饲用。

(3)鱼粉的加工

鱼粉加工的方法有干法、湿法、土法 3 种。干法生产的过程是原料经过蒸干、压榨、粉碎、成品包装。湿法生产的过程是原料经过蒸煮、压榨、干燥、粉碎包装。干、湿法生产的鱼粉质量好。土法生产有晒干法、烘干法、水蒸法 3 种。晒干法的过程是原料经盐渍、晒干、磨粉,生产的是咸鱼粉,未经高温消毒,不卫生,含盐量可高达 25%;烘干法的过程是原料经烘干、磨粉而成,原料里可不加盐,成品鱼粉含盐量较低,质量比前一种略好;水煮法的过程是原料经水煮,晒干或烘干、磨粉,此法因原料经过高温消毒,质量较好。

4.配合饲料的加工

配合饲料的种类较多,其中,预混料和浓缩料加工技术要求高,工艺精细,通常由专门厂家生产,其产品供全价配合料厂或养鸡场(户)配料使用。全价配合料的加工有工厂化的规模生产,有条件的养鸡场(户)也可自行加工。但不论生产规模的大小,其生产工艺流程是大同小异。生产规模大,设备较完善;规模小,受投资的限制,设备简化。有的生产工艺是在其他类型的厂完成。如小型加工机组通常购买中间产品——预混料或浓缩料,与当地的能量饲料和蛋白质补充饲料配合加工而成。

二、饲料贮藏

1.玉米贮藏

玉米主要是散装贮藏。一般立筒仓都是散装。立筒仓虽然贮藏时间不长,但因玉米高度高达几十米,水分应控制14%以下,以防发热。不是立即使用的玉米,可入低温库贮藏或通风贮藏。若是玉米粉,因其空隙小,透气性差,导热性不良,粉碎后温度较高(一般在30～35 ℃),很难贮藏。玉米水分含量稍高,则易结块,发霉,变苦。因此,刚粉碎的玉米应立即通风降温,码垛不宜过高,最好码成井字垛,便于散热,及时检查和翻垛,一般应采用玉米籽实贮藏,需配料时再粉碎。

其他籽实类饲料与玉米贮藏相仿。

2.饼粕贮藏

饼粕类由于本身缺乏细胞膜的保护作用,营养物质外露,很容易感染虫、菌。因此,保管时要特别注意防虫、防潮和防霉。入库前可使用磷化铝熏蒸,敌百虫消毒。仓底铺垫也要切实做好,最好用砻糠做垫底材料。垫底要干燥压实,厚度不少于20 cm,同时要严格控制水分,最好在5%左右。

3.麸皮贮藏

麸皮破碎疏松,孔隙度较面粉大,吸潮性强,含脂肪高(多达5%)。因此,很容易酸败和生虫、霉变,特别是夏季高温潮湿季节更易霉变。贮藏麸皮在4个月以上,酸败就会加快。新出机的麸皮应把温度降到10～15 ℃再入库贮藏,在贮藏期间要勤检查,防止结露、生霉和吸潮。一般贮藏期不宜超过3个月。

4.米糠贮藏

米糠脂肪含量高,导热不良,吸湿性强,极易发热酸败。贮藏时应避免踩压,入库时米糠要勤检查、勤翻、勤倒,注意通风降温。米糠贮藏稳定性比麸皮还差,不宜长期贮藏,避免损失。

5.配合饲料的贮藏

配合饲料的种类很多,因内容物不一致,贮藏特性也各不相同;料型不同,贮藏特性也有差异。

全价颗粒饲料,因用蒸汽加压处理,能杀死大部分微生物和害虫,而且孔隙度大,含水量较低,淀粉糊化把一些维生素包裹,因此,贮藏性能较好。短期内只要防潮,贮藏不易霉变,也不易因受光的影响而使维生素破坏。

全价粉状配合料大部分是谷类,表面积大,孔隙度小,导热性差,容易吸潮发霉。其中,维生素因高温、光照等影响因素而造成损失。因此,全价粉状配合料一般不宜久放,贮藏时间最好不要超过2周。

浓缩饲料蛋白质含量丰富,含各种维生素及微量元素。这种粉状饲料导热性差,易吸潮导致微生物和害虫易繁殖,维生素易受热、氧化等因素影响而失效,一般不宜过久贮藏,可加入适量抗氧化剂。

添加剂预混料主要是由维生素和微量元素组成,有的添加了一些氨基酸、药物或一些载体。这类物质容易受光、热、水汽影响,要注意存放在低温、遮光、干燥的地方,最好加入一些抗氧化剂,贮藏期也不宜过久。维生素添加剂也要用小袋分开包装,遮光密闭保存,在使用时,再与其他预混料成分混合,其效价就不会影响太大。

第六章 ▶▶▶

种鸡的饲养管理

根据雏鸡的生长发育规律和饲养管理上的特点,通常将种鸡的饲养阶段大致划分为育雏期、育成期和产蛋期三个阶段。育雏期是指雏鸡从出壳到脱温前需要人工给温的阶段,一般为 0～6 周龄;育成期是指从脱温后饲养到性成熟前的青年鸡阶段,一般种鸡为 7～22 周龄,商品蛋鸡为 7～20 周龄;产蛋期则是从 23 周龄以后或开始下蛋直到淘汰的阶段。

第一节　育雏期的饲养管理

育雏是养鸡业中一项细致而重要的工作,育雏的成败不仅影响雏鸡的生长发育和成活率,而且还影响成年鸡的生产性能和种用价值,与鸡场的经济效益密切相关。因此,在养鸡生产中,必须根据雏鸡的生理特点,进行科学的饲养和精心的管理,努力提高雏鸡的成活率。

一、雏鸡的生理特点

1.体温调节能力差

刚出壳的雏鸡神经系统发育不健全,因而体温调节能力差。初生雏鸡个体小,羽毛稀,皮薄,皮下脂肪少,体温要比成年鸡低 3 ℃,到 7～10 日龄才趋向正常,因此在低温下鸡体热散发加快,雏鸡会感到寒冷;相反,因鸡无汗腺,不能通过排汗的方式散发体热,所以当环境温度过高时,雏鸡也会感到不适。为使雏鸡健康成长,必须提供一个适宜的环境温度,切勿过高或过低。

2.生长发育迅速,代谢旺盛

雏鸡阶段是鸡一生中生长最快的时期,蛋用型雏鸡 1 周龄时的体重约为初生重的 2 倍;6 周龄时约为初生重的 10 倍;8 周龄时约为初生重的 15 倍。由于雏鸡生长发育迅速,所以,在营养上必须充分满足其需要。雏鸡的代谢很旺盛,每分钟心跳可达 250～300 次,一般成年鸡单位体重的耗氧量是家畜的 2 倍,而雏鸡单位体重的耗氧量又是成年鸡的 2 倍。所以,在满足鸡营养需要的同时,在管理上必须注意随时满足其对新鲜空气的需要。

3.消化器官容积小,消化能力差

雏鸡的嗉囊和胃肠容积都小,每次进食量有限,同时,对饲料的消化能力差。因此,在配制雏鸡日粮时应力求营养完善,而且容易消化。

4.群居性强,胆小怕惊

雏鸡胆小,缺乏自卫能力,喜欢群居,并且比较神经质,外界环境稍有变化,如各种声音、新奇的颜色、陌生人出入等,都会引起雏鸡的应激反应而影响生长,甚至惊群压死。因此,在育雏时,应创造安静环境,精心护理,减少各种应激。

5.抗病力差

雏鸡体小娇嫩,对外界的适应力差,对各种疾病的抵抗力也弱,在饲养管理上稍有疏忽,容易因各种微生物的侵袭而感染疾病。所以,育雏期间必须认真搞好环境卫生,做好防疫工作。

6.敏感性强

雏鸡不仅对环境变化很敏感,由于生长迅速,对一些营养素的缺乏也很敏感,稍有疏忽,就可能出现某些营养素的缺乏症,并且对于一些药物和霉菌等有害物质的反应也十分敏感。所以,在注意控制育雏室温度、湿度以及注意通风换气的同时,选择饲料原料和用药时也应特别慎重。

7.初期易脱水

刚出壳的雏鸡体含水量在75％以上,如果在干燥的环境中存放时间过长,很容易造成脱水,因此,在初生雏的存放、运输及育雏初期应注意湿度。

8.羽毛生长快

3周龄时雏鸡的羽毛为体重的4％,4周龄时增加到7％,因此,雏鸡需要较多的蛋白质,特别是含硫氨基酸。

二、育雏前的准备

1.育雏方式

育雏方式,就是指0～6周龄雏鸡阶段的饲养方式。育雏方式有多种,主要有地面育雏、网上育雏和立体笼育等,生产上可以根据实际情况加以选用,现将常用的育雏方式及其技术要点介绍如下。

（1）地面育雏

地面育雏(图6-1)是将雏鸡饲养在铺有垫料的地面上。根据房舍条件的不同,舍内地面可以是水泥地面、砖地面和泥土地面等。育雏时,通常在地面上铺撒垫料,垫料可就地取材,但要求卫生、干燥。常用吸水性强、不霉变、清洁的稻草、麦秸、刨花和锯木等。稻草和麦秸应铡成3～5 cm长,垫料厚度一般为5～10 cm。垫料可以经常更换,也可采用厚垫料育雏,到育雏结束时一次清扫。育雏室内要配制料槽或料桶、水槽或饮水器、加热供温设备等。

地面育雏简单易行,管理方便,但雏鸡与垫料及粪便经常接触,容易感染疾病,特别是易暴发球虫病。此外,地面育雏占地面积大,对房舍的利用不够经济,还需要耗费较多的垫料。此法适用于中、小型养鸡场。

（2）网上育雏

网上育雏(图6-2)是利用铁丝网或塑料网等代替地面进行育雏。一般网面距地面50～60 cm,网眼为1.25 cm×1.25 cm。采用这种育雏方式,由于鸡粪直接从网眼漏下,雏鸡不与粪便直接接触,卫生状况较好,有利于防止雏鸡白痢和球虫病的发生。但投资较大,对饲养管理技术要求较高,还要注意通风和防止营养缺乏症的发生。

（3）立体笼育

立体育雏(图6-3)是将雏鸡饲养在3～4层的育雏笼内。育雏笼一般用镀锌或涂塑铁丝制成,网底可为塑料网。笼四周外侧挂有料槽和水槽,每层之间有承粪板,有自动控温系统。优点:提高了饲养密度和劳动生产率,适宜大规模育雏;易于保温,降低了饲料和垫料的消耗;雏鸡采食均匀,发育整齐,利于防病。缺点:投资大,上下层温差大,对饲料和通风要求严格。

图6-1　地面育雏

图6-2　网上育雏

对于规模化的鸡场,常采用层叠式育雏育成笼进行育雏,采用机械喂料、乳头饮水、传送带清粪、自动控制环境等方式,育雏结束后直接向上、下层扩群饲养(图6-4)。

图6-3　立体笼育

图6-4　育雏育成一体化育雏

2.育雏前的准备工作

(1)配备育雏人员

育雏是一项艰苦而细致的技术工作,作为育雏人员不仅要通过专门的技术培训,掌握一定的育雏技术,还必须具有高度的责任心和事业心。养鸡专业户也同样需要学习科学养鸡知识和操作技能,经过多次的养鸡实践积累育雏经验,争取把小鸡养得更好。

(2)选择适宜的育雏季节

育雏季节应根据鸡场的条件来决定。对于具有一定规模的养鸡场,特别是设备条件较好,采用密闭式鸡舍育雏的,一般不受季节气温的影响,一年四季均可育雏。对于一些中小型鸡场,特别是广大农村养鸡户,由于受条件限制,大多采用开放式鸡舍育雏。开放式鸡舍育雏时,育雏季节直接影响雏鸡的成活率、成鸡的产蛋率和育雏成本。因此,选择一个适宜的育雏季节,是育雏前准备工作的一个重要方面。

开放式鸡舍春季(3～5月份)育雏最好;秋季(9～11月份)、冬季(12月份至翌年2月份)次之;夏季(6～8月份)育雏效果最差。春季育雏饲料种类多,自然通风条件好,气候干燥,阳光充足,外界气温适中,雏鸡生长发育快,体质健壮,成活率高。春雏开产早,一般可在当年的8～9月份开产,第一个产蛋期长,全年产蛋率高,开产后的高峰期正是冬季鲜蛋市场产蛋淡季,可以获得较好的经济效益。夏季气温高、湿度大,雏鸡的食欲不好,易患球虫病。到了成鸡阶段,产蛋高峰期维持时间短,全年的产蛋量不如春雏多。但对一些小鸡场,为了翌年春孵时获得较多的种蛋,可在7月以后育雏。因为,此时育雏的鸡到翌年春季正值产蛋高峰期,而且,此时的受精率和孵化率都较高,这样可以得到较好的经济效益。秋季的外界环境虽比夏季有所好转,雏鸡的食欲好,疾病少,成活率较高。但雏鸡的生长发育还是比不上春雏,而且育成后期因自然光照长而性成熟较早,成年时体重达不到标准,蛋重小,产蛋持续期比较短,全年产蛋量不高。冬季环境较冷,日照时间短,要求加温、给光时间长,育雏成本高,而且雏鸡的体质也不够健壮。

总之,蛋用雏鸡的育雏季节,与育雏效果及成鸡的产蛋性能都有密切的关系,见表6-1。

表 6-1　蛋用型鸡育雏季节与产蛋性能的关系

育雏月份	开产月份	换羽月份	实际产蛋月数/个
3	8	翌年 8 月份	12
6	11	翌年 9 月份	10
9	翌年 2 月份	翌年 10 月份	8
翌年 1 月份	翌年 6 月份	翌年 10 月份(全部或部分换羽)	4

(3)制定育雏计划

为了防止盲目生产,要根据生产需要、房舍条件、饲料资源等具体情况,制定育雏计划。育雏计划应包括全年育雏的总数;每批进雏时间、品种、数量;雏鸡的来源与饲养目的;饲料和垫料的数量;免疫用药计划和预期达到的育雏成绩等。

(4)房舍和育雏用具的准备与消毒

根据育雏计划,准备充足的育雏室和各种育雏用具。育雏用的房舍比其他鸡舍的要求高,寒冷季节应力求保温良好,还要能够适当调节空气;炎热季节能通风换气,便于育雏室内温、湿度的调节。此外,育雏室要经常保持干燥,不过于光亮,布局合理,便于饲养人员的操作和防疫工作。因此,育雏前对育雏室要进行认真检修,并彻底打扫干净后进行消毒。育雏室的墙壁用生石灰粉刷,地面用 3% 火碱喷洒。地面平养育雏要铺好垫料,将所有器具摆好,立体笼育要把笼具洗刷干净,用来苏尔消毒后安装。然后用甲醛熏蒸消毒,每立方米育雏室空间用高锰酸钾 15 g、福尔马林 30 mL,封闭门窗,经过 24 h 后,打开门窗换气。

育雏所用设备,主要包括供电配电设备、通风照明设备、供温设备以及饲槽、饮水器或水槽、料盘、料箱、水桶、秤和料铲等。育雏前应备足上述用具,并将这些用具用水洗刷干净,然后用 3% 来苏尔或其他消毒剂消毒(图6-5)。

图 6-5　房舍和育雏用具的准备

(5)饲料、垫料及药品等的准备

准备营养全价、无霉变、适口性好、易消化的饲料。地面育雏时,提前 5 d 在地面上铺一层 5～10 cm 的垫料,厚度要均匀。所用垫料要求干燥、松软、洁净、不霉烂、吸水性强、无异味,如木屑、稻壳、刨花等。此外,还要准备一些常用药品,如消毒药、抗球虫病药、疫苗、葡萄糖和维生素 C 等。

(6)预热试温

无论采用哪种育雏方式,在进雏前 2～3 d,对育雏室和育雏器要预热试温,检查升温、保温情况,以便及时调整,以达到标准要求。如用煤炉供温,要检查排烟及防火安全情况;若采用电热取暖,要检查电路是否安全,调节器是否灵敏,确保安全可靠。以保证雏鸡进入育雏室后,有一个良好的生活环境。

3.选雏

为了确保雏鸡的质量,提高育雏效果,便于按大小、强弱实行分群饲养或淘汰病、弱雏,提高饲料报酬,必须对雏鸡进行鉴别选择。通常采用"一看、二摸、三听"等步骤进行。

一看:就是看雏鸡的精神状态。强雏一般活泼好动,眼大有神,羽毛整洁光亮,腹部柔软,卵黄吸收良好;弱雏一般是缩头闭眼,羽毛蓬乱不洁,腹大、松弛,脐口愈合不良、带血等。

二摸:就是摸雏鸡的膘情、体温等。手握雏鸡感到温暖、有膘,体态匀称,有弹性,挣扎有力的是强雏;手感身凉、瘦小、轻飘,挣扎无力的是弱雏。

三听:就是听雏鸡的叫声。强雏叫声响亮清脆;弱雏叫声微弱、嘶哑或鸣叫不休,有气无力。

此外,雏鸡的强弱鉴别,应结合种鸡群的健康状况、孵化率的高低及出壳时间迟早来进行综合考虑。一般来源于健康高产种鸡群、孵化率比较高的,出壳时间正常的雏鸡质量比较好;来源于患病鸡群、孵化率较低的,过早或过迟出壳的雏鸡质量比较差。

4.运雏

运雏也是一项重要的技术工作,稍不留心就会带来较大的经济损失。为了确保雏鸡安全抵达育雏室,必须做好以下几方面的工作。

(1)选择好运雏人员

运雏人员必须具备一定的专业知识和运雏经验,还要求有较强的责任心,有条件最好亲自押运雏鸡。

(2)准备好运雏用具

运雏用具包括交通工具、装雏箱及防雨、保温用品等。交通工具可视路途远近、天气情况、雏鸡数量、当地交通条件等灵活选用。但不管采用什么交通工具,运雏过程力求做到稳而快。运雏时最好采用专用雏鸡箱装雏,常用雏鸡箱的规格为 60 cm×45 cm×18 cm,箱子四周有直径 2 cm 左右的通气孔若干。箱内分 4 个小格,每个小格装雏鸡 25 只,每箱共放 100 只左右。没有专用雏鸡箱的,也可采用厚纸箱、木箱或筐子代替,但都要留有一定数量的通气孔。冬季和早春运雏要带防寒用品,如棉被、毛毯;夏季运雏要带遮阳防雨用具。所有运雏用具或物品在装运雏鸡前,均要进行严格消毒。

(3)掌握适宜的运雏时间

初生雏鸡体内还有少量未被吸收利用的蛋黄,可以作为初生阶段的营养来源,故初生雏鸡在 48 h 或稍长的一段时间内可以不喂饲进行运输。但从保证雏鸡的健康和正常生长发育考虑,适宜的运雏时间应在雏鸡的绒毛干燥后,至出壳 48 h 前进行(最好不要超过 36 h)。另外,还应根据季节确定启运的时间。一般来说,冬天和早春运雏,应选择在中午前后气温相对较高时启运;夏季运雏,则宜选择在日出前或日落后的早、晚进行。

(4)解决好保温与通气之间的矛盾

在运雏过程中,保温与通气是一对矛盾。只注意保温,不注意通风换气,会使雏鸡受闷、缺气,严重的会导致窒息死亡;只注意通气,忽视保温,雏鸡会受风着凉,容易感冒,诱发雏鸡白痢病,成活率下降。因此,装车时要注意将雏鸡箱错开安排,箱周围要留有通风空隙,重叠高度不能过高。气温低时要加盖保温用品,但要注意不能盖得过严。装车后要立即启运,运输过程中应尽量避免长时间停车。运输人员要经常检查雏鸡的动态,一般每隔 0.5～1 h 检查 1 次。如见雏鸡张嘴抬头、绒毛潮湿,说明温度太高,要注意掀盖、通风降温;如见雏鸡拥挤一起,吱吱发叫,说明温度偏低,要加盖保温。要及时将雏鸡堆搂开,因温度低或受车子震动的影响,雏鸡会出现打堆,每次检查时用手轻轻地把雏鸡堆搂散。另外,运输过程中,特别是长时间停车时,最好经常将各雏鸡箱左右、上下进行调换,以防下层雏鸡受闷。

二维码 6-1
育雏前的准备

三、雏鸡饮水与开食

1.饮水

刚出壳的雏鸡要先饮水后开食,可以加强对蛋黄的吸收利用和胎粪的排出,有助于雏鸡的食欲,有利于雏鸡的生长发育。另外,在运输过程中和育雏室的高温环境下,空气干燥,雏鸡呼吸和体内的水代谢都需要大量水分,必须靠饮水来补充,以维持体内水的代谢平衡,防止脱水死亡。

给初生雏鸡第一次饮水称为"开水"。开水最好在出壳后 12～24 h 内进行。开水时,最好用温水,如没有条件烧开水,也可将饮水事先在舍内预温数小时后再给雏鸡饮用。初次饮水的水温以 18～20 ℃ 为宜,以后可逐步降为 15 ℃ 左右。饮水中可适当添加一些葡萄糖和维生素 C 等,来促进雏鸡的健康生长。特别是经长途运输的雏鸡,在每升饮水中加入 50 g 左右的葡萄糖、2 g 维生素 C,有利于雏鸡消除疲劳,恢复体力,并明显降低死亡率(图 6-6)。

图 6-6　雏鸡的开水

饮水常用塔式饮水器、真空饮水器、乳头式饮水器等。不管使用哪种饮水器,都要注意易于清洗,不易污染,不漏水,饮水方便,不易弄脏羽毛。要保证每只雏鸡有 2 cm 左右的饮水位置,或每 100 只雏鸡有 2 个 45 L 大小的真空饮水器,或每 15 只雏鸡合用 1 个饮水乳头。饮水器应均匀地分布于育雏室或育雏笼内,但要尽量靠近光源、保温伞等。饮水器的大小及高度,应随雏鸡日龄的增长而调整。饮水器的高度始终要比鸡背略高一点,这样可减轻饮水器污染和饮水外溅。使用乳头式饮水器时,育雏前 2 d 使乳头与雏鸡眼睛高度一致;第 3 天调到使雏鸡以 45°角来饮水,以后逐步调高,在 10 日龄左右使雏鸡垂直于乳头下饮水(图 6-7)。

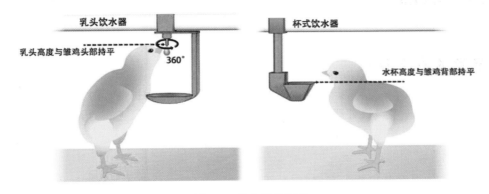

图 6-7　饮水器的高度

2.开食

给初生雏鸡第一次喂料叫开食。开食一般在出壳后16～28 h内,有1/3～1/2雏鸡有啄食表现时为宜,最迟不应超过36 h。开食过早或过迟都不好,过早开食,雏鸡无食欲,且对雏鸡有害无益;过迟开食,对雏鸡生长不利,且常因雏鸡饥饿,使初次采食过多,造成消化不良。对无法正常开食、必须晚开食的雏鸡,要科学掌握好开食量,千万不要使雏鸡初次采食过饱而造成伤害。

开食的饲料要求新鲜,颗粒大小适中,易于雏鸡啄食,营养丰富,易于消化。过去,人们常用开水烫软的碎玉米、碎米、小米、碎小麦等给雏鸡开食,这种做法实际上是不科学的,因为单一饲料营养不全面,蛋白质含量太低,氨基酸也不平衡,对雏鸡的生长发育不利。大群养鸡,可直接使用粒度适中或经破碎的全价颗粒饲料开食。目前,大多数饲料厂都生产专门用于开食的全价小颗粒料。

为了便于雏鸡采食,开食时应使用开食盘,或直接将饲料撒在消毒过的牛皮纸或深色塑料布上。开食时光线应适当增强,使雏鸡容易接近料槽和饮水器,以便及早学会吃食。还可以采用人工引诱的方法,尽快地使雏鸡都能吃上饲料(图6-8)。

3.饲喂

二维码 6-2
雏鸡的开水、开食

用开食料饲喂2～3 d后,应逐渐改用料槽或料桶喂饲配合饲料。在生产实践中,最好用全价颗粒饲料直接饲喂。雏鸡每天的喂料量因鸡的品种不同而不同,同时也与饲料的营养水平有关。喂料时应少喂勤添,促进鸡的食欲,一般第1天每2 h喂一次,第1周每天喂7～8次,第2周每天喂5～6次,3～4周龄每天喂4～5次,5周龄以后逐渐减少到每天3～4次。要保证足够的槽位,确保所有雏鸡同时采食。为提高雏鸡的消化能力,从10日龄起可在饲料中加入少量干净细砂。饲喂时间应相对稳定,不要轻易变动。料槽的高度按雏鸡背高度进行调整(图6-9)。

图 6-8　雏鸡的开食

图 6-9　雏鸡的饲喂

四、育雏条件的控制

给雏鸡创造适宜的环境,是提高雏鸡成活率、保证雏鸡正常生长发育的关键技术措施。雏鸡的管理,主要包括给雏鸡提供合适的温度、适宜的湿度、良好的通风、正确的光照、合理的密度,并适时正确断喙,以及做好疾病的预防工作等。

1.合适的温度

由于雏鸡的体温调节机能没有健全,对环境温度的变化十分敏感。环境温度的高低,对雏鸡的生长发育和成活率有着直接的影响。育雏时温度过低,雏鸡怕冷,不愿采食,互相拥挤打堆,体质稍弱的小鸡因互相挤压而死亡。而且,很容易导致雏鸡感冒,容易诱发雏鸡白痢病。育雏时温度过高,会影响雏鸡的正常代谢,雏鸡食欲减退,体质变弱,生长发育缓慢,还容易引起呼吸道疾病和互啄等。育雏的温度因雏鸡品种、年龄及气候等的不同而有差异。一般来说,育雏初期的温度宜高一些,而后随鸡龄增长而逐步降低;弱雏的育雏温度应比强雏高一些;小群饲养比大群饲养的要高一些;夜间比白天高一些,阴雨天比晴天要高一些;肉用型鸡比蛋用型鸡要高一些;室温低时育雏器的温度要比室温高时高一些。

育雏温度包括育雏室和育雏器的温度,室温要比育雏器的温度低。室温一般应有高、中、低三个温区,这既有利于空气对流,又便于雏鸡根据自身的生理需要选择最适宜的温区。蛋鸡适宜的育雏温度见表6-2。

表 6-2 蛋鸡的育雏温度 ℃

周龄	育雏器温度	室内温度	周龄	育雏器温度	室内温度
1	35～32	24	4	27～24	18～16
2	32～29	24～21	5	24～21	18～16
3	29～27	21～18	6	21～18	18～16

育雏器温度在距离热源50 cm、离垫料面5 cm或相当于鸡背高的位置测得;育雏室的温度在距热源较远的两窗之间,离地面1 m高处测得。

观察育雏温度是否适宜,除参看温度计外,更重要的是"看鸡施温"。所谓"看鸡施温",就是通过观察雏鸡的精神状态和活动表现,判断雏鸡实际感受到的温度是否适宜,从而及时采取措施,经常保持适宜的温度。具体做法是:

如果雏鸡活泼好动,食欲良好,饮水适度,羽毛光顺,饱食后休息时均匀分布在育雏器的周围或育雏笼底网上,睡姿伸展舒适,睡眠安静或者偶尔发出悠闲的叫声,就表明雏鸡所处的环境温度适宜。如果雏鸡行动缓慢,羽毛竖立,身体发抖,缩头闭目,密集地拥挤在热源附近,不敢外出采食,不时发出唧唧的叫声,夜间睡眠不安,表明温度偏低,应该立即搂散集堆雏鸡,采取措施升温保暖。如果雏鸡远离热源,精神不振,展翅张口呼吸,频频喝水,采食减少,表明温度太高,应该采取缓和措施,慢慢降低温度,但要防止降温过猛引起雏鸡感冒。如果雏鸡密集拥挤在育雏室的某一侧,发出唧唧的叫声,这表明育雏室内有贼风,如间隙风、穿堂风等,此时,应将打堆的雏鸡驱散开来,并找出贼风的来源,采取措施减缓贼风侵袭。不同温度下雏鸡的动态反应见图6-10。

二维码 6-3
看鸡施温关键技术

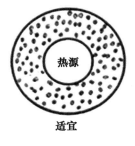

适宜　　　　　贼风　　　　　太冷　　　　　太热

图 6-10 雏鸡对不同温度的动态反应

2.适宜的湿度

雏鸡出壳后,由于体内水分随着呼吸和室温高而大量散发,同时,雏鸡早期采食和饮水较少,所以,1~10日龄室内湿度要求达60%~65%,有利于雏鸡对剩余卵黄的吸收,防止脚趾干瘪,羽毛蓬松。常用的补湿办法是:在室内挂湿帘,火炉上放水桶产生水汽或直接向地面洒水。10日龄后由于体重的增加,采食和饮水的增多,呼吸和排粪量也随之增多,育雏室容易潮湿,因此,生产实践中常常出现湿度过高的问题。

湿度过高有两种情况,在高温高湿时,雏鸡闷热难受,身体虚弱,不利于生长发育;在低温高湿时,雏鸡由于体热散失加快而感到更冷,使御寒和抗病能力降低。常用的降湿办法是:定时清除粪便,垫草勤换勤晒,饮水器不能漏水,注意做好通风换气工作,适当减少饲养密度,尽可能使育雏室内的空气相对湿度控制在55%~60%。

3.良好的通风

经常保持室内空气新鲜,是雏鸡正常生长发育的重要条件之一。通常,大气中的氧气含量约为21%,二氧化碳约为0.05%。如果育雏室内通风不良,氧气就会逐渐减少,二氧化碳浓度增大,使空气变得污浊起来。育雏室内要求二氧化碳的含量不超过0.15%为宜,当二氧化碳浓度过高时,表明室内空气污浊,对雏鸡的生长发育就有危害。

鸡的粪便中还能分解放出氨气和硫化氢气体,鲜粪和湿粪的散发量比陈粪和干粪更多。氨气和硫化氢都是有害气体,而且比二氧化碳的危害更大,如果育雏室通风不良等因素使氨气浓度超过15~20 mg/m³,就会引起雏鸡眼结膜与呼吸道疾病的发生。因此,必须注意加强育雏室的通风换气。开放式鸡舍主要通过开关门窗来换气;密闭式鸡舍主要靠动力通风换气。通风时应尽量避免冷空气直接吹入,可用布帘或过道的方法缓解气流。对通风量的要求是:冬季为每分钟0.03~0.06 m³/只,夏季为每分钟0.12 m³/只。室内通风是否正常,主要以人的感觉,即是否闷气及呛鼻辣眼睛、有无过分臭味等来判定。为了保持空气新鲜,还要定时清粪,勤换垫草,适当减少饲养密度。

4.正确的光照

对种鸡而言,育雏期的光照时间应遵循这样一条原则:随着雏鸡日龄增长,每天光照时间要保持不变或稍减少,不能增加。实际生产中,合理的光照时间掌握是:前3 d每天可采用23 h的光照,以便使雏鸡尽快熟悉环境,识别食槽、水槽位置;从第4天到开产前,对密闭式鸡舍可采用每天8~10 h光照时间。没有遮光设备、不能控制光照时间的开放式鸡舍,就采用自然光照。有条件的开放式鸡舍,4日龄以后的光照,可以根据当地日照时间的变化来确定。光照强度掌握为:第1周为10~20 lx,1周以后以5~10 lx的弱光为宜。具体生产中,按15 m²的鸡舍为例,第1周用一盏40 W灯泡悬挂于2 m高的位置,第2周换用25 W的灯泡就可以了。

5.合理的密度

每平方米地面或笼底面积饲养的雏鸡数量称为饲养密度。密度过大,会造成室内空气污浊,卫生条件差,易发生啄癖和感染疾病,鸡群拥挤,采食不均,发育不整齐。密度过小,房屋和设备利用率低,育雏成本高,同时也难保温。一般来说,房舍结构合理,窗户面积较大,通风良好或者有动力通风设备时,密度可以较大;采用笼养育雏方式时,密度应该大些,网上平养次之,地面平养的密度则应小些;肉用品种比蛋用品种的密度小些,中型蛋鸡(如褐壳蛋鸡)比轻型蛋鸡(如来航鸡)的密度小些。不同育雏方式雏鸡适宜的饲养密度可参考表6-3。

表6-3 不同育雏方式雏鸡的饲养密度 只/m²

周龄	饲养密度		
	地面平养	网上平养	层叠式育雏笼养
0～1	40	50	60
2～3	30	40	50
4～6	25	35	40

二维码6-4
育雏条件的控制

五、雏鸡的饲养管理

1.正确断喙

（1）断喙目的

育雏期间，如遇鸡群密度过大或光线过强、温度过高、通风不良、饲料缺乏某些营养物质等，都会使鸡群发生啄羽、啄趾、啄肛等啄癖现象。啄癖一旦发生，会导致鸡群骚乱不安，影响生长和健康，增加淘汰率和死亡率。因此，必须认真查找啄癖发生的原因，及时改善饲养管理条件和饲料营养水平。适时断喙是防止啄癖发生的最有效措施。同时，由于鸡的上喙较长而下喙短，采食时容易把饲料刨出槽外，断喙可以防止鸡扒损饲料，以减少饲料的浪费。

（2）断喙时间

一般在6～10日龄进行雏鸡的断喙，此时对雏鸡的应激较小，还可以节省人力，降低成本。若雏鸡状况不太好，可以适当推迟；若断喙不当，可在第12周龄进行修喙。

（3）断喙方法

断喙可采用专用断喙器（图6-11）。左手抓住鸡腿部，将右手拇指放在鸡头上，食指轻压咽喉部，使鸡缩舌，选择适当的孔径，然后将喙插入断喙器上的小孔内，电热刀片从上向下切开，并烧烙3 s止血（图6-12）。

图6-11 专用断喙器

图6-12 断喙操作

（4）注意事项

断喙是一项技术性比较强的工作，为了保证效果，必须注意以下几点。

1）断喙的长短一定要适当，切多了，会影响雏鸡采食，切少了，喙的再生率高。一般上喙切除从喙尖至鼻孔1/2的部分，下喙切除从喙尖至鼻孔1/3的部分，种用小公鸡只断去喙尖，注意切勿把舌尖切去（图6-13）。

2）断喙前后1～2 d内，在每1 000 kg饲料中加2 g维生素K，在饮水中加0.1%的维生素C及适量的抗生素，有利于凝血和减少应激。

3)断喙后 2～3 d 内,料槽内饲料要加得满些,以利于雏鸡采食,防止鸡喙啄到槽底,断喙后不能断水。

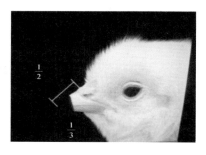
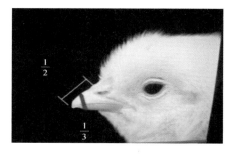

图 6-13　断喙位置示意图

4)断喙应与接种疫苗、转群等错开进行,在炎热季节应选择在凉爽时间段断喙。此外,抓鸡、运鸡及操作动作要轻,不能粗暴,避免多重应激。

5)断喙器应保持清洁,定期消毒,以防断喙时交叉感染。

6)断喙后要检查雏鸡的断喙效果,对于操作不当断喙不到位的要及时修喙(图 6-14)。同时要仔细观察鸡群,对流血不止的鸡只,要重新烧烙止血。

二维码 6-5
雏鸡的断喙技术

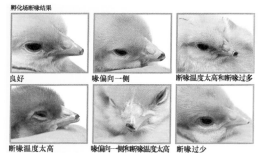

图 6-14　断喙效果的检查

2.雏鸡死亡原因及防止措施

(1)引起雏鸡死亡的原因

雏鸡死亡的原因很多,主要有意外死亡(如压死、踩死、啄死、兽害等)和病死等。

防止雏鸡意外死亡,关键靠平时精心饲养和加强管理。造成压死的原因主要是,由于育雏温度过低或鸡群受惊,导致雏鸡互相挤压打堆而死,因此,要加强育雏舍的保温工作,满足雏鸡对温度的需要,还要保持环境安静,防止鸡群受惊等。彻底消灭老鼠,堵好鼠洞,以防鼠害发生,禁止其他畜禽进入育雏舍。

(2)防止雏鸡死亡的措施

1)引种时防止带入病原。苗鸡或种蛋要来源于健康的种鸡群,而且应来源于相对固定的种鸡场或孵化场,以防将各场的病原随苗鸡或种蛋带入本场,而导致雏鸡多病、难养。

2)做好卫生消毒工作。进雏前要对育雏室及一切育雏用具检修、清洗及消毒。育雏室门口设消毒池,内放 3%～5% 的来苏尔或 2%～4% 的氢氧化钠溶液,每周更换 1～2 次。工作人员出入育雏室时应更衣、换鞋,谢绝外人进入。应坚持实行"全进全出"的饲养管理制度和饲养批次之间的清洁卫生消毒制度。所谓"全进全出",就是指在同一栋鸡舍同一时间内饲养同一日龄的雏鸡,育雏结束后同时转入育成鸡舍。这种饲养制度,便于鸡舍的彻底打扫消毒,可以防止疾病的循环感染。经常消除粪便,堆积于固定的地方进行生物热发酵处理。选用两种以上不同类型的消毒剂,如0.5% 的百毒杀、0.5% 的菌毒杀清、2% 的氢氧化钠等溶液,定期对鸡舍、饲养用具、运动场地及排污沟交替喷洒消毒,每周消毒 2～3 次。同时,还可用 0.2% 的过氧乙酸进行带鸡消毒。这样可杀灭饲养环境中的病原微生物,杜绝传染源,减少雏鸡群感染发病的机会。

3)合理配制饲料,保证饲料的质量。育雏期间要按照雏鸡的饲养标准,配制全价配合饲料,而且要将饲料混合均匀,防止营养缺乏症的发生和引起雏鸡啄癖。

4)做好防病驱虫工作。雏鸡进入育雏舍后,要先用 0.01% 的高锰酸钾溶液作为雏鸡的饮水,进行胃肠道的消毒。雏鸡在 15 日龄后易患球虫病,要在日粮中添加抗球虫药物,预防球虫病的发生。当雏鸡受应激因素影响时,可在饲料中添加复合维生素以有效地缓解应激。此外,可根据情况进行预防性驱虫,特别是驱除蛔虫,可用驱蛔灵、驱虫净或虫克星等药物。

5)适时接种疫苗。鸡场在加强雏鸡饲养管理和认真做好卫生消毒工作的同时,还要根据本场鸡群疫病流行情况,制订合理的免疫程序,选择适合本场应用的相关优质疫苗,采用正确的接种方法,给鸡群进行免疫接种,这样就能控制鸡群常见传染病的发生与流行。

3.雏鸡的日常管理

(1)观察鸡群状况

1)观察鸡群采食饮水情况。通过对鸡群给料反应,采食的速度、争抢的程度以及饮水情况等的观察,以了解雏鸡的健康状况。如发现采食量突然减少,食欲降低,可能是饲料质量的下降,饲料品种或喂料方法突然改变,饲料腐败变质或有异味,育雏温度不正常,饮水不充足,饲料中长期缺乏砂砾或鸡群发生疾病。如鸡群饮水过量,常常是因为育雏温度过高,育雏室相对湿度过低,或者鸡群发生球虫病、传染性法氏囊病等,也可能是饲料中使用了劣质咸鱼粉,使饲料中食盐含量过高所致。

2)观察雏鸡的精神状况。及时剔除鸡群中的病、弱雏,将其单独饲养或淘汰。病、弱雏表现:离群闭眼呆立,羽毛蓬松不洁,翅膀下垂,呼吸有声等。

3)观察雏鸡的粪便情况。看粪便的颜色、形状是否正常,以便于判定鸡群是否健康或饲料的质量是否发生变化。雏鸡正常的粪便是:刚出壳、尚未采食的雏鸡排出的胎粪为白色或深绿色稀薄液体,采食后便排圆柱形或条形的表面常有白色尿酸盐沉积的棕绿色粪便。有时早晨单独排出的盲肠内粪便呈黄棕色糊状,这也属于正常粪便。病理状态下的粪便有以下几种情况:发生传染病时,雏鸡排出黄白色、黄绿色附有黏液、血液等的恶臭稀便;发生鸡白痢时,粪便中尿酸盐成分增加,排出白色糊状或石灰浆样的稀便;发生肠炎、球虫病时,排出棕红色的血便。

4)观察鸡群的行为情况。观察鸡群有没有恶癖,如啄羽、啄肛、啄趾及其他异食现象,检查有无瘫痪鸡、软脚鸡等,以便及时判断日粮中的营养是否平衡等。

(2)检查室内环境条件

经常观察鸡群活动规律,查看室内温度计,检查温度是否合适,并注意掌握鸡龄与气温,确定脱温时间,检查脱温后果。检查空气是否新鲜,有无刺激性气味,是否需要开窗通风。检查光照是否太强,光照时间是否合适。检查鸡群密度是否合适,是否需要疏散调整鸡群。

(3)检查饲养设备

检查饮水器或水槽是否有水,饮水是否清洁。食槽高度是否适当,食槽数量是否充足。饲料浪费是否严重。垫草是否干燥,有无潮湿结块现象,是否需要添加或更换。笼养雏鸡有无跑鸡现象,笼门是否合适,有无卡脖子现象,及时调整笼门大小。

(4)定期称重

为了掌握雏鸡的发育情况,应定期随机抽测 5%～10% 的雏鸡体重,计算平均体重与本品种标准体重比较,如有明显差别时,应及时修订饲养管理方案。

(5)及时分群

通过称重可以了解平均体重和鸡群的整齐度情况。鸡群的整齐度用均匀度表示,即用进入平均体重±10％范围内的鸡数占全群鸡数的百分比来表示。均匀度大于80％则认为整齐度好,若小于70％则认为整齐度差。为了提高鸡群的整齐度,应按体重大小分群饲养。将过小或过重的鸡挑出单独饲养,使体重小的尽快赶上中等体重的鸡,体重过大的,通过限制饲养,使体重降到标准体重。

二维码6-6
雏鸡的日常管理

（6）按时接种疫苗

检查免疫效果和检查用药是否合理。加强夜间值班,细听有无呼吸道疾病,鸡群睡觉是否安静,防止意外事故的发生。

（7）做好日常记录

每天应记录死雏数、进出周转数或出售数,各批鸡耗料情况,用药情况,体重测量情况,天气及室内的温度、湿度变化情况等,以便汇总分析。记录内容具体见表6-4。

表6-4　育雏记录表

品种				入舍日期				
批次				入舍数量				
转群日期				转群数量				
日龄 /d	存栏 /只	死亡 /只	淘汰 /只	成活率 /%	耗料量			平均体重 /g	用药 免疫
					每只耗料 /g	总量 /kg	累计总耗料 /kg		
1									
2									
3									
⋮									
42									

第二节　育成期的饲养管理

种鸡育成期是指处于7～22周龄阶段的青年鸡群,也称青年鸡、后备鸡。育成鸡羽毛已经丰满,具有健全的体温调节和对环境的适应能力,食欲旺盛,生长迅速。在三阶段饲养工艺中,育成鸡饲养于育成鸡舍内的育成笼中,通常在6周龄末或7周龄初从育雏室转入育成鸡舍,在20周龄从育成鸡舍转入产蛋鸡舍;在两阶段饲养工艺中,13周龄之前一直饲养在育雏室内的育雏育成一体笼内,13周龄转入产蛋鸡舍。

一、育成鸡培育目标

1.较高的鸡群整齐度

鸡群整齐度是指体重在该周龄标准体重±10％范围内的个体占总数的百分比。大量的研究和生产实践证明,整齐度高的鸡群在性成熟后产蛋率上升快、产蛋高峰维持时间长、每只鸡的总产蛋量高、饲料效率高、鸡只死淘率低。

整齐度差的群体往往表现为:初产阶段产蛋率上升速度慢、产蛋高峰维持时间短、产蛋中后

期鸡只的死淘率高等。这主要是因为整齐度低的时候有的成熟早、有的成熟晚,开产时间不一致,部分个体体质弱。要求在16周龄的时候青年鸡群的整齐度能达到80%以上。

2.体重发育适中

合适的体重是衡量青年鸡良好发育状况的重要指标。对于每个蛋用型鸡品种或配套系来说,都有自己的体重发育标准,这个标准是育种公司经过大量实验研究得出的结果,当鸡群的体重与标准体重相符合的时候才能获得最佳的生产成绩。

体重过大往往是鸡只过肥的表现,过于肥胖的鸡由于腹腔中脂肪沉积过多而影响以后的产蛋;体重过小说明鸡的发育不良,以后的产蛋性能也不理想。统计发现,蛋鸡育成结束时的体重每小于标准体重50 g,全期产蛋量少6枚左右。

3.适时达到性成熟

青年鸡发育到一定时期,体重达到规定标准,生殖系统发育基本完成的时期就是性成熟期。目前,在蛋鸡生产实践中合适的性成熟期为18～20周龄。

如果青年鸡的性成熟期提早则鸡的各系统发育不成熟,无法维持开产后长期高产的需要而出现产蛋高峰持续期短、死淘率高,初产蛋重小等问题;如果性成熟期推迟则说明鸡的前期发育遇到障碍,某些器官的发育可能出现机能障碍,同样影响以后的产蛋。

二、育成鸡的转群

在种鸡生产分阶段饲养中,一般需要转群2次,第一次是从雏鸡舍转到育成舍;第二次是从育成舍转到产蛋鸡舍。转群是饲养管理工作中的一件大事,管理人员要予以高度重视,力求将不良的应激反应减少到最低程度(图6-15)。

1.雏鸡到育成阶段转群

雏鸡可在6周龄时转入育成鸡舍,上批育成鸡转群之后,首先对育成舍进行维修,检查供料是否正常,是否漏料;供水系统是否正常,是否漏水,水槽或饮水乳头若太高,应适当降低,使转群过来的小鸡能够自由饮水;供电系统是否正常,灯泡损坏要及时更换;冬季或早春,要检查供热系统,若育成舍温度过低,准备好取暖设备,并要求能把舍温升到15 ℃以上。设备维修后,要对育成舍进行彻底的冲洗,然后用消毒药对鸡舍、鸡笼等进行彻底的消毒。转群前1周进行甲醛熏蒸消毒,接鸡前做好转运工具的消毒。地面平养鸡舍,转群前铺好垫料。

转群首先要做好组织工作,将人员分成抓鸡组、运鸡组和装鸡组。做到抓鸡要轻,以防损伤;运鸡不能过多,以防途中过挤,出现压死、闷死鸡现象。转群前6 h,育雏鸡要停料。转群前,育成舍的食具和饮具内要有备好的饲料和饮水,并且将饲料中多种维生素水平提高1～2倍,饮水中添加维生素C和电解多维,以降低转群应激的影响。转群时间要避开雨雪天。冬天,要安排在晴朗暖和的中午转群;夏天,要在早、晚凉爽的时间转群。转群中要将鸡只数量点清,并按体重的大小将鸡分开,这样有利于鸡群的生长发育。同时要求对病弱伤残的小鸡及时淘汰。

从育雏舍转入育成舍后,由于环境改变,使鸡群感到不安。特别是平养的雏鸡,转群后由于恐惧会集群起堆,在转群后的前几天夜间一定要安排专人值班,及时将集群鸡只驱散。保持24 h光照,待鸡只熟悉环境后再恢复正常光照,撤掉值班人员。同时由于鸡群个体间的关系变了,必然要发生争斗,受伤的鸡要即时隔离。

转群时不要进行断喙和预防接种,以免产生更大的应激反应。

2. 育成到产蛋阶段转群

二维码 6-7
育成鸡的转群工作

种鸡育成鸡在 19～20 周龄最迟不超过 22 周龄需要转到产蛋鸡舍。早转群，便于使鸡对新的环境有一个适应过程。转群前需要提前对蛋鸡舍进行消毒，转群前后 3 d 在饮水中添加电解多维素，以减少应激反应。转群前 6 h 停料，转群当天连续 24 h 光照，保证采食饮水。转群时淘汰生长发育不良的弱鸡、残次鸡及外貌不符合品种标准的鸡。尽量在夜间转群，抓鸡要抓脚，不能抓颈抓翅，动作迅速，但不能粗暴。转群后，要特别注意保持环境安静，饲喂次数增加 1～2 次，并保证充足饮水。

图 6-15　鸡从育雏舍、育成舍到产蛋舍

三、育成鸡的限制饲养

限制饲养简称限饲，就是人为地控制鸡的采食量或者降低饲料营养水平，以达到控制体重的目的。一般从 6～8 周龄开始限饲，20 周龄后按品种标准进行饲喂。在限制饲喂期间，限饲必须与合理的光照制度相结合，切不可采取增加光照等办法刺激母鸡早开产，这将会对其后的产蛋产生负面的影响。

1. 限制饲养的意义

通过限饲，可以使性成熟延迟 5～10 d，使卵巢和输卵管得到充分的发育，机能活动增强，从而减少产蛋初期的产蛋数，提高整个产蛋期的产蛋量和蛋的品质。通过限饲，可以防止母鸡过肥，体重过大；提高产蛋期鸡的存活率；节约 10%～15% 的饲料，降低饲养成本。

2. 限制饲养的方法

限制饲养有限质、限时和限量等多种方法，种鸡多从 6 周龄起至 20 周龄进行限饲。

（1）限质法

采取措施使鸡日粮中某种营养成分低于正常水平，造成日粮营养不平衡，即从质量上控制饲料的营养水平，饲料的体积不变。实际操作中主要是限制日粮中的能量、蛋白质或赖氨酸的供给量，同时增加体积大的饲料如糠麸、草粉等，使采食同样数量的饲料却不能获得足够的营养物质，从而使生长速度变慢，性成熟延缓。但生产中应用较麻烦。

（2）限时法

规定每天的喂料时间，其余时间封闭或吊起料桶或料槽。这种方法操作较难，若操作不当，容易导致鸡群的均匀度变差。

（3）限量法

饲料的营养水平保持不变，通过限制采食量来控制鸡的体重，一般把每只鸡每天的料量减少到正常采食量的 70%～80%。限量法操作简便,目前生产中普遍采用这种方法控制鸡的体重,同时随鸡日龄的增长适当降低饲粮能量和蛋白质水平。

具体操作方法有以下几种:每日限饲、隔日限饲、4/3 法则、5/2 法则、6/1 法则。

1)每日限饲。每天限制采食量,将规定的 1 d 的饲料在早上 1 次投给。限饲力度较小,对鸡群造成的应激也比较小。

2)隔日限饲。把两天的饲料量合在 1 d 1 次喂给,第 2 天不喂。即喂料 1 d 停料 1 d。这样 1 次投下的饲料量多,较弱的鸡也可吃到应得的分量,避免抢料,鸡群发育整齐,均匀度高。

3)4/3 法则。把 7 d 的料量平均到 4 d 投喂,即每周喂 4 d,停 3 d。这种限饲方法力度较大,对鸡群造成的应激也较大,一般用于生产发育较快的育成期实行。

4)5/2 法则。把 7 d 的料量平均到 5 d 投喂,即每周喂 5 d,停 2 d(周日、周三)。五、二法则对 12～14 周龄的肉种鸡特别有效。这种方法提供了较多的采食天数,相对减轻限饲带来的应激。

5)6/1 法则。把 7 d 的料量平均到 6 d 投喂,即每周喂 6 d,停 1 d。限饲力度仅次于每日限饲。

3.限饲方案

(1)后备肉种母鸡的限饲

对于后备肉种鸡应根据限饲的要求选择限饲方法,一般规律如下。

1)1～3 周龄。自由采食,此阶段要求鸡体充分发育,骨骼充分生长,同时完善消化机能,为限饲做准备。此阶段采用雏鸡料饲喂,1～2 周龄内自由采食,当耗料量达到 27 g/只时,开始每日限饲。累计耗料量达到 450 g 时,逐渐换成育成期饲料。

2)4～6 周龄。采用每日限饲,可抑制其快速生长。同时对所有鸡只进行称重,4 周龄末母鸡胫长应为 64 mm 以上,至 6 周龄时按体重大小进行分群。

3)7～14 周龄。采取隔日限饲或 4/3 法则。这个阶段鸡的消化功能已经趋于完善,饲料利用率很高,生长速度、脂肪沉积能力很大。采用隔日限饲或 4/3 法则限饲效果较好。饲料采用生长期料,使体重延标准曲线的下限上升直到 15 周龄。但到 12 周龄时必须再按体重大小进行一次分群。

4)15～19 周龄。改为 5/2 法则。此时骨骼的生长接近完成,同时具备了强健的肌肉和功能完善、发达的内脏器官。自 16 周龄性腺开始发育,18 周龄后卵泡快速生长。此时限饲应改为 5/2 法则,从 18 周龄开始饲料逐渐改为产蛋前期料。16 周龄再次按体重大小进行整群。

5)20～23 周龄。逐步改为 6/1 法则,自 23 周龄后逐步过渡到每日限饲,同时饲料逐渐改换为种鸡料。

开产后可根据实际情况进行适当的限饲。由于肉种鸡沉积脂肪的能力很强,开产后因为营养要求必须适当提高,故很容易导致肉种鸡沉积过多的脂肪。因此在整个产蛋期应根据体重和产蛋情况进行适当的限饲,直至产蛋期结束。

(2)肉用种公鸡的限饲

体格良好的种公鸡,要求具有适宜的体重、活泼的气质、适时的性成熟、胫长在 140 mm 以上。

1)0～6 周龄。此时是骨骼、肌肉的生长发育关键时期,应让其自由生长,为将来的种用打下坚实的基础,故在饲料供给上采用粗蛋白含量在 18% 以上的雏鸡料。当公雏鸡累计采食量达到 1 000 g 以上时逐步改为育成期饲料。0～3 周时可自由采食,在 3 周末体重达标的条件下,可采用和母雏相同的限饲程序。

2)7~13周龄。由于前期任其自由生长,所以此时一般公鸡脂肪沉积较多,故此阶段应减缓生长速度,饲料改为营养水平较低的育雏料。限饲方案可采用 4/3 或 5/2 法则。

3)14~23周龄。此阶段是性器官发育的重要时期,为使性器官得到充分的发育,限饲力度可减缓,由 4/3 法则改为 5/2 发则或每日限饲。18周龄后,必须增加饲料营养,由育成料逐渐改为配种前期料。20周龄时必须进行选种以及公、母混群。

4)24周龄后。此阶段应适当降低饲料营养水平,饲喂公鸡专用饲料。限饲方案可采用每日限饲法。

4.限制饲养的注意事项

(1)限制饲养要根据鸡的体重情况灵活掌握

只有当育成鸡体重超过标准时,才实行限制饲喂。因此,要经常抽测体重,一般鸡群小的抽测数为 5%;鸡群大的可抽测 10%,但最少不得少于 30 羽鸡。要求限饲后的鸡群,平均体重比正常喂饲的鸡群低 10%~20%。如果体重降至 30% 以上,就应恢复正常饲喂,促使增加体重,以免将来产蛋量减少,死亡率提高。

(2)应有足够的料槽和水槽

由于限饲,每次开食时鸡立即涌至饲槽,如采食空间窄小,就会造成"弱肉强食",弱鸡采食太少,而对抢食凶猛的母鸡又达不到限饲的目的。保证有足够的料槽,以防止鸡采食不均,发育不整齐。除保证每羽鸡应有 10~15 cm 宽的槽位外,还应留有占鸡数 1/10 左右的余位。限饲期间,饮水应供应充足。

(3)对鸡群实行断喙

限饲期间鸡易形成恶癖。因此,实施限饲的鸡群应进行断喙。这样可以有效地防止因限饲而发生的相互啄体现象,并可减少饲料浪费。

(4)限饲应以增加总体经济效益为宗旨

不能因限饲而加大饲养成本,造成过多的死亡或降低产品的品质。成功的限饲不应导致育成

二维码 6-8
肉用种鸡的限制饲养

率降低,当气温剧降或发生疾病时,需放松限饲程度。如鸡场的饲料条件不好,鸡的体重又较标准轻,切不可进行限制饲养。限饲时,喂饲次数少的,每次的喂量要多。

(5)特殊情况下的处理

在限饲过程中,如遇接种、发病、转群和高温等逆境时,可由限饲转为正常饲喂。同时在限饲过程中,对发育不良的鸡,应及时拣出,另行饲喂。

(6)与光照相配合

实施限制饲养,要与限制光照相配合,才能收到更好的效果。

四、育成鸡的日常管理

1.光照管理

(1)光照对育成鸡的作用

光照能作用于鸡的丘脑下部,刺激脑下垂体前叶分泌卵泡刺激素,一方面促进机体的生长发育;另一方面还能刺激生殖系统,加速小母鸡卵巢的发育,直接影响性成熟的时间和开产日龄。

光照时间影响性成熟的早迟。育成母鸡长期生活在长光照下,则性成熟提前;反之,如光照时间过短,会延迟性成熟。育成母鸡性成熟提前,虽鸡产蛋提早,但开产一段时间内蛋重较小,种蛋合格率

低,且会早衰,产蛋持久性差,死亡率高。因此,育成鸡阶段的光照原则是:密闭式鸡舍光照时间以每天8～9 h 为宜。在生长过程中可以逐渐缩短光照时间,切忌用逐渐增加光照的办法。

光照强度对鸡的生产性能也有较大影响,适当的光照强度,才能引起鸡体的各种生理反应。若照度过强,会使鸡的神经兴奋,眼睛疲劳,活动过多,生产力和饲料利用率降低,并易造成啄肛啄羽等恶癖;反之,光照强度不足,会影响鸡的采食和活动,降低代谢强度和生产力。育成鸡的光照强度以 5～10 lx 为好,要获得此光照强度,所用灯泡瓦数及高度的关系见表 6-5。

表 6-5　5 lx 和 10 lx 照度的光源高度　　　　　　　　　　　　　　　　　　　m

灯泡/W	5/lx		10/lx		灯泡/W	5/lx		10/lx	
	用灯罩	不用灯罩	用灯罩	不用灯罩		用灯罩	不用灯罩	用灯罩	不用灯罩
15	1.6	1.13	1.1～1.16	0.6～0.7	60	3.3	2.26	2.3	1.6
25	2.1	1.46	1.4～1.50	0.9～1.03	100	4.2	2.92	3.0	2.06
40	2.6	1.85	2.0	1.4～1.6					

灯泡之间的距离一般是灯泡与鸡之间距离的 1.5 倍。如灯泡离鸡背高 2.1 m,则灯泡间距离为 2.1 m×1.5＝3.15 m。

(2)开放式鸡舍的光照管理

我国农村养鸡户和大部分鸡场,目前都用开放式鸡舍。因此,开放式鸡舍的光照管理具有普遍指导意义。开放式鸡舍光照管理以自然光照为主,人工补光为辅。具体有两种方法:一是渐减光照法,即查出本批雏鸡到达 22 周龄(蛋鸡 20 周龄)时当地的白昼长度,如为 11 h,应补加 7 h,作为出壳时光照时间(18 h),3 d 后雏鸡的光照时间逐渐减少,一般每天减 5～10 min,到 21 周龄(种鸡23 周龄)则按产蛋鸡的光照制度管理;二是恒定法,即查出本批雏鸡到达 22 周龄(蛋鸡 20 周龄)时的白昼长度,从出壳第 3 天起就保持这样的光照长度,21 周龄(种鸡 23 周龄)以后,则按产蛋鸡光照制度管理。

(3)密闭式鸡舍的光照管理

密闭式鸡舍不受自然光照的影响,完全采用人工光照,光照时间和强度可以控制。1～3 日龄光照时间为 23 h;4 d 至 17 周龄期间,逐渐减少到每天光照 8～9 h;18～19 周龄各增加 1 h;从 20 周龄起每周增加 0.5 h,直至产蛋鸡的正常光照 16 h。

2.分群饲养

育成鸡的饲养密度不宜过大,如果饲养密度过大,即使其他饲养管理条件都良好,也很难培育出身体健壮和发育均匀的青年鸡。

育成鸡在生长过程中,常会出现大小、强弱不均的现象。吃食时则强鸡吃得多而快,弱鸡吃得慢而少,长期下去,强弱悬殊越来越大。因此,应及时把弱鸡挑出来单群饲养,给予特殊的照料,促其生长发育加快,逐渐缩小强弱差距。平养鸡一般每群以 250 只为宜,笼养则每个小笼 5～6 只鸡。在分群时,要注意淘汰病鸡、弱鸡,不符合品种特征、断喙过短及过长消瘦的个体。

3.训练上栖架

鸡群在栖架上栖息,不但有利于健康,避免夜间受凉、受潮湿,而且可以防止在地面挤堆造成伤亡。鸡有登高栖息的习性,所以训练上栖架并不难,只要头几天傍晚将不知上栖架的鸡抱上栖架,习惯了就会自己上架。抱鸡上架时要安静,轻抱轻放,不要开灯,以防止鸡群受惊。

栖架可用 4 cm×6 cm 的木棍或木条(去棱角)制作,一般育成鸡每只应有 10～15 cm,栖架式样可以是斜立架也可以是平架,栖架高度为 60～80 cm,栖条间距 30～35 cm。

4.沙浴和补喂砂砾

鸡有嗜好沙浴的特性,沙浴对鸡来说,不但是一种取暖、散热的方式,并且可以清除鸡体上的碎屑污垢,增进皮肤健康,加快旧羽的脱落,缩短换羽过程。因此,在运动场的避风向阳处应设置沙坑,供鸡沙浴。同时,为了提高鸡的肌胃消化机能及饲料利用率,育成鸡应添喂砂砾。砂砾的喂量和大小一般为:每 1 000 羽鸡每周饲喂量,5～8 周龄 4.5 kg,砂砾大小 1 mm;9～12 周龄 9 kg,砂砾大小 3 mm;13～20 周龄 11 kg,砂砾大小 3 mm。添喂时可以拌入饲料饲喂,也可以单独放在砂槽饲喂。砂砾要求清洁卫生,最好用清水冲洗干净,再用 0.1% 的高锰酸钾水溶液消毒后使用。

5.保持环境安静

育成鸡尽量避免外界干扰,抓鸡、防疫注射时不可粗暴,以免鸡处于应激状态或打堆后窒息死亡。不要经常更换饲料配方和变动作息制度,饲养人员也要相对固定。

二维码 6-9
蛋鸡育成期的饲养管理

6.做好卫生防疫工作

育成鸡还处于生长时期,同时由于喂给低能量、低蛋白质饲料或实行限制饲养,造成了饲养逆境,鸡体抵抗力较弱。如果外界环境高温高湿,病原微生物极易侵袭鸡体引起发病。疫苗接种工作人员应认真负责,免疫剂量、接种方式和时间应完全正确,最好能够监测产生抗体的滴度与均匀度。同时,还要加强日常卫生管理,定时清扫鸡舍,更换垫料,通风换气,疏散密度,严守消毒制度。

7.做好日常工作记录

育成期生长记录表的格式参照表 6-6。

表 6-6　育成期记录表

品种			入舍日期		
批次			入舍数量		
转群日期			转群数量		

周龄(周)	日龄/d	存栏/只	死亡/只	淘汰/只	成活率/%	耗料量 每只耗料/g	耗料量 总量/kg	耗料量 累计总耗料/kg	平均体重/g	均匀度/%	用药免疫
	42										
	43										
	44										
	⋮										
	140										

五、体重和均匀度控制

1.体重管理

育成期的饲养关键是控制体重。由于各阶段生理特点及营养需求不同,应实行三阶段三个营养标准,根据鸡群实际体重,结合季节和饲料原料行情调整饲料配方或喂料量。

通过采取措施调控骨骼发育和体重大小,建立良好的体型结构可提高育成鸡的培育质量。控制后备母鸡的体型以测量胫长为主,结合体重称量。可以准确地判断鸡群的生长发育情况,防止在标准体重内饲养体型小的肥鸡和体型大的瘦鸡。育成鸡的骨骼系统在 13 周龄或 14 周龄发育基本结束,如果到 12 周龄胫长与体重同步,说明此阶段鸡群培育工作成功,预示此鸡群以后产蛋潜力较高。

2.均匀度管理

均匀度(整齐度)是指鸡群内个体间体重的一致程度,一般要求鸡群的均匀度百分比大于 80%。鸡群内个体体重差异小,说明鸡群发育整齐,性成熟能同期化,开产时间较一致,产蛋高峰高,高峰期维持时间长,全期产蛋量高。

二维码 6-10
蛋鸡育成期体重均匀度的控制

蛋鸡从 8 周龄开始每周进行一次随机抽样称重,抽测鸡数一般为全群的 5%,但是最少不低于 80 只。当发现均匀度较差时应全群逐只称重,分为大、中、小三栏,体重超过标准的维持上一周的喂料量;若体重低于标准的提前饲喂下一周的喂料量,必要时调整饲料营养水平,例如添加 1% 的豆油等,直到体重达标为止。

第三节　产蛋期的饲养管理

一、饲养方式和饲养密度

1.饲养方式

有地面平养、网上平养、混合地面饲养、单体笼养和小群笼养 5 种方式。

(1)地面平养

种鸡养在地面垫料上,自然交配繁殖,每 5 只母鸡配 1 个产蛋箱,其余与商品蛋鸡平养方式一样。

(2)网上平养

种鸡养在离地约 60 cm 高的网面上,自然交配,饮水机供料设备与地面平养方式相同。

(3)混合地面饲养

混合地面饲养(图 6-16)就是将鸡舍分为地面和网上两部分,地面部分垫草,网上部分为板条棚架结构。板条棚架结构床面与垫料地面之比通常为 6∶4 或 2∶1,舍内布局主要采用"两高一低"或"两低一高"。"两高一低"是目前国内外使用最多的肉种鸡饲养方式,国外蛋种鸡也主要采用这种饲养方式,即沿墙边铺设板条,一半板条靠前墙铺设,另一半靠后墙铺设。产蛋箱在板条外缘,排向与舍的长轴垂直,一端架在板条的边缘,一端悬吊在垫料地面的上方,便于鸡只进出产蛋箱,也减少占地面积。

（4）单体笼养

种母鸡养在单体产蛋鸡笼中,种公鸡饲养在种公鸡笼中。采用人工授精技术获取种蛋。

（5）小群笼养

笼长 3.9 m,宽 1.9 m,养 80 只母鸡和 8～9 只公鸡,采用自然交配方式。种蛋从斜面底网滚到笼外两侧的集蛋处,不必配备产蛋箱。

2.饲养密度

种鸡的饲养密度与饲养方式密切相关。表 6-7 中列出不同饲养方式的饲养密度。

图 6-16　混合地面饲养

表 6-7　种鸡在不同饲养方式下的饲养密度

项目	地面平养		网上平养		笼养	
	m²/只	只/m²	m²/只	只/m²	m²/只	只/m²
轻型蛋鸡	0.19	5.3	0.11	9.1	0.45	22
中型蛋鸡	0.21	4.8	0.14	7.1	0.45～0.50	20～22

二、平养种鸡的饲养管理

平养种鸡的饲养管理与商品蛋鸡的饲养管理基本相同,但也有其特殊的地方。

1.转群时间

由于种鸡比商品鸡通常迟开产一二周,故转群时间可往后推迟一二周,但是,如果是网上平养（或垫料地面平养）,则要求提前 1～2 周转群,目的是让育成母鸡对产蛋箱有个认识和熟悉的过程,以减少窝外蛋、脏蛋、破蛋等,从而提高种蛋的合格率。

2.公母配种比例

种鸡场要想获得良好的种蛋受精率和降低饲养成本,应注意鸡群中合理的公母比例,一般公母比例为:轻型蛋种鸡 1:（12～15）,即鸡群中每 120～150 只母鸡放入 10 只公鸡;中型蛋种鸡为 1:（10～12）,即每 100～120 只母鸡放入 10 只公鸡,可以保证有效的种蛋受精率。同样的鸡种,鸡场规模不大,饲养种鸡不多,将来生产的雏鸡质量,肯定比不上规模大的种鸡场。为保证鸡种应有的生产性能水平,建议小规模的种鸡群,应多养一些公鸡,按合理的公母比例实行轮流配种或对圈互换公鸡,为防止啄斗,同群公鸡要一起更换。

3.公母合群与配种时机

自然交配时,在开始收集种蛋前 1 个月把公鸡放入母鸡群中,以使鸡群尽快形成群序。青年公鸡放入 2 年老龄母鸡群中,公鸡最初处于受欺地位,不能正常配种,要过几周才能取得统治地位。

三、笼养种鸡的饲养管理

笼养种鸡产蛋期的饲养管理与商品鸡基本相同,但是笼养种鸡必须饲养一部分公鸡,其比例一般为 1:（20～30）,实际使用比例为 1:（35～40）。

1.产蛋高峰前期的饲养管理

（1）产蛋鸡生理特点

1）产蛋率增长迅速。例如京红1号种鸡139～142日龄开产,23周龄达到90％产蛋率,26周龄已达到产蛋高峰;蛋重逐渐变大,储钙能力变强。

2）体重稳步增长。体重仍处于较快增长阶段,平均可达15～30 g/周。

3）采食量逐渐增加。产蛋率和体重的增加速度快,采食量增加的慢。

（2）转群日龄

后备种鸡最好是112 d（16周龄）左右上笼,最迟不超过18周龄上笼,这样既有利于种鸡开产前对陌生环境的适应,又可以安排相应的免疫工作。准确计数上笼后必须对鸡群数量进行清点。

（3）带鸡消毒

上笼后的鸡群可连续带鸡消毒3～5 d,冬天可半个月进行一次全群饮水消毒。消毒液应在水中放置20 min左右才能让鸡饮用,否则会破坏鸡体内许多有益菌。为避免病菌对消毒水的耐药性,消毒水的品种不要太单一,而要各成分的消毒液轮换使用。

（4）饲料更换

换料时间为145～150日龄。开产前的2周内,鸡体骨骼钙的沉积能力最强,为了使母鸡高产,降低蛋的破损率,减少产蛋鸡疲劳症的发生,在增加光照的同时要将预产料更换为产蛋料或高峰期饲料。换料时要有一个适应期,即将预产料和产蛋料两种料配合在一起,由少至多饲喂5～7 d后再全部转换为产蛋料,否则会因转料应激而引起鸡拉稀。

（5）饲料供给

1）做好体能储备。以不同蛋鸡品种高峰前期的营养需求标准为基础,以该阶段的采食水平为日粮营养水平的设定依据。因此,高峰前期日粮营养浓度应明显高于高峰中期和高峰后期。

2）提高养分的消化利用率。为了确保高峰前期高产蛋性能的持续发挥,在供给高浓度日粮的基础上,还应强化配方原料的消化利用效率。

3）饲料营养。以京红1号种鸡为例,每只鸡每天的蛋白质、蛋氨酸、钙的摄入量应分别达到17.70 g、470 kg、4.0 g,当产蛋高峰前期采食量为106 g/（d·只）,则高峰前期日粮营养浓度粗蛋白质水平为16.76％、蛋氨酸水平为0.44％、钙水平为3.78％,此外,此阶段日粮能量水平应达到11.30～11.55 MJ/kg。

（6）健康检查

在开产前期做好种鸡的各项预防工作至关重要。具体检查项目:每天喂料前检查是否有病死鸡;喂料后检查鸡的精神状态、采食和饮水是否正常;检查粪便是否有异样;检查鸡群中是否有吃不到料、喝不到水的现象等。饲养员在检查后,必须及时解决所发现的问题。

（7）统一投药

鸡转群后要立即做一次保健性投药,连投3 d,特殊情况4～7 d。同时,要进行定期驱虫。

（8）免疫工作

鸡转群后1个月内完成全部免疫,严禁不免、迟免或漏免以及剂量不足。首次免疫在7～15 d内进行:新城疫-传支-减蛋综合征三联疫苗,肌内注射0.5 mL/羽,禽流感疫苗,颈部皮下注射0.5 mL/羽。第二次免疫在首次免疫7 d后进行,传染性喉气管炎疫苗,鸡群滴眼,1羽份/只。

（9）增加光照

17周龄时体重符合要求或稍大于标准体重时,可将光照时数增至13 h,以后每周增加

30 min直至光照时数达到16 h；若体重偏小的鸡则应在130日龄，鸡群开始产蛋时再进行光照刺激。光照应慢慢增加，如果突然增加太长时间的光照，就易引起产蛋时脱肛；光照强度要适当，不宜过强或过弱，过强易产生啄癖，过弱则起不到刺激作用。

2.种鸡产蛋高峰期的管理

高峰期的母鸡新陈代谢旺盛，消化能力强，采食量大，几乎每天产一个蛋。由于产蛋勤，生理负担重，抗应激能力减弱，易得病，因此应加强高峰期管理。

（1）防止意外

保持饲料的不变，保证正常的操作规程、正常的供水和安静的生产环境，防止意外干扰。

（2）少投药物

无特殊情况，除供足维生素和钙外，尽量少投喂对产蛋有影响的药物（如四环素类、磺胺类、氨基糖苷类等药物）和进行免疫接种工作。

（3）正确掌握人工授精技术

1）一般要求3人一组，采精时1人抓鸡1人采精，输精时2人翻肛1人授精，而且要求操作人员训练有素和相对固定。在操作中要坚持遵循标准规范的技术要求，不能粗心大意、随心所欲（图6-17和图6-18）。

图6-17　人工采精

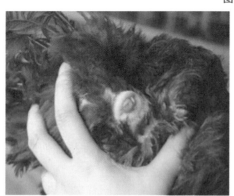

图6-18　人工输精

2）每次授精后授精器械要用生理盐水冲洗或沸水蒸煮消毒，晾干备用。不能用消毒液直接冲洗，否则残留在集精杯和贮精试管内壁的矿物污垢和消毒剂成分会影响精子的活力。

3)采精时避免精液被公鸡的粪便、尿液、血或采精手法太重造成的毛屑污染,精液一经污染必须弃掉。

4)采精后的精液要保"鲜"。在公、母鸡自然交配下的精液,从公鸡的输精管直接射入母鸡的输卵管,其生存的环境变化不大。鸡的体温一般在40.3～41.7℃,人工采精后若集精杯暴露于过冷或过热的环境中会导致精子的活力下降,而且随着时间的延长而加剧。特别是冬季,温度较低,在输精时要搓热双手后再把集精杯紧握在手掌心,使精液的温度接近鸡和人的体温;并且要求现采现用,时间越短越好,最好在20 min左右用完精液。而在实践操作中,有些养殖户在授精时普遍都存在精液"受凉"、操作不规范的问题。例如:授精时,自己翻肛自己授精;把装有精液的量杯放在地上、桶上,放在自己胸前的口袋里,用药罐装着,从不用或少用棉花擦拭污染物、翻肛不好授精太浅,精液倒流在肛外等,导致受精率低而自己却找不出原因。

5)输精深度一般2～3 cm,1 mL精液配种20～30只鸡为宜,初次授精和后期的鸡用量稍多些为好。翻肛时输卵管要翻正,擦净肛门的粪便以防污染,不宜太浅,否则精液会倒流。

（4）确保公鸡使用期限和精液质量

1)种公鸡应单独配有低钙日粮,饲料中钙含量过高,容易引起公鸡睾丸萎缩从而影响精液质量和配种能力,含钙量不能超过1%。

2)种公鸡在配种期内,日粮中可适当添加鱼肝油和维生素A、维生素D、维生素E,有助于改善和提高精液的品质。

3)公鸡一般使用到350日龄后,受精率开始下降,精液品质开始变差。如果场内后备种公鸡够用的话,在高峰期间立即以后备公鸡更换,淘汰老公鸡,可延长种蛋受精率的高峰期。

（5）鸡舍内的通风换气

排出舍内多余的热量和空气中的水分;提供新鲜氧气的同时,排出有害气体;减少舍内灰尘,提高空气质量。

（6）做好日常管理

1)定时定量喂料。种鸡在产蛋高峰期要加强人工护理,具体要考虑鸡的日龄、产蛋率、气温的变化来确定饲料的供给,保证供料均匀。

2)保证清洁足够的饮水。产蛋鸡的饮水要充足,断水就会影响产蛋及蛋壳的质量。

3)每月定时定量补充维生素和砂子。饲喂维生素时应少量多餐,每周3～4次,用于减轻应激,改善蛋壳质量和着色;喂砂,每1 000只鸡每次喂7.5 kg,每月2次,用于消食健胃。

4)随时观察鸡群的精神状态、采食和粪便情况,及时做好病死鸡、每天的产蛋和喂料、用药等情况的准确记录。

5)为切断病原,防止疾病传播,种鸡场要谢绝外人参观和鸡只互相窜栏,做到防重于治。鸡舍内外都要经常清洁消毒、铲除杂草。

6)每2～3 d清除鸡粪一次,有效地减少氨气的产生,也可在饮水或饲料中添加益生素。

7)定期清洗饮水器和料槽,半月进行一次饮水消毒,防止细菌病毒滋生繁殖。

（7）高峰期的喂料量及光照

高峰期喂料量最好在77～83 g,不能超过85 g,否则在高峰期因喂料过多产蛋多,导致后期产蛋下降快和肥鸡多。光照时间的稳定:种鸡在20～22周龄开始慢慢加光,第一次加光从每天8 h可一次性加到14 h,以后每两周增加1 h,直到加光到16 h为止,并一直维持到产蛋结束、鸡群淘汰。现实中有很多鸡舍的光照达不到16 h,所以有养殖户说没有产蛋高峰期或高峰期不高。特别是冬季,除了晚上几个小时的足够光照外,白天的自然光照远远不足,有部分鸡舍周围还有

一层黑帘围挡。在光照不足的条件下,必须拆下黑帘。

3.产蛋鸡高峰后期的饲养管理

产蛋鸡后期体重几乎不再增长,产蛋率也随着天数的增加逐渐下降,蛋壳质量也慢慢变差。因此,应及时调整饲料营养,加强管理。

(1)补钙

要使后期的鸡尽量多产优质蛋,合理供钙特别重要。一个正常的蛋壳含 $2\sim3$ g 的钙,但钙在鸡体内的存留率仅为 $50\%\sim70\%$,因此产一个蛋要 4 g 的钙。如果钙不足鸡吃料就会变多,体重就会增加,容易造成脂肪肝;如果饲料中钙过多,会使鸡吃料变少,影响产蛋率。钙严重不足时,会使蛋壳变差,产软壳蛋和无壳蛋,甚至母鸡瘫痪,发生笼养蛋鸡疲劳症。大多数母鸡都是夜间形成蛋壳,第二天上午产蛋。下午 16:00—17:00 是补钙的黄金时间,对于蛋壳质量差的鸡群每 100 只鸡每天下午可补充 500 g 的贝壳粉或石粉,让鸡群自由采食。

(2)及时淘汰

低产、病残、弱、不产蛋等无经济价值的鸡应及时淘汰,这不但可以节约饲料、降低饲养成本、提高鸡群的整齐度,而且能减少疾病的发生。

(3)高峰后期的减料

为了保持种母鸡高产的持久性,最大限度地提高合格种蛋的产量,高峰过后必须减料。如果不减料,鸡的采食量超过了其产蛋的需要量,它可以通过脂肪沉积而继续增重,脂肪多是影响高峰后期产蛋和受精率的关键因素。所以应根据鸡的体重和产蛋量的变化适当调整喂料量,以调节脂肪的沉积速度。对于产蛋量较高的鸡群第一次减料不应早于 34 周,并且减料要逐步进行。减料总量为高峰期喂料量的 $8\%\sim12\%$,减料原则是先快后慢,一周减料 $0.5\sim1$ g/只。

四、提高种蛋合格率的措施

种蛋合格率是种鸡场重要的经济指标和技术指标,因为只有合格的种蛋才能孵化。因此,提高种蛋合格率是提高种鸡场经济效益的重要措施之一。

1.选择好的品种

养种鸡不但要考虑生产成绩和销售情况,而且还要考虑鸡的品种。种鸡的品种不同,所产种蛋的质量也不同。如有的品种易脱肛、啄肛,造成血蛋多,有的品种蛋壳质量较差。

2.选用设计合理的蛋鸡笼

使用设计、制造或安装不合理的蛋鸡笼,容易造成破蛋多。据试验,用肉种鸡笼饲养蛋种鸡,种蛋破损率上升 $5\%\sim8\%$,所以购买鸡笼时最好采用正规厂家生产的符合品种要求的合格产品,并正确安装。

3.加强疾病防治

加强疾病防治是确保产蛋鸡高产稳产、减少不合格种蛋的基础。应切实做好对新城疫、传染性支气管炎、传染性喉气管炎和减蛋综合征等疾病的预防工作;定期对鸡舍内外环境进行消毒;对患病鸡及时进行隔离治疗。因为种鸡病后不仅对产蛋率有影响,而且对种蛋合格率影响更大。

4.饲喂全价配合料

由于 Ca、P 和维生素 D 是影响蛋壳质量的主要营养素,在配制产蛋鸡日粮时必须满足供应,并且与产蛋鸡的正常需要相吻合。若 Ca、P 不足或比例不平衡,维生素缺乏会引起软壳、薄壳、砂壳蛋多。

此外,蛋氨酸缺乏或氨基酸不平衡、食盐含量低,容易造成啄肛、脱肛而出现血蛋多。

5.营养成分要适当

饲养种鸡不但要考虑采食量,而且还要考虑营养浓度即亚油酸、蛋白质、能量。亚油酸作为必需脂肪酸,通过对蛋黄形成的影响而影响蛋的大小。饲料中蛋白质是影响蛋重的主要因素。能量决定采食量,如果低于极限,产蛋量和蛋重都会受到影响。

6.加强产蛋后期管理

由于产蛋后期产蛋率下降,蛋重增大,蛋壳质量降低,因此要适当降低蛋白含量,增加维生素 A、维生素 D₃ 或下午单独补钙。这样既可降低蛋重又能提高蛋壳质量,减少种蛋破损,从而提高了种蛋合格率。

7.控制开产日龄和开产体重

鸡群的开产日龄和体重直接影响整个产蛋期的蛋重。开产日龄越大或体重越大,产蛋初期和全期所产的种蛋就越大,特别是产蛋后期容易超过孵化所需要的标准蛋重。因此,要运用各种饲养管理技术措施(如育成期光照、限饲等)来调控鸡的开产日龄和体重,以生产大小合适的种蛋。

8.环境安静,减少应激

饲养方式、人员要固定,环境要安静,避免各种惊吓刺激而造成种鸡惊群。防疫注射工作,最好在晚上降低光照度数后进行,以减少种鸡产双黄蛋、无黄蛋或软壳蛋。

9.控制适当的环境温度

舍温也是影响种蛋合格率的一个重要因素。当舍温超过 26.7 ℃,舍温越高,产蛋量、蛋重和蛋壳质量都会下降;高温持续时间越长,种蛋合格率降低得越多,特别是在产蛋后期这种影响会更大。

10.增加捡蛋次数

增加捡蛋次数可以缩短鸡蛋在鸡舍内的停留时间,减少鸡蛋在蛋槽内相互碰撞而造成裂纹或破损,同时降低种蛋的污染程度。一般情况下,每天捡蛋不应低于 5 次,在晚上熄灯之前应捡一次蛋,以防止鸡蛋在鸡舍内过夜。

五、疾病的净化和预防

1.检疫与疾病净化

种鸡群要对一些可以通过种蛋垂直感染的疾病进行检疫和净化工作,如鸡白痢、大肠杆菌、白血病、支原体病、脑脊髓炎等都可以通过种蛋把病传递给后代。通过检疫淘汰阳性个体,留阴性反应的鸡作种用,就能大大提高种源的质量。目前,国内一般的大型种鸡场和科研单位的种鸡场都对雏鸡危害较大的白痢杆菌做鸡白痢净化的同时,还在饲料上下功夫,使用无鱼粉日粮饲喂种鸡。

检疫工作年年进行才能见效。不管哪一级的种鸡场都要检疫,才能提高鸡群的健康水平。如果引种场的卫生条件差,即使从疾病净化好的种鸡场引进的鸡,也可能感染疾病。因此,养殖户要从卫生条件好,种鸡进行过检疫的种鸡场购雏才可靠。

2.疾病的预防与控制

由于新母鸡产蛋高峰期来得快,持续时间长,应在不同阶段添加预防药物(最好每个月针对用药预防 1~2 次),防止发生输卵管炎、腹泻、呼吸道疾病等。如果发现鸡腹泻、粪便异常时应立

即用药,而不应忽视,以免错过最佳治疗时机,导致蛋壳变差、受精率变低、产蛋量下降等,否则很难恢复到原来的生产水平。

第四节　种公鸡的饲养管理

一、种公鸡的选择与培育

原种鸡群公鸡选种,主要依据其系谱来源、直系及旁系亲属的生产性能的评定结果、后裔品质的测定结果、个体的体况评分和家系死淘记录等有效、可靠的数据统计资料。所以一般对种公鸡的选择是比较可靠的。而在祖代、父母代种鸡场饲养的鸡群中,因为没有可以用来作为选种参考的数据,所以只能在不同阶段根据公鸡的外部状态、健康情况进行选种,一般分三个阶段最终选出合格的种公鸡。

1.第一阶段的选择

(1)选择时间

种公鸡6~8周龄,育雏结束时进行。

(2)选择方法

依据外貌特征进行选择,首先看外貌特征是否和本品种一致,然后选择体重大和发育良好者,如鸡冠鲜红、龙骨发育正常(无弯曲变形)、鸡腿无疾病、脚趾无弯曲等。淘汰外貌有缺陷者,如喙、胸部和腿部弯曲、嗉囊大而下垂,关节畸形,胸部有囊肿者,对体重过轻和雌雄鉴别有误的应淘汰。公、母选留比例为1:(7~8)。

2.第二阶段选择

(1)选择时间

种公鸡17~19周龄(肉用种鸡可推迟1周),结合转群时进行。

(2)选择方法

依据身体发育状况和繁殖能力进行选择,选留身体健壮,发育匀称,体重符合标准,外貌符合本品种特征要求,雄性特征明显者,如鸡冠肉髯发育较大且颜色鲜红,羽毛生长良好,体形发育良好,腹部柔软。用于人工授精的公鸡,还应考虑公鸡性欲是否旺盛,性反射是否良好。平养自然交配公、母鸡比例1:(9~10),人工授精公、母比例1:(15~20)。

3.第三阶段选择

(1)选择时间

种公鸡21~22周龄进行选留,中型种鸡、肉用型种鸡可推迟1~2周进行,结合转群时进行。

(2)选择方法

依据繁殖能力进行选择,淘汰性欲差,交配能力低,以及精神不振的公鸡。用于人工授精的公鸡,选择性反射良好、乳状突充分外翻而鲜红、有一定精液量的公鸡。若经过几次训练按摩,精液量少,稀薄如水或无精液,无性反射的公鸡应予以淘汰。自然交配蛋用型鸡公、母比例为1:(10~15),肉用型鸡公、母比例为1:(6~8);人工授精公、母比1:(20~30)。

4.种公鸡的培育

(1)育雏期

从出壳到5周龄采用自由采食,目的是使公鸡充分发育。在实际操作中,如果种公鸡的体重没有达到标准体重,可根据实际情况适当延长育雏料的饲喂时间。

（2）育成期

公鸡骨骼生长发育在 8 周龄之前大约完成 85%,在 12 周龄之前大约完成 95%,此阶段要换成育成料,并改为隔日限饲,饲养密度 3.6 只/m²,当体重均匀度太差时要按照大、中、小进行分栏饲养。

1）营养需要。种公鸡育雏育成期的营养水平与商品蛋鸡一致;后备公鸡的日粮营养为:代谢能 11.30～12.13 MJ/kg;育雏期蛋白水平 16%～18%,育成期 12%～14%;钙 1%～1.2%,有效磷 0.4%～0.6%;微量元素与维生素可与母鸡相同。

2）控制性成熟。10～15 周龄,公鸡睾丸和生殖系统开始快速发育,16～24 周龄在生殖系统分泌的激素刺激下睾丸的质量迅速提升。这阶段的管理措施是首先要保证密度合适,并使雏鸡严格按照标准体重生长和发育。此外,在日常管理中要注意多触摸鸡的胸肌,胸肌发育不好的要及时淘汰。种公鸡应供给专门的饲料和定期补足维生素 A、维生素 D、维生素 E 等。

3）体重与均匀度的控制。保证公鸡的均匀度最重要,5 周龄以后如体重不达标,要及时淘汰。此段时间低于标准体重的公鸡有可能在未来几周内体重达标,产蛋初期的受精率比较正常,但是到产蛋中后期的生产力会迅速下降。15～22 周龄,通过每周的称重及时挑出体重不达标的公鸡并淘汰,使鸡群有一个良好的均匀度,是保证产蛋中后期受精率的最重要措施。一般 22 周龄公、母混群,混群后要密切关注公鸡的采食与体重,并在产蛋前期及时挑出不适应母鸡舍环境的公鸡。

二、繁殖期种公鸡的饲养管理

1.种公鸡配种前期

21 周龄开始公母混养分饲,这一阶段管理要点是确保稳定增重、肥瘦适中、使性成熟与体成熟同步。鸡群全群称重,按体重的大、中、小分群,饲养时注意保持各鸡群的均匀度。混养后在自动喂料机食槽上加装鸡栅,供母鸡采食,使头部较大的公鸡不能采食母鸡料,公鸡的料桶高 45～50 cm,使母鸡吃不到公鸡料。公鸡增重在 23～25 周龄时较快,以后逐渐减慢,睾丸和性器官在 30 周龄时发育成熟,因此各周龄体重应在饲养标准的范围内。

2.种公鸡配种后期

28～30 周龄时,种公鸡的睾丸充分发育,这时受精率达到一个高峰;45 周龄左右,睾丸开始衰退变小,精子活力降低,精液品质下降,受精率下降。在这一阶段饲养管理的重点是:提高种公鸡饲养品质,以提高种蛋的受精率。在种公鸡饲料中每吨添加蛋氨酸 100 g、赖氨酸 100 g、多种维生素 150 g、氯化胆碱 200 g。有条件的鸡场还可以添加胡萝卜,以提高种公鸡精液品质。及时淘汰体重过重、脚趾变形、趾瘤、跛行的公鸡。及时补充后备公鸡,补充的后备公鸡应占公鸡总数的 1/3,后备公鸡与老龄公鸡相差 20～25 周龄为宜。补充后备公鸡工作一般晚上进行,补充后的公、母比例保持在 1：10。

第七章 ▶▶▶

商品蛋鸡生产技术

　　鸡群从开始产蛋到淘汰的期间称产蛋期,一般是指 21～72 周龄。产蛋阶段的主要任务是最大限度地减少或消除各种不利于产蛋的因素,创造一个有益于蛋鸡健康和产蛋的最佳环境,使鸡群充分发挥生产性能。商品蛋鸡的育雏期、育成期的培育目标和饲养管理要点跟种鸡是完全一致的。所以本章内容重点阐述如何做好产蛋期蛋鸡的饲养管理等工作。

第一节　产蛋鸡的饲养方式

一、笼养方式

　　当前,规模化商品蛋鸡场广泛使用的是笼养设备,主要有层叠式和阶梯式两种,平养设备、散养设备较少使用。

　　1.层叠式笼养模式

　　现代化蛋鸡场多采用 4～8 层层叠式笼养设备,配饲料塔、螺旋绞龙上料、行车式自动行走喂料系统、自动饮水系统、自动集蛋系统、履带式清粪系统、饮水自动加药线路、湿帘风机纵向通风系统和暖色节能灯控光系统等。此种养殖方式,优点是饲养密度大,环境可控,是规模化、集约化健康养殖体系建设中较为适宜的饲养方式。通过蛋鸡的高密度层叠笼养模式,可提高土地利用率,提高劳动生产率;鸡粪全程不落地,水平粪带上的鸡粪在纵向通风的环境下得到自然风干,由专用运输车运至场外进行无害化处理后作有机肥原料,变废为宝,具有良好的经济效益和社会效益(图 7-1)。

　　2.阶梯式笼养

　　目前,仍有较大比例的中小型蛋鸡场采用 3～4 层阶梯式笼养设备,配备螺旋绞龙上料、行车式自动行走喂料系统、自动饮水系统、鸡蛋收集系统、一拖三牵引式清粪系统、湿帘风机纵向通风系统和暖色节能灯控光系统等。此种养殖方式对房舍建设要求较高,主要是通风方面(墙体、屋顶都应考虑通风),在地面处理上也不同于其他养殖方式,要建有清粪槽。为便于最上层喂料,在支架的焊接上还要在第一层上焊接一走道,方便最上层的喂料、匀料和注射疫苗。此方式将粪道与过道完全分开,过道上卫生管理容易,轻易不会出现粪便,但因采用的粪槽(地平下),粪道易被水浸泡产生氨气,所以既要保证充足供应鸡只饮用水,又要不能出现滴水、漏水现象,还要勤清粪和通风(图 7-2)。

图 7-1　层叠式笼养

图 7-2　阶梯式笼养

二、散养方式

近年来广大消费者普遍认为,集约化笼养蛋鸡产的蛋口味欠佳,蛋黄颜色浅白,蛋白浓度偏稀,并且时不时还有"红心蛋"等违规违法生产不合格食品的报道,使人们对食品安全更加关注。而规模化散养蛋鸡以贴近自然的生产方式,散养蛋鸡以自由觅食野生天然食物为主,主要采食昆虫、嫩草、腐殖质和矿物质,并结合人工科学补饲混合饲料为辅,严格限制化学药品和饲料添加剂的使用,彻底禁用激素与违禁药品(图 7-3)。最适宜散养的蛋鸡品种首选地方土种鸡,其次是地方杂交鸡,再次是良种蛋鸡。发展规模化散养蛋鸡,可为市场提供适销对路的产品,由于其质优价高,可有效提高投资的收益率,为蛋鸡业的健康发展开辟了增收新途径;充分利用闲置土地和林下空间来增收

图 7-3　散养

增效,是典型的生态农业、循环农业,是农牧结合的样板;同时也满足了鸡只的生理需要、行为需要和动物福利的要求。

<h1 style="text-align:center">第二节　开产前的准备工作</h1>

一、舍内设备的消毒

蛋鸡由育成鸡舍转入产蛋鸡舍前,鸡舍必须做好维修和消毒工作。具体步骤是:消除舍内粪便,打扫卫生,维修鸡舍及设备。对于养过鸡的鸡舍,需将黏结在墙壁、地面、网架上的鸡粪以及门窗、屋梁上的尘埃等用高压水彻底洗刷干净。对鸡笼、设备、用具等在用水洗净的基础上,还要用消毒药水(如 1∶300 的菌毒敌或消毒灵等药水)喷洒消毒。待舍内干燥后,再按每立方米鸡舍空间用 28 mL 福尔马林、14 g 高锰酸钾的比例进行熏蒸消毒。熏蒸前将门窗及通风口全部密封,熏蒸时间不得少于 24 h,时间越长,效果越好。在转群前 2～3 d,打开门窗及通风口,让空气对流,排出药味,到时即可进鸡。

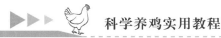

二、转群与选择

育成鸡从育成舍转入蛋鸡舍称转群。转群的时间可在 17～18 周龄,最迟不得超过 20 周龄,要在开产前及时完成,使鸡有足够时间熟悉和适应新的环境,减少环境应激。

转群时先放好饲料和饮水,鸡到就能吃喝,使鸡群安静。转群时注意天气不应太冷太热,冬天尽量选择在晴天转群,夏天可在早晚或阴凉天气转群。抓鸡要抓脚,不要抓颈、抓翅,动作迅速,不宜粗暴,以最大限度减少鸡群惊慌。

转群时,要逐只进行选择鉴别,严把质量关,把那些生长发育不良的弱鸡、残次鸡及外貌不符合本品种要求的鸡淘汰掉,断喙不良的要重新修整。同时,还应配有专人计数。

转群应调整好密度,产蛋鸡的饲养密度因品种和饲养方式而不同。地面平养时,轻型品种每平方米 6 只鸡,中型品种每平方米 5.5 只鸡;网上平养时,轻型品种每平方米 8～10 只鸡,中型品种为 7～8 只鸡;笼养时,每只鸡占笼底的面积,轻型品种为 380 cm²,中型品种为 464 cm²。

转群后,尽快恢复喂料和饮水,饲喂次数增加 1～2 次,不能缺水。由于转群的影响,鸡的采食量需 4～5 d 才能恢复到正常。经常观察鸡群,特别是笼养鸡,防止卡脖子勒死,跑出笼外的鸡要及时抓到笼内。

第三节　产蛋期的饲养

产蛋鸡的饲喂,应重点掌握以下两点:一是蛋鸡日粮中各种营养成分要尽可能完善,日粮中代谢能、蛋白质和钙、磷的配合比例要合适,在饲喂过程中要根据采食量、产蛋水平,及时对日粮作必要的调整或更换,以满足蛋鸡对营养的需要。二是由于饲料费用是主要的生产成本,要降低蛋鸡生产费用,关键是降低饲料费用;为此,在满足鸡营养需要的前提下,选用经济的饲料,减少饲料损耗极为重要。

一、产蛋鸡的生产指标与产蛋规律

1.产蛋鸡的生产指标

(1)母鸡存活率

入舍母鸡数减去死亡数和淘汰数后的存活数占入舍母鸡数的百分比。

$$母鸡存活率 = \frac{入舍母鸡数 - (死亡数 + 淘汰数)}{入舍母鸡数} \times 100\%$$

(2)开产日龄

个体记录,以产第 1 枚蛋的平均日龄计算;群体记录,蛋鸡按日产蛋率达 50% 的日龄计算,肉种鸡按日产蛋率达 5% 的日龄计算。

(3)产蛋量

产蛋量是指母鸡在一定时间内的产蛋数量,或一个鸡群在一定时间内平均产蛋数量。产蛋量是养鸡生产的重要经济指标,可用饲养日产蛋量和入舍母鸡产蛋量来表示,计算公式如下:

1)饲养日产蛋数。1 只母鸡饲养 1 天即为 1 个饲养日。

$$饲养日产蛋数 = \frac{统计期内的总产蛋数}{实际饲养母鸡数} = \frac{统计期内的总产蛋数}{统计期内累加饲养只数 \div 统计期日数}$$

2)入舍母鸡产蛋数。以入舍母鸡数为基础算出的在统计期内的平均每只母鸡产蛋数。

$$入舍母鸡产蛋数 = \frac{统计期内的总产蛋数}{入舍母鸡数（只）}$$

这个指标不仅能反映出群体本身的生产水平,而且也包含了饲养管理水平。

（4）产蛋率

指母鸡在统计期内的产蛋百分率。通常用饲养只日产蛋率(%)和入舍母鸡产蛋率(%)来表示。

$$饲养只日产蛋率 = \frac{统计期内的总产蛋数}{统计期内总饲养只日数} \times 100\%$$

$$入舍母鸡产蛋率 = \frac{统计期内的总产蛋数}{入舍母鸡数 \times 统计期日数} \times 100\%$$

（5）蛋重

蛋重是衡量蛋鸡产蛋性能的重要指标,用平均蛋重和总蛋重表示。

1）平均蛋重。从 300 日龄开始计算,以克为单位。个体连续称取 3 个以上的蛋重求平均数;群体记录时,需连续称取 3 d 的总蛋重,求平均数;大型鸡场按日产蛋 5% 称量蛋重,求平均数。

2）总蛋重。$$总蛋重(kg) = \frac{平均蛋重(g) \times 产蛋量}{1\,000}$$

（6）饲料转化率

常用产蛋期料蛋比表示,即产蛋期母鸡每产 1 kg 蛋需耗多少千克饲料。

$$产蛋期料蛋比 = \frac{产蛋期总耗料(kg)}{总蛋重(kg)}$$

2.产蛋规律

产蛋鸡从 21 周龄开始到 72 周龄为一个产蛋年。在产蛋年中,母鸡产蛋有一定的规律,可以划分为产蛋前期、产蛋高峰期和产蛋后期三个时期。

产蛋前期是指从开始产蛋到高峰产蛋之前的时期(21~28 周龄),这个时期的特点是产蛋率上升很快,大致每周以 12%~20% 的比例上升。同时,鸡的体重和蛋重也在增加,体重平均每天增加 4~5 g,蛋重每周增加 1 g。

产蛋高峰期产蛋率通常在 80% 以上,最高可达 90%~95%。产蛋高峰期的长短,直接影响鸡的产蛋量,在正常情况下,产蛋高峰期可维持 3~4 个月。

产蛋高峰期过后,产蛋率逐渐下降,平均每周下降 0.5% 左右,直至 52 周以后,饲养管理良好的鸡群,产蛋率仍在 60% 以上。

从以上产蛋规律可知,要提高蛋鸡的年产蛋量,必须努力促进产蛋高峰早日出现,延长产蛋高峰持续时间,减慢产蛋率下降速度。为此,必须根据各期特点给予充足的营养,实行分阶段饲养和调整饲养。

3.营养需要与日粮配合

根据以上指标和生产规律,在饲喂时,必须重视蛋鸡的营养需要,根据产蛋量给料。一般日粮中代谢能为 11.72 MJ/kg;当产蛋率高于 80% 时,日粮中蛋白质应达到 16.5%~17%,钙的含量为 3.0%~3.5%。当产蛋率下降时,蛋白质和钙的含量应适当减少。

二、产蛋鸡的分阶段饲养

所谓分阶段饲养,就是根据产蛋鸡的周龄和产蛋水平将产蛋期划分为两个或三个阶段,不同阶段喂给不同营养水平的日粮。

1.两阶段饲养法

两阶段饲养法是以50周龄为界,50周龄前,鸡体正在发育,又是产蛋盛期,日粮粗蛋白质水平控制在16%～17%。50周龄后,鸡体生长发育已趋完成,产蛋量逐渐下降,粗蛋白质可减少至14%～15%。

2.三阶段饲养法

三阶段饲养法是从20～42周龄为第一阶段,43～62周龄为第二阶段,63周龄以后为第三阶段,日粮中的粗蛋白质水平逐渐降低,分别为18%、16.5%～17%、15%～16%。各段饲料变更需有1～2周的过渡时间。采用此种方法,产蛋高峰期出现早、上升快,高峰期持续时间长,产蛋量多。若饲养种鸡,种蛋可提前利用。

二维码7-1
阶段饲养法

无论采用哪一种方法,在鸡群开产前必须增加饲料中钙的含量,以提高开产母鸡体内钙的蓄积,这样有利于提高产蛋率,保证蛋的品质。

分阶段饲养时,各段饲料变更需有1～2周的过渡时间,即在过渡时间里,饲喂前段与后段料的混合料,如有的采用"五五"过渡,即使用50%的前段饲料、50%的后段饲料,混合饲喂一周后,改为后段饲料。如遇鸡群体质状况较差可采用"七三"过渡法,即用70%的前段料、30%后段料,混合饲喂一周,再加一周"五五"过渡,而后改为后段饲料。

三、产蛋鸡的调整饲养

所谓调整饲养,就是根据环境条件和鸡群状况的变化,及时调整日粮配方中各种营养成分的含量,以适应鸡的生理和产蛋需要。

1.调整饲养的原则

调整饲养必须以饲养标准为基础,保持饲料配方的相对稳定。调整时尽量维持原配方的格局,保证日粮营养平衡,不能大增大减,要使鸡对饲料的适口性有个逐步适应过程,否则会影响鸡的产蛋量,引起产蛋量下降。为了经济地利用饲料,应把握好调整时机,根据鸡群的产蛋量、蛋的重量、健康状况和环境变化,做到适时调整。调整日粮,主要是调整日粮中蛋白质、必需氨基酸及主要矿物质水平,因蛋白质饲料价格较贵,需精打细算,节约使用。在实施调整时,当产蛋量上升时,提高营养水平要走在产蛋上升的前面;产蛋量下降时,降低饲料营养水平应落在产蛋量下降的后面。要注意观察调整的效果,发现效果不好,及时纠正。

2.调整饲养的方法

(1)育成鸡体重发育差的调整

鸡在育成期受各种因素影响,如密度过大,饲料质量差,导致体重轻影响开产,出现这一情况应提高饲料的营养水平,促使体重恢复和高产。鸡群从转入产蛋鸡舍后(18～19周龄),就应调整喂营养水平较高的产蛋鸡饲料,粗蛋白质含量在18%以上,经过3～4周的饲养,体重可逐步恢复正常,产蛋率也会随之上升。

(2)按产蛋量曲线调整饲养

鸡产蛋具有规律性,在饲养时应根据产蛋率上升、下降进行日粮的调整,不同品种鸡每只每天蛋白质需要量见表7-1。在产蛋量上升阶段,从18周龄起要增加日粮中钙的比例,由育成鸡的1%增加到2%;并逐步改喂产蛋鸡饲料,当产蛋率达5%时,日粮粗蛋白质为14%,钙为3.2%;当

产蛋率达到 50％时,日粮粗蛋白质增至 15％,钙为 3.4％;产蛋率达到 70％时,粗蛋白质增至
16.5％,钙为 3.5％;当进入产蛋高峰时,每只鸡每天食入的蛋白质,轻型鸡不能少于 18 g,中型鸡不能
少于 20 g。根据当时情况,粗蛋白质水平可提到 17.5％。在产蛋高峰期维持最高营养 2～4 周,
以保证高峰期持续时间长。当鸡群产蛋率下降时,应逐渐降低营养水平,蛋白质水平降到 14％,
并且保持不变,直到鸡被淘汰。鸡群产蛋率每周正常的下降范围是 0.5％～0.6％。因此,在调整
时绝不能一看到产蛋率下降,就急于降低营养水平,必须认真分析产蛋率下降的原因。

表 7-1　不同品种鸡每只每天粗蛋白质需要量　　　　　　　　　　　　　　　　　　g

品　　种	产蛋率/％				
	90	80	70	60	50
白壳蛋鸡	18	17	16	15	14
褐壳蛋鸡	20	19	18	17	16

　　(3)按季节变化调整饲养

季节变化指环境温度的变化,温度对鸡的活动、饮水、采食、生理状况和产蛋量有很大的影
响。鸡的品种、品系及不同的饲养地区,对冷、热的耐受程度也有差异。例如轻型品种京白鸡的
耐热性要比中型品种耐热性强。环境温度在 13～15 ℃时产蛋率较高,在 10～24 ℃之间能保持
良好的产蛋量,低于 4.5 ℃或高于 29.5 ℃时产蛋就明显下降。高于 24 ℃时蛋重开始下降,环境
温度越高,蛋重下降越明显;环境温度越低,用于维持需要的能量也越多,因此,采食量增加。据
试验表明,每当环境温度升高 1 ℃,耗料约减少 1.6％,随着环境温度的升高,鸡的采食量及营养
摄取量也随之减少,影响产蛋。因此,要根据季节和温度的变化调整日粮。在炎热的夏季,鸡的
采食量减少,应提高饲料的蛋白质水平 1％～2％,降低饲料中的能量水平 0.209～0.418 MJ/kg;冬
天气温较低,应提高饲料中的能量水平 0.083～0.209 MJ/kg。不同季节产蛋鸡日粮的代谢能和
粗蛋白质见表 7-2。

表 7-2　不同季节产蛋鸡日粮的代谢能和蛋白质变化

饲养日产蛋率/％	炎热气候			寒冷气候		
	代谢能/(MJ/kg)	粗蛋白质/％	能量蛋白比	代谢能/(MJ/kg)	粗蛋白质/％	能量蛋白比
＞80	11.49	18	65	12.67	17	56
70～80	11.27	17	63	12.65	16	53
＜70	11.04	16	61	12.42	15	51

　　(4)鸡群采取管理措施时的调整饲养

断喙后 1 周内,日粮中增加 1％粗蛋白质;接种疫苗后的 7～10 d 内,日粮中也宜增加 1％的
粗蛋白质。

　　(5)鸡群出现异常时的调整饲养

如出现啄羽、啄趾和啄肛等恶癖时,在消除引起恶癖原因的同时,饲料中应适当增加纤维含
量,如加喂糠麸饲料、带外壳的向日葵饼和青饲料;啄羽时,也可短时间喂些石膏。当鸡群发病
时,由于采食量减少,所摄取的营养成分也随之减少,使鸡群的产蛋量下降。因此,要适当提高日

粮中的营养含量,如蛋白质水平提高 1％～2％,多维素提高 0.02％。另外,还要考虑饲料的质量对鸡适口性及病情发展的影响。

（6）按鸡群体况调整饲养

当鸡群发病时,鸡的采食量减少,鸡的体况不好,产蛋量减少。因此,要适当提高饲料中的营养成分,如蛋白质水平提高 1％～2％,多维提高 0.02％。并考虑所用饲料的适口性。

二维码 7-2
调整饲养法

（7）按市场蛋价调整饲养

一味追求高的产蛋性能,并不一定能获得最佳经济效益。实际生产中应根据市场蛋料比核算养鸡生产成本和利润,及时调整日粮结构,必要时控制采食量,以获得较好的经济效益。

四、产蛋鸡的限制饲养

产蛋鸡限制饲养,可以提高饲料转化率,降低成本,并可适当控制体重,避免采食过多、营养过剩造成母鸡肥胖,导致脂肪肝。

二维码 7-3
产蛋鸡的饲养技术

产蛋鸡的限制饲养,一般在产蛋高峰期过后 2 周(40 周龄)进行,也可以采用限质法和限量法。限质法主要是控制能量和蛋白质,增加日粮钙的含量。一般能量摄入量可以降低 5％～10％,蛋白质水平可降至 12％～14％。产蛋鸡随周龄增长,吸收钙的能力减退,为保证蛋壳质量,要增加日粮含钙量,一般认为后期钙应为 3.6％,高温(33 ℃)时可提高到 3.5％～3.7％,但不能超过 4％。限量法以少喂正常食量的 8％～9％为适宜。在限制饲养时,要有足够的饲槽和饮水器,使每只鸡都有机会均等采食、饮水。当鸡群受应激或气候异常冷时,不要减少饲料量,如遇夏季盛暑季节,最好推迟到秋季开始限制饲养为好。

第四节　产蛋期的管理

一、产蛋期的环境管理

1.温度

温度对鸡的生长、产蛋、蛋重、蛋壳品质及饲料转化率都有明显影响。产蛋鸡的生产适宜温度范围是 13～25 ℃,最佳温度范围是 18～23 ℃。冬季不宜低于 8 ℃,夏季不应超过 30 ℃。在较高环境温度下,达 37.5 ℃时产蛋量急剧下降,温度在 43 ℃以上,超过 3 h 母鸡就会死亡。当温度升高蛋重下降的同时采食量也会下降,温度在 20～30 ℃之间时,每提高 1 ℃,采食量下降 1％～1.5％,温度在 32～38 ℃之间,每提高 1 ℃,采食量下降 5％。相对来讲,鸡比较耐寒,但在低温时采食量会增加,一般在 5～10 ℃时采食量最高,在 0 ℃以下时采食亦减少,体重减轻,产蛋下降。因此,在寒冷的冬季,当温度降到 5 ℃以下时就要采取保暖措施以减少冷应激,减少不必要的经济损失。

2.湿度

湿度对蛋鸡的影响是与温度相结合共同起作用的。温度适宜时,湿度对鸡体的健康和产蛋性能影响不大,只有在高温或低温时,才有较大的影响。例如高温高湿时,鸡体蒸发散热困难,鸡体内积热,采食减少,饮水增加,活动减少,产蛋性能大大下降,鸡体难以耐受,严重时因中暑而死。此外,高温高湿环境易于微生物滋生繁殖,导致鸡群发病。高温低湿时,鸡体蒸发散热较顺利,特别是在气流加大时,可减缓高温对鸡的影响。低温高湿时,鸡体失热过多,鸡的采食量增加,饲料消耗增多。严寒时,既降低生产性能,又会引起冻伤。可见,高温高湿和低温高湿,对蛋鸡的健康和产蛋都是不利的,一般认为,蛋鸡适宜的湿度为 60%～65%。如温度适宜,其范围可适当放宽至 50%～70%。如果舍内湿度低于 40%,鸡羽毛零乱,皮肤干燥,空气中尘埃飞扬,会诱发呼吸道疾病。若高于 70%,鸡羽毛粘连,关节炎病也会增多。

3.通风

通风换气是调控鸡舍空气环境状况最主要、最常用的手段,它可以及时排出鸡舍内污浊空气,保持鸡舍内的空气新鲜和一定的气流速度,还可以在一定范围内调节温、湿度状况。一般舍内气温高于舍外,通风可以排出余热,换入较低温度的空气。蛋鸡舍内,空气中氨气的浓度应低于 0.02 mL/m^3,CO_2 的允许浓度为 0.15%。规模化鸡场一般采用纵向负压通风系统,结合横向通风可取得良好效果。

4.光照

合理的光照对提高鸡的生产性能有很大作用,除了保证正常采食饮水和活动外,还能增强性腺机能,促进产蛋,产蛋期光照原则是每天光照时间只能延长,不能缩短。但光照时间过长,强度过强,鸡会兴奋不安,并会诱发啄癖,严重时会导致脱肛;强度过弱,时间过短,又达不到光照的目的。一般产蛋鸡的适宜光照强度为 10～20 lx,每 15 m^2 的鸡舍面积,悬挂一个 40 W 的加罩普通灯泡,高度 1.8～2.0 m,其照度大约相当于 10 lx,光照时间以每天 16 h 为宜。人工补光开灯时间保持稳定,忽早忽晚地开灯或关灯都会引起部分母鸡的停产或换羽。有条件鸡场光照时间控制最好用定时器,采取早晚两头补的方法更为适宜,光照强度用调压变压器,并经常擦拭灯泡,保证其亮度。

5.饲养密度

产蛋期的饲养密度因品种、饲养方式而异。地面平养时,白壳蛋鸡 8 只/m^2,褐壳蛋鸡 6 只/m^2。网上平养时,白壳蛋鸡 12 只/m^2,褐壳蛋鸡 10 只/m^2。笼养时应根据所购买的鸡笼类型,按每个小笼的容量放鸡,每只鸡占笼底面积,白壳蛋鸡 380 cm^2,褐壳蛋鸡 465 cm^2。

二、产蛋期的日常管理

1.经常观察鸡群

鸡舍管理人员除喂料、捡蛋、打扫卫生和做好生产记录以外,最重要、最经常性的任务是观察和管理鸡群,掌握鸡群的健康及产蛋状况,及时准确地发现问题,采取改进措施,保证鸡群健康和高产。

(1)在清晨舍内开灯后

观察鸡群精神状态和粪便情况。若发现病鸡和异常鸡,应及时挑出隔离饲养或淘汰。发现有死鸡要立即报送兽医剖检,以便及时发现和控制疫情。

(2)夜间关灯后

倾听鸡只有无呼吸道疾病的异常声音,如发现有呼噜、咳嗽、喷嚏和甩鼻鸡只,及时挑出隔离或淘汰,防止疾病蔓延。

（3）喂料给水时

要观察饲槽、水槽的结构和数量是否能满足鸡的采食和饮水需要，同时查看采食情况和饲料质量等。

（4）观察舍温的变化幅度

尤其是冬、夏季要经常查看温度并记录。还要查看通风系统、光照系统和上下水系统等有无异常现象，发现问题及时解决。

（5）观察有无啄癖鸡

如啄肛、啄蛋、啄羽鸡。一旦发现，要把啄鸡与被啄鸡挑出，并分析原因，及时采取防治措施。

（6）对有严重啄蛋癖的鸡要立即淘汰

对新上笼的鸡要细心观察，遇有"挂头""别脖"鸡只，应及时解脱，以减少机械性损伤。

（7）及时淘汰

7月龄左右未开产的鸡和开产后不久就换羽的鸡。前者一般表现耻骨尚未开张，喙、胫黄色未退，全身羽毛完整而有光泽，腹部常有硬块脂肪。

2.维持环境条件的相对稳定

鸡对环境的变化非常敏感，同时非常胆小，任何突然的改变与刺激都会引起鸡群骚乱，使产蛋下降。因此要保持环境条件的相对稳定，减少应激。鸡舍周围严禁高声叫喊，不准鸣号；夜间严禁用强光照射鸡群。工作人员要定人定群，不能随意更改。鸡群的管理要严格按工作程序进行，如定时开灯、关灯、喂料、捡蛋、打扫卫生及通风换气等。鸡群产蛋大都在 8：00—15：00，这段时间更要注意保持安静，工作人员动作要轻，任何突击性工作，如抽样称重、免疫等，均不要安排在这段时间进行。

3.定时喂料

产蛋鸡消化力强，食欲旺盛，每天喂料以 2～3 次为宜。3 次的时间安排为第一次早晨 6：00—7：00，第二次上午 10：30—11：00，第三次下午 16：30—17：30；三次的喂料量分别占全天喂料量的 30％、30％和 40％。也可将一天的总料量于早晚两次喂完，每天匀料至少 3～4 次，以刺激鸡采食。

4.饮水卫生

（1）水源卫生管理　每批鸡进鸡前对水质进行监测 1 次。

（2）水源微生物超标时，对蓄水池进行消毒处理，每立方米添加 3 g 漂白粉。

（3）过滤器卫生管理　过滤器每天反冲或者清洗一次，每周轮换使用滤芯；加药器加完药后冲洗。

（4）水线卫生管理　空舍时对饮水管彻底清洗消毒，包括除垢、消毒、冲洗；进鸡后每月用消毒剂对水线消毒 1 次并记录；投完药后对水线冲洗 1 次；每隔 1～2 月，对舍内入户水质和管道前、后水质进行微生物检测，评估饮水卫生状况。

5.勤捡蛋

每天至少进行两次捡蛋，第一次上午 11：00 左右；第二次下午 16：30 左右。每次捡蛋时要轻拿轻放，破蛋、脏蛋要单独放，并及时做好记录。正常情况下，鸡蛋的破损率应在 2％～3％范围内。

6.定期称重

40 周龄前的体重检测是产蛋期十分重要的工作，应每周测定一次。鸡群未能维持适当的体重，很难达到理想的产蛋率。40 周龄后，每四周测定一次，帮助饲养者判断鸡群是否正常。并将抽测体重绘制成体重曲线，与标准曲线对照分析。

7.卫生防疫

保持鸡舍内外的清洁卫生,消毒池里的消毒液有效,经常清洗水槽料槽及其他用具,并定期消毒。定期监测抗体水平,并及时强化免疫接种。忌用磺胺类、呋喃类、抗球虫类、金霉素等药物,这些药物有抑制产蛋的副作用,用药后所产鸡蛋被人食用后,也会对人体产生不良影响。

8.做好生产记录,检查生产指标

每天应记录鸡群产蛋率、蛋重、耗料、死亡、淘汰、用药等,定期抽查母鸡体重,随时掌握生产情况,找出存在的问题,提高饲养管理水平。产蛋期生产记录具体格式参考表7-3。

表7-3　产蛋记录表

入舍母鸡数/只				品种			舍号	
入舍日龄/d				入舍平均体重			饲养员	
周龄/周	日龄/d	存栏/只	死亡/只	淘汰/只	总耗料/kg	产蛋数/枚	产蛋率/%	蛋重/g	备注
1									

注:备注栏主要注明免疫、用药及鸡群出现的意外情况及抽查的体重等。

9.防止饲料浪费

饲料成本占养鸡成本的65%～80%,节约饲料防止浪费对降低养鸡成本,提高经济效益意义很大。据统计养鸡饲料浪费量占全年消耗量的3%～8%,有的甚至达到10%以上。防止饲料浪费的主要措施有以下几点:

(1)合理配合日粮

日粮的营养成分应按标准要求。如日粮中的蛋白质含量高而能量低,则蛋白质作为能源而造成浪费,能量低的日粮蛋白质也应低一些,能量高的日粮蛋白质也应高些。

(2)合理使用饲喂设备

使用乳头饮水器可减少饲料浪费。使用水槽时,槽中水位不能太高,特别是喂干粉料时,鸡喙上喙粘的饲料会留到水槽中而浪费,同时还会污染饮水。选用大小适中的料桶,及时调整高度,其高度以高出鸡背2 cm为宜。笼养鸡因料槽侧板上有一定宽度的檐,所以浪费较少。

(3)喂料量

一次加料过多,是饲料浪费的主要原因。料槽的加料量应不多于1/3,料桶应不超过1/2。

(4)饲料颗粒度

蛋鸡生产中主要使用粉料,应注意防止过细,过细适口性差,易飞散;过粗,鸡易择食,采食不均匀,易造成营养不平衡。颗粒度以5 mm为宜。

(5)断喙

断喙不仅可以避免"啄喙",而且能有效地防止饲料浪费。据调查,断喙的鸡比未断喙的鸡饲料浪费减少约3%。

(6)灭鼠及防止其他野鸟的危害

一只老鼠每年可吃掉9～11 kg饲料,而且还传播疾病,因此,必须定期捕杀老鼠。鸡舍窗户应安装防雀网,这样既可减少麻雀等野鸟入舍采食饲料,同时也可能减少疾病传播。

(7)注意贮藏饲料

饲料保存应避光防潮,防止因吸潮而发霉变质,防止维生素失效,最好不要一次购入大量饲料。

(8)选用性价比好的饲料

饲料中添加酶制剂、枯草芽孢杆菌及使用微生物发酵饲料可提高饲料利用率,提高综合效益。

(9)注意环境温度

冬季室温低时鸡耗料增多,所以应加强防寒保暖工作。冬季供给温水,也能降低饲料消耗。

三、产蛋期的季节管理

1.春季

气温逐渐变暖,光照时间延长,是产蛋的大好季节,但也是微生物大量繁殖的季节。春季的管理要点是:提高日粮的营养水平,满足产蛋的需要;逐渐增加通风量;经常清粪,搞好卫生防疫和免疫接种;积极做好鸡场的绿化工作。

2.夏季

(1)夏季蛋鸡生产中常见问题

1)鸡舍内温度高。在不少地区夏季鸡舍温度可以达到33 ℃以上,超过25 ℃蛋壳质量和蛋重就会降低、超过30 ℃鸡群有热应激表现,出现热性喘息,采食量和产蛋率明显下降,超过35 ℃就可能出现鸡只热昏甚至死亡的情况。

2)采食减少。采食量减少造成的营养摄入不足是致使产蛋率下降的重要因素,30 ℃时鸡的采食量只有20 ℃时的90%,35 ℃时则只有70%～75%;饮水增加,33 ℃时鸡的饮水量是20 ℃时的2倍。

从市场情况来看,大多数养殖户不会对采食量进行监控,在这种情况下,可以采取对采食量预估的方法进行配方调整。预估方法为:环境温度在21～32 ℃下,每升高1 ℃采食量下降1.2%～1.5%;温度在32～38 ℃,每升高1 ℃采食量下降3.2%。以35周龄京红1号商品鸡为例,当环境温度为23 ℃时,采食量约为110 g,则变化见表7-4。

表7-4 京红1号商品蛋鸡采食量随温度变化的情况

室温/℃	采食量/g	室温/℃	采食量/g
23	110.0	32	99.8
25	107.4	34	93.5
28	104.8		

3)饮水增加。一方面是为了补充呼吸加快通过呼吸道散失的水分,另一方面是水在体内吸热后排出带走体内热量,但是饮水量增加也造成饲料的消化和吸收过程受影响(如饲料在消化道内停留时间缩短、消化液被冲淡、肠道内容物中营养素含量与血液中含量的差异缩小),粪便中水分含量明显增加。

4)营养素破坏。高温对饲料中营养素的破坏性增强,如维生素分解失效、脂肪酸败等;高温还容易导致料槽内的饲料发霉变质。

5)环境恶劣。由于高温造成的粪便被微生物分解而产生大量的有害气体以及蚊蝇滋生也是

夏季的重要问题。

（2）缓解夏季的热应激可以考虑采取综合性措施

1）减轻太阳辐射对鸡舍内温度的影响。夏季鸡舍内的温度受太阳辐射热的影响很大，没有采取防止措施的鸡舍屋顶温度能够达到 40 ℃以上。将屋顶进行涂白处理可以增强屋顶对太阳热辐射的反射能力，在屋顶设置喷水管或直接向屋顶喷水通过水的蒸发可以使屋顶温度明显降低。屋顶温度的降低既可以减少屋顶向鸡舍内的热辐射，也有利于鸡体周围温度向上部扩散。

2）降低进入鸡舍的空气温度。夏季外界气温高，在通风换气的时候进入鸡舍的空气温度有可能在 30 ℃以上，尤其是在晴天的中午前后进入鸡舍的空气温度可能在 35 ℃左右，这样高温度的空气进入鸡舍对鸡的影响是很大的。目前在一些大、中型蛋鸡场的较大容量鸡舍有采用湿帘来降低进入鸡舍空气温度的。它是在鸡舍的进风口安装特制的湿帘，湿帘上有循环水不停地流下使湿帘保持湿润状态；当排风机启动鸡舍内形成负压时舍外空气通过湿帘进入鸡舍，湿帘外面和里面的温度差别在 3～8 ℃。通过湿帘后进入鸡舍的空气温度降低幅度受多种因素的影响，如当时的外界气温、空气湿度、通过湿帘的气流速度、通过湿帘的水温、湿帘的厚度、湿帘蒸发表面污垢的沉积等。提高湿帘降温效果的措施：一是保证湿帘的适当厚度，虽然厚度越大降温幅度越大，但通风效率会随之降低；二是湿帘面积合适，稍大一些的湿帘面积可以使得通过湿帘的气流速度较慢，降温效果更好；三是保证通过湿帘的水的质量，水温尽量地低、循环水最好经过过滤处理、定期对水进行消毒以杀灭其中的藻类；四是对湿帘的外面进行防风沙处理。采用湿帘降温所带来的问题之一就是舍内相对湿度增高，甚至可以达到 85％以上。还有的鸡场利用地下管道或窑洞，将其中温度较低的空气通过进风口引入鸡舍，也可以降低舍温。但是，这些在小型养鸡场户是很难应用的。

3）加大鸡舍内的气流速度。鸡的体温高达 41 ℃左右，其体温的散发会使其周围空气的温度变得很高，当空气流动的时候把鸡周围的热空气带走并引进温度较低的空气，有利于鸡体热的散发。温度较高的情况下加大气流速度会使动物感到更舒适，如当鸡舍温度为 30 ℃、气流速度为 0.3 m/s 的时候鸡的体感温度就是 30 ℃，如果气流速度增加到 1 m/s 时鸡的体感温度约为 24 ℃，在鸡舍温度为 35 ℃，如果气流速度增加到 1 m/s 时鸡的体感温度约为 30 ℃。由此可见，在高温情况下加大气流速度对于缓解热应激是很有效的措施。目前，加大气流速度的方法主要是利用纵向通风技术，但在应用的时候要保证鸡舍两侧密封效果良好。

4）调整饲料营养水平。单位体积、重量的饲料中各种营养素的含量高，可以使鸡在采食量减少的情况下有效营养素的摄入无明显降低，其方法是减少低营养饲料原料（如菜籽粕、棉仁粕、糠麸等）的使用量，增加高营养原料（如豆粕、油脂等）使用量。关于饲料代谢能水平一般认为应该适当提高，蛋白质水平保持稳定或略有增加，不过限制性氨基酸的含量适当提高；维生素和微量元素用量比正常用量分别增加 30％和 20％。

①能量的调整：市场上接触的能量原料主要是玉米和油脂，夏季高温热应激下，环境温度高机体自身体温升高，代谢产生温度都会加剧鸡群热应激负面效果，所以在日粮调控的整体原则上，使用油脂代替碳水化合物（玉米）可以适当降低消化代谢中的产热量，减少热应激对鸡群的影响。另外添加油脂后饲料潮湿，增加适口性，能促进采食，降低舍内粉尘浓度。

饲料中可添加的油脂主要有鱼油、菜籽油、玉米油、椰子油、花生油、大豆油、葵花籽油等，玉米的禽代谢能为 13.56 MJ/kg，而油脂类的禽代谢能均相当于玉米的 2.6 倍以上，其中以大豆油代谢能水平 35.02 MJ/kg 为例，通过大豆油和玉米效价比对在能量提供上，1％大豆油相当于

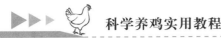

2.6%的玉米。

在夏季高温应激下,一般建议在日粮中添加油脂1%~2%;其调整水平并不绝对,应根据品种营养需要、鸡群采食量、产蛋性能进行调整;如产蛋高峰前期正常情况采食量103 g,随温度升高,采食量能降低到90 g,这种情况下在配方中添加油脂2%,南方市场上甚至可以添加到2.5%~3.0%,所以要依据品种不同阶段对能量需要进行调整。

但是,当温度大于36 ℃时,添加油脂可能适得其反,因为温度过高,添加油脂能迅速提高鸡体的温度,加剧热应激,不能达到很好的预期效果,而有效的温控管理措施是采食的关键。

②蛋白质的调整:在蛋鸡饲料配方中接触的蛋白原料主要是豆粕、棉粕、花生粕等,蛋白类原料最终是要通过消化降解成氨基酸,以氨基酸的形式参与机体消化吸收、代谢和组织的形成。所以蛋白质的营养实质是氨基酸的营养。

夏季高温情况下,蛋白质热增耗比例31.4%以上,实际上高蛋白日粮水平会增加肾脏的负担,甚至造成采食后体增热的增高;饲料中蛋白质的氨基酸不平衡,也会造成富余的氨基酸代谢产热,导致热应激加剧。

因此,在热应激条件下,为了保证足够的蛋白质摄入量同时又不额外增加热增耗,正确的做法是:蛋白质水平总体不变,但是必需氨基酸水平需要提高。在采食量低的情况下,可以通过添加人工合成的蛋氨酸、赖氨酸来提高可消化氨基酸的水平。以京红1号为例,在产蛋高峰期两种必需氨基酸的日摄入量分别维持在470 mg、870 mg。

在蛋白原料的选择上应该选择优质的豆粕,一般情况下到养殖户的豆粕蛋白质含量在43%,建议夏季可以采购蛋白水平为46%的高消化率优质豆粕。另外,很多养殖户会使用一些动物性蛋白原料,例如鱼粉等,其质量不易控制,高温潮湿环境易腐败变质,而且滋生微生物的概率较高,所以在夏季减少动物性蛋白类原料的添加,选用优质的蛋白原料有助于减少热应激。

③常量矿物质的调整:夏季采食量降低对所有营养素的摄入都会降低,钙和磷的摄入量也会降低。为了保证鸡只钙摄入量达到4.2 g/(只·d),而配方调整中没有空间增加石粉的添加量,所以实际生产中解决潜在钙磷缺乏问题,除了增加预混料的添加比例,可以在料槽铺上料之后,在饲料表层撒一层大颗粒石粉进行补足。

④微量矿物质的调整:夏季饮水量大、排泄增加,矿物质在粪尿中的排泄量会增加,按照日粮摄入量的减少幅度相应地提高添加量。同时考虑电解质平衡的关系,夏季鸡只张嘴喘气频率增加,不断呼出二氧化碳(二氧化碳来源于蛋壳腺中碳酸根减少),导致蛋壳品质较差,所以添加0.3%~0.5%的小苏打或0.15%~0.3%的氯化钾、氯化铵,有利于改善蛋壳厚度,但是考虑到饲料中Na^+,K^-,Cl的平衡,此时要适当减少食盐的用量。

⑤维生素调整:维生素也是高度关注的营养素,日常中养殖户夏季会采用增加预混料添加比例的调控方法,但是需要考虑原料的特性,因维生素的热不稳定性,冷藏环境才能保证维生素效价,所以在常温储存下维生素或预混料中维生素的效价会不同程度有损失,一般预混料建议添加量增加10%比例,但是维生素添加应超过10%甚至到40%,一方面使抵消采食量降低的影响,另一方面使对高温环境下维生素效价损失的弥补。

维生素C在高温环境下能起到很好的环节热应激作用,正常情况下一般预混料中没有必要额外添加维生素C,因为鸡体能够自身合成。但是当温度超过28 ℃时,自身合成能力降低,这时在每吨饲料中补充200~300 g维生素C可维持产蛋率温度;另外,高水平的维生素A、维生素D_3和维生素E对鸡群在高温环境下的表现也是有益的。

⑥功能性物质的调节:夏季缓解热应激可在饲料中添加的功能型物质主要有微生态、酶制

剂、有机酸、中草药提取物。

夏季鸡群肠道健康问题影响可通过添加微生态调节肠道内的菌群平衡;酶制剂的添加,可在玉米豆粕日粮中添加木聚糖酶、β-葡聚糖酶提高能量的利用效率;有机酸化剂添加一般为柠檬酸、延胡索酸;中草药提取物可以缓解热应激,一般可以添加黄芪多糖。

5)改进喂饲时间和方法。白天气温高的时候鸡的食欲下降,大量时间是消耗在饮水和喘息方面。为了使鸡只能够多采食,可以考虑在维持正常生产规程的情况下在凌晨1:00点前后把灯打开,并供应饲料和饮水,这时气温比较低,鸡只可以多采食饲料,而且还可以减少热应激导致的鸡只死亡。尤其是新开产的母鸡被毛比较厚,保温性能好,夜间休息时拥挤伏卧在一起,体内热量很难散发而在体内积聚,热量在体内过度积聚则不可避免导致热射病,甚至引起死亡。平时在生产中如果气温不是极端高温,白天热死鸡的现象很少而在夜间则较多。为了促进采食还可以考虑在每次添加饲料后约1 h在剩余的饲料上面少洒一点水,这样也可以刺激鸡只采食。也可以把早晨开灯的时间提前到4:00时(同样晚上关灯时间做相应提前),让鸡群在比较凉爽的时候采食。

6)降低饮水温度。夏季鸡的饮水量增加一是为了满足鸡体的生理需要,二是为了吸收体内的热量。据估计100 mL的20 ℃水在经过鸡体内排出之前温度升高至40 ℃可以吸收鸡体内8 kJ的热量。饮水温度越低则饮用单位体积的水所吸收的体热越多。因此,在生产上要设法降低饮水的温度,其方法有减少太阳对供水系统的暴晒,及时更新鸡舍内饮水系统内的水等。

7)加强饮水的卫生管理。采用水槽供水的情况下水槽内的水由于其中沉淀的饲料被微生物分解而很容易变质,这种水质恶化后会影响鸡只的饮用,即使鸡只饮用后也会对其健康产生不良影响。因此,夏季每天至少刷洗一次水槽,及时将其中的污物清理出去,必要的时候对饮水进行消毒处理。

8)喷水降温。喷水降温有两种方法,都是用在当鸡舍内温度很高,鸡只难以忍受的午间。其一是用喷雾器把凉水直接喷洒在鸡的身上,要求喷洒的时候重点把水喷洒在鸡的头部和胫部,因为高温时这些部位是体热辐射散发的主要部位。如果把水喷洒在鸡的体躯上由于羽毛的阻隔鸡的皮肤感受不到凉意,水珠容易从羽毛上滑落。而喷洒在头部和胫部则这些体表裸露部位能够直接感受到凉意,并且在水蒸发时从这些部位带走热量,有利于散热。喷向鸡体表的水珠不宜太小。其二是在鸡舍的屋梁下安装水雾化系统,水管内高压的水经过雾化喷头形成微小的雾滴,分布于鸡舍内的空气中,吸收空气中热量起到降温作用,当空气流动时吸热后的雾滴被排出舍外。安装水雾化系统必须保证鸡舍良好的通风,如果通风不良,气流速度慢,喷雾后鸡舍内相对湿度很高,与高的舍温相互作用,会使鸡的热应激反应加剧。喷水(雾)降温效果与水温的高低成反比。

9)增大昼夜温差。据报道,在夏季昼夜温差越大则鸡所出现的热应激反应越小。因此,在生产中不能忽视晚上的通风降温问题。

10)使用抗热应激添加剂。热应激情况下鸡对维生素的需要量明显增加,同时其体内合成维生素C的能力降低,由于大量排出稀便还会使其体内的电解质平衡出现紊乱,呼吸频率加快会使血液中二氧化碳含量减少而使血液略呈碱性即呼吸性碱中毒。加上其他一些生理机能的改变,使鸡只表现出明显的不适。使用抗热应激添加剂在一定程度上可以缓解这种问题,饲料中添加0.1%的碳酸氢钠或0.033%的维生素C、0.15%的氯化铵等都可以起到缓解热应激的作用。一些中草药添加剂也有良好的效果。

另外,夏季蚊蝇滋生会使鸡场内蚊蝇密度高出其他地方数十倍,蚊蝇不仅会传播疾病还会干扰鸡只的休息,尤其是蚊子在晚间吸鸡的血,会加剧热应激。因此,在夏季必须设法采取各种措施消灭蚊蝇。

3.秋季

光照时间逐渐缩短,天气逐渐凉爽,但初秋仍然天气闷热,加之秋雨连绵,鸡舍内往往潮湿,容易发生呼吸道和消化道疾病。秋季管理的要点是:加强通风,降低湿度;饲料中经常投放药物,防止发病;对产蛋高峰已过,已经进入产蛋后期的鸡群,可延长光照时间1~2 h,促进产蛋。

4.冬季

(1)搞好鸡舍的保温

低温增加采食量,降低饲料效率,温度过低会降低产蛋量,甚至冻伤鸡冠、冻破鸡蛋。因此,冬季做好鸡舍的保温工作对于维持良好的生产水平是十分必要的。其措施:关闭并遮挡北边和西边墙壁上的门窗、封堵孔洞和缝隙,减少寒冷的西北风进入鸡舍;必要时在鸡舍内用火炉或其他加热设施进行加热。

(2)处理好保温与通风的关系

在做好鸡舍保温的同时不能忽视鸡舍的通风管理,由于冬季鸡舍门窗大多数时间处于关闭状态,鸡舍内空气几乎不流动,这样容易造成有害气体在鸡舍内积聚。鸡群长时间生活在这样的环境中其抗病力会明显降低,这也是冬季呼吸系统疾病容易发生的主要原因。

对于采用自然通风的鸡舍可以在中午前后气温相对较高的时候把门、窗打开,这样不会使鸡舍内的空气温度降低幅度过大。对于采用机械通风的鸡舍,白天可以把通风量调整得稍大一些,夜间可以稍小一些,不能在夜间把风机全部关闭。也可以考虑把风机间歇性地打开,以免通风量大造成鸡舍温度下降过多。纵向通风鸡舍需要在进风口的内侧设置一个挡风板,将进入鸡舍的气流导向上方,然后再与鸡舍内的空气混合,防止冷风直接吹在鸡的身上。对于(半)高床鸡舍,在夜间可以把靠近地面的进风口打开而将中、上部的进风口关闭,当风机启动后气流从粪层的表面通过,既防止冷风直接吹向鸡体也能更有效地把产自粪层内的有害气体排出。

在有些鸡场,采用纵向通风的鸡舍把火炉安放在进风口附近,把排烟管弯曲盘绕在进风口内侧,外界空气进入鸡舍时被热风管加热,使得进入鸡舍的空气温度比较高。有条件的可以使用热风炉作为冬季保温通风的设施。

(3)调整饲料营养水平

冬季气温低,为了保持体温的稳定鸡只需要更多地消耗营养以产生更多的能量,这也促使鸡只的采食量增加。由于采食量增加的主要目的是提供更多的能量,如果不调整营养水平则会造成蛋白质及其他营养素的浪费。冬季的饲料配方可以把饲料的能量水平提高7%左右,其他营养成分不变,也有人认为在提高能量水平的同时把B族维生素的用量也适量提高以利于促进碳水化合物的代谢。

有资料报道冬季在饲料中添加1.5%的辣椒粉可以刺激鸡只产热以增加御寒能力,维持较高的生产水平。

(4)饮水管理

由于低温使水管内结冰无法给鸡舍内供水的情况在生产中并不少见,一般情况下水管安装在鸡舍内靠近进风口的附近,冬季通风时也很容易使水龙头附近结冰。因此,在鸡舍外面的水管如果不是埋在地下就必须进行防冻处理,鸡舍内的水管同样需要防冻处理。

水温对鸡的饮水量影响比较大,同样还影响到采食量和消化机能。在低温的冬季,供给低温的水会使鸡只的饮水量减少、采食量也会下降,还有可能引起肠道疾病。据实验结果证实,冬季给鸡群饮用30 ℃左右的温水不仅能够增加饮水量、采食量,还能够提高产蛋量。小规模的养鸡户采用这种方法是可行的。

二维码 7-4
产蛋鸡的管理要点

（5）改变喂饲时间

据有关资料报道，把早晨开灯时间提早到早晨 4 时（冬季一天内最冷的时间是在此时，另外晚上关灯时间也相应提早），并及时喂饲可以通过鸡只采食活动增加产热量而缓解冬季的寒冷应激。

四、散养蛋鸡的补饲与鸡蛋收集

1.散养蛋鸡的补饲

（1）补饲量与品种有关

一般选育程度高的配套系蛋鸡对散养的自然条件适应性差、自主觅食能力低，但产蛋量又高，所以补饲量多；而土种鸡则相反，所以在饲养土种鸡时补饲量与饲料的营养水平都可以相对低一些。

（2）补饲量与鸡的生理状态有关

在产蛋高峰期鸡所需要的营养多，所以补饲量自然要多。但是同为高峰期，不同鸡群的产蛋率，同鸡群中的不同鸡只产蛋率也不相同，有时两者相差悬殊，好的可能高过 80%，次的可能连 40% 都达不到，所以对不同鸡群的补饲，要有不同的方案。

（3）补饲量与外界环境条件有关

外界草虫资源条件和鸡群的散放养密度也与补饲相关，在草虫资源条件好、饲养密度合理时，可适当减少补饲量。对产蛋鸡在生产实践中，可依据以下具体情况，灵活掌握补饲量与补饲料的营养水平。

1）根据鸡群的食欲表现。在傍晚补饲时如果鸡只表现食欲旺盛，低头忙碌抢食，可适当增加补饲量，反之若表现为争抢食不积极，可适当减少补饲量。

2）根据抽测鸡体重情况。如体重稍有增加说明补饲营养水平适当，补饲量恰到好处；当鸡体重增加过快时，说明补饲料能量水平过高或补饲量过多，可适当降低补饲料中的能量水平或适当减少补饲量。

3）根据鸡群的产蛋表现。首先看全群产蛋率，开产后产蛋率上升较快，70～80 d 达到产蛋高峰，一般散养蛋鸡产蛋率要比笼养蛋鸡低 10% 左右，说明补饲料的营养水平与补饲量适当，当产蛋率上升慢，并出现上下反复波动，有时甚至出现下降，说明在补饲或者其他环节上出现了问题。其次看蛋重增加情况，正常鸡只开产后，蛋重要随日龄增长而缓慢增加，当蛋重达不到本品种要求而过小时，多是管理不当，补饲不到位，营养摄入不足。最后看每天的产蛋时间分布，正常鸡群在每日正午前，80% 当日应产蛋的鸡都会产蛋，如果观察到下午产蛋鸡产蛋较多现象，多半暗示补饲有问题。

2.鸡蛋的收集

（1）产蛋箱的放置

提前放置产蛋箱，这样鸡可较容易熟悉产蛋环境，并避免鸡在产蛋箱下阴暗处筑巢产蛋现象；随着鸡对产蛋环境的适应，在产蛋高峰后再将产蛋箱逐步提高，一般可离地面 30 cm 高，因为这时鸡只形成在产蛋箱产蛋的习惯，便不会在地面上产蛋了。

（2）产蛋箱内垫料与管理

蛋箱用的垫料可用稻壳或铡短的麦秸与稻草，垫料厚度为蛋箱挡板高度的 1/3 即可，垫料要定期添加与翻动，并及时剔除其中的粪便、羽毛、异物、受潮与结块的垫料，要时刻做到产蛋箱内

垫料干燥、清洁、无粪便。

(3)集蛋

蛋的收集是否及时，关系到蛋的污染程度和蛋的破损率。正常情况下，大多数鸡应在上午产蛋，所以集蛋时间应以上午为主，一般在高峰期上午要集蛋 3 次，下午集蛋 1 次。在下午集蛋后，将产蛋箱内仍趴着的鸡抱出，关闭鸡蛋箱，第二天早上开始光照后，及时将产蛋箱打开。

二维码 7-5
保洁蛋的收集与加工

(4)鸡蛋的处理

集蛋时要将净蛋、脏蛋分类摆放，在集蛋过程中要进行第一初选，将裂纹蛋、沙皮蛋、钢皮蛋、畸形蛋剔出摆放。对轻微污染的脏蛋，不能用水洗或者用湿毛巾擦拭。正确处理轻微污染脏蛋的方式是，用干抹布或干净刨花或细砂布将污物轻轻擦掉。

第五节　产蛋曲线的应用

在第一产蛋年，产蛋率呈现低—高—低的产蛋曲线。实际生产中可将育种公司发布的产蛋性能绘制标准曲线，同时根据鸡的实际产蛋情况绘制产蛋曲线进行比较分析。以产蛋周龄为横坐标，以该周龄每日对应的产蛋率为纵坐标，使用坐标纸或使用电脑 Excel 软件绘制。如图 7-4 为海兰褐壳商品蛋鸡的标准产蛋曲线和某鸡场产蛋高峰期发生新城疫的一个批次海兰褐壳商品蛋鸡群的实际产蛋曲线。

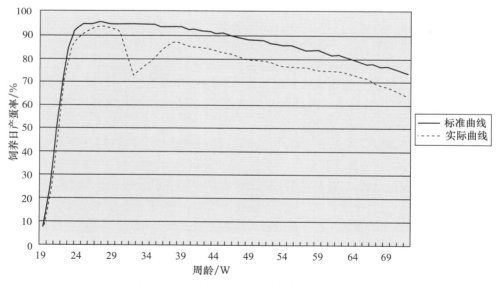

图 7-4　海兰褐壳商品蛋鸡的标准产蛋曲线

一、产蛋曲线的特点

现代商品蛋鸡的产蛋曲线具有三个特点：

(1)开产后产蛋率上升较快

正常饲养管理条件下，产蛋率的上升速率平均为每天 1%～2%，产蛋率初期上升阶段可达 3%～4%。从 23～24 周龄开产，29 周龄左右即可达到产蛋最高峰。褐壳蛋鸡一般在 20 周龄

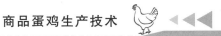

时,产蛋率达 5%;21 周龄时,产蛋率达 50%;25～27 周龄时,产蛋率达到 90% 以上,一直维持至 40 周龄左右。

（2）产蛋率达到高峰后,产蛋率的下降速度很缓慢,而且平稳

产蛋率下降的正常速率为每周 0.5%～0.7%,高产蛋鸡群 72 周龄淘汰时,产蛋率仍可达 70% 左右。

（3）产蛋率下降具有不可完全补偿性

由于营养、管理、疾病等方面的不利因素,导致母鸡产蛋率较大幅度下降时,在改善饲养条件和鸡群恢复健康后,产蛋率虽有一定上升,但不可能再达到应有的产蛋率。产蛋率下降部分得不到完全补偿。越接近产蛋后期,下降的时间越长,越难回升,即使回升,回升的幅度也不大。如发现鸡群产蛋量异常下降,要尽快找出原因,采取相应措施加以纠正,避免造成更多的经济损失。

二、产蛋曲线的作用

鸡实际产蛋曲线与标准产蛋曲线进行比较,可以衡量鸡群产蛋性能是否正常,预测下一步产蛋表现,分析导致产蛋异常的可能原因,及时纠正各项饲养管理措施,挖掘产蛋潜力。如图 7-4 具体分析如下:19 周龄饲养日标准产蛋和实际产蛋的产蛋率分别达到 8% 和 5%,22 周龄分别达 50% 左右。标准产蛋曲线的特点是:产蛋率达 50% 以后,到 25 周龄时达到产蛋高峰,产蛋率达 93%,28 周龄达最高峰,产蛋率为 95%。90% 以上产蛋率保持 23 周,产蛋高峰过后,每周产蛋率平均下降 0.62% 左右。实际产蛋曲线的特点是:产蛋率达 50% 以后,到 26 周龄时达到产蛋高峰,产蛋率达 90%,28 周龄达最高峰,产蛋率为 93%。90% 以上产蛋率保持 6 周后至 32 周时,产蛋率发生异常,连续下降到 34 周龄,下降幅度达 18%。然后产蛋恢复,恢复到 38 周龄,达 87% 后产蛋率开始逐渐下降,平均下降 0.7% 左右。该批鸡因产蛋高峰发生新城疫而导致产蛋性能不理想,即使鸡群恢复健康后,产蛋率也不能恢复到标准。

第六节　蛋品质量控制

鸡蛋的质量包括外部质量和内部质量两方面。目前常用的鸡蛋质量指标主要包括一般质量指标、蛋壳质量指标、内部质量指标三个方面。一般质量指标即蛋形指数、蛋重、蛋的相对密度;蛋壳质量指标即蛋壳状况、蛋壳相对重、蛋壳颜色和厚度、蛋壳强度;内部质量指标即气室高度、蛋黄指数、哈夫单位、血斑和肉斑率、蛋黄色泽、内容物的气味和滋味、营养物质的含量以及药物残留等。鸡蛋具体的质量指标和测定方法可以参考 NY/T 1758－2009 鲜蛋等级规格。鸡蛋的质量控制是蛋鸡安全生产的重要方面,也是增强市场竞争力的重要手段。

一、外观质量控制

鸡蛋的外观质量主要包括蛋的外形（大小、形状、洁净度等）和蛋壳质量（蛋壳的强度、颜色、质地等）。鸡蛋外观品质受遗传、环境、健康状况和日粮等多种因素的影响,见表 7-5。

二、内部质量控制

鸡蛋的内部质量指标主要有气室高度、蛋黄指数、哈夫单位、血斑和肉斑率、蛋黄色泽、内容物的气味和滋味、营养物质的含量以及药物残留等。内部质量影响到蛋品的营养价值和蛋品安全。影响鸡蛋内部质量的因素及控制措施见表 7-6。

表 7-5　影响鸡蛋外观质量的因素及控制措施

质量指标		影响因素	控制措施
蛋壳洁净度（蛋壳上有污染物和微生物，直接影响到食品卫生）	母鸡带菌	种鸡群被沙门氏菌、大肠杆菌和霉形体污染，导致雏鸡、蛋鸡和蛋鸡所产蛋被细菌污染	种鸡群进行净化；商品鸡定期使用抗菌药物杀菌
	舍内环境差	舍内空气中微粒、微生物含量高，导致蛋壳细菌污染；垫料、产蛋箱或集蛋带污浊	保持舍内空气和设备用具洁净；保持舍内适宜的湿度；定期进行消毒
	疾病	产蛋集群发生鸡白痢、大肠杆菌病和腹泻、输卵管炎以及禽流感等疾病	做好免疫接种工作；定期使用敏感的、允许使用的抗菌药物预防
	管理	收蛋不勤；产蛋箱不够，没有对蛋鸡进行训练等，使蛋产在外面，表面沾有粪尿污物和微生物；产出蛋保存前没有清洗消毒	保持充足的产蛋箱，并放置假蛋，训练鸡到产蛋箱内产蛋；勤取蛋；保存前要清洗消毒处理
	蛋破损	蛋破损后流出的蛋液污染其他蛋的蛋壳	减少破蛋，发现流蛋液的破蛋要及时捡出，放在指定容器内
蛋的大小与形状（蛋的大小和形状关系到蛋的分级，影响到蛋品的销售和价值）	遗传因素	不同品种和品系。如褐色蛋系的蛋重大于白壳蛋系；蛋重的品种内个体间差异大于品种平均数间的差异	选择优良的品种，保证品种的优良纯正
	年龄	蛋重随年龄增长而变大；开产时产软蛋较多，畸形蛋多，蛋内异物也多	产蛋后期适当控制采食量，因蛋过大蛋壳质量差
	开产体重	开产时体格和体重的大小影响开产初期乃至整个周期的产蛋成绩。开产时体重和体格在标准偏上，母鸡所产的蛋较大，反之较小	加强培育期的饲养和管理，保证饲料优质、使体重符合标准，并保证开产初期有适宜的增重
	开产日龄	日龄越大，蛋重越大。开产时蛋重较小，随日龄增加蛋重迅速增加，开产后 18 周（约 300 日龄）达到标准蛋重（60 g），开产时约为标准蛋重的 80%（48 g），72 周龄时约为标准蛋重的 108%（65 g）	科学饲养、合理光照，使蛋鸡在适宜的周龄开产，避免早产
	营养因素	饲料的质量好坏影响蛋的大小。能量、蛋白质（氨基酸）和亚油酸供给不足，蛋重减轻。蛋氨酸与能量的比例不适宜	保证各种营养物质的充足供给；夏季提高日粮蛋白水平或添加脂肪均可增加蛋重；产 1 g 蛋，蛋氨酸的摄入量为 5～6 mg，能量摄入量为 20.9～33.44 kJ 较合适
	管理因素	鸡舍温度影响。鸡舍温度超过 26.7 ℃时采食量降低，产蛋量、蛋重和蛋壳品质都下降；饮水不足以及水质不好影响蛋重	鸡舍保持适宜的温度。夏季采用淋喷系统或湿帘通风降温系统降低舍内温度；保证充足、洁净的饮水
	应激	应激（包括恐吓）会使蛋重不规律；用药不当也会使蛋重减轻。畸形蛋主要是由于壳腺发育不成熟、疾病、干扰和拥挤造成的。常见于开产青年母鸡（壳腺不成熟）或产蛋后期的母鸡（壳腺形成效率受影响）。蛋壳起皱是由于身体抑制（争斗或过度拥挤）和蛋壳形成过程中受到干扰	环境要安静、密度要适宜；产蛋期禁用痢特灵、磺胺类、喹乙醇等药物；减少应激
	疾病	患新城疫时，蛋壳形成过程中蛋白流动性大，可能造成鸡蛋侧面扁平或有皱纹。患传染性支气管炎时，由于输卵管的萎缩或变形等也可能影响蛋的大小和形状	做好新城疫、传染性支气管炎等病的预防接种工作；搞好隔离卫生和消毒等

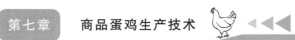

续表

质量指标	影响因素		控制措施
蛋壳强度及破蛋率（蛋壳强度高有利于收集和运输时减少蛋破损，有利于保存和销售）	遗传	品种。京白鸡的破损率高于海兰鸡，本地鸡低于进口鸡，褐壳蛋低于白蛋壳；产蛋率高的个体蛋壳质量较差，产蛋少的个体蛋壳质量较好	根据市场需求和销售情况选择蛋壳质量好的、适合本地的优良品种，如到外地销售的多饲养褐壳蛋鸡品种
	年龄	老龄。鸡群产薄壳蛋、破壳蛋、软壳蛋多。因为蛋壳腺所分泌的钙是恒定的，而蛋重却随鸡龄增加而增加，尤以产蛋后期增加量最为显著。蛋重增加使蛋表面积增大，致使蛋壳变薄。另外，产蛋后期母鸡的蛋壳腺脂肪沉积较多，对活性维生素 D_3 的合成减少，钙的吸收和存留能力降低	产蛋后期增加日粮中的钙含量（达到 $4.5\%\sim4.8\%$）；产蛋后期要限制饲养（采用探索性减料技术）控制母鸡体重（避免过肥）及蛋重；老龄鸡强制换羽后再利用
	管理	密度过大（过分拥挤导致蛋与喙和脚趾接触、拥挤时母鸡产蛋往往采用高位蹲姿而引起蛋碰破）、通风不良、光照不合理都影响蛋壳质量；阳光不足（影响体内维生素 D 的利用）	通风良好、密度和光照适宜；避免光照过强，让鸡适量晒太阳（皮肤中的 7-脱氢胆固醇在紫外线照射下形成维生素 D_3）
		一切应激因素（热和冷应激、疫苗接种、噪声、惊吓等）都会影响肠道对营养物质的吸收利用和蛋壳的正常形成，出现薄蛋壳或软蛋壳	尽量降低或减少应激，饲养中可使用抗应激药物或电解多维
		高温影响蛋壳质量。主要因为钙摄入随采食量减少而减少。高温下鸡对钙消化吸收力差，血钙较低；蛋壳由 CO_2 参与合成，高温下鸡呼吸次数激增，排出大量 CO_2，结果血液中 HCO_3^- 减少，蛋壳形成受阻	高温季节要适当提高日粮钙和碳酸氢钠的含量，添加维生素 C 等抗热应激添加剂，并且提高蛋白质的含量
		集蛋次数过少，每天集蛋 1 次，破损率为 $5\%\sim6\%$。集蛋和搬运动作粗暴	每天集蛋 3～4 次；集蛋、搬运等动作要轻柔，方法得当
	笼具	笼具设计不合理。如鸡笼底面的倾斜过大，笼底坡度从 7°增加到 11°，破蛋率升高；或坡度过小，因蛋不易滚出，常被鸡踩破，破蛋率升高。蛋滚出鸡笼时蛋与坚硬表面接触等	笼具设计合理，集蛋带上最好设置缓冲物，鸡笼底网具有较好的弹性
蛋壳颜色（蛋壳颜色是最直观的品种特性。正常鸡蛋壳颜色主要有白色与褐色两种，只有少量青色或蓝色品种，同一壳色的蛋应该均匀一致）	遗传	遗传变异。经过长期选育的鸡种，壳色深浅相对固定，但现代商用褐壳蛋鸡则因壳色存在着遗传变异，由于品系间杂交在壳色一致性上不理想	选择的鸡品种要纯正，避免品种混杂
		杂交。白壳与褐壳蛋鸡杂交子代产的蛋壳颜色为两者的中间颜色，即浅褐色或粉色，若用白来航公鸡与有色羽母鸡杂交，蛋壳颜色较浅，反交时较深。合成原卟啉能力是由遗传因素决定的，而且仅限于带颜色羽毛或皮肤的鸡种。在原卟啉的合成能力上，个体之间存在着与遗传相关的细微差别，即使相同品种的鸡蛋壳颜色也有一定的差别	通过选种可以加深蛋壳颜色，一般不能通过改变饲料来改变蛋壳颜色

质量指标	影响因素		控制措施
蛋壳颜色(蛋壳颜色是最直观的品种特性。正常鸡蛋壳颜色主要有白色与褐色两种,只有少量青色或蓝色品种,同一壳色的蛋应该均匀一致)	年龄	初产鸡蛋,蛋小,蛋壳颜色深。母鸡壳上膜的分泌量并不因年龄的变化而有所提高,当母鸡随着年龄增长而蛋重亦增大时,有限的壳上膜就会分布到扩大的蛋壳上,蛋壳颜色变浅,一般40周龄以后蛋壳颜色开始变浅。40周龄后的老母鸡对钙的吸收能力减弱,钙附着在蛋壳表面,形成一层白色钙粉或钙粒突起,蛋壳变薄或苍白。随年龄增加,鸡体内造血机能和其他生理代谢机能逐渐衰退,使色素合成不足或合成有限	保持适宜的蛋重、钙磷比例和维生素D的充足供应
	营养	日粮养分。鸡体在外界应激影响或处于亚健康状态或疾病发生时,一方面由于对营养素的吸收减少,造成某些营养素的缺乏;另一方面由于季节变化、应激影响,鸡群采食量降低,也会间接造成营养素缺乏,从而影响蛋壳颜色	提供饲料的能量水平,蛋壳颜色、光泽度要好一些;保持适宜的舍内环境,保证饲料营养的充足供给等
	环境	蛋壳颜色随季节而变化,冬季色深,夏季色浅。母鸡在热应激时,壳上膜的色素分泌会减少。秋冬季节交替之际,气温突降,鸡体一时不能适应,影响钙磷代谢,导致蛋壳颜色变浅	夏季注意降温,保证必要的营养摄取量;秋冬季注意温度的稳定
	管理	管理不善造成的应激。光照不足或不稳定不规律都会造成产白蛋壳。鸡笼设计不合理,使产蛋鸡没有一个合适的体位产蛋,造成蛋在壳腺中停留时间超长,导致过量的钙在表面沉积,褐壳蛋看起来苍白	产蛋期的光照应是恒定的。人工补光应保持稳定、配以科学的饲料营养,可保证优良的壳色与产蛋高峰
	应激	母鸡遭受应激(如惊群)也可引起输卵管收缩,造成蛋壳腺黏膜损伤;或由于蛋的滞留,使钙质过多地附着而形成粉壳蛋,也可能由于转群、防疫、外界惊扰对鸡产生应激作用,引起鸡体内的肾上腺素、皮质类固醇和可的松等激素水平的增高。各种应激因素都能影响鸡对钙的吸收和利用,由于应激使鸡产蛋时间延长,蛋在子宫中长时间存留,会增加钙的沉积,而使蛋壳颜色变得苍白	饲养过程中应尽量减少应激因素刺激,使集群保持适宜密度和舍温,可使蛋壳颜色和质量有所提高,还能确保鸡只高产稳产,造成产蛋下降,伴随色泽变浅。这类变化时间不会很长,调整环境,饮水中增补电解多维,白蛋壳现象会很快消失
	药物	许多药物影响产蛋率和蛋壳颜色,如磺胺类、呋喃类,喹乙醇,抗球虫药或驱虫药等。由于使用时间或用量不当,均会降低鸡体色素沉积能力,会导致蛋壳变白。过量饲喂高水平的一些药物也可导致抗生素的沉积,产生黄色蛋壳	产蛋期要合理使用磺胺类、呋喃类、喹乙醇、抗球虫药或驱虫药等药物
	疾病	蛋壳颜色变浅与鸡群发生输卵管病变有关。危害最重要的疾病有新城疫、巴氏杆菌病、减蛋综合征、肾型传支、白痢、禽流感等。这些疾病严重侵害生殖系统,除造成产蛋率锐减、蛋壳变薄、无壳蛋增多外,因严重隐形了子宫分泌功能,不仅蛋壳颜色褪色,而且软皮蛋和破壳蛋也大为增加。同时因患病引起消化功能紊乱而造成营养缺乏。另有资料报道,与呼吸系统有关的疾病都可影响褐壳蛋颜色和蛋壳强度	科学的免疫接种,注意卫生和消毒,保持舍内空气清新,避免呼吸道疾病的发生

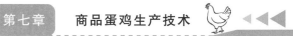

表 7-6　影响鸡蛋内部质量的因素及控制措施

质量指标	影响因素		控制措施
蛋黄颜色（蛋黄颜色是由脂溶性色素在卵形成期间沉积到蛋黄中形成的。利用测色仪或罗氏比色扇测定蛋黄颜色，罗氏比色扇简单实用）	饲料	鸡没有合成这些色素的能力,蛋黄中的色素来自饲料。饲喂黄玉米、苜蓿草粉、干藻粉等含叶黄素较高的饲料,蛋黄颜色色深,反之蛋黄颜色就会变淡。维生素 A、β-胡萝卜素、维生素 E 与生殖道黏膜上皮的发育和完整有关,影响色素吸收和沉积而影响蛋黄颜色	饲料中添加抗氧化剂,有利于防止色素氧化,提高色素对蛋黄的着色作用;蛋鸡生产中,添加人工合成色素。常用的人工合成色素有辣椒红、叶黄体、紫黄质、玉米黄质等;由于叶黄素溶于脂类,所以饲料中添加油脂有利于叶黄素在蛋黄中的沉积而加深蛋黄的颜色
		日粮营养不平衡会影响叶黄素在肠道吸收,从而导致皮肤苍白综合征,并且蛋黄颜色也会变浅。饲料中维生素 E、蛋氨酸、胆碱、微量元素、能量水平不当都会造成着色不良	保持饲料营养平衡,保证微量元素、氨基酸、胆碱以及维生素 E 的充足供给
		饲料中盐分、硝酸盐含量过高影响着色效果	避免盐分和硝酸盐含量过高
		维生素 A 和钙过量均使蛋黄颜色下降,有些饲料含某些影响蛋黄颜色的未知因子。日粮中类似脂化合物氧化产生的大量过氧化物能使蛋黄颜色减退	避免维生素 A 和钙过量;细稻糠和大麦的添加量不能超过 20% 和 50%（否则会明显使蛋黄颜色变淡）;日粮中添加抗氧化剂和维生素 E 有助于改善蛋黄颜色;饲粮中添加油脂可加深蛋黄颜色,特别是在饲粮色素含量低时,效果明显
		饲料产品加工制粒时蒸汽温度越高,加工时间越长,叶黄素损失量越大,使皮脂和蛋黄着色度降低	避免温度过高和加工时间过长
	疾病	疾病如球虫病、隐孢子、营养吸收障碍、传染性法氏囊炎或其他病毒性疾病、沙门氏菌病、慢性呼吸道病等均直接影响色素在肌体组织的沉积,特别是消化系统或肠道吸收功能发生障碍时更明显	避免有关疾病的发生;注意观察,发生后及时治疗
	污染	饲料受霉菌毒素污染会降低蛋黄着色度,因为毒素影响鸡的代谢和吸收途径。某些饲料原料(棉籽)或药品(尼卡巴醇)可致蛋黄杂色或变色	不喂发霉变质的饲料;控制棉籽饼用量;尽量不使用影响蛋黄着色的药物
	品种、性别、年龄	不同品种的禽类对类胡萝卜素衍生物在蛋黄或外皮组织中的沉积亦不同。老龄鸡随年龄增大,肠道吸收类胡萝卜素衍生物的功能逐渐减退,色素沉积能力日趋变小	注意品种选择;老龄鸡饲料适当添加色素
	其他因素	家禽饲养管理因素(如光、高温高湿及密度过大)会降低着色效果	保持适宜的环境条件

续表

质量指标		影响因素	控制措施
蛋白质量〔蛋白由浓蛋白与稀蛋白两种生理成分构成。一般通过测量浓蛋白的黏度（用哈夫单位表示）来确定其质量〕	遗传	品种对蛋白品质的影响较大,一般褐壳蛋比白壳蛋品质好	注意品种选择
	贮存	鲜蛋的哈夫单位每月下降1.5～2个单位;高温高湿的贮存环境会使蛋白黏性降低	将蛋覆油以防止空气和水分通过蛋壳交换。鸡蛋包装时应使气室向上,防止储存期间对蛋白造成压力;保持适宜的贮存环境
	营养	某些微量元素可以影响到蛋白质黏度	铬能显著提高蛋鸡产蛋率,降低卵黄胆固醇水平,提高哈夫单位(添加0.5 mg/kg的铬可显著提高鸡蛋哈夫单位);氯化铵可导致蛋清高度增加,并且浓蛋白量增加
血斑、血块、组织碎块等异物(血斑、血块主要是鸡蛋形成过程中卵泡破裂发生出血,或输卵管蛋白分泌部微血管破裂出血造成。血斑主要附着在鸡蛋的蛋黄表面,形成多样、大小不一,有芝麻粒大至豌豆大,颜色为红褐色。血块主要存在于生、熟鸡蛋的蛋清中,形态、大小、颜色与血斑相同。组织碎块是生殖系统脱落的组织碎块,如黏膜上皮组织、卵泡膜、异常增生物、凝固蛋白等)	遗传	遗传对鸡蛋血斑和肉斑的影响。血斑初产期或低产期的蛋鸡比较多见	白壳蛋的血斑率一般高于褐壳蛋,而肉斑率低于褐壳蛋。血斑率和肉斑率的遗传力约为0.25
	年龄	肉斑由蛋鸡身体器官组织引起,主要是年龄因素。随年龄增加蛋白肉斑比率上升,蛋白本身也变稀,降低蛋白的直观品质	
	饲料	维生素缺乏是影响血斑形成的主要影响因素;饲料受病毒、细菌毒素污染,使用磺胺喹噁啉或发生禽脑脊髓炎会提高蛋白中血斑的发生率。饲料中加药物尼卡巴津可使蛋黄上产生特有斑点。棉酚不仅可引起严重血斑,且引起蛋黄变蓝绿色,存放几天的鸡蛋更明显	注意补充维生素A、维生素C、维生素E、维生素K等,维持生殖道黏膜的完整。建议在产蛋鸡饲料中至少提供1 mg/kg的维生素K和10 000 IU/kg的维生素A;减少棉籽饼的用量和某些药物的使用
	疾病	减蛋综合征病毒、大肠杆菌、葡萄球菌侵害蛋鸡生殖器官引起输卵管炎或输卵管囊肿时,也可发生这种现象	做好这些疾病的防治工作
鸡蛋味道〔正常应该无味,异常可能有异味〕	饲料原料	鸡蛋一般不受饲料气味影响,但气味较浓的原料如葱、鱼粉、蒜味、鱼腥味、蚕蛹油味、牛油味等可直接影响蛋味道。饲粮中过量应用鱼粉、菜籽饼和胆碱常与蛋产生腥臭味有关	鱼粉用量占日粮5%以下。蚕蛹应先进行脱脂处理再作饲料,或控制用量在日粮的5%以下;菜籽饼应当采取去毒措施,消除所含毒物,并控制用量在日粮5%以下;过量饲喂甘蓝可使鸡蛋产生不良气味,应控制用量在4%以下;用大麦作饲料时,应添加β-葡萄糖酶,以促进β-葡萄糖水解,变为葡萄糖和低聚合度的物质,降低肠道内容物的黏度,促进营养物质吸收

续表

质量指标	影响因素		控制措施
鸡蛋味道（正常应该无味，异常可能有异味）	饲料添加剂	抗球虫药氯苯胍可使鸡蛋产生特异气味；鱼油属于脂肪类饲料添加剂，添加过多可使鸡蛋产生鱼腥味	产蛋期禁用氯苯胍；鱼油添加量控制在1%以下
	蛋内异物或变性	血斑蛋因出血形成，故有微弱血腥味；变性蛋黄已变性，故有腥臭气味	选择白壳蛋鸡品种，注意补充维生素A、维生素C、维生素E、维生素K等，维持生殖道黏膜的完整，做好侵害生殖器官的疾病防治工作，减少棉籽饼的用量，控制药物使用等
蛋内营养成分（蛋内营养含量关系到蛋的营养价值）	饲料营养	蛋中的营养含量受到饲料的影响，特别是一些微量成分的含量受饲料影响比较明显，饲料中微量元素和维生素不足可影响其在蛋中的含量	饲料中保持适宜的微量元素和维生素；饲料中增加维生素A、维生素D或一些B族维生素和铁、铜、碘、锰和钙矿物元素均可使它们在鸡蛋中的相应含量得到提高，生产出功能蛋
	添加剂	氨基酸、微量元素、中草药以及某些物质等添加剂可影响到蛋内某些营养成分变化	将党参、杜仲、姜黄、常山、郁金等中草药分别制成粉剂，按2%左右的必烈添加到饲料里喂鸡，产下的蛋即为低能量高蛋白的中草药蛋，生产保健蛋；添加2%～4%的海藻粉，还可使鸡产高碘蛋，有食疗保健功能；添加1%红辣椒粉和少量苜蓿粉、植物油，产出的蛋富含胡萝卜素和维生素C，食后既有利于养颜美容，又能预防坏血病等病症
药物及其他有害物残留	药物残留	药物使用不合理及未执行休药期的规定。如药物的剂量、用药途径、用药动物种类等不符合要求，造成药物在蛋中残留	合理使用药物预防和治疗疾病，严格执行各种药物规定的休药期
		使用违禁药物或标准规定不允许使用的药物。如使用硫酸新霉素、复方磺胺嘧啶、地克珠利、莫能菌素钠、马杜霉素铵、尼卡巴嗪等禁用的药物或药物添加剂。此外，使用磺胺类、呋喃类及金霉素等药物会影响蛋壳质量，使用某些药物还能造成鸡蛋中存在异味等	严格按照《兽药管理条例》《饲料鸡饲料添加剂使用规范》《食品动物禁用的兽药及其他化合物清单》《禁止在饲料和动物饮水中使用的兽药品种目录》使用兽药和药物添加剂；禁止使用阿散酸、洛克沙肿和土霉素药渣等以增强蛋黄和褐色蛋壳的色泽
	有害物质残留	饲料污染。如饲料及其原料被病原菌、病毒及毒素、重金属、有毒化学物质污染，饲料贮存不当被污染等	严格遵守蛋鸡饲料卫生要求；选择优质无污染的饲料原理；科学保存和使用饲料；避免鼠害
		饲养环境污染。工业废水、废渣、废气、土壤中重金属超标等	避免工业废水、废气污染饲养环境和土壤，保证饲养环境洁净卫生
		动物饮用水受到重金属、有毒化学物质、病原污染	定期检测水源，根据水质情况进行净化和消毒处理

第七节　强制换羽技术

一、强制换羽的意义

换羽是鸡的一种正常的生理现象,母鸡产蛋一年以后,到翌年夏秋开始换羽,换羽时母鸡一般停产。自然换羽历时长,约需4个月,而施行人工强制换羽只需50~60 d,大大缩短了换羽停产时间,且可延长产蛋鸡的利用年限,减少育雏次数,降低成本,提高经济效益。人工强制换羽,还可人为控制母鸡产蛋期与休产期,维持市场蛋品的均衡供应,具有很大的经济效益和社会效益。

二、强制换羽的方法

人工强制换羽是通过改变饮水、饲料、光照等条件,使鸡突然处于一个恶劣的生活环境中,产生应激而引起换羽。一般在母鸡产蛋12个月时进行,也有的在产蛋8~10个月就开始。具体做法是:在强制换羽前1周应把病、弱鸡淘汰,以免造成大批死亡。实施强制换羽的第1、2天断水,同时连续断料9~13 d,光照也由原来的14~16 h减到6~7 h。一般在断水、断料后2周,体重减轻25%~30%,死亡率3%。当不产蛋时,即开始由少到多地增喂饲料,约每100只鸡喂给1.8 kg含蛋白质16%~17%、钙1.1%的粉料,随着产蛋的回升,每天增加1.8 kg,直到每天加至10.9 kg时,便可任其自由采食。此时应将钙增至3.6%,每千克日粮中代谢能为11.51~11.92 MJ。强制换羽从开始到产蛋率恢复到50%,一般需50~60 d时间,如果鸡群原来基础较差,则恢复产蛋的时间还会延长。

近年来,为了避免停水、停料对鸡的不良影响,采用了喂给高浓度锌的方法,促使母鸡停产换羽,也获得良好效果。具体做法是:在含钙3.5%~4.0%的蛋鸡日粮中,均匀拌入占日粮2.5%的氧化锌或按4.0%的比例加入硫酸锌,连续饲喂1周,第8天起改用正常日粮。同时,开放式鸡舍停止人工补充光照,密闭式鸡舍减至8 h。因锌的味道不好,母鸡采食量第1天会减少一半,1周后采食量降到正常的20%以下,这样体重迅速减轻,开始换羽,产蛋率急剧下降直到停产。约经半个月后换羽结束,产蛋率也会逐渐上升。这种方法简便易行,安全可靠,不会引起大量死亡,而且换羽时间较短,恢复产蛋较快。还可在每吨饲料中加入8 g孕酮(黄体酮)激素,喂后10~12 d停止产蛋并开始换羽。

三、强制换羽应注意的事项

1)在实行强制换羽前,要对鸡群进行观察,发现病、弱鸡应及早淘汰;否则处理时死亡率高而误认为已达目的,但有时还未起到强制换羽效果,致使换羽不彻底。

2)采用断水绝食法,要确实掌握体重减少量,在处理前鸡群中选20~30只鸡称重并编号,4 d后每天进行称重,掌握体重下降情况,直到减重30%时为止。

3)在换羽时,密闭式鸡舍光照减为6~7 h。处理后的第30天再逐渐增加光照(每周1 h),直至产蛋鸡的正常光照时间,然后恒定。

4)处理开始后不会立即全部休产,第3~5天往往还有产蛋,但都为软壳蛋或破壳蛋。应在食槽内饲料吃完的当天,人工喂给每100只鸡2 kg贝壳粉,使停产前多产些合格的蛋。

5)鸡在断水绝食处理约10 d后,往往出现冠发紫,甚至有的鸡要死亡,这时切莫心痛,一定要使其体重减少25%~30%才给料,否则往往换羽不完全,其后产蛋状况也不好。

6)鸡在停食后 10 d 左右,处于高度饥饿状态,消化机能因长时间的空腹而大为减弱。因此,恢复喂料时饲料必须由少(每天每只鸡 30～40 g,日粮粗蛋白质含量 15％)渐增,否则易造成过食而导致消化不良。

7)在体羽大量脱落,新羽尚未长出时,鸡体散热量大,而采食数量又受限制。因此,在寒冷季节要特别注意保温,适当减少通风量,以免恢复期过长。

8)人工强制换羽适用产蛋水平较高的鸡群,对低产鸡群实施强制换羽,经济效益不大。

二维码 7-6
鸡的强制换羽技术

第八节　产蛋期容易发生的问题及解决办法

一、产蛋率突然下降的原因分析

鸡群的产蛋都有一定规律性,开产后其产蛋率急剧上升,一般在 6～8 周可达 90％以上的产蛋率;现代蛋鸡具有优良的生产性能,可保持 90％以上产蛋率达 4～6 个月以上;进入高峰期以后,在正常饲养管理条件下,产蛋率下降也很平稳。实际生产中,由于种种原因,鸡群的产蛋率突然下降。有时,产蛋率下降后还能恢复到原来的水平;有些情况,产蛋率下降后很难恢复,即使回升,幅度也不大,给生产造成难以弥补的损失。因此,有必要了解导致产蛋率突然下降的各种原因,以提供早做预防的依据;或者在产蛋率突然下降时,据此进行分析判断,及早找出原因,采取必要的措施,尽量减少损失。

1.蛋鸡休产日同期化

产蛋母鸡在连续几个产蛋日后,就会歇 1 d,这天就叫休产日。如果休产的鸡在某一天偶尔会增多,有 5％～10％的鸡同时休产,即使产蛋处于相对平稳的状态下,也会出现产蛋率的突然下降。这不是鸡群健康状况或产蛋潜力有什么变化,只不过是休产日同期化的鸡数临时增多,而形成产蛋率下降的假象,这种情况下,鸡群的产蛋率在很短时间内就会恢复到原来的水平。

2.环境方面的原因

(1)通风不足

在冬季,尤其是在密闭鸡舍为了保温,往往通风不足,造成鸡舍内氨气、硫化氢、二氧化碳等有害气体增多,会造成鸡群的产蛋率急剧下降 15％～20％,由于这种原因引起的产蛋下降,一般需要 1～2 个月的时间才能恢复。在夏天炎热的气候下,也会由于通风不足,造成舍内温度剧增,尤其是在喷雾降温以后,致使鸡群产蛋率剧降,严重的还会引起鸡的死亡。

(2)光照程序突然发生变化

突然停止或减少光照,以及光照强度突然降低等,都会造成鸡群产蛋量的突然下降。

(3)环境温度

为及早预防,鸡群突然受到热浪或寒流的袭击,以及长时间的高温或超低温等,都会使鸡群的产蛋量突然下降。

3.管理方面

(1)饲喂

若饲料的配方突然改变,没有过渡,以及饲料中钙及食盐的含量过高或过低时,都会使鸡群产生应激,造成产蛋量的突然下降。若连续几天喂料量不足,也会造成鸡群的产蛋率突然下降。

(2)饮水

由于管道堵塞或水槽漏水等原因,造成供水系统发生故障,造成断水或者鸡群长时间饮水不足,都会造成鸡群的产蛋率突然下降。

(3)惊吓

饲养员工作服突然改变颜色,作业程序发生改变,异常声响,陌生人或兽类等突然进入鸡舍,都会使鸡群受到惊吓,造成产蛋量急剧下降。

(4)操作

鸡群进行断喙、免疫接种以及使用药物不当等都有可能产生副作用,使鸡群的产蛋率突然下降。

4.疾病方面

鸡感染了急性传染病,会使鸡群产蛋率突然下降,并且大多数情况,很难恢复到原来的水平。当鸡暴发新城疫时,鸡群的产蛋率可以由 90% 以上下降到 20%～40%;鸡群感染禽流感时,鸡群的产蛋水平在 3～5 d 由产蛋高峰降到 10% 以下;产蛋鸡群在患了脑脊髓炎后,也会造成产蛋高峰的鸡群产蛋水平突然下降 15% 左右,不过一般在 2 周之内,能很快恢复到原来的水平;还有传染性支气管炎、减蛋综合征、禽霍乱、传染性喉气管炎等疾病都会造成鸡群产蛋率的突然急剧下降。

二、互啄的发生及预防

在现代化的密集饲养条件下,互啄是一种普遍现象。雏鸡在换羽时出现啄羽、啄趾;青年鸡啄尾羽、背羽;产蛋鸡啄肛、啄蛋等。这些都是啄癖,所有的鸡都会遭受互啄。据统计,因互啄造成的死亡和被迫淘汰的鸡,严重的可占鸡群 20%,给养鸡生产造成巨大的损失。因此,必须设法找出原因,给予预防。

1.发生的原因

(1)品种问题

具有神经质型的轻型蛋鸡要比其他的品种更易产生互啄。

(2)饲料及饲喂

饲料中能量水平过高,尤其是育成后期的饲料能量水平太高,造成小母鸡过肥,腹脂过多,母鸡易早熟,这样容易形成难产,造成脱肛现象,同时发生啄肛。产蛋鸡若饲料能量水平过高达 12.97 MJ/kg 以上,使鸡采食量很低,没有饱腹感,鸡群容易发生啄癖。

饲料中蛋白质缺乏,或饲料蛋白质中氨基酸含量不平衡,尤其是缺乏蛋氨酸及胱氨酸等含硫氨基酸;致使鸡羽毛生长发育不全,皮肤外露,容易引起啄癖。

饲料中矿物资缺乏,如钙磷含量不足,或是二者的比例不当,容易造成啄蛋癖;但由于含钙量低,鸡群产软蛋多,鸡产蛋时间过长,容易引起啄肛。饲料中食盐含量低能诱发鸡群形成啄癖。

限饲、强制换羽或者是料槽空的时间过长,鸡群饥饿时间长,也能诱发啄癖。

(3)管理方面

鸡群的密度过大,采食及饮水槽位不足,使鸡群有一种烦躁不安的感觉,容易发生啄癖。由于笼具或交配时公鸡抓伤等原因,引起鸡出现外伤,一旦出血,就会有很多鸡互啄。光线太强使鸡群情绪烦躁,容易引起互啄;同时当母鸡产蛋时,泄殖腔外翻,在强光的照射下呈粉红色,鸡对这种颜色敏感,更容易引起啄肛。

由于冬天关闭门窗过严,使鸡舍内的有毒有害气体增多,或者由于鸡舍长时间不清粪,产生的氨气、硫化氢等有害气体较多,刺激了鸡的上呼吸道,使鸡群的情绪烦躁不安,互啄现象自然增多。

（4）疾病方面

体外寄生虫过多,引起鸡骚扰不安,自啄体羽,也引来其他的鸡同啄;体内寄生虫进入输卵管内,容易引起啄肛。

另外,大肠杆菌、沙门氏菌等细菌引起的输卵管炎、子宫炎、腹膜炎等,造成输卵管的收缩力下降,容易引起脱肛,或者产蛋时子宫外露时间过长,从而引起啄肛。

2.防治措施

（1）营养全面

饲料的能量水平在 $11.30\sim11.72$ MJ/kg,即使轻型蛋鸡也不要超过 12.13 MJ/kg;粗蛋白质水平在 $16\%\sim18\%$,蛋氨酸+胱氨酸在 0.67% 以上的水平,食盐含量 $0.3\%\sim0.35\%$,粗纤维含量不能低于 4%。

（2）加强管理

鸡群的密度要适宜,保证每只鸡都有足够的采食和饮水的空间。产蛋期的光照强度控制在 $5\sim10$ lx;若是自然光照,可在鸡舍的窗子上安装百叶窗,降低射入鸡舍内的光照强度。定期清粪,加强通风,使鸡舍内的有毒有害气体降低到合理的程度。

（3）定期驱虫

一般一年 2 次,定期使用一些防制输卵管炎的药物。

（4）断喙

断喙是解决鸡群互啄最有效的手段,一般在雏鸡 7～10 日龄时进行断喙。

（5）防治措施

一旦鸡群中发生了互啄要尽快分析原因,及早采取有效的措施。对被啄的鸡只,要及时挑出,轻者在啄伤处涂擦龙胆紫药水,单独饲养,痊愈后再放回大群中,较重的要及时淘汰。若大群鸡互啄现象较为严重,可在饲料中加入 1% 的硫酸钠或硫酸钙,连喂 7 d,以后改用 0.2% 的比例,长期使用,可有效地防止互啄。在饲料中加入 2% 的羽毛粉,解决啄肛现象的效果也比较显著。或者在饲料中加入 1% 的食盐,连用 5 d,对治疗鸡群的互啄也很好。

三、蛋的破损与预防措施

在蛋鸡生产中,蛋的破损是一项由来已久的生产问题。在正常情况下,破损率应为 2% 以下,但由于种种原因可达 5% 以上,有些甚至可超过 10%,给养鸡业造成巨大的经济损失。

1.影响蛋壳质量的因素

（1）遗传

蛋壳的颜色、厚度和蛋比重等性状都受遗传性的影响。因此,不同鸡种或品系之间有些差异,如褐壳蛋比白壳蛋破损率低,产蛋率高的鸡种蛋破损率要高于产蛋率低的鸡种。蛋重越大,蛋破损率也越高。

（2）年龄

随着鸡群周龄的增加,所产蛋重也较大,蛋的表面积也相应增加,但是每平方厘米蛋壳的重量也相对减少了 37%,蛋壳因此变薄,蛋壳强度随之降低;再加上,随着鸡日龄的增大,鸡对钙质

的沉积能力下降。因此,鸡周龄越大,破损率也越高。

（3）营养

影响蛋壳质量的主要营养素有钙和磷、锰、维生素 D_3 和一些离子代谢。

不仅钙和磷的含量能影响蛋壳质量,而且饲料中二者比例也能影响。当日粮中含钙量低于 2％时,蛋壳的厚度和强度都明显地降低,当然随日粮中含钙量的提高,蛋壳质量明显提高,但是超过 4％以上,因饲料的适口性下降,鸡的采食量下降,反过来还会影响蛋壳质量。在产蛋前期,较高的磷水平能有效地防止笼养蛋鸡疲劳症的发生,若产蛋后期的磷含量过高,高血磷会影响钙质从骨骼中进入血液,从而影响蛋壳质量。因此,产蛋后期日粮中磷的水平要降低。

日粮中锰的含量低于 20 mg/kg 时,蛋壳质量明显下降,若达到 120 mg/kg 时,能有效地改善蛋壳质量。

饲料中的维生素 D_3 调节钙、磷的代谢,影响钙的沉积和再吸收,为形成坚硬蛋壳所必需。因此,日粮中维生素 D_3 不足时,会影响蛋壳质量,破损率提高。

血液中的酸碱平衡,对蛋壳质量的影响也比较大。一般认为 Na^+、K^+、Cl^- 离子在日粮电解质平衡方面有实际意义,而其中的 Na^+ 和 Cl^- 对血清中的磷有影响,从而与蛋壳质量有关,而且只有当 Na^+ 和 Cl^- 离子在一起对日粮中磷进行作用时才能抵消过量磷的影响。同时,血液中 HCO_3^- 离子对蛋壳的质量影响也很大,这就是在热天饲料中要添加小苏打的原因。

（4）环境

鸡舍环境温度对蛋壳的影响最大,舍温越高,蛋的破损率也越高。据试验,蛋的破损率在冬季为 1.59％,春秋季为 2.7％,夏季则高达 3.25％。夏季的高温一方面使鸡的采食量降低,鸡摄入的钙质减少,另一方面由于鸡呼吸性碱中毒,使血液中的 CO_2 丢失过多所致。因此,夏季鸡所产的蛋,蛋壳通常要薄 5％。若是高温高湿,对蛋壳的影响更大。光照时间若超过 17 h,蛋壳质量明显下降,破损率提高;光照强度过强时,鸡群烦躁不安,引起啄蛋癖,蛋的破损率也明显上升。

（5）疾病

鸡群若暴发新城疫、传染性支气管炎、减蛋综合征等疾病时,蛋壳质量明显下降,破损率会显著地提高。若在产蛋期对产蛋鸡群以上疾病进行免疫接种时,同样会影响蛋壳质量,蛋壳变白、变薄、变脆等。大肠杆菌、沙门氏菌若引起输卵管炎时也影响蛋壳质量。

（6）管理

主要是加强对人的管理,在捡蛋、搬蛋箱及称量时都要轻。否则,人为因素对蛋的破损率影响更大。另外,饲养密度大,捡蛋不及时,产蛋箱少以及产蛋箱内垫料少等都会使破损率增高。

（7）设备

鸡笼的结构,鸡笼排列方式,集蛋系统和集蛋容器都对破蛋率有影响。一般浅鸡笼从产蛋点到集蛋带的距离短,所以破损率就低。笼底的滚蛋角度从 7°增加到 11°时破损率提高,但是坡度过小,蛋滚不出来,长时间被鸡踩、鸡啄等,也会使破损率增高。底网铁丝的直径 2.5 mm 的比 2 mm 的破损率要高。底网网眼过大其破损率也高,鸡笼未设护蛋板的破损率也高。

鸡笼排列若是单层平列式,因两侧鸡笼共用 1 个集蛋带,增加蛋的碰撞机会,破损率自然也就高。同时,集蛋系统因部件接触不良,坡度过大,行程中直角过多,分集蛋带和总集蛋带不等速时,都会增加碰撞机会,从而提高破损率。

2.降低破损率的方法

为了降低破损率,必须要了解影响蛋壳质量的因素,以及产生破蛋的原因。只有这样,才能当养鸡场的鸡蛋破损率升高时,及时调查研究,找出原因,采取积极有效的措施,使破损率迅速降下来。

1)选择蛋壳品质较好的品种。

2)使用优质的全价饲料。

3)实行承包责任制,以提高饲养人员的责任心。将产蛋破损率的高低与饲养员的收入挂钩。

4)增加捡蛋次数,在产蛋高峰期能每天捡 5 次蛋。

5)产蛋期避免免疫接种。

6)减少窝外蛋,在地面平养或网上平养的鸡,易产生窝外蛋。窝外蛋多,会造成破蛋较多。防止窝外蛋的具体做法有:在开产前 1 周,将产蛋箱放入鸡舍,并用铁丝网或薄板挡住鸡舍各个角落,以防鸡到处产蛋,铺垫料的鸡舍产蛋初期应将产蛋箱放低,待鸡习惯后,再升高到适宜捡蛋的高度;有底网的产蛋箱,在产蛋的初级阶段,应放入麻袋片或草垫条,待产一段时间蛋后,再取出。如果方法得当,窝外蛋的比例能降低至 2% 以下。

7)经常检查集蛋系统,及时解决存在的问题。

8)降低蛋与底网的碰撞力,通过在底网上加一层塑料网垫或者在底网的铁丝上加套一层塑料管或在底网的铁丝上喷一层塑料,可大大降低破损率。

9)人工捡蛋与机械集蛋相结合,就是在机械集蛋开动之前,先将一些外观可见的破皮、沙皮、薄皮、软皮蛋捡出,然后再开动集蛋线。

肉鸡生产技术

第一节 肉用仔鸡的生产

一、肉用仔鸡的生产特点

1.早期生长速度快

快大型肉用仔鸡出壳重约 40 g,饲养 42 d 体重可达 2 400 g 以上,为出生重的 60 多倍。肉用仔鸡生长速度快是肉鸡产业高生产性能、高生产效率、高经济效益的首要条件。肉用仔鸡生长有以下规律:

(1)早期相对生长速度快(表 8-1)

表 8-1 罗斯 308 商品肉鸡公母混养相对增重表   %

周　龄	1	2	3	4	5	6	7
相对增重	298	157	91	60	43	31	23

(2)绝对增重的最高峰期是第 6 周(表 8-2)

表 8-2 罗斯 308 商品肉鸡周增重表   g

周　龄	1	2	3	4	5	6	7
公鸡增重	128	273	418	540	621	654	636
母鸡增重	122	250	364	453	510	531	519

2.生产周期短、资金周转快

在我国,肉用仔鸡 6～7 周龄可达到上市标准,部分地区或禽场已接近世界水平。第一批鸡出栏后,鸡舍经 2 周清扫、消毒处理后又可进鸡,全年可出栏 5 批以上。因此,生产周期短,资金周转快。

3.饲料转化率高

我国商品肉鸡料肉比已达到或接近世界水平。利用肉用仔鸡早期生长快的特点,缩短其饲养期,在 6 周龄上市,可进一步提高饲料转化率。饲料报酬高低是商品肉鸡生产成本高低、经济效益高低的关键。商品肉鸡饲料报酬的规律见表 8-3。

表 8-3　罗斯 308 商品肉鸡公母混养饲料转化率(料肉比)

周　龄	1	2	3	4	5	6	7
累积转化率	0.880	1.098	1.304	1.460	1.590	1.721	1.850

可以看出,随着周龄的增长,单位体重消耗的饲料量也在增加,特别是饲养后期,绝对增重降低,耗料量继续增加,使饲料报酬显著降低。

4.体重均匀度高

现代肉鸡不仅要求生长快,耗料省,成活率高,还要求体格发育均匀一致,出场时商品率高。如果体格大小不一,则降低商品等级,影响经济收入,给屠宰加工带来麻烦。如果采用公母分群饲养方法,均匀度则更高。

5.适于高密度大群饲养,劳动生产率高

肉用仔鸡性情温顺,活动量小,大群饲养很少出现打斗现象(除吃料饮水),具有良好的群居习性,不仅生长快,而且均匀整齐,因此,适于大群高密度饲养。在一般生产条件下,地面平养每人可管理 2 000～3 000 只肉仔鸡;半机械化条件下,每人可管理 3 000～5 000 只。在部分地区肉仔鸡饲养管理全过程基本实现了机械化、自动化,直接饲养人员一人可养 1 万～2 万只以上,可年产 5 万～10 万只以上,可见肉仔鸡生产的劳动生产效率很高。

6.肉用仔鸡腿部疾病较多,胸囊肿发病率高

肉用仔鸡由于早期肌肉生长较快,而骨骼组织相对发育较慢,加之体重大、活动量少,使腿骨和胸骨表面长期受压,易出现腿部和胸部疾病。此病会影响肉用仔鸡的商品等级,造成经济损失。

二、肉用仔鸡的饲养方式

肉用仔鸡的性情温驯,飞跃能力差,生长快,体重大,但抗逆性差,对环境条件的变化敏感,容易发生骨骼外伤和胸、脚病。因此,在选择饲养方式时对这些特性必须给予充分考虑。一般来说,肉鸡的饲养方式有地面垫料平养、网上平养、笼养和混合饲养的方式。

1.地面垫料平养

地面垫料平养肉用仔鸡是目前国内外最普遍采用的一种饲养方式(图 8-1)。方法是把鸡舍清理干净、消毒后,在舍内地面上铺一层 5～10 cm 厚的垫料,肉仔鸡直接生活在垫料上,随着鸡日龄的增加,垫料被践踏,厚度降低,粪便增多,必要时可以用带齿的耙来松动垫料,这样可以使垫料保持疏松并把粪便翻到垫料下面,减少鸡只与粪便直接接触的机会。翻垫料的时间应在2～4周龄,避开免疫的时间,并加大通风量,在整个饲养过程中翻三遍为宜。肉鸡上市后一次清理垫料和废弃物。

垫料要求松软、吸湿性强、未霉变、长短适宜,一般为 5 cm 左右。常用垫料有玉米秸、稻草、刨花、锯屑等,也可混合使用。

这种方法简便易行,投资较少。垫料与粪便结合发酵产生热量,可增加室温;垫料中微生物的活动可以产生维生素 B_{12},肉鸡活动时可以翻扒垫料,从中摄取;设备简单,节省劳力,肉仔鸡胸囊肿的发生率低。但是肉仔鸡直接接触粪便,容易感染由粪便传播的各种疾病。舍内空气中的尘埃较多,容易发生慢性呼吸道疾病。存在药品和垫料费用较高,单位建筑面积饲养量较少等缺点。

图 8-1　厚垫料地面平养

2.网上平养

网上平养就是把肉仔鸡饲养在舍内高出地面约 60 cm 的塑料网或铁丝网上,粪便通过网孔落到地面,可在饲养完一批鸡后清理,也可安装自动清粪设备,定期清理。鸡群在网上采食、饮水和活动,鸡粪通过网眼落到地面。网面网孔一般为 2.5 cm×2.5 cm,前两周为了防止雏鸡脚爪从空隙落下,可在网上再铺一层网孔 1.25 cm×1.25 cm 的塑料网,2 周后撤去。为了降低肉仔鸡胸囊肿的发生率,一般在金属板格上再铺上一层弹性塑料网(图 8-2)。

网上平养的优点是不需要垫料,劳动强度小,管理方便,减少了肉仔鸡和粪便接触的机会,减少了呼吸道病、大肠杆菌和球虫病等的发病率,明显地提高了成活率。缺点是投资比垫料平养高,清粪操作不便,若鸡体直接与金属网面接触摩擦,易发生腿部和胸部囊肿。

图 8-2　网上平养

3.笼养

笼养就是将肉仔鸡养在 3～5 层的笼内,一般使用层叠式或阶梯式鸡笼,每一层配有承粪板。随着日龄和体重的增大,一般采取转层、转笼的方法饲养。笼养提高了房舍利用率,便于管理。笼养的优点是能有效地控制球虫病的发生,提高饲养密度,提高鸡舍空间利用率,便于饲养管理和公母分饲,减少饲料浪费。但需要一次性投资大,胸囊肿和腿病的发生率较高(图 8-3)。

图 8-3　笼养

4.混合饲养

这种饲养方式结合了笼养和平养的优点,21日龄前在层叠式笼内饲养,21日龄后在网上平养或地面垫料平养。这种方式在饲养过程中需要转群,费时费力,而且容易导致鸡只损伤。

总之,肉仔鸡的饲养方式有很多种,我们要根据养殖场的具体情况,结合已有的设备等,采取合适的饲养方式,以取得最好的饲养效果。

三、肉用仔鸡的营养需要

肉仔鸡生长快,饲养周期短,饲粮必须含有较高的能量和蛋白质,对维生素、矿物质等微量成分要求也很严格。任何微量成分的缺乏或不足都会导致鸡只出现病理状态,肉仔鸡在这方面比蛋雏鸡更为敏感,反应更为迅速。能量蛋白质不足时肉仔鸡生长缓慢,饲料效率低。据研究,肉仔鸡饲粮能量在13.0~14.2 MJ/kg范围内,增重和饲料效率最好,而粗蛋白质含量在前期22%、后期21%时生长最佳。但是高能量高蛋白质饲粮尽管生产效果很好,由于饲粮成本随之提高,经济效益未必合算。生产中可据饲粮成本、肉鸡售价以及最佳出场日龄来确定合适的营养标准。

从我国当前的生产性能和经济效益来看,肉仔鸡饲粮代谢能为12.1~12.5 MJ/kg,粗蛋白质前期≥21%、后期≥19%为宜。同时,要注意满足必需氨基酸的需要量,特别是赖氨酸、蛋氨酸以及各种维生素、矿物质的需要。表8-4和表8-5为肉鸡在各阶段的营养需要量。

表 8-4　NRC(第9版)肉鸡营养需要(90%干物质)

营养素	0~3周	3~6周	6周以上
代谢能/(MJ/kg)		13.38	
粗蛋白质/%	23.00	20.00	18.00
精氨酸/%	1.25	1.10	1.00
甘氨酸+丝氨酸/%	1.25	1.14	0.97
组氨酸/%	0.35	2.32	0.27
异亮氨酸/%	0.80	0.73	0.62
亮氨酸/%	1.20	1.09	0.93
赖氨酸/%	1.10	1.00	0.85
蛋氨酸+胱氨酸/%	0.90	0.72	0.60
苯丙氨酸/%	0.72	0.65	0.56
苯丙氨酸+酪氨酸/%	1.34	1.22	1.04

续表

营养素	0～3周	3～6周	6周以上
脯氨酸/%	0.60	0.55	0.46
苏氨酸/%	0.80	0.74	0.68
色氨酸/%	0.20	0.18	0.16
缬氨酸/%	0.90	0.82	0.70
亚油酸/%	1.00	1.00	1.00
钙/%	1.00	0.90	0.80
氯/%	0.20	0.15	0.12
镁/mg	600	600	600
非植酸磷/%	0.45	0.35	0.30
钾/%	0.30	0.30	0.30
钠/%	0.20	0.15	0.12
铜/mg	8	8	8
碘/mg	0.35	0.35	0.35
铁/mg	80	80	80
锰/mg	60	60	60
硒/mg	0.15	0.15	0.15
锌/mg	40	40	40
维生素 A/IU	1 500	1 500	1 500
维生素 D_3/IU	200	200	200
维生素 E/IU	10	10	10
维生素 K/mg	0.50	0.50	0.50
维生素 B_{12}/mg	0.01	0.01	0.007
生物素/mg	0.15	0.15	0.12
胆碱/mg	1 300	1 000	750
叶酸/mg	0.55	0.55	0.50
烟酸/mg	35	30	25
泛酸/mg	10	10	10
吡哆素/mg	3.5	3.5	3.0
核黄素/mg	3.6	3.6	3.0
硫胺素/mg	1.80	1.80	1.80

表 8-5　爱拔益加(AA)肉鸡营养成分建议

营养成分	育雏期(0～21 d)	中期(22～37 d)	后期(38 d 至上市)
粗蛋白质/%	23.0	20.2	18.5
代谢能/(MJ/kg)	13.0	13.2	13.4
能量蛋白比	135	158	173
粗脂肪%	5～7	5～7	5～7
亚油酸%	1	1	1
叶黄素/(mg/kg)	18	26～33	26～37
抗氧化剂/(mg/kg)	120	120	120
抗球虫药	+	+	—

续表

营养成分	育雏期(0～21 d)	中期(22～37 d)	后期(38 d 至上市)
矿物质/%			
钙	0.9～0.95	0.85～0.90	0.80～0.85
可利用磷	0.45～0.47	0.42～0.45	0.38～0.43
盐	0.30～0.45	0.30～0.45	0.30～0.45
钠	0.18～0.22	0.18～0.22	0.18～0.22
钾	0.70～0.90	0.70～0.90	0.70～0.90
镁	0.06	0.06	0.06
氯	0.20～0.30	0.20～0.30	0.20～0.30
氨基酸(最低量)/%			
精氨酸	1.25	1.22	0.96
赖氨酸	1.18	1.01	0.90
蛋氨酸	0.47	0.45	0.38
蛋氨酸＋胱氨酸	0.90	0.82	0.75
色氨酸	0.23	0.20	0.18
苏氨酸	0.78	0.75	0.70
维生素(附加量)			
维生素 A/(IU/kg)	8 800	8 800	6 600
维生素 D_3/(IU/kg)	3 300	3 000	2 200
维生素 E/(IU/kg)	30	30	30
维生素 K/(mg/kg)	1.65	1.65	1.65
硫胺素/(mg/kg)	1.1	1.1	1.1
核黄素/(mg/kg)	6.6	6.6	5.5
泛酸/(mg/kg)	11	11	11
烟酸/(mg/kg)	66	66	66
吡哆醛/(mg/kg)	4.4	4.4	3
叶酸/(mg/kg)	1	1	1
氯化胆碱/(mg/kg)	550	550	440
维生素 B_{12}/(mg/kg)	0.022	0.022	0.011
生物素/(mg/kg)	0.2	0.2	0.11

四、肉用仔鸡的饲养

1.饮水

雏鸡进入育雏室后,检查饮水器是否漏水,一般在出壳 24～48 h 内让肉仔鸡饮到水,最长不超过 36 h,经长途运输或在高温条件下的雏鸡,最好在饮水中加入 5％～8％ 的多糖和适量的维生素 C,连续用 3～5 d,能起到增强雏鸡体质的作用,缓解运输途中引起的应激,促进体内胎粪的排泄。初饮时饲养人员在每个圈内要抓几只小鸡,将其喙部浸入水盘内,之后放下让其自己饮水,一般在一个圈内有几只雏鸡会饮水,其他雏鸡很快也通过模仿就学会了饮水。

头3～5 d用温水,水温应为18～20 ℃,以后改喂凉水,刺激雏鸡食欲。应每天更换新鲜的饮水,不可中断。饮水器均匀地放在饲料盘与保温伞或热源的附近,要求分布位置固定,使鸡容易找到水喝。使用饮水槽的鸡场,平均每只鸡至少要有2 cm的饮水位置。如果采用乳头式饮水器,最初两天将乳头调节到小鸡眼部高度,第3天提升水线,使雏鸡以45°角饮水,第4天起逐渐升高水线,到第10天鸡只应以70°～80°由饮水器下方饮水。

2.开食

开食的正确与否是养好肉仔鸡的重要环节,开食过早有害消化器官,对以后生长发育不利;开食过晚会消耗雏鸡体力,使之变得虚弱,影响以后的生长与存活。正确的开食时间是在雏鸡出壳24 h进行,此时鸡群有1/3有啄食表现,在雏鸡饮水后1～2 h开始喂料。开食料应营养丰富:全价,且新鲜、易于消化,颗粒大小适中,易于啄食。如使用粉料,则应拌湿后再喂。把饲料放在小料盘或塑料布上,用手指轻轻敲击饲料就会引诱部分小鸡啄食饲料,雏鸡采食有模仿性,大群雏鸡很快就能学会采食。

3.饲喂

(1)饲喂阶段划分

目前肉仔鸡的饲料配方采用三段制:0～3周龄用前期料,4～5周龄用中期料,6周龄至出栏用后期料;也有采用两段制,即4周龄前为前期料,4周龄后为后期料。

(2)饲喂颗粒饲料

颗粒饲料进食营养全面、比例稳定,不会发生营养分离现象,鸡采食时不会出现挑食,饲料浪费少。同时颗粒饲料适口性好,体积小,比重大,肉鸡吃料多,增重快,饲料报酬高。但颗粒饲料加工费高,肉鸡腹水症发病率高于粉料,因此要注意前期适当限饲。

(3)实行自由采食

从第一天开始到出栏,应充分饲养,尽可能诱使肉鸡多吃料,实行自由采食。喂料时应少添勤添,一般每2 h添料1次,添料的过程也是诱导雏鸡采食的一种措施。2 h后将料桶或料槽放在饲料盘附近以引导雏鸡在槽内吃料,5～7 d后,饲喂用具可采用饲槽、料桶、链条式喂料机械等,槽位要充足。

(4)保证采食量

保证有足够的采食位置和采食时间,高温季节采取有效的降温措施,加强夜间饲喂;检查饲料品质,控制适口性差的饲料的使用量。肉仔鸡生长和耗料标准见表8-6。

表8-6　肉用仔鸡生长和耗料标准

周龄	体重/g			累计耗料量/g			耗料增重比		
	公鸡	母鸡	混养	公鸡	母鸡	混养	公鸡	母鸡	混养
1	180	170	175	154	146	149	1.10	1.10	1.10
2	456	424	440	484	458	471	1.20	1.23	1.22
3	839	751	795	1 032	939	986	1.43	1.47	1.45
4	1 325	1 175	1 250	1 829	1 669	1 750	1.64	1.72	1.68
5	1 890	1 650	1 770	2 911	2 606	2 761	1.91	1.98	1.94
6	2 536	2 174	2 355	4 337	3 804	4 074	2.21	2.29	2.24
7	3 181	2 699	2 940	5 949	5 236	5 586	2.50	2.73	2.58

（5）逐渐换料

应当注意的是，各阶段之间在转换饲料时，应逐渐更换，有 3～5 d 的过渡期，若突然换料易使鸡群出现较大的应激反应，引起鸡群生长减慢甚至发病。不同阶段的饲料主要原料不应发生大的变化，突然换料鸡不爱吃新料，形成换料应激，在饥饿状态下容易导致壮鸡啄羽，弱鸡发病，病鸡死亡。

（6）减少饲料浪费

饲料要离地离墙存放，以防止霉变，不喂过期饲料。饲料要少加、勤加，加料达饲槽深度的 2/3 时浪费 12%，到饲槽的 1/3 时仅浪费 1.5%。加料次数多还有利于观察和引动鸡群，及时发现疾病和降低胸囊肿的发病率。饲槽的槽边要和鸡背同高或稍高于鸡背，并随鸡的生长不断加高。

五、肉用仔鸡的管理

1.采用"全进全出"制

"全进全出"是在同一范围内只进同一批雏，饲养同一日龄鸡，并且出栏时间基本一致。雏鸡出栏后彻底打扫、清洗、消毒鸡舍，切断病原微生物的循环感染。消毒后密闭一周，再饲养下一批鸡。现代肉鸡生产要求全部采用"全进全出"的饲养制度，这是保证鸡群健康、根除病原的根本措施。

"全进全出"分为三个级别，一是一栋鸡舍的"全进全出"，二是一个饲养户或鸡场一个区域范围内的"全进全出"，三是一个鸡场内全部鸡舍的"全进全出"。

2.提供适宜的环境条件

（1）温度

适宜的温度是育雏成功首要条件。温度计挂在鸡群中央，远离热源，高度与雏鸡站立时头部相平。供温标准为，第 1～2 天为 33～35 ℃，以后每天降温 0.5 ℃左右。在生产实际中，如果难以做到每天降温 0.5 ℃，一般以每周递减 2～3 ℃的降温速度比较合适。从第 5 周起到上市期间，环境温度保持在 20～24 ℃，这对增重速度和饲料转化率都极为有利，这是肉用仔鸡对温度要求的一大特点。

（2）湿度

育雏室湿度过高，易造成雏鸡羽毛污秽、零乱、食欲不振、腹泻，并利于霉菌和其他病原体特别是球虫卵囊发育而致病。湿度过低，雏鸡体内水分随着呼吸而大量散发，导致饮水增加，易发生腹泻，同时妨碍羽毛生长和出现脚趾干瘪。高温高湿是球虫病暴发的有利条件，所以，育雏应高度重视湿度的控制。育雏期（前 3 周）相对湿度控制在 65%～75% 最适宜，如鸡舍内湿度过高，则应增强通风，暂时减少带鸡喷雾消毒次数，改成 4～5 d 喷 1 次来改善。如湿度过低，空气干燥，则可用盆装已按比例稀释好的消毒水放在舍内，让其自由发挥，以增加湿度，同时增加带鸡消毒的次数，可每天喷雾 1～2 次。后期应避免高湿，相对湿度控制在 55%～60%，而此期因饮水量大、呼吸量大导致空气易潮湿，这时应添加干爽垫料，加强通风。

（3）通风

肉用仔鸡饲养密度大、生长发育迅速、代谢旺盛，鸡舍内的氨气、硫化氢、二氧化碳、一氧化碳等有害气体含量高，空气污浊，对鸡体生长发育不利，容易暴发传染病。因此应加强舍内通风，保持舍内空气新鲜和适当流通。

肉用仔鸡对氨气最为敏感，当鸡舍有刺鼻氨味时，必须进行通风换气，否则氨气刺激鸡只上

呼吸道黏膜等,削弱机体抵抗力,引发呼吸道疾病。氨气产于地面,所以越接近地面,氨气含量越高。硫化氢浓度过高时引起的是黏膜酸损伤和全身酸中毒,情况如同氨气。二氧化碳浓度过高,持续时间较长时造成缺氧。一般情况下,鸡舍氨气的浓度不能超过 20 mg/kg。通风可以采取通过自然通风和机械通风完成。

（4）光照

肉鸡的光照有两个特点。一是光照时间尽可能地长,这是延长鸡的采食时间,适应快速成长,缩短生长周期的需要。二是光照强度要尽可能地弱,这是为了减少鸡的兴奋和运动,提高饲料利用率。

肉仔鸡的光照方法主要有 3 种:

1）连续光照法:即在进雏后的头 2 d,每天光照 24 h,让鸡尽可能地适应新环境;3 日龄以后23 h 光照,1 h 黑暗,黑暗是为了使鸡适应生产过程中突然停电引起炸群等应激。黑暗时间在晚上,即天黑以后不开灯,停 1 h 后再开灯。此法的优点是雏鸡采食时间长,增重快,但耗电多,鸡腹水症、猝死、腿病多。

2）短光照法:即第一周每天光照 23～24 h,第二周每天光照 20～21 h,第三周以后每天光照16 h,出栏前一周每天光照 22 h。此法可控制鸡的前中期增重,减少猝死、腹水和腿病的发病率,最后进行"补偿生长",出栏体重没降低却提高了成活率和饲料报酬。对于生长快,7 日龄体重达 175 g 的鸡可用此法。

3）间歇光照法:在开放式鸡舍,白天采用自然光照,从第二周开始实行晚上间断照明,即喂料时开灯,喂完后关灯;在密闭式鸡舍,可实行 1～2 h 照明,2～4 h 黑暗的光照制度。此法不仅节约电费,还可促进肉鸡采食。但采用间歇光照,鸡群必须具备足够的采食、饮水槽位,保证肉仔鸡有足够的采食和饮水时间。

光照强度由强到弱,第 1 周,强度为 15 lx;第 2 周,强度为 10 lx,第 3 周至出栏降至 5 lx。初期光照强度强有利于雏鸡熟悉环境,后期弱光可以减少啄癖的发生,利于鸡群安静。灯泡安装要有灯罩,以灯高度为 2 m,灯泡间距 3 m 为适宜,灯泡分布要均匀。一般每 10 m² 面积上安装1 个25 W 灯泡可提供 10 lx 的光照强度。

（5）密度

肉用仔鸡饲养密度根据鸡舍结构、通风条件、饲养管理条件及品种性能来确定。随着雏鸡的日益长大,每只鸡所占的地面面积也相应增加,有利于提高肉仔鸡增重的一致性。具体饲养密度可参考表 8-7。

表 8-7　肉用仔鸡的饲养密度　　　　　　　　　　　　　　　　　　　　　　只/m²

周龄	平养密度	立体笼养密度	技术措施
0～2	25～40	50～60	强弱分群
3～5	18～20	34～42	公母分群
6～8	10～15	24～30	大小分群

3.公母鸡分群饲养

实行公母分群饲养,是近年来随着肉鸡育种水平和初生雏鸡性别鉴定技术的提高而发展起来的一种饲养制度,在国内外的肉用仔鸡生产中普遍受到重视。

（1）公母鸡的不同之处

公、母雏生理基础不同，因而对生活环境、营养条件的要求和反应也不同。主要表现为：生长速度不同，4周龄时公鸡比母鸡体重重近13％，7周龄时重18％；沉积脂肪的能力不同，母鸡比公鸡易沉积脂肪，反映出对饲料要求不同；羽毛生长速度不同，公鸡长羽慢，母鸡长羽快；表现出胸囊肿的严重程度不同，公鸡比母鸡胸部疾病发生率高。

（2）公母分群后的饲养管理措施

1）分期出售。按经济效益分别出栏，一般母鸡在7周龄以后增重速度相对下降，饲料消耗增加，这时若已达到上市体重可提前出栏；而公鸡在9周龄以后生长速度才下降，因而可养到9周龄时出栏。

2）按公母调整日粮营养水平。公鸡能更有效地利用高蛋白质饲料，中、后期日粮蛋白质可分别提高至21％、19％，母鸡则不能利用高蛋白质日粮，而且将多余的蛋白质在体内转化为脂肪，很不经济，中、后期日粮蛋白质应分别降低至19％、17.5％。

3）按公母提供适宜的环境条件。公鸡羽毛生长速度慢，前期需要稍高的温度，后期公鸡比母鸡怕热，温度宜稍低；公鸡体重大，胸囊肿比较严重，应给予更松软更厚些的垫草。

公母分群饲养可节省饲料，提高饲料的利用率；同时使肉鸡体重均匀度提高，便于屠宰厂机械化操作。

4.鸡群状况观察

观察鸡群的时间是早晨、晚上和饲喂的时候，这时鸡群健康与病态均表现明显。观察时，主要从鸡的精神状态、饮欲、食欲、行为表现、粪便形态等方面进行观察，特别是在育雏第一周这种观察更为重要。如鸡舍温度是否适宜，食欲如何，有无行为特别的肉仔鸡等。如果发现呆立、翅膀耷拉、闭目昏睡或呼吸有异常的仔鸡，要随即分出，并及时查找原因，对症治疗。

（1）从采食上观察

凡开食正常，健康发育的雏鸡，其采食正常，耗料量正常增加，体重增加明显。若鸡群耗料量和体重增加不明显，则要查明原因，合理解决。

（2）从行为上观察

对于正常雏鸡，叫声轻快，声音短而大，清脆悦耳；行动活泼，羽毛整洁，眼睛有神；休息时平坦地躺在保温伞周围。对于不正常雏鸡，叫声烦躁，声音大而叫声不停，不断发出"叽叽叽"的叫声；行动缓慢，站立休息，常常拥挤成堆；羽毛蓬乱，翅膀下垂。

（3）从粪便上观察

仔鸡正常粪便软硬适中，呈灰色，并有一层白霜样的尿酸盐沉淀。如粪便稀薄、黏稠、白色、血便或酱状，这是肠胃系统消化不正常的表现。

（4）从呼吸音上观察

饲养人员要在夜间仔细聆听仔鸡的呼吸音，健康仔鸡呼吸平稳无杂音。若仔鸡呼吸有啰音、咳嗽、呼噜、打喷嚏等症状，表明已患病，应及早治疗。

（5）从鸡冠颜色上观察

若鸡冠呈紫色，表明机体缺氧，可能患急性传染病；若鸡冠苍白、萎缩，可能患贫血、球虫病、伤寒等慢性传染病。

5.防疫与消毒

（1）免疫

由于集约化规模生产，鸡群数量比较大，必须重视卫生防疫工作，各养殖场或养殖户要根据

不同品种,结合当地鸡群实际发病情况进行免疫预防。肉用仔鸡主要是预防新城疫和传染性法氏囊病。肉用仔鸡的免疫程序可以参考表8-8。

表 8-8　肉用仔鸡的推荐免疫程序

日龄	疫　苗	免疫方法与剂量
7～10	新城疫＋传支 H120 二联弱毒苗	滴鼻点眼,2 倍剂量
12～14	鸡传染性法氏囊病弱毒苗	滴口或饮水,2 倍剂量
18～20	新城疫 C30 或新城疫＋传支 H52 弱毒苗	饮水,3 倍剂量
24～28	鸡传染性法氏囊病中等毒力苗	饮水,3 倍剂量
38～40	新城疫Ⅰ系苗	饮水,1 倍剂量

(2)疫病预防

根据本场实际,定期进行预防性投药,以确保鸡群稳定健康。如 1～4 日龄饮水中加抗菌药物(如环丙沙星、恩诺沙星),防治脐炎、鸡白痢、慢性呼吸道病等疾病,切断种蛋传播的疾病。17～19 日龄再次用以上药物饮水 3 d,为防止产生抗药性,可换用氨基糖苷类抗生素或大环内酯抗生素。15 日龄后地面平养鸡,应注意球虫病的预防。也可以参照以下程序进行预防给药:10 日龄用阿莫西林饮水,对机体起到一个净化作用;20 日龄用氟苯尼考饮水,预防大肠杆菌病;34～37 日龄为疾病高发期,可提前用抗病毒中药和预防大肠杆菌病的中药配合应用。用药总原则:30 日龄前控制好呼吸道疾病,30 日龄后以肠道疾病为主,并注意肉鸡上市前的休药期。

(3)鸡场消毒

养鸡场必须重视鸡舍、舍内设备以及鸡舍外环境的消毒工作。当每批鸡出场后应将垫料、粪便全部清除,然后进行彻底冲洗(特别注意铲除地面垫料、粪便),再进行消毒,消毒后空舍一段时间。在每次装运鸡后应及时打扫、清洗、消毒场地,并定期对舍外环境进行消毒,避免将病原带入鸡舍。鸡舍外环境消毒常用的消毒药物有过氧乙酸、百毒杀、抗毒威等,消毒时按药品说明要求进行。另外鸡舍每 5～7 d 进行一次带鸡消毒,各种消毒药应交替使用,必要时还可施行饮水消毒。

六、提高肉用仔鸡产品合格率的措施

1.减少弱小个体

提高出栏整齐度,可以提高经济效益。分群饲养是保证鸡群健康、生长均匀的重要因素。第 1 次挑雏应在鸡雏到达育雏室进行。挑出弱雏小雏,放在温度较高处,单独隔离饲喂。残雏应予以淘汰,以净化鸡群。第 2 次挑雏在雏鸡 6～8 d 进行,也可在雏鸡首次免疫时进行,把个头小、长势差的雏鸡单独隔离饲养。雏鸡出壳后要早入舍、早饮水、早开食,对不会采食饮水的雏鸡要进行调教。温度要适宜,防止低温引起腹泻和生长阻滞长成矮小的僵鸡。饮水喂料器械要充足,饲养密度不要过大,患病鸡要隔离饲养、治疗。饲养期间,对已失去饲养价值的病弱残雏要进行随时淘汰。

2.防止外伤

肉鸡出场时应妥善处理,即使生长良好的肉鸡,出场送宰后也未必都能加工成优等的屠体。据调查,肉鸡机体等级下降有 50% 左右是因碰伤造成的,而 80% 的碰伤是发生在肉鸡运至屠宰场过程中,即出场前后发生的。因此,肉鸡出场时尽可能防止碰伤,这对保证肉鸡的商品合格率是非常重要的。应有计划地在出场前4～6 h使鸡吃光饲料,吊起或移出饲槽和一切用具,饮水器在抓鸡前撤除。为减少鸡的骚动,最好在夜晚抓鸡,舍内安装蓝色或红色灯泡,使光照减至最小限度,然后用围栏圈鸡捕捉,要抓鸡的腰部,不能抓翅膀,抓鸡、入笼装车、卸车、放鸡的动作要轻巧敏捷,不可粗暴丢掷。

3.控制胸囊肿

胸囊肿就是肉鸡胸部皮下发生的局部炎症,是肉仔鸡常见的病。它不具传染性不影响生长,但影响屠体的商品价值和等级。针对产生原因应采取以下措施:

1)尽量使垫草干燥、松软,及时更换黏结、潮湿的垫草,保持垫草应有的厚度。

2)减少肉仔鸡卧地的时间,肉仔鸡每天有2～3 h的时间处于卧伏状态,卧伏时胸部受压时间长,压力大,胸部羽毛又长得晚,故易造成胸囊肿。应采取少喂多餐的办法,促使鸡站起来吃食活动。

3)若采用铁网平养或笼养时,应加一层弹性塑料网。

4.预防腿部疾病

随着肉仔鸡生产性能的提高,腿部疾病的严重程度也在增加(图8-4)。引起腿病的原因有以下几类:遗传性腿病,如胫骨软骨发育异常、脊椎滑脱症等;感染性腿病,如化脓性关节炎、鸡脑脊髓炎、病毒性腱鞘炎等;营养性腿病,如脱腱症、软骨症、维生素 B_2 缺乏症等;管理性腿病,如风湿性和外伤性腿病。预防肉仔鸡腿病,应采取以下措施:

1)完善防疫保健措施,杜绝感染性腿病。

2)确保矿物质及维生素的合理供给,避免因缺乏钙、磷而引起的软脚病,避免因缺锰、锌、胆碱、烟酸、叶酸、生物素、维生素 B_6 等所引起的脱腱症,避免因缺乏维生素 B_2 而引起的蜷趾病。

3)加强管理,确保肉仔鸡合理的生活环境,避免因垫草湿度过大,脱温过早,以及抓鸡不当而造成的腿病。

4)适当限饲,放慢肉鸡的生长速度,减轻腿部骨骼的负担。

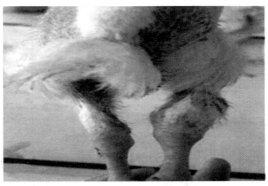

图 8-4　腿部疾病

5.预防腹水综合征

肉用仔鸡由于心、肺、肝、肾等内脏组织的病理性损伤而致使腹腔内大量积液称之为肉仔鸡腹水综合征(图8-5)。此病主要是由于环境缺氧而导致的。在生产中,肉仔鸡以生长速度快、代谢旺盛、需氧量高为其显著特点。但它所处的高温、高密度、封闭严密的环境,有害气体如氨气、二氧化碳、粉尘等常使得新鲜空气缺少而缺氧;同时高能量、高蛋白的饲养水平,也使肉鸡氧的需要量增大而相对缺氧;此外,日粮中维生素 E 的缺乏和长期使用一些抗生素等都会导致心、肺、肝、肾的损伤,使体液渗出而在腹腔内大量积聚。病鸡常腹部下垂,用手触摸有波动感,腹部皮肤变薄、发红,腹腔穿刺会流出大量橙色透明液体,严重时走路困难,体温升高。发病后使用药物治疗效果差。生产上主要通过改善环境条件进行预防,其主要措施有:

1)早期适当限饲或降低日粮的能量、蛋白质水平,放慢肉鸡的生长速度,减轻肝脏、肾脏及心脏等的负担。

2)降低饲养密度,加强舍内通风,保证有足够的新鲜空气供给。加强孵化后期通风换气。

3)搞好环境卫生,减少舍内粉尘及其他病原菌的危害,特别是严格控制呼吸道疾病的发生。

4)饲料中添加药物,如日粮中添加 1% 的碳酸氢钠及维生素 C、维生素 E 等可降低发病率。

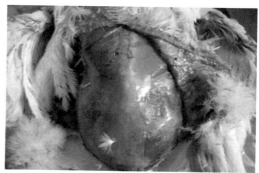

图 8-5　腹水综合征

第二节　优质肉鸡生产

一、优质肉鸡概述

1.优质肉鸡的概念

优质肉鸡是指其肉品在风味、鲜味和嫩度上优于快大型肉鸡,具有适合当地人们消费习惯所要求的特有优良性状的肉鸡品种或品系(图 8-6)。优质肉鸡主要具有以下含义:

图 8-6　优质肉鸡

1)优质肉鸡是指肉质特别鲜美嫩滑、风味独特的肉鸡类型。一般是与肉用仔鸡相对而言的,它反映的是肉鸡品种或杂交配套品系,往往具有某些优良地方品种的血缘与特性,优质肉鸡在鸡肉的嫩滑鲜美、营养品质、风味、系水力等方面应具有突出的优点。

2)优质肉鸡在生长速度方面往往不及快大型肉鸡品种,但肌肉品质优良、外貌和胴体品质等指标更适合消费者需求。

3)优质肉鸡包含了肉鸡共同的优质性,是肉鸡优良品质在某些方面具体而突出的体现,适于传统式加工烹调。

2.优质肉鸡的分类

按照生长速度,我国的优质肉鸡可分为三种类型,即快速型、中速型和慢速型。优质肉鸡生产呈现多元化的格局,不同的市场对外观和品质有不同的要求。

(1)快速型

快速型优质肉鸡一般含有较多的国外品种血缘,上市早,生产成本低,肉质风味较差。快速型商品鸡 50~55 日龄上市,活重 1.5~1.7 kg。类型有快大三黄鸡、快大青脚麻鸡、快大黄脚麻鸡等。消费区域在北方地区以及长江中下游地区。因其肉质明显差于中慢速优质肉鸡,在南方特别是华南地区呈逐渐萎缩之势。

(2)中速型

中速型优质肉鸡含外来鸡种血缘较少,体型外貌类似地方鸡种,因此也称为仿土鸡。中速型公鸡 60~70 日龄上市,母鸡 80~90 日龄上市,活重一般在 1.5 kg 左右。这种类型的优质肉鸡消费者普遍认可,价格合适,体型适中,肉质也较好,占有很大的市场份额,各大优质肉鸡育种公司都有推出。消费区域在香港、澳门和广东珠江三角洲地区。

(3)慢速型

慢速型优质肉鸡以地方品种或以地方品种为主要血缘的鸡种,生产速度较慢,肉质优良,售价较高。港澳地区及华南各省对慢速型需求量大,近年来在北方市场增长速度也较快。慢速型公鸡 80~90 日龄出栏,母鸡 100~120 日龄出栏,活重 1.2~1.4 kg。慢速型优质肉鸡肉质最好,但饲养期长,养殖成本高。慢速型优质肉鸡外貌要求冠红而大,羽毛光亮,胫细。消费区域在广西、广东湛江地区和部分广州地区,内地中高档宾馆饭店、高收入人群也有需求。

3.优质肉鸡的评定

优质肉鸡的性状包括以下几方面:

(1)体型外貌

体型符合品种的要求,羽毛整齐干净光亮,毛色鲜明而有光泽,双眼明亮有神,精神良好,冠和肉髯鲜红润泽,双脚无残疾等。

(2)胴体外观

要求胴体干净,皮肤完整,无擦伤、扯裂、囊肿,无充血、水肿,无骨骼损伤。胴体肌肉丰满结实,屠宰率高,皮肤颜色表现该品种颜色,如黄色或淡黄色、黄白色。

(3)保存性

主要由鸡肉本身的化学和物理特性而决定,表现在加工、冷冻、贮藏、运输等过程中承受外界因素的影响、保持自身品质的能力。

(4)卫生

是指肉鸡胴体或鸡肉产品符合人们的食用卫生条件,如胴体羽毛拔除干净,无绒毛、血污或

其他污物附着,肉质新鲜无变质、无囊肿,最重要的卫生条件是鸡肉产品来自正常健康的肉鸡,无重大传染性疫病感染。

(5)安全性

是指鸡肉产品不含对人体健康构成危害的因素,或是含有某些极微量对人体不利的物质,但达不到构成对人们健康危害的程度。主要包括三方面:一是没有传播感染人类健康的病原微生物,如禽流感病毒、金黄色葡萄球菌、大肠杆菌、沙门氏杆菌等;二是在加工贮藏、运输等过程中没有污染对人体有害的物质;三是在饲养过程中使用的药物、添加剂、色素或其他物质等应严格控制在国家规定的许可范围之内。这是当前我国优质肉鸡的最突出和最迫切需要解决的问题。

(6)鲜嫩度

是指鸡肉的肌纤维结构、肌间脂肪含量、肌纤维的粗细和多汁性等多方面的含义,鲜嫩度同样受到品种、性别、年龄、出栏时期、肌肉组织结构、遗传因素、加工方法等许多因素的影响。

(7)营养品质

包括鸡肉所含的蛋白质、脂肪、水分、灰分维生素及各种氨基酸的组成等是优质肉鸡概念的主要内容。鸡肉是公认的最好营养食品之一,其蛋白质含量比许多畜禽要高,而脂肪含量则较少。

(8)风味

是指包括味觉、嗅觉和适口性等多方面的综合感觉。指的是鸡肉的质地、鲜嫩度、pH、多汁性、气味和滋味。鸡肉风味受许多因素影响,主要有鸡的品种、年龄、生长期、性别和遗传等许多因素,饲料种类和饲养方式,加工过程中的放血、去毛、开膛、净膛、冷冻、包装、贮藏和烹调等也会影响鸡肉风味。

4.影响肉质的因素

(1)品种

品种对肉鸡生长、性成熟、体形、胴体肌肉含量、脂肪积聚能力、皮下脂肪厚度、脂肪在肌间的分布、肌肉纤维的粗细、弹性、系水力等都有重大的影响,如我国南方地方品种肉鸡性成熟早、皮下脂肪少、肌间脂肪分布均匀、肌纤维细小、肌肉鲜美滑嫩等都是由品种所决定的,所以品种是优质肉鸡的主要决定因素。

(2)生长速度

一般来说,生长速度快的肉鸡,其产量虽高,但鸡肉品质往往较差;肌肉纤维直径的增大以及肌肉中糖醇解纤维比例增高,蛋白水解力下降,还会引起肌肉苍白,系水力降低。而这些指标都是评价优质肉鸡的重要指标。

(3)饲料营养

饲料中的营养物质是构成鸡肉产品的物质基础,供给肉鸡理想的全价饲料,同时又能严格的控制饲料中有害物质的含量是保证肉质的最重要措施之一。

(4)年龄

年龄大小关系到鸡的体成熟、性成熟程度、肌肉组织的嫩度、骨骼的硬化、鸡肉的含水量和系水力、脂肪的积累与分布等重要优质肉品指标。

(5)性别

不同的消费群体,性别往往被认为是影响肉质的一个重要因素。如在我国南方,母鸡比公鸡的价格高很多,主要认为母鸡的肉质、风味和营养比公鸡好,而在北方某些地区则正好相反。

(6)性成熟

性成熟的影响和年龄影响存在许多共同点,主要是因为性成熟和出栏日龄对鸡肉的风味、滋味的浓淡具有明显影响。一般认为母鸡开产前的鸡肉风味最好。

(7)生长环境

放养在舍外的肉鸡,其肉质风味较舍内圈养或笼养肉鸡好是许多人的共识。在野外放养的肉鸡可自由采食植物及其果实与昆虫,且良好的生长环境,阳光照射、清新的空气、洁净的泉水等更可饲养出高品质的肉鸡。故环境对肉质的影响是多方面的,综合性的。

(8)运动

运动有利于改进鸡肉品质,改善机体组织成分的组成比例,也有利于增强抵抗疾病的能力,最终势必影响肉鸡产品的品质。

(9)加工

肉鸡在屠宰加工过程中的放血、浸泡、拔毛、开膛、冲洗等环节都对肉鸡胴体的外观、肉质有重大的影响。

(10)保存

对屠宰加工后鸡肉产品进行冷冻保存的时间、温度、速度都会对细胞组织起破坏作用而影响肉质。一般来说,$0\sim3$ ℃的冷藏对肉质风味影响较小,但保存时间较短;冷冻状态下,尽管延长了贮存时间,但破坏了鸡肉组织结构,从而影响了产品风味;而在温热的条件下,肉质却极易变质,甚至发生腐败。

5.我国优质肉鸡发展趋势

香港、广东、广西以及台湾是我国最早发展优质肉鸡的地区,经过近 20 年的选育,南方黄羽肉鸡生产已经取得了巨大的进展,形成了较为完善的生产体系和鸡种类型。目前,全国优质肉鸡的大型种鸡场有 $30\sim40$ 家。香港、广东、广西、台湾等地区优质肉鸡占肉鸡总量的 90%,而长江流域各省、市占 70% 以上,黄河流域和松花江流域各省、市大约占 40%。

从国际市场来看,欧盟、美国、日本等对优质肉鸡的需求也逐年增加。优质鸡生产是我国的特色产业,国际市场目前尚无竞争对手,国内市场空间发展潜力巨大。英、法等国市场上出售的标签鸡价格远高于一般快大型肉鸡。我国出口日本市场的快大鸡近年的出口价一般在 1 700~1 800美元/t,而优质肉鸡的出口价则高达 5 000美元/t,是快大鸡价格的 $2\sim3$ 倍。马来西亚的快大鸡饲养量萎缩的同时本地乡村鸡的饲养量却在上升,中国台湾地区及其他东南亚地区均有类似情况。

二、优质肉鸡的饲养管理

根据优质肉鸡的生长发育特点,将饲养期一般分为三个阶段,即育雏期(0～6 周),生长期(7～11 周)和育肥期(12 周以上)。

1.育雏期饲养管理(图 8-7)

(1)温度

适宜的温度是育雏成活率高的关键。育雏阶段 0～1 周龄时为 35～32 ℃,2～3 周龄时为 31～24 ℃,4 周龄时为 23～20 ℃。盛夏高温要注意降温。

(2)湿度

适宜的湿度有利于卵黄的吸收,防止雏鸡脱水。一般 1～10 日龄相对湿度为 70% 左右,

10 日龄以后,相对湿度控制在 50%~60% 为宜。

（3）补充光照

优质肉鸡的光照制度与肉用仔鸡有所不同,肉用仔鸡光照是为了延长采食时间,促进生长,而优质肉鸡还具有促进其性成熟,使其上市时冠大面红,性成熟提前的作用。合理的光照制度有助于提高优质肉鸡的生产性能。1~3 日龄每天光照 23 h,4~7 日龄光照 20 h,8~13 日龄光照 16 h,14 日龄至育肥前 14 d 采用自然光照,育肥前 14 d 至育肥前 7 d 光照 16 h,育肥前 7 d 至育肥期光照 20 h,育肥期光照 23~24 h。1~3 日龄和育肥期光照强度 20 lx,4 日龄在育肥前光照强度 10 lx。

图 8-7　优质肉鸡

（4）通风

保持室内空气新鲜是雏鸡健康生长的重要条件。夏季要通过多通风来降温换气,冬季当通风与保温存在矛盾时,可在晴天中午开南面上方窗换气,切忌穿堂风、冷寒风直吹鸡体。

（5）适时饮水和开食

雏鸡尽早开食和饮水,而且做到料、水不断,自由采食。

（6）断喙

对于生长速度慢、饲养周期较长的肉鸡,容易发生啄羽、啄肛等恶癖,需要进行断喙处理。

（7）卫生

良好的卫生状况是雏鸡健康的基本保证。做到每天打扫卫生,洗刷饮水器及食盆、食槽,每天更换清洁饮水和饲料。及时清除粪便、更换垫料。做到"六净":鸡体净、饲料净、饮水净、食具净、工具净和垫草净。

2.生长期饲养管理（图 8-8）

（1）公母分群饲养

优质肉鸡公鸡个大体壮、竞食能力强,对蛋白质利用率高,增重快。母鸡沉积脂肪能力强,增重慢,饲料效率低。公母分群饲养可根据公母雏鸡生理基础的不同,采用不同的饲养管理方法,有利于提高增重、饲料转化率和群体均匀度,以便在适当的日龄上市。

（2）营养水平调整

在日粮中要供给高蛋白质饲料,以提高成活率和促进早期生长。为适应其生长周期长的特点,从中期开始要降低日粮的蛋白质含量,供给砂砾,提高饲料的消耗率。生长后期,提高日粮能量水平,最好添加少量脂肪,对改善肉质、增加鸡体肥度及羽毛光泽有显著作用。

图 8-8　生长期饲养管理

（3）饲养密度管理

育成期饲养密度一般每平方米 30 只肉鸡，进入生长期后应调整为 10～15 只。食槽或料桶数量要配足，并升高饲槽高度，以防止鸡只挑食而把饲料扒到槽外，造成浪费。同时保证充足、洁净的饮水。

（4）保持稳定环境

由于优质肉鸡的适应性比快大型肉鸡强一些，所以鸡舍结构可以比较简单，但在日常管理中要注意天气变化对鸡群的影响，使环境相对稳定，减少高温和寒冷季节造成的不良影响。

（5）加强卫生防疫

鸡舍要经常清扫，定期消毒，保持清洁卫生，并做好疫苗的预防接种工作。饲料中添加抗菌、促生长类保健添加剂，以预防传染性疾病的发生。根据优质肉鸡饲养周期的长短和地区发病特点确定防疫程序。

（6）阉割肉鸡

优质肉鸡具有土鸡性成熟较早的特点。性成熟时，公鸡会因追逐母鸡而争斗，采食量下降，影响公鸡的肥度和肉质。可以通过公鸡去势，以达到改善品质、有利育肥的目的。不同品种类型的鸡性成熟期不同，去势时期也不同。一般认为肉鸡体重在 1 kg 时进行阉割较为合适。阉割的日龄大小往往会影响阉鸡的成活率和手术难易程度。如过迟、过大去势，鸡的出血量增加，甚至导致死亡；如过早、过小去势，由于睾丸还小，难以操作。此外，还应选择天气晴朗、气温适中的时节进行阉割；否则，阉鸡伤口容易感染、抵抗力下降、发病率和死亡率增大。

3.育肥期饲养管理（图 8-9）

育肥期一般为 15～20 d。此期的饲养要点是促进鸡体内脂肪的沉积，增加肉鸡的肥度，改善肉质和羽毛的光泽度。在饲养管理上应注意以下几点：

（1）更换饲料

育肥期要提高日粮的代谢能，相对降低蛋白质含量。能量水平一般要求达到 12.54 MJ/kg，粗蛋白质在 15% 左右即可。为了达到这个水平，往往需增加动物性脂肪，但不能添加鱼油、牛油、羊油等有异味的油脂。

图 8-9　育肥期饲养管理

（2）放牧育肥

让鸡多采食昆虫、嫩草、树叶、草根等野生资源，可以节约饲料，提高鸡的肉质风味，使上市鸡的外观、肉质更适应消费者的要求。但在进入育肥期应减少鸡的活动范围，相应地缩小活动场地，目的是减少鸡的运动，利于育肥。

（3）重视杀虫、灭鼠和清洁消毒工作

老鼠既偷吃饲料、惊扰鸡群，又是疾病传播的媒介。所以要求每月毒杀老鼠 2～3 次（要注意收回死鼠、药物）。苍蝇、蚊子也是传播病原的媒介，要经常施药喷杀蚊子、苍蝇。育肥期间，棚舍内外环境、饲槽、工具要经常清洁和消毒。

4.适时销售

适宜的饲养期是提高肉质的重要环节。饲养期太短，鸡肉中水分含量多，营养成分积累不够,鲜味素及芳香物质含量少,肉质不佳,达不到优质肉鸡的标准;饲养期过长,则肌纤维过老,饲养成本大。根据优质肉鸡的生长生理和营养成分的积累特点,以及公鸡生长快于母鸡、性成熟早等特点,确定小型肉鸡公鸡100日龄、母鸡120日龄上市,中型肉鸡公鸡110日龄、母鸡130日龄上市。此时上市鸡的体重,鸡肉中的营养成分、鲜味素、芳香物质的积累基本达到成鸡的含量标准,肉质又较嫩,是体重、质量、成本三者的较佳结合点。

第三节 肉用种鸡的饲养管理

一、育雏期的饲养管理

目前,绝大多数的种鸡场都采用笼养育雏方式。

1.公母分群饲养

优质肉种鸡的父系和母系通常是不同的品种或品系,其生产用途和生长速度也不同,所以肉种鸡在育雏期间要公母分群饲养,以达到各自的培育要求。为了能够准确区分其性别,可以在1日龄把公雏的冠剪掉。

2.做好疫病防治

要做好鸡白痢、球虫病、呼吸道病的防治和免疫接种工作。尤其是一些种鸡场忽视鸡白痢的净化工作,白痢阳性率偏高,育雏期要做好预防和治疗。

3.选择和淘汰

育雏结束时青年羽更换完成,此时要根据父系和母系各自的特征要求进行选择,淘汰体质差、发育不良、羽毛颜色不符合要求的个体。

二、育成期的饲养管理

1.合理限制饲养

限制饲养是养好肉用种鸡的核心技术,在实际生产中的应用效果各有不同,但方法大致相同。优质肉种鸡在育成期(尤其是后期)体重容易偏大、体内脂肪容易较多沉积,如果不控制喂饲则会出现体重超标、腹部脂肪沉积过多的问题。

肉种鸡的限饲必须从两方面考虑,一是限制饲养水平,二是限制饲料的喂量;限制饲养水平又称为限质,限制喂量又称限量。

(1)限质法

限质法是采取措施使鸡只日粮中某些营养成分低于正常水平,造成日粮营养不平衡。如低能量日粮,低蛋白日粮,同时增加体积大的饲料如糠麸、叶粉等,使鸡只采食同样数量的饲料却不能获得足够的可供生长的营养物质,从而生长速度变慢,性成熟延缓。在限质过程中,对钙、磷、微量元素和维生素的供应必须充分,有利于育成鸡骨骼、肌肉的生长。通常采用的限质程序是从4周龄开始,日粮中蛋白质水平从18%逐渐降至15%,代谢能从11.5 MJ/kg降到11 MJ/kg。

(2)限量法

限量法是限制饲料的喂给量。具体操作方法有以下几种:每日限饲、隔日限饲、4/3法则、5/2法则、6/1法则。

1)每日限饲。每天限制采食量,将规定的一天的饲料在早上1次投给。限饲力度较小,对鸡

群造成的应激也比较小。适用于幼雏转入育成期前2～4周(即3～6周龄)和育成鸡转入产蛋鸡舍前3～4周(20～24周龄)时,同时也适用于自动化喂料机械。

2)隔日限饲。把2d的饲料量合在1d1次喂给,第2天不喂。即喂料1d停料1d。这样一次投下的饲料量多,较弱的种鸡也可吃到应得的分量,避免抢料,鸡群发育整齐,均匀度高。此法限饲强度较大,适用于生长速度较快,体重难以控制的阶段,如7～11周龄。另外,体重超标的鸡群,特别是公鸡也可使用此法。但是要注意两天的饲料量的总和不能超过高峰期用料量或不超过120 g。同时应于停喂日限制饮水,防止鸡群在空腹情况下饮水过多。

3)4/3法则。把7d的料量平均到4d投喂,即每周喂4d,停3d。这种限饲方法力度较大,对鸡群造成的应激也较大,一般用于生产发育较快的育成期实行。

4)5/2法则。把7d的料量平均到5d投喂,即每周喂5d,停2d(周日、周三)。五二法则对12～14周龄的肉种鸡特别有效。这种方法提供了较多的采食天数,相对减轻限饲带来的应激。

5)6/1法则。把7d的料量平均到6d投喂,即每周喂6d,停1d。限饲力度仅次于每日限饲。

2.育成期的饲养管理

(1)体重与均匀度的控制

体重与均匀度的控制主要通过限制饲喂方式实现的,从育雏第4周开始贯穿到整个育成期,以期获得生长发育良好的种鸡。

1)加强后备种鸡的饲喂管理。多数鸡场的饲喂设备速度慢且不够均匀,大大增加了饲喂管理难度,影响鸡群均匀度的控制,生产现场要尽可能的改善饲喂设备并定期做好设备的维修保养工作。

2)有效进行全群称重。要求分群要早,一般情况下在第2周龄开始将鸡群分布到整个育雏栏内,为了使前期鸡群均匀度一致,可利用扩栏机会用电子秤全群称重分群。目的是保证4周龄末均匀度指标在80%以上。若体重达到标准要求,但4周龄末鸡群的均匀度不高,也会影响到育成期培育效果。同时,8周龄时应再进行全群称重并分群一次,12周龄前再进行一次全群称重,这样15龄周时的各栏鸡只体重基本一致,均匀度也会达到期望值标准。

3)母鸡在分群后体重的管理。若4周龄末鸡群体重比标准高或低100 g以上时,应重新制定体重曲线标准,在12周龄时在回归到正常标准。若4周龄末鸡群体重比标准高或低50 g以内,应在8周龄时回归到正常标准。15周龄以后若鸡群体重超标,再重新制订体重曲线标准,要求新标准要平行于标准曲线,而不能往下压体重,若体重不够,可以在19周龄通过增料慢慢赶到标准,由于15周以后性成熟发育很快,一定要控制有效的周增重。15周龄以前主要抓群体均匀度及体重合格率,15周龄后主要通过控制周增重来达到标准体重和性成熟均匀度。

4)通过日常挑鸡提高全群称重效果。在不同的育成栏内挑出体重过大或过小的鸡只进行对应互换来提高群体均匀度,但挑鸡只能作为一种弥补手段,在生产管理中不能过于依赖。若安排栏间挑鸡,建议在限饲日进行,挑鸡要按一定的顺序进行且保证调换数量一致,有利于鸡只料量和采食空间的控制,在一定程度上降低调群应激。

(2)掌握饲喂量与体重增加的相对平衡

根据不同鸡群和饲料品质找出体重增加与饲喂量增加之间的相对比例关系,对于实现鸡群体重目标的控制有重要的意义。由于饲料品质的差别,种鸡饲养管理手册中提供的料量仅供参考,控制与调整料量要根据鸡的品种、体重目标及饲养环境条件参考进行。

（3）采取合理的饲喂方式

饲喂方式也是影响均匀度的一个重要因素,一般在 3 周龄时,采食时间在 3 h 左右,并由自由采食改为每日限饲。如能达到体重标准,限饲方案尽快改为四三法则。根据采食情况尽量早使用四三法则饲喂方式,并尽可能延长四三法则饲喂的时间,然后到 22～23 周龄时再改为每日限饲。

（4）饮水

为防止垫料潮湿和消除球虫多卵发育的环境,对限制饲养的鸡群还应适当地限制饮水,但应根据气候和环境温度谨慎从事。在喂料日,喂料前和整个采食过程中,保证充足饮水,而后每隔 2～3 h 供水 20 min。在停料日,每 2～3 h 给水 20～30 min,在高温炎热天气和鸡群处于应激状态下,不可限水。饮水应保持清洁,每一至两周检测饮水中的大肠杆菌数量,必要时用氯化物做饮水消毒。

（5）监测种鸡丰满度

评估种鸡丰满度有四个主要部位需要监测:胸部、翅部、耻骨、腹部脂肪。评估丰满程度的最佳时机应在每周进行周末称重时对种鸡进行触摸,在抓鸡前要注意观察鸡的总体状态。

1）胸部丰满度。在称重过程中,从鸡只的嗉囊至腿部用手触摸种鸡胸部。按照丰满度过分、理想、不足三个评分标准,判断每一只种鸡的状况,然后计算出整个鸡群的平均分。

到 15 周龄时种鸡的胸部肌肉应该完全覆盖龙骨,胸部的横断面应呈现英文字母"V"的形态;丰满度不足的种鸡龙骨比较突出,其横断面呈现英文字母"Y"的形状,这种现象绝对不应该发生;丰满度过分的种鸡胸部两侧的肌肉较多,其横断面有点像较宽大的字母"Y"或较细窄的字母"U"的形状。20 周龄时鸡的胸部应具有多余的肌肉,胸部的横断面应呈现较宽大的"V"形状;25 周龄时鸡的胸部横断面应向细窄的字母"U"。30 周龄时胸部的横断面应呈现较丰满的"U"形。

2）翅部丰满度。第二个监测种鸡体况丰满度的部位是翅膀。挤压鸡只翅膀桡骨和尺骨之间的肌肉可监测翅膀的丰满度。监测翅膀丰满度可考虑下列几点:20 周龄时,翅膀应有很少的脂肪,很像人手掌小拇指尖上的程度;25 周龄时,翅膀丰满度应发育成类似人手掌中指尖上的程度;30 周龄时,翅膀丰满度应发育成类似人手掌大拇指尖上的程度。

3）耻骨开扩。测量耻骨的开扩程度判断母鸡性成熟的状态,正常的情况下母鸡耻骨的开扩程度,见表 8-9。适宜的耻骨间距取决于种鸡的体重、光照刺激的周龄以及性成熟的状态。在此阶段应定期监测耻骨间距,检查评估鸡群的发育状况。

表 8-9　种母鸡不同周龄耻骨开扩程度

年龄	12 周龄	见蛋前 3 周	见蛋前 10 d	开产前
耻骨开扩程度	闭合	一指半	两指至两指半	三指

4）腹部脂肪的积累。腹部脂肪能为种鸡最大限度地生产种蛋提供能量储备,腹部脂肪积累是一项重要监测指标。常规系肉用种鸡在 24～25 周龄开始,腹部出现明显的脂肪累积;29～31 周龄时,大约产蛋高峰前 2 周腹部脂肪达到最大尺寸,其最大的脂肪块足以充满一手。丰满度适宜的宽胸型肉种母鸡在产蛋高峰期几乎没有任何脂肪累积。产蛋高峰后最重要的是避免腹部累积过多的脂肪。

（6）光照控制

光照制度对育成期种鸡的性成熟时间有很大影响。育成前期（12 周龄前）可以采用较长时间的光照,每天照明时间控制在 14 h 左右,育成后期(13～20 周龄)每天照明时间逐渐缩短,每天光照时间不超过 12 h 以抑制生殖器官发育,防止早熟。

(7)选择与淘汰

18～20 周龄鸡群成年羽更换完成,需要进行第 2 次选留。此次选留既要考虑公鸡的毛色、体型符合标准要求,又要选择体质健壮、冠鲜红、雄性特征明显、性刺激反射敏感的公鸡。此次选择按母鸡数量的 4%～5% 留足种公鸡,种公鸡与种母鸡可以同舍异笼饲养,以便于人工授精,也可单舍饲养。种公鸡要放入特制种公鸡笼内饲养,每个单笼 1 只。种公鸡的其他饲养管理要求可参照母鸡的规程进行。

(8)转群

如果采用两段式饲养则青年鸡转入产蛋鸡舍的时间为 10 周龄前后,如果采用三段式饲养则转群时间在 16～18 周龄。

(9)落实兽医卫生防疫制度

用"防重于治"的理念管理鸡场,严格落实兽医卫生防疫制度,一旦鸡群暴发疾病,将严重影响均匀度,即使采取再好的措施也无济于事。18 周龄对全部种鸡进行白痢净化,淘汰所有阳性个体。

三、产蛋期的饲养管理

肉用种鸡产蛋期是指从产蛋率达到 5%(约 25 周龄)开始,直到产蛋期结束这一段时间,全期产蛋时间为 40～42 周。这一时期是进一步获取高产稳产、取得良好经济效益的重要时期。

1.开产前的准备工作

(1)鸡舍和设备的准备

按照饲养方式和要求准备好鸡舍,并准备好足够的食槽、水槽、产蛋箱等。对产蛋鸡舍和设备要进行严格的消毒。

(2)公鸡的选种

公鸡的第 2 次选种一般在 20～21 周龄进行,除了考虑体重及骨架外,还应对一些发育不良的个体进行剔除,如鸡嘴断喙不良,喙弯曲,扭转,颈部弯曲,拱背,胸骨发育不良,畸形腿,脚趾弯曲,掌部肿胀或细菌感染,胸肌和同群鸡相比明显发育不良者。

(3)公母合群

自然交配的种鸡选种后就要混群,把留种公鸡均匀地放入母鸡舍内。一般要求在较弱光线下混群,可利用夜间时间在鸡舍内分点放置。公鸡转入母鸡舍后的前两周内会感到陌生而胆怯,需要细心管理,使其尽快建立起首领地位。如果公、母鸡都转入新鸡舍,公鸡应提前 1 周转入,而后再转入母鸡。这样做对公鸡的健康和产蛋期繁殖性能的提高都有好处。

2.合理添加高峰料量

(1)高峰料量的确定

高峰料量就是鸡群摄入的最大料量。高峰料量的制定应满足鸡群的生长需要。不仅要考虑 24 周龄末的平均体重,还要考虑产蛋率、吃料时间、舍饲的温度条件及常规管理情况。鸡只高峰料应摄入能量依据参数如下:每天维持每克体重需要 0.33 MJ 能量,每日体重增加 1 g 需 12.98 MJ 能量,每克蛋重需 12.98 MJ 能量,平均日产蛋重＝产蛋率×平均蛋重。

依据上述参数,高峰料量＝高峰平均体重×0.33 MJ＋平均日增重×12.98 MJ/g＋每日产蛋

重×12.98 MJ/g。另外，也要将舍饲温度考虑在内，从而确定高峰料量。温度在18～28 ℃，鸡只能量需求变化不大；18 ℃以下温度每降低1 ℃，应多提供20.93 MJ；28 ℃以上每升高1 ℃，应多提供能量4.19 MJ。这里应考虑温度上限和温度下限的问题，建议在低于16 ℃、高于28 ℃时尽快调节舍内温度，否则仅靠料量改变不能满足生产性能的需要。

（2）高峰料量的添加

一般情况下，产蛋高峰料的添加应根据产蛋率的升幅来确定。实际生产中建议从产蛋率达到5%开始添加，日饲喂量增加5 g/只，以后产蛋率每提高5%～8%，每只鸡每天应增加3～5 g料量，一般当产蛋率达到35%～40%时给予高峰料量。也可根据产蛋率上升速度来确定。当日产蛋率增加4%～5%时，高峰期最大喂料量在产蛋率达到30%时给予；当日产蛋率增加2%～3%时，可在产蛋率达到40%时给予；当日产蛋率每天上升低于2%时，高峰期最大喂料量在产蛋率达到60%时给予。

高峰料量添加一般都需要20 d左右，不论是采取哪种增料方式，都应在加到高峰料量时额外施加试探性料量，因为高峰料量仅仅是一个估算值，是否合适还需在实际生产中给予验证。鸡群的产蛋率达到高峰后，每只鸡施加试探料量3～5 g，连喂3～4 d后产蛋率没有变化，即恢复到前一次的饲喂量。

（3）高峰后减料

鸡群的产蛋率达到高峰并维持1周不再上升或者开始下降时，为了防止鸡只因过肥而影响产蛋后期的生产性能，可对鸡群进行减料。建议减料先快后慢，减少幅度为10%，一般从产蛋高峰到40周龄，减少5%，40～60周龄减少5%，61～66周龄维持。

根据高峰料的高低，一般第一次减料3～5 g/周，第一周可以分2次进行，以后根据产蛋下降情况，每周给予0.5～1.0 g的减料，当鸡群遇到应激或疫情时停止减料。

3.加强种蛋管理

（1）产蛋箱的准备

18周龄时把清洁的产蛋箱放入鸡栏内，让鸡熟悉环境，每4～5只母鸡1个产蛋箱。

（2）种蛋收集

开产前应经常巡视鸡群，正常情况下每天至少捡蛋4次，产蛋率高时增加捡蛋次数，减少种蛋的破碎率，减少种蛋被污染的机会。捡蛋同时剔除畸形蛋、"钢壳蛋"、破损蛋等不合格种蛋。

（3）种蛋的消毒

收集种蛋后，对种蛋进行消毒剂浸没、喷雾和熏蒸消毒，在种蛋冷却收缩之前消毒，能有效阻止蛋壳外面的有害微生物进入种蛋内部。

（4）减少地面蛋

地面蛋和棚架上的蛋直接对1日龄雏鸡品质造成不良影响，所有地面蛋均应废弃。提供充足、干净、黑暗的产蛋窝，使之处于良好的使用状态，可减少地面蛋，使母鸡容易进入正确的地方产蛋。为更好地减少地面蛋，对初产期的母鸡应给予充分照料。当小母鸡刚开始产蛋时，要在蛋窝中遗留少量的蛋以促使其他母鸡使用这个蛋窝。

4.种公鸡的管理

肉用种公鸡须具备体格健壮、体重适中、配种能力强等特点。因此，严格控制种公鸡的体重，使其在20周龄时体重高于母鸡20%左右，可以保持产蛋期种蛋较高的受精率和孵化率。

（1）营养需要

繁殖期种公鸡的营养需求也与母鸡有很大的不同。此期,种公鸡不需要与母鸡一样的高蛋白、高钙饲料。用母鸡料,是一种浪费,并且高钙对种公鸡生理负担较重。配种时的种公鸡日粮一般代谢能为 10.67～11.30 MJ/kg,粗蛋白仅需 12％～14％,钙在 1.2％～1.45％。

（2）公鸡的选择

20 周龄时,每 100 只母鸡应配给 10～12 只公鸡。此时,选择的公鸡必须健康、性机能发育良好、体重及体型适中。当鸡群产蛋率达 5％时,公鸡体重 3.4～3.5 kg,体重均匀度必须在平均体重的 10％范围内。淘汰腿、爪发育不良的公鸡。在捕捉公鸡时,防治腿受伤,造成日后永久性伤害,影响配种。

（3）公母分饲

产蛋期公鸡消耗的饲料比母鸡少,与母鸡同时吃料,公鸡通常会超重,影响种蛋受精率。因此,必须产蛋期公母分饲。具体做法是在母鸡的料盘上安装装上格栅,间隙宽度调至 42～43 mm,使公鸡头部伸不进去,仅适于母鸡采食。公鸡采食饲料的设备是专用料桶或料线,悬吊或提升至距地面 41～44 mm,此高度只有公鸡吃到饲料,限制母鸡采食。

（4）均匀度控制

正确的称重程序有助于管理人员及时察觉公鸡体重潜在的问题,并通过调整饲喂量来达到目标体重。繁殖期内种公鸡每周至少称重 1 次。抽样比例根据鸡群规模而定,公鸡抽样比例一般不低于 5％,或抽样数量不得低于 50 只。

由于公鸡的采食速度很快,个体间争斗次序比较激烈,因此,很容易造成均匀度差异。为了更有效地控制好公鸡的均匀度,必须为公鸡提供适宜的饲养密度,充足的采食和饮水位置。

第九章 >>>
粪污处理与综合利用

我国是畜牧业大国,2020全年猪牛羊禽肉产量7 639万t,其中,禽肉产量2 361万t,比上年增长5.5%;禽蛋产量3 468万t,增长4.8%。随着畜禽养殖规模不断扩大,畜禽粪便、污水等养殖废弃物的产生量也迅速增加,目前,全国畜禽粪污年产生量约38亿t,畜禽养殖污染已成为我国农业污染的主要来源。近年来,国家高度重视畜禽养殖污染治理工作,确定了我国畜禽粪污处理的总体原则,制定了一系列标准和规范,并摸索出一些切实可行的处理模式和解决方案,规模化鸡场、个体养鸡户、养殖小区及相关部门可根据养殖规模和养殖模式等采取合理措施进行粪污处理。

第一节 粪污处理的主要模式和标准

一、基本原则

1.减量化原则

我国养鸡业养殖规模大,数量多,在粪污处理中首先应强调减量化原则,即通过调整养殖结构及开展清洁生产,减少鸡粪、污水等粪污的产生量。可从养殖场生产工艺上进行改进,采用用水量少的干清粪工艺,并建设固液分离、雨污分离设施,减少粪污的排放总量。特别要降低污水量及污水中粪渣等污染物的浓度,从而降低粪污的处理难度和处理成本,同时可使固体粪污的肥效得以最大限度保存,便于其后期的处理利用。

2.资源化原则

在减量化的基础上实现粪污资源化利用。目前,我国畜禽粪污综合利用率低与土壤有机质持续下降并存,养殖有肥料,种植有需求,要把农牧结合、循环发展作为破解畜禽养殖污染难题的重要手段,努力打通畜禽粪污还田利用通道,促进粪污综合利用,实现变废为宝。畜禽粪污同许多工业污染物不同,畜禽粪便是一种有价值的资源,它包含农作物所必需的氮、磷、钾等多种营养成分。畜禽粪便大量流失或弃之不用,不仅污染了环境,也造成了资源的巨大浪费。其中,鸡粪是各类畜禽粪便中较为优质的有机肥,含纯氮、磷(P_2O_5)和钾(K_2O)约为1.63%、1.54%和0.85%,分别是猪粪的4.1倍、5.1倍和1.8倍。据联合国粮农组织发布的资料,产蛋鸡干粪中含粗蛋白质为25.0%,是玉米的2.94倍,含钙5.0%,磷2.1%。鸡粪中还含有18种氨基酸和大量的微量元素,维生素含量也较高,尤其是维生素B_{12}。因此,鸡粪不仅可制成很好的有机肥料,生产的沼气可作为能源加以利用,还因为它含有较高的营养价值,可以作为饲料,实现资源化利用。

3.无害化原则

畜禽粪污在资源化利用时,必须注意无害化问题。畜禽粪污中含有一定的病原体、残留药物

和重金属等,会给人畜带来潜在的危害。因此在利用之前要进行无害化处理,使其在利用时不会对动物生产和作物生长产生不良影响,排放的污水和粪便不会对地下水和地表水产生污染等。处理后的污水必须达到《畜禽养殖业污染物排放标准》(GB 18596—2001)规定的标准。

4.生态化原则

充分利用自然处理系统,与种植业紧密结合,以农养牧,以牧促农,实现系统生态平衡。尤其在绿色食品、有机农业呼声日益高涨的今天,加强农牧结合,不仅可减轻畜禽粪便对环境的污染,还可提高土壤有机质含量,提高土壤肥力,进而提高农产品质量,实现农业可持续发展。其中,蛋鸡、肉鸡的生态养殖,不但提高了鸡肉和鸡蛋的风味,还在粪污治理中发挥了重大作用,目前出现的果园养鸡、山坡养鸡、林地养鸡和草原养鸡等养鸡模式,值得推广。进行种养结合时,需考虑农田对粪肥的最大承受力,确定养殖规模与农田面积的合理比例,配套相应农田,勿造成过度施肥。

5.产业化原则

畜禽粪便收集和处理,采用产业化和专业化运作模式,吸引社会投资。固态粪便堆肥、污水处理产业化不仅可为畜禽养殖场解决污染后顾之忧,而且可为绿色食品生产提供可靠的物质保障,并通过出售有机肥提高经济效益,同时也可为农民创造就业机会。畜禽养殖污染防治应从源头控制(包括统筹规划、合理布局、控制规模、清洁生产、饲料开发等)、粪污处理技术及模式、制定优惠政策、强化管理等方面同时进行。

二、处理模式

1.清洁回用模式(图 9-1)

在新建和改扩建养殖场,积极示范推广。养殖场(小区)采用机械清粪,高压冲洗,严格控制生产用水、减少养殖过程用水量;场内实行污水管网输送、雨污分流和固液分离,污水深度处理后全部回用于场内粪沟或圈栏等冲洗,无排放。固体粪便通过堆肥、栽培基质、牛床垫料、种植蘑菇、养殖蚯蚓蝇蛆、碳棒燃料等方式处理利用。

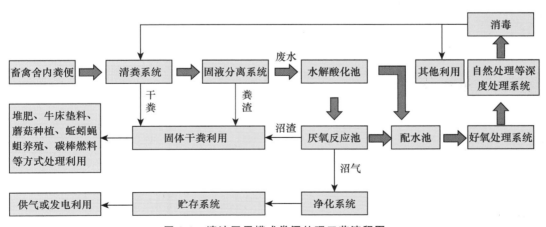

图 9-1　清洁回用模式粪污处理工艺流程图

2.集中处理模式(图 9-2)

在养殖密集区,依托规模化养殖场处置设备设施或委托专门从事粪污处置的处理中心,对周

边养殖场(小区、养殖户)的粪便和(或)污水实行专业化收集和运输、并按资源化和无害化要求集中处理和综合利用。建设过程中应避免粪污运输过程引起的疫病传播。有条件的养殖场(小区)可先建立简单的固液原料堆肥化和厌氧化处理,再集中进行处理。

3.达标排放模式(图 9-3)

在耕地畜禽承载能力有限的区域,养殖场(小区)采用机械清粪,控制污水产生量。污水通过厌氧、好氧生化处理或氧化塘、人工湿地等自然处理,出水水质达到国家排放标准和总量控制要求。固体粪便通过堆肥发酵生产有机肥或复合肥。

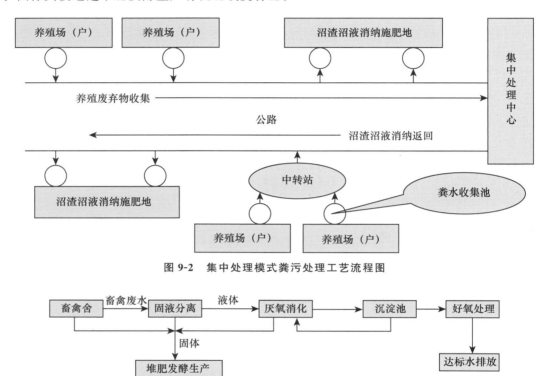

图 9-2　集中处理模式粪污处理工艺流程图

图 9-3　达标排放模式粪污处理工艺流程图

三、标准和规范

二维码 9-1
畜禽规模养殖污染防治条例

　　近年来,国家不断加强畜禽粪污处理的政策制定、扶持引导和行政监管,生态环境部、农业农村部等相关部门及各级下属单位先后出台了《畜禽粪便堆肥技术规范》(NY/T 3442－2019)、《畜禽粪便无害化处理技术规范》(GB/T 36195－2018)、《畜禽粪便还田技术规范》(GB/T 25246－2010)、《畜禽养殖业污染治理工程技术规范》(HJ 497－2009)和《畜禽养殖业污染物排放标准》(GB 18596－2001)等,为粪污处理工作的开展提供了制度依据和方法保证。

　　2013 年 11 月 11 日,国务院令第 643 号(2013)《畜禽规模养殖污染防治条例》签署发布,自 2014 年 1 月 1 日起施行。以下为条例具体内容。

第二节　典型的粪污处理解决方案

鸡粪具有营养物质丰富，气味恶臭，病菌、虫卵等杂质较多等特点，随意堆放鸡粪，对鸡场环境卫生、疫病防控、场区周围空气及水体环境均造成不良影响。及时进行鸡粪无害化处理，可以大大改善鸡场的环境卫生，消除蚊、蝇、臭气，减少疾病传播，同时，充分利用鸡粪资源，使鸡粪变废为宝，还能产生较好的社会效益、生态效益和经济效益。

一、堆肥处理

堆肥是指富含氮有机物（如鸡粪等）与富含碳有机物（如秸秆等）在好氧、嗜热性微生物的作用下转化为腐殖质、微生物及有机残渣的过程。堆肥处理主要有两种方式，一种为自然堆肥，一种为人工辅助发酵堆肥。

1.自然堆肥

自然堆肥是我国最为传统的粪便处理方式，即将粪便直接堆放在地面，让其自然腐熟发酵。这种堆肥方式省钱省力，是我国多数中小型养鸡场采取的粪便处理方式。但其缺点十分显著：一是处理时间非常长，一般夏季为1～2个月，冬季为3～4个月；二是恶臭气体未得到控制；三是堆粪场所往往没有经过防雨、防渗、防溢流处理，或者措施不完善，对土壤和地下水造成极大的污染，一旦下雨，鸡粪会随雨水到处溢流，污染面进一步扩大；四是销路好时随时向种植业者出售未完全腐熟的生粪，造成卫生防疫隐患，而销路不好时长期随意堆放，又极度污染周边环境。因此，这种粪便处理方式已不能适应现代化畜牧业的发展和标准化饲养的要求，应尽快淘汰。

2.人工辅助发酵堆肥

人工辅助发酵堆肥一般操作方法为向鲜鸡粪中添加粉碎的作物秸秆等以平衡水分，加入适合鸡粪发酵的复合菌种，加速其发酵过程，一般采取槽式堆放，定期进行翻耙。这种方式可以极大地缩短鸡粪的腐熟时间，腐熟完成后即可作为初加工有机肥出售。这种发酵方式能有效去除鸡粪的臭味，杀死其中的病原微生物和虫卵，处理后的粪便可放心地施入农田，同时大大减少对周边环境的污染，处理过程简单易学，十分适合在中小型养殖场推广。但需要建设发酵槽，购买小型翻耙机、粉碎机等一些设施设备，定期翻耙会增加一定的工作量。大型养殖场和有机肥加工厂可在经过好氧发酵预处理的基础上，对粪便进行养分平衡、制粒等继续加工，最终生产成有机肥成品进行出售。鸡粪有机肥的肥力最强，施入农田果园肥效好，人工辅助好氧发酵处理方式非常适合在养鸡场进行普及（图9-4）。

图9-4　鸡粪人工辅助发酵堆肥

堆肥通常由预处理、发酵、后处理和贮存等工序组成。下面以某鸡场堆肥生产为例，介绍堆肥具体过程。

所需设备为有机肥生产线1套，翻抛机1台，原料（以生产1 t有机肥为例）为鸡粪2 m³，生产杏鲍菇的下脚料(废弃菌棒)300 kg,腐殖质 200 kg,复合菌种 0.2 kg。

堆肥简单工艺流程为:将鸡粪晾晒,掺入适量菌棒,腐殖质上喷上菌种,用翻抛机翻混 2 遍。4~5 d 时每天再翻 2 次,6~7 d 每天翻 3~4 次。7 d 后即可过筛,加工颗粒肥。

有机堆肥的发酵过程具体可分为以下 4 个阶段。

(1)发热阶段

堆肥制作初期,堆肥中的微生物以中温、好气性的种类为主,最常见的是无芽孢细菌、芽孢细菌和霉菌。它们启动堆肥的发酵过程,在好气性条件下旺盛分解易分解有机物质(如简单糖类、淀粉、蛋白质等),产生大量的热量,不断提高堆肥温度,从 20 ℃左右上升至 40 ℃,称为发热阶段或中温阶段。

(2)高温阶段

随着温度的提高,好热性的微生物逐渐取代中温性的种类而起主导作用,温度持续上升,一般在几天之内即达 50 ℃以上,进入高温阶段。在高温阶段,好热放线菌和好热真菌成为主要种类。它们对堆肥中复杂的有机物质(如纤维素、半纤维素、果胶物质等)进行强烈分解,热量积累,堆肥温度上升至 60 ℃,这对加快堆肥的腐熟有很重要的作用。方法不当的堆肥,只有很短的高温期,根本达不到高温,因而腐熟很慢,在半年或者更长时期内还达不到半腐熟状态。

(3)降温阶段

当高温阶段持续一定时间后,纤维素、半纤维素、果胶物质等大部分已被分解,剩下很难分解的复杂成分(如木质素)和新形成的腐殖质,微生物的活动减弱,温度逐渐下降。当温度下降到 40 ℃以下时,中温性微生物又成为优势种类。如果降温阶段来得早,表明堆制条件不够理想,植物性物质分解不充分。这时可以翻堆,将堆积材料拌匀,使之产生第 2 次发热、升温,以促进堆肥的腐熟。

(4)腐熟保肥阶段

堆肥腐熟后,体积缩小,堆温下降至稍高于气温,这时应将堆肥压紧,造成厌气状态,使有机质矿化作用减弱,以利于保肥。

二、有机肥生产

鸡粪中有机质及氮磷钾含量高,经过发酵腐熟后,可加工成鸡粪有机肥,能改善土壤肥力,提供植物营养,提高作物品质。

传统的自然堆肥方法存在时间周期长、臭气污染严重等问题,因此,目前推广使用的为规模化机械化有机肥生产线。

1.生产工艺流程

鸡粪有机肥的一般生产工艺流程为:原料选配(如鸡粪等)→干燥灭菌→配料混合→制粒→冷却筛选→计量封口→成品入库。

具体生产过程按以下步骤进行:

有机肥原料(如鸡粪、农作物秸秆、沼渣等)发酵后进入半湿物料粉碎机进行粉碎,然后加入氮磷钾等元素(如纯氮、五氧化二磷、氯化钾、氯化铵等)使所含矿物元素达到所需标准,然后经搅拌机进行搅拌混合,再进入造粒机制成颗粒,出仓后烘干,通过筛分机冷却筛分,合格产品进行包装,不合格者返回造粒机重新进行造粒后包装。

2.生产线设备组成

鸡粪有机肥生产工艺流程与有机肥生产线设备紧密相关,有机肥生产线成套设备主要由发酵系统、干燥系统、除臭除尘系统、粉碎系统、配料系统、混合系统、造粒系统、筛分系统和成品包装系统组成。鸡粪有机肥生产线设备配置的建设规模一般为年产 3 万～10 万 t,可实现有机肥生产线的全自动无间歇生产。

(1)发酵系统

由进料输送机、生物除臭机、混合搅拌机、专有升降式翻抛机及电气自动控制系统等组成。

(2)干燥系统

主要设备有皮带输送机、转筒干燥机、冷却机、引风机、热风炉等。

(3)除臭除尘系统

由沉降室、除尘室等组成。

(4)粉碎系统

包括半湿物料粉碎机、链式粉碎机或笼式粉碎机、皮带输送机等。

(5)配料系统

包含设备有电子配料系统、圆盘喂料机、振动筛,一次可以配置 6～8 种原物料。

(6)混合系统

由卧式搅拌机或盘式搅拌机、振动筛,移动式皮带输送机等组成。

(7)造粒系统

主要为造粒机设备,可选择的造粒机设备有:复合肥对辊挤压造粒机、圆盘造粒机、平膜造粒机、生物有机肥球形造粒机、有机肥专用造粒机、转鼓造粒机、抛圆机、复合肥专用造粒机等。

(8)筛分系统

主要由滚筒筛分机来完成,可以设置一级筛分机、二级筛分机,使成品率更高,颗粒更好。

(9)成品包装系统

一般包括电子定量包装秤、料仓、自动缝包机等。

3.生产注意事项

有机肥生产过程中,原料细度的合理搭配至关重要。一般来说,原料细度的总体比例应如下:100～60 目的原料占 30%～40%,60 目至直径 1.00 mm 的原料约占 35%,直径 1.00～2.00 mm 的小颗粒占 25%～30%。材料细度越高,黏性就越好,造粒后的颗粒表面光洁度也就越高。但在生产过程中,使用超比例的高细度材料,易出现因黏性过好造成颗粒过大、颗粒不规则等问题,因此,要控制好原料细度。

三、异位发酵床技术

1.发酵车间的建造

粪污处理发酵车间主体结构采用钢结构,长 80 m,宽 52 m,檐高 6 m。粪污资源化再利用处理车间共分为三个区域:有机肥发酵车间、半成品储存陈化车间、后加工车间。车间需要建顶棚,顶棚材料使用彩钢板,充分利用太阳能辅助升温。车间完全封闭,采用负压强制通风手段完成发酵车间内空气流通和臭味脱除(图 9-5)。

图 9-5　异位发酵车间

发酵槽地面采用水泥硬化,混凝土厚度 15 cm,做防水处理。尽量平整,方便运输车辆进出。轨道墙体厚度 37 cm,采用钢筋混凝土浇筑,宽 4 m(净空),高度 1.8 m,铺设轨道。

翻抛机设计时,翻抛齿离地间隙尽量缩小至 10 cm 以内,减少底层翻抛不到的物料。选用带有移位物料功能的液压轴升降翻抛链板的链板式翻抛机(图 9-6)。

2.有机肥发酵辅料的选择

辅料选择为统糠等农业下脚料或者含水量低的秸秆、菌渣、草木灰等原料。按 240 000 只蛋鸡来算,夏季每天每只鸡的鲜粪排污量为 100 g,则每天产生鲜鸡粪 30 t。添加辅料混合后每天 50 m²,车间槽式堆肥容量 1 104 m³,场地大小足够,辅料选择干燥鸡粪或发酵鸡粪和秸秆类或菌渣类原料(表 9-1 和表 9-2),不同季节可以选择不同的辅料来源,尽可能降低水分。

图 9-6　链板式翻抛机

表 9-1　有机肥发酵菌渣类辅料配方　　％

原料	水分	配比
鸡粪	85	65
干鸡粪	20	25
蘑菇渣	30	10
混合物料	63.25	100

表 9-2　有机肥发酵稻糠类辅料配方　　％

原料	水分	配比
鸡粪	85	70
干鸡粪	20	20
米厂扬尘	5	10
混合物料	63.25	100

3.菌种添加以及上料

有机肥堆肥发酵时,按照 1 kg/t 的量加入有机肥发酵菌种,有机肥发酵剂可以先与辅料进行预混合后再均匀撒至物料上,之后翻抛一次。发酵物料配制时,粪污量可与垫料量按 1∶1 添加。

4.槽式发酵运行管理

(1)垫料翻堆

槽式发酵需要及时翻堆,使益生菌种获得足够的氧气,保证发酵效果,每 3 d 翻堆 1 次,夏季堆肥每天翻刨 1 次。

(2)水分控制

日常管理需要注意有机物料水分的含量,辅料加鸡粪至堆体水分调至 50％～60％,抓起一团垫料握紧后松开,垫料依然成团但无水滴滴下来即可。

5.菌液制备及使用

将乳酵素按照 4% 的比例用温地下水(25 ℃以上)溶解,加到发酵桶内,尽量装满桶,可留有少量空隙,密封完全。将装满的发酵桶置于室内发酵,环境温度控制在 25～37 ℃(夏季放在室温即可,冬季适当采取保暖措施),避免阳光直射。发酵 48 h 即可使用。

(1)蛋鸡饮用

每天每只蛋鸡按照 5 mL 饮用,每天上午 7 点加料完成后,将发酵后的酵素菌原液使用加药器添加至水线中,调整加药器比例为 1:(15～20),2～3 h 饮用完成。

(2)鸡舍内除臭

鸡舍内除臭可以按照酵素发酵原液 1 L 每 100 m² 的比例进行喷洒使用。根据应用方法的不同可以调整原液的稀释倍数。

(3)喷雾器喷洒

原液稀释 3 倍后均匀喷洒至鸡舍内,着重粪道内喷施。每天两次,上午 9:00—10:00,下午 15:00—16:00。

(4)雾线喷洒

原液稀释 5～10 倍后使用。每天两次,上午 9:00—10:00,下午 15:00—16:00。

(5)发酵车间除臭

可以在翻抛机运行过程中在翻抛机上设计一个连带流量泵的水桶,桶内装有酵素菌液,按照 100 m²/L 的比例在翻抛机翻抛过后均匀泼洒至物料表面以达到除臭效果,改善发酵条件,提高肥料品质。

四、沼气化利用

沼气处理是厌氧发酵过程。目前,有不少鸡场因清粪工艺的限制,采用水冲清粪,这样得到的鸡粪含水量极高。沼气法可直接对这种水粪进行处理,这是它最显著的优点,产出的沼气是一种高热值可燃气体,可为生产、生活提供能源(图 9-7)。但是,沼气处理形成的沼液如果处理不当,容易造成二次污染问题。

目前,在对水冲鸡粪作沼气处理时比较好的工艺路线是:首先对水冲鸡粪作固液分离,对固体部分作干燥处理,制成肥料或饲料。液体部分进入增温调节池,然后进入高效厌氧池中生产沼气。生产

图 9-7　鸡粪生产沼气

沼气后形成的上清液排放到水生生物塘中,最后进入鱼塘,使上清液中的营养成分被水生生物和鱼类利用,同时也基本解决了二次污染问题。

五、发酵床养鸡技术

发酵床养鸡是利用益生菌占位原理,生物发酵处理粪便,通过发酵微生物的大量繁殖,迅速降解和消化鸡的排泄物,从而达到处理鸡场粪污的效果。发酵床养鸡能够增强鸡的抗病力,提高

饲养效率和鸡肉品质。

1.发酵床养鸡的优点

发酵床养鸡,粪便可通过垫料中的微生物发酵降解,转变成菌体蛋白,为鸡提供营养;粪便的降解还能使舍内无臭味、无蚊蝇,减少疾病的发生,提高鸡肉品质。鸡舍不用清粪,可节约劳动力50%以上,劳动生产效率大幅度提高。同时,这一养鸡模式能提高鸡的生长速度,可节约药物、饲料和水电等费用,大幅度提高了养鸡的经济效益。

2.发酵菌种的成分及作用

光合细菌是一种优质蛋白来源,以有机物或有害气体(H_2S)为基质,合成各种必需氨基酸,它含有多种维生素,尤其是 B 族维生素极为丰富,维生素 B_{12}、叶酸、泛酸和生物素的含量远远高于酵母蛋白。另外,还含有大量的类胡萝卜素和辅酶等生理活性物质。乳酸菌能产生脂肪酸、乙酸和乳酸,净化肠道环境,抑制病原菌,促进肠道内的益生菌生长。芽孢杆菌在肠道发育时产生活性很强的溶菌酶,可溶解大肠杆菌和沙门氏菌的细胞壁;也产生大量抗生素,包括杆菌肽、多黏菌素等复合物;还产生活性很强的过氧化氢酶及分解硫化物的酶,从而降低血糖及粪便中的氨等有害气体浓度。

酵母菌含有丰富的蛋白质,能够帮助消化,刺激益生菌生长。在生长代谢过程中能够形成多种 B 族维生素,有助于其他微生物和动物的吸收和生长。它含有的超氧化物歧化酶,是动物体内铜、锌、铁、锰的金属酶,能够消除动物体内的氧自由基,解除游离氧对动物体的毒性作用。

放线菌能够分解有机物,生成糖类和抗菌素。它对微生物和寄生虫都有一定的抑制作用,有预防和治疗疾病的作用。

3.发酵垫料的制作

(1)垫料原料的选择

发酵床养鸡发酵垫料的制作过程实际上就是制备有益微生物培养基的过程,根据使用情况看,以"锯末+稻壳+玉米秸秆"作为垫料原料组合,其使用年限为 1～2 年。通过及时添加有益微生物,调整鸡的饲养密度来增加和减少粪尿的排放,达到调整垫料微生物的活力和调整垫料发酵温度的目的。

(2)垫料制作的要求

发酵床养鸡制作垫料需要高效地发酵菌种,一般情况下,发酵垫料的持水量为 25%～40%,pH 为 7.5 左右最为适宜,具有良好的透气性。发酵床垫料厚度为 40～60 cm,不得低于25 cm,保证温度在 18～35 ℃之间。需要注意的是发霉变质的垫料不能使用。

(3)垫料的制作步骤

根据不同季节、鸡舍面积大小,以及所需的垫料厚度计算出所需要的锯末、稻壳和秸秆的数量。物料堆积发酵以 20～40 cm 厚为例,将稻壳、锯末、秸秆粉搅拌均匀,准备 5 cm 厚细致干净的锯末和稻壳备用。先将 1 kg 固体发酵菌加入 25 kg 米糠中搅拌均匀,再把 26 kg 一级发酵料加入垫料中充分搅拌,最后用二级发酵料和其余的垫料充分混合搅拌均匀,在搅拌过程中喷洒清水,使垫料水分保持在 25%～35%。现场实践是用手抓垫料来判断,即看起来是湿的,但用力捏也捏不出水来为宜。均匀压实铺在鸡舍内,用编织袋草苫子覆盖,夏天 5～7 d,冬天 10～15 d 即可,有发酵的酒香味和蒸汽散出。

发酵好的垫料摊开铺平,再用 3～5 cm 没有发酵的干净细致的锯末、稻壳和秸秆粉平整地覆盖在上面,24 h 后方可进鸡。如果鸡在发酵床上跑动时出现灰尘,说明垫料干燥,水分不够,应根据情况适量喷洒清水。因为整个发酵床的垫料中存在大量的微生物菌群,通过微生物菌群分解发酵,能够为鸡的健康生长提供一个优良环境。

4.垫料的日常维护

进鸡一周内为观察期,主要观察鸡排泄区的分布情况和鸡活动情况,防止垫料表面扬尘,观察雏鸡有无异常现象,做好相关记录。通常10～20 d根据垫料湿度和发酵情况调整垫料1～2次。如果垫料太干、有灰尘出现,应根据垫料的干湿情况喷洒清水或10%发酵菌液。用叉子把特别集中的鸡粪分散开来,在特别湿的地方按照垫料制作比例加入适量锯末和稻壳等新垫料原料,把表面凸凹不平之处摊平。表层垫料的含水量保证在不干不湿的状态,含水量在25%～30%,以垫料较松散不板结为宜。

5.发酵床养鸡的注意事项

(1)温度控制

鸡舍内的温度要求不能低于18 ℃,温度是否合适,除观察温度计外,还可以通过观察鸡群的活动来判断。

(2)定期通风

虽然采用发酵床养鸡使鸡舍空气得到大大改善,基本没有不良气味,但是建议在每天中午温度较高时开窗通风,以降低舍内的温湿度,也有助于排出多余的氨气、尘埃和二氧化碳等有害气体,定期通风使得空气更加清新,从而减少呼吸道及肠道疾病的发生。

(3)合理密度

根据不同条件和不同季节对饲养密度有不同的要求。在考虑饲养密度的同时,要求鸡从小到大都要保证其充足的饮食槽位,不能存在排队饮食现象,抢食会影响到鸡的生长发育和整齐度。

6.发酵床养鸡的技术关键

发酵床垫料充分发酵,发酵床垫料中的优势微生物——有益菌群可提高,可充分分解鸡的排泄物。发酵床需一年四季始终保持在20 ℃左右的温度。在饲养过程中,饲料中尽量添加微生物制剂,不添加抗生素。发酵菌种促进饲料吸收和抑制病菌繁殖。鸡出栏后最好先将发酵垫料放置干燥2～3 d,将垫料从底部反复翻弄均匀一遍,视情况适当补充垫料和菌种,将垫料从四周向中心堆积成梯形,使其发酵至成熟杀死病原微生物。同新垫料酵熟技术一样,发酵成熟的垫料摊平后用未发酵的垫料覆盖,厚度为3～5 cm,间隔24 h后即可再次进下一批雏鸡进行饲养。

六、养殖场废水深度处理

养鸡场的冲洗废水含有大量悬浮物和病原微生物,COD、氨氮等浓度很高,有的鸡场饲料中含有重金属超标的添加剂,在冲洗过程中,污染物进入废水,应对其进行处理,使出水的各项指标符合《农业灌溉污染控制标准》才能用于农田灌溉,避免污染农田土壤和污染物在农作物中累积对人群健康产生危害。

1.物理处理法

物理处理法是利用格栅、化粪池或滤网等设施进行简单过滤沉降的处理方法。经物理处理的废水,可除去40%～65%的悬浮物。废水流入化粪池,经12～24 h后,其中的杂质下沉为污泥,流出的废水则排入下水道。污泥在化粪池内应存放3～6个月,进行厌氧发酵。如果没有进一步的处理设施,还需进行药物消毒。

2.化学处理法

化学处理法是根据废水中所含主要污染物的化学性质,用化学药品除去废水中的溶解物质或胶体物质的方法。

(1)混凝剂沉淀法

用三氯化铁、硫酸铝、硫酸亚铁等混凝剂,使废水中的悬浮物和胶体物质沉淀而达到净化目的。

（2）化学消毒法

消毒的方法很多，以用氯化物消毒法最为方便有效，经济实用。

3.生物处理法

生物处理法即利用废水中微生物的代谢作用分解其中的有机物，对废水进一步处理的方法。可分为好氧处理法与厌氧处理法。好氧处理法又有活性污泥法和生物过滤法 2 种，厌氧处理法需要时间长，一般只用于经初步处理后沉淀下来的污泥。

（1）活性污泥法

在废水中加入活性污泥并通入空气进行曝气，使其中的有机物被活性污泥吸附、氧化和分解，达到净化的目的。活性污泥由细菌、原生动物及一些无机物和尚未完全分解的有机物所组成，当通入空气后，好氧微生物大量繁殖，其中以细菌含量最多，许多细菌及其分泌物的胶体物质和悬浮物黏附在一起，形成具有很强吸附和氧化分解能力的絮状菌胶团。所以，在废水中投入这种活性污泥，即可使废水净化（图 9-8）。

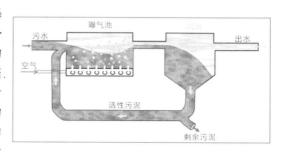

图 9-8　活性污泥曝气生物滤池

（2）生物过滤法

又称生物膜法，使废水通过一层表面充满生物膜的滤料，依靠生物膜上大量微生物的作用，并在氧气充足的条件下，氧化废水中的有机物。目前常用的有普通生物滤池和生物滤塔这两种设备。

1）普通生物滤池：生物滤池内设有碎石、炉渣、焦炭或轻质塑料板、蜂窝纸等构造和滤料层（图 9-9），废水由上方进入，被滤料截留其中的悬浮物和胶体物质，使微生物大量繁殖，逐渐形成由菌胶团、真菌菌丝和部分原生动物组成的生物膜。生物膜大量吸附废水中的有机物，并在通气良好的条件下进行氧化分解，达到净化的目的。

2）生物滤塔：生物滤塔分层设置（图 9-10），承有滤料的格栅，废水在滤料表面形成生物膜，因塔身高，使废水与生物膜接触的时间增长，更有利于生物膜对有机物质的氧化分解。废水经处理后，还需要进行消毒，杀灭水中的病原微生物，才能安全利用。

图 9-9　普通曝气生物滤池

图 9-10　立式污水处理曝气生物滤塔

第三节 病死鸡的无害化处理

一、病死鸡收集与运输

病死动物常携带大量病原体,因此,进行粪污废弃物处理时,也应重视病死鸡的无害化处理,确保病死鸡收集和运输中所用包装材料和运输工具的密闭性,并及时对其进行彻底消毒,防止病原体散播造成疫病的发生(根据2017年7月3日农业部印发的《病死及病害动物无害化处理技术规范》,下同)。

1.收集与包装

饲养中应及时发现病死鸡并予以收集包装,包装材料应符合密闭、防水、防渗、防破损、耐腐蚀等要求,包装材料的容积、尺寸和数量应与需处理病死鸡的体积、数量相匹配,包装后应进行密封。使用后,一次性包装材料应作销毁处理,可循环使用的包装材料应进行清洗消毒。

2.暂存

病死鸡无害化处理前,如需暂存,应采用冷冻或冷藏方式进行,防止病死鸡尸体腐败。暂存场所应能防水、防渗、防鼠、防盗,易于清洗和消毒并设置明显警示标识。应定期对暂存场所及周边环境进行清洗消毒。

3.运输

选择专用的符合条件的运输车辆或封闭厢式运载工具进行病死鸡的运输。车厢四壁及底部应使用耐腐蚀材料,并采取防渗措施。专用转运车辆应加施明显标识,并加装车载定位系统,记录转运时间和路径等信息。车辆驶离暂存处和养殖场等场所前,应对车轮及车厢外部进行消毒。运载车辆应尽量避免进入人口密集区。若运输途中发生渗漏,应重新包装、消毒后运输。卸载后,应对运输车辆、包装材料及相关工具等进行彻底清洗、消毒。

二、病死鸡的处理方法

病死鸡的无害化处理方法包括焚烧法、化制法、高温法、深埋法和化学处理法(硫酸分解法),应根据具体条件选择适宜的方法进行处理。

1.焚烧法

焚烧法是指在焚烧容器内,使病死及病害动物和相关动物产品在富氧或无氧条件下进行氧化反应或热解反应的方法。

(1)直接焚烧法

1)技术工艺。可根据情况对病死鸡进行破碎等预处理并投至焚烧炉本体燃烧室,经充分氧化、热解,产生的高温烟气进入二次燃烧室继续燃烧,产生的炉渣经出渣机排出。燃烧室温度应≥850 ℃。二次燃烧室出口烟气经余热利用系统、烟气净化系统处理后达标排放。焚烧炉渣与除尘设备收集的焚烧飞灰应分别收集、贮存和运输。焚烧炉渣按一般固体废物处理或作资源化利用;焚烧飞灰和其他尾气净化装置收集的固体废物经鉴定如属于危险废物,则按相应规范处理。

2)操作注意事项。严格控制焚烧进料频率和重量,使物料能够充分与空气接触,保证完全燃烧。燃烧室内应保持负压状态,避免焚烧过程中发生烟气泄露。燃烧所产生的烟气从最后的助燃空气喷射口或燃烧器出口到换热面或烟道冷风引射口之间的停留时间应≥2 s。二次燃烧室顶部设紧急排放烟囱,应急时开启。应配备充分的烟气净化系统,包括急冷塔、引风机等设施,焚烧炉出口烟气中氧含量应为 6%～10%(干气)。

(2)炭化焚烧法

1)技术工艺。可根据情况对病死鸡进行破碎等预处理并投至热解炭化室,在无氧条件下经充分热解,产生的热解烟气进入二次燃烧室继续燃烧,产生的固体炭化物残渣经热解炭化室排出。热解温度应≥600 ℃,二次燃烧室温度≥850 ℃,焚烧后烟气在 850 ℃以上停留时间≥2 s。烟气经过热解炭化室热能回收后,降至 600 ℃左右进入排烟管道,经净化系统处理达标后排放。

2)操作注意事项。应检查热解炭化系统的炉门密封性,以保证热解炭化室的隔氧状态。应定期检查和清理热解气输出管道,以免发生阻塞。热解炭化室顶部需设置与大气相连的防爆口,热解炭化室内压力过大时可自动开启泄压。应根据需处理病死鸡体积等情况严格控制热解的温度、升温速度及物料在热解炭化室里的停留时间。

2.化制法

化制法是指在密闭的高压容器内,通过向容器夹层或容器内通入高温饱和蒸汽,在干热、压力或蒸汽、压力的作用下,处理病死及病害动物和相关动物产品的方法。

(1)干化法

1)技术工艺。可根据情况对病死鸡进行破碎等预处理并输送入高温高压灭菌容器。处理物中心温度≥140 ℃,压力≥0.5 MPa(绝对压力),时间≥4 h(具体处理时间随需处理病死鸡体积大小而设定)。加热烘干产生的热蒸汽经废气处理系统后排出。加热烘干产生的病死鸡残渣传输至压榨系统处理。

2)操作注意事项。搅拌系统的工作时间应以烘干剩余物基本不含水分为宜,根据处理物量的多少,适当延长或缩短搅拌时间。应使用合理的污水处理系统,有效去除有机物、氨氮,达到国家规定的排放要求。应使用合理的废气处理系统,有效吸收处理过程中动物尸体腐败产生的恶臭气体,使废气排放符合国家相关标准。高温高压灭菌容器操作人员应符合相关专业要求。处理结束后,需对墙面、地面及其相关工具进行彻底清洗消毒。

(2)湿化法

1)技术工艺。可根据情况对病死鸡进行破碎等预处理并送入高温高压容器,总质量不得超过容器总承受力的五分之四。处理物中心温度≥135 ℃,压力≥0.3 MPa(绝对压力),处理时间≥30 min(具体处理时间随需处理病死鸡体积大小而设定)。高温高压结束后,对处理物进行初次固液分离。固体物经破碎处理后,送入烘干系统;液体部分送入油水分离系统处理。

2)操作注意事项:高温高压容器操作人员应符合相关专业要求。处理结束后,需对墙面、地面及其相关工具进行彻底清洗消毒。冷凝排放水应冷却后排放,产生的废水应经污水处理系统处理达标后排放。处理车间废气应通过安装自动喷淋消毒系统、排风系统和高效微粒空气过滤器(HEPA 过滤器)等进行处理,达标后排放。

3.高温法

(1)技术工艺

可根据情况对病死鸡进行破碎等预处理,处理物或破碎产物体积(长×宽×高)≤125 cm³(5 cm×5 cm×5 cm)。向容器内输入油脂,容器夹层经导热油或其他介质加热。将病死鸡或破碎产物输送入容器内,与油脂混合。常压状态下,维持容器内部温度≥180 ℃,持续时间≥2.5 h(具体处理时间随处理物体积大小而设定)。加热产生的热蒸汽经废气处理系统后排出,病死鸡残渣传输至压榨系统处理。

（2）操作注意事项

与干化法同。

4.深埋法

深埋法是指按照相关规定,将病死及病害动物和相关动物产品投入深埋坑中并覆盖、消毒进行处理的方法。一般用于发生动物疫情或自然灾害等突发事件时病死及病害动物的应急处理,以及边远和交通不便地区零星病死畜禽的处理。

（1）选址要求

应选择地势高燥,处于下风向的地点。应远离学校、公共场所、居民住宅区、村庄、动物饲养和屠宰场所、饮用水源地、河流等地区。

（2）技术工艺

深埋坑体容积以实际处理病死鸡数量确定。深埋坑底应高出地下水位 1.5 m 以上,要防渗、防漏。坑底洒一层厚度为 2～5 cm 的生石灰或漂白粉等消毒药。将病死鸡投入坑内,最上层距离地表 1.5 m 以上。生石灰或漂白粉等消毒药消毒。覆盖距地表 20～30 cm,厚度不少于 1～1.2 m 的覆土。

（3）操作注意事项

深埋覆土不要太实,以免腐败产气造成气泡冒出和液体渗漏。深埋后,在深埋处设置警示标识。掩埋后,第一周内应每日巡查 1 次,第二周起应每周巡查 1 次,连续巡查 3 个月,深埋坑塌陷处应及时加盖覆土。深埋后,立即用氯制剂、漂白粉或生石灰等消毒药对深埋场所进行 1 次彻底消毒。第一周内应每日消毒 1 次,第二周起应每周消毒 1 次,连续消毒 3 周以上。

5.化学处理法(硫酸分解法)

硫酸分解法是指在密闭的容器内,将病死及病害动物和相关动物产品用硫酸在一定条件下进行分解的方法。

（1）技术工艺

可根据情况对病死鸡进行破碎等预处理并投至耐酸的水解罐中,按每吨处理物加入水 150～300 kg,后加入 98％的浓硫酸 300～400 kg(具体加入水和浓硫酸量随处理物的含水量而设定)。密闭水解罐,加热使水解罐内升至 100～108 ℃,维持压力≥0.15 MPa,反应时间≥4 h,至罐体内的病死鸡完全分解为液态。

（2）操作注意事项

处理中使用的强酸应按国家危险化学品安全管理、易制毒化学品管理有关规定执行,操作人员应做好个人防护。水解过程中要先将水加入耐酸的水解罐中,然后加入浓硫酸。控制处理物总体积不得超过容器容量的 70％。酸解反应的容器及储存酸解液的容器均要求耐强酸。

鸡的卫生防疫与保健

第一节 鸡场的消毒技术

一、常用的消毒方法

1.机械清除法

机械清除法是指用清扫、洗刷、通风、过滤等机械方法清除病原微生物。机械清除不能达到彻底消毒的目的,必须配合其他消毒方法进行。

2.物理消毒法

物理消毒法是指用阳光、紫外线、高温等物理方法杀灭病原微生物。阳光是天然的消毒剂,对于牧场、草地、畜栏、用具等的消毒,具有很大的现实意义,应该充分利用;紫外线用于空气消毒;高温消毒主要有火焰、烘烤、煮沸、蒸汽等消毒方法,可根据消毒的目的具体选用。

3.化学消毒法

化学消毒法是指用化学药物杀灭病原微生物,用于杀灭病原微生物的药物叫消毒剂。

二、常用的消毒剂

1.甲醛

甲醛有极强的化学活性,能使蛋白质变性,呈现杀菌作用,为强大的广谱杀菌剂,不仅能杀死繁殖型细菌,而且能杀死芽孢、病毒和霉菌。广泛用于各种物品的熏蒸消毒,也可以用于浸泡消毒和喷洒消毒。

2%～4%的福尔马林水溶液可用于地面、用具和墙壁的消毒。在鸡场,常用于鸡舍、孵化室、育雏室的熏蒸消毒,每立方米空间需15～30 mL 福尔马林加等量的水加热蒸发,或加高锰酸钾氧化蒸发,高锰酸钾与福尔马林的比例为1：2。熏蒸消毒时一般应密闭门窗12～24 h,为保证消毒效果,鸡舍内应清扫除尘。由于福尔马林熏蒸必须有较高的温度和湿度,故在熏蒸前先喷水增湿。另外,福尔马林具有较强的刺激性,所以必须在进鸡前一周进行消毒,待没有刺激性气味时方可进鸡。

2.氢氧化钠

氢氧化钠的杀菌作用很强,常用于病毒性及细菌性感染的消毒,还可用于炭疽芽孢的消毒,对寄生虫虫卵也有消毒作用。

2%～3%溶液可杀灭细菌和病毒,5%～10%溶液可杀灭细菌的芽孢。2%～3%溶液常用做鸡舍和鸡场门口消毒池内的消毒液,因车辆和人员的频繁往来,消毒液易失效,须经常检查消毒液是否有效,无效时应立即更换消毒液,或向消毒液内加入氢氧化钠。2%～3%溶液也用于消毒地面、料槽和饮水器、运输用具和车辆等。因其对人皮肤有腐蚀作用,操作时工作人员应戴橡胶手套,在消毒物的表面干燥后,要用清水冲洗 1 次,洗掉其上附着的氢氧化钠,热溶液的消毒效果要好一些。氢氧化钠对铝制品有腐蚀性,铝制品的设备和器具不能用于盛氢氧化钠消毒剂,氢氧化钠对棉毛织品和油漆表面也有损害作用。

3.石灰

石灰为白色的块或粉,主要成分是氧化钙(CaO),加水即成氢氧化钙,俗称熟石灰或消石灰,属强碱性,吸湿性很强。本品为价廉易得的良好消毒药,以 OH^- 起杀菌作用,钙离子也能与细菌原生质起作用而形成蛋白钙,使蛋白质变性。本品对一般细菌有效,对芽孢及结核分枝杆菌无效。常用于墙壁、地面、粪池及污水沟等的消毒。

常用石灰乳,因石灰必须在有水分的情况下,才会游离出 OH^- 离子而发挥消毒作用。石灰乳由石灰加水配成,消毒浓度为 10%～20%,用来粉刷鸡舍墙壁。石灰可从空气中吸收 CO_2 变成碳酸钙沉淀而失效,故石灰乳须现用现配,不宜久贮。氧化钙 1 kg 加 350 mL 水即成石灰粉末,可撒在阴湿地面、粪池周围及污水沟等处消毒,需 3～5 d 用 1 次,不宜用生石灰粉末消毒。在寒冷地区,一般的消毒液易结冰而失效,常用氧化钙作为消毒剂,先使其成为石灰粉末后,再撒布于路面和鸡舍与鸡场门口的消毒池内,对往来的人员和车辆进行消毒。

4.来苏尔

来苏尔即煤酚皂溶液、甲酚皂溶液,含甲酚 50%。本品为黄棕色至红棕色的黏稠液体,有甲酚的臭味,能溶于水或醇中。本品的杀菌力强于苯酚,而腐蚀性与毒性则较低。对于一般繁殖型病原菌作用良好,但对芽孢和病毒作用不可靠。主要用于禽舍、用具与排泄物消毒。

对结核分枝杆菌的杀灭力较强,0.3%～0.6%溶液在 15 min 内可杀灭结核分枝杆菌,1%～2%溶液常用做鸡舍人员洗手的消毒液,3%～5%溶液可用做鸡舍墙壁、地面、鸡舍内用具的洗刷消毒以及运料和运鸡车的喷雾消毒,也可用做消毒池内的消毒液。因其有粪臭味,不可用做鸡蛋、鸡体表及蛋与鸡肉产品库房的消毒。经来苏尔消毒的物体,须再用清水冲洗 1 次。

5.复合酚

复合酚是酚与酸的复合型消毒剂,其中含酚 41%～49%,醋酸 22%～26%,有特异的臭味,是一种高效广谱的杀菌消毒剂,不仅对细菌、病毒和真菌有杀灭作用,对寄生虫虫卵也有杀灭作用,而且还可抑制蚊、蝇等昆虫的滋生。

常用浓度为 0.3%～1%,主要用于鸡舍、笼具、运动场、路面、运输车辆和病鸡排泄物的消毒,一般用药 1 次,可维持药效 7 d。若环境污染特别严重时,可适当地增加药液浓度和消毒次数。复合酚与其他药物或消毒液混用时,可降低药液的消毒效果。药液用水稀释时,水温以 10 ℃左右为佳。

6.漂白粉

漂白粉是次氯酸钙、氯化钙与氢氧化钙的混合物,为灰白色粉末,有氯臭味。药典规定本品含有效氯应为 25%～30%。有效氯低于 16%即不宜应用,因此,在使用、贮存漂白粉前应测定其有效含量。本品置空气中因易吸收水分和 CO_2 而缓慢分解,故应密封保存。本品的有效成分是次氯酸钙,其杀菌作用主要在水中分解出的次氯酸,次氯酸再分解成初生态氧("O")和活性氯("Cl"),通过对细菌原浆蛋白产生氯化和氧化反应而发挥其杀菌作用。

1%～3%澄清液可用于料槽、饮水器和其他非金属制品的消毒。5%～20%乳剂可用于鸡舍墙壁、地面和运动场的消毒。饮水消毒时可于每立方米水中加 6～10 g,搅拌均匀后 30 min 即可

饮用。鸡粪消毒时可将漂白粉撒布在鸡粪便上,按 1∶5 比例均匀混合,进行消毒。池塘水消毒可按 1 mg/L 添加有效氯即可。漂白粉对金属制品有腐蚀性,对棉毛等纺织品有褪色漂白作用,故它不能用于二者的消毒。

7.过氧乙酸

过氧乙酸为无色透明液体,易溶于水和有机溶剂。呈弱酸性,易挥发,有刺激性气味,并带醋味。高浓度遇热易爆炸,20%以下浓度无此危险,故市售品为 20%溶液,有效期为半年,但稀释液只能保持药效 3～7 d,故应现用现配。本品的杀菌作用在于本身有强大的氧化性能,亦可分解出酸和过氧化氢等产物起协同的杀菌作用。本品的杀菌作用具有快而强、抗菌谱广的特点,对细菌、病毒、霉菌和芽孢均有效。本品可用于耐酸塑料、玻璃、搪瓷和橡胶制品及用具的浸泡消毒,还可用于禽舍、仓库、食品车间的地面、墙壁、通道、食槽的喷雾消毒和室内空气消毒。本品对组织有刺激性和腐蚀性,对金属也有腐蚀性。故消毒时必须注意保护,避免刺激眼、鼻黏膜。

根据消毒对象的不同,具体应用如下:0.04%～0.2%用于饲养用具和人的手臂浸泡消毒;0.5%浓度用于对室内空气、墙壁、地面和笼具等表面的喷洒消毒;0.3%浓度用于带鸡气雾消毒,用量为 30 mL/m³。由于本品的分解产物对人无毒,故可用于水果蔬菜和肉品表面的浸泡消毒。

8.百毒杀

百毒杀为双链季铵盐类消毒剂,它能迅速渗透入胞浆膜脂质体和蛋白质体,改变细胞通透性,具有较强的杀菌力,还因其表面活性产生的吸引力主动吸附细菌,使细菌发生变化而死亡。百毒杀具有较高的安全性,推荐剂量使用对人、畜禽绝对无毒,对用具无腐蚀性,消毒力可持续 10～14 d。

饮水消毒(包括人、畜禽饮用水)预防量按有效药量 10 000～20 000 倍稀释;疫病发生时可按 5 000～10 000 倍稀释;鸡舍及环境、用具消毒,预防消毒按 3 000 倍稀释,疫病发生时按 1 000 倍稀释;鸡体喷雾消毒及种蛋消毒可按 3 000 倍稀释;孵化室及设备可按 2 000～3 000 倍稀释喷雾消毒。

9.二氯异氰尿酸钠(优氯净)

二氯异氰尿酸钠为白色晶粉,有浓厚氯气味,含有效氯 60%～64%(一般按 60%计算),性质稳定。一般室内保存半年后降低有效氯含量 0.16%,易溶于水,水溶液呈酸性,且稳定性差。二氯异氰尿酸钠杀菌作用受有机物影响小,杀菌谱广,对细胞繁殖体、病毒、真菌孢子及细胞芽孢都有较强杀灭作用。可用于水、食品厂加工器具的容器及餐具的消毒。

用二氯异氰尿酸钠的水溶液,通过喷洒、浸泡、擦拭等方法消毒。其用量如下:0.5%～1%浓度用于杀灭细菌与病毒,5%～10%浓度用于杀灭细菌芽孢。二氯异氰尿酸钠的干粉用量,消毒粪便,用量为粪便的1/5;场地消毒,每平方米用 10～20 mg,作用 2～4 h,而冬季 0 ℃以下时,每平方米用 50 mg,作用 16～24 h 以上;用本品消毒饮水,每升水用 4 mg,作用 30 min。

10.新洁尔灭(溴苄烷铵)

新洁尔灭为季铵盐,为无色或淡黄色的液体,芳香、味极苦,易溶于水,水溶液为碱性,振摇时发生大量泡沫,性质稳定,可长期保存。新洁尔灭对化脓性病原菌、肠道菌及部分病毒有较好的杀灭能力,对结核分枝杆菌及真菌的杀灭效果不好,对细菌芽孢一般只能起抑制作用,一般认为对革兰氏阳性菌的杀菌能力要比对革兰氏阴性菌为强。本品具有杀菌与去污两重效力,渗透力强,作为常用消毒防腐药,用于手术前洗手、皮肤消毒、黏膜消毒及器械消毒,还可以用于养禽用具、种蛋的消毒。新洁尔灭对金属制品无腐蚀作用,但为防止金属生锈,可在溶液中加 0.5%亚硝酸钠。

新洁尔灭 0.05%～0.1%水溶液用于手术前洗手;0.1%水溶液用于蛋壳的喷雾消毒和种蛋

的浸涤消毒,此时要求水温为 40～43 ℃,浸涤时间不超过 3 min;0.1％水溶液还用于皮肤、黏膜消毒及手术器械浸泡消毒,此时如水质硬度过高,应加大 0.5～1 倍浓度;0.15％～2％水溶液可用于禽舍内空间和喷雾消毒。

11.高锰酸钾(灰锰氧)

高锰酸钾为暗紫色斜方形的结晶性粉末,无臭,易溶于水(1∶15),溶液呈粉红色乃至暗紫色,应密闭保存。本品为强氧化剂,遇有机物起氧化作用。氧化后分解出的氧,能使一些酶蛋白和原蛋白中的活性基团如硫基(－SH)氧化变为二硫键(－S－S－)而失活。高锰酸钾作用后还原产生的二氧化锰,可与蛋白质结合成盐,因此低浓度时还有收敛作用。

用 0.1％高锰酸钾溶液能杀死多数繁殖型细菌,2％～5％溶液能在 24 h 内杀死芽孢。本品在酸性溶液中杀菌作用增强,如含有 1％盐酸的 1％高锰酸钾溶液能在 30 s 内杀死炭疽芽孢。0.1％溶液可用于蔬菜及饮水消毒,但不宜用于肉食品消毒,因其能使表层变色,其与蛋白质结合的二氧化锰对食品卫生也有害。此外,常利用高锰酸钾的氧化性能来加速福尔马林蒸发而起到空气消毒作用。高锰酸钾除杀菌消毒作用外,还有防腐、除臭功效。

三、鸡场的消毒技术

1.主要通道口消毒

(1)车辆消毒池

生产区入口必须设置车辆消毒池,车辆消毒池的长度为长 4 m,与门同宽,深 0.3 m 以上,消毒池上方最好建有顶棚,防止日晒雨淋。消毒池内放入 2％～4％的氢氧化钠溶液,每周更换3 次。北方地区冬季严寒,可用石灰粉代替消毒液。有条件的可在生产区出入口处设置喷雾装置,喷雾消毒液可采用 0.1％百毒杀溶液、0.1％新洁尔灭或 0.5％过氧乙酸(图 10-1)。

(2)消毒室

场区门口及生产区入口要设置消毒室,人员和用具进入要消毒。消毒室内安装紫外线灯(1～2 W/m³ 空间);有脚踏消毒池,内放 2％～5％的氢氧化钠溶液。进入人员要换鞋、工作服等,如有条件,可以设置淋浴设备,洗澡后方可入内。脚踏消毒池中消毒液每周至少更换2 次(图 10-2)。

(3)消毒槽(盘)

每栋禽舍、孵化室(厅)门前也要设置脚踏消毒槽(盘),内放 2％～4％氢氧化钠溶液,进出禽舍最好换穿不同的专用橡胶长靴,在消毒槽(盘)中浸泡 1 min,并进行洗手消毒,穿戴好消毒过的工作服和工作帽方可进入(图 10-3)。

2.场区环境消毒

平时应做好场区环境的卫生工作,定期使用高压水洗净路面和其他便于冲洗的场所,每月对场区环境进行一次环境消毒。进鸡前对鸡舍周围 5 m 以内的地面用 0.2％～0.3％过氧乙酸,或使用 5％的氢氧化钠溶液进行彻底喷洒;道路使用 3％～5％的氢氧化钠溶液喷洒。鸡场周围环境保持清洁卫生,不乱堆放垃圾和污物,道路每天要清扫。被病鸡的排泄物和分泌物污染的地面、土壤,可用 5％～10％漂白粉溶液、百毒杀或 10％氢氧化钠溶液消毒(图 10-4)。

图 10-1　车辆消毒池

图 10-2　人员消毒室

图 10-3　消毒槽

图 10-4　场区环境消毒

3.空舍消毒

任何规模和类型的养殖场,其场舍在启用及下次使用之前,必须空出一定时间(15～30 d 或更长时间)。经多种方法全面彻底消毒后,方可正常启用(图 10-5)。

图 10-5　空舍消毒

(1)机械清除

对空舍顶棚、天花板、风扇、通风口、墙壁、地面彻底打扫,将垃圾、粪便、垫草、羽毛和其他各

种污物全部清除,定点堆放烧毁并配合生物热消毒处理。

（2）净水冲洗

料槽、水槽、围栏、笼具、网床等设施采用动力喷雾器或高压水枪接入常水洗净,按照从上至下、从里至外的顺序进行。对较脏的地方,可事先进行刮除,要注意对角落、缝隙、设施背面的冲洗,做到不留死角。最后冲洗地面、走道、粪槽等,待干后用化学药品消毒。

（3）药物喷洒

常用 3%～5% 来苏尔、0.2%～0.5% 过氧乙酸、20% 石灰乳、5%～20% 漂白粉等喷洒消毒。地面用药量 800～1 000 mL/m²,舍内其他设施 200～400 mL/m²。为了提高消毒效果,应使用两种或三种不同类型的消毒药进行 2～3 次消毒。通常第一次使用碱性消毒液,第二次使用表面活性剂类、卤素类、酚类等消毒药,第三次常采用甲醛熏蒸消毒。每次消毒要等地面和物品干燥后再进行下次消毒。必要时,对耐燃物品还可使用酒精喷灯或煤油喷灯进行火焰消毒。

（4）熏蒸消毒

熏蒸消毒法是利用福尔马林(含 40% 甲醛的溶液)与高锰酸钾发生化学反应,快速地释放出甲醛气体,经过一定时间可杀死病原微生物。熏蒸消毒可用于密闭的鸡舍、仓库及饲养用具、种蛋、孵化机(室)污染表面的消毒。其穿透性差,不能消毒用布、纸或塑料薄膜包装的物品。熏蒸消毒时,福尔马林常用量为 28 mL/m³,密闭 1～2 周,或按每立方米空间 25 mL 福尔马林、12.5 mL 水、25 g 高锰酸钾的比例进行熏蒸,消毒时间为 12～24 h。但墙壁及顶棚易被熏黄,用等量生石灰代替高锰酸钾可消除此缺点。熏蒸消毒完成后,应通风换气,待对鸡只无刺激后,方可使用。

熏蒸消毒前须将舍、室密闭,室温保持在 20 ℃ 以上,相对湿度在 70%～90%。充分暴露舍、室及物品的表面,并去除各角落的灰尘和蛋壳上的污物。操作时,先将水倒入耐腐蚀的陶瓷或搪瓷容器中,然后放入高锰酸钾,搅拌均匀,最后注入福尔马林。反应开始后药液沸腾,在短时间内即可将甲醛蒸发完毕。由于产生的热较高,容器不要放在地板上,也不要使用易燃、易腐蚀的容器。使用的容器容积要大些(为药液体积的 10 倍左右),徐徐加入药液,防止反应过猛药液溢出。反应结束时,如残渣是一些微湿的褐色粉末,则表明两种药品的比例较适宜;若残渣呈紫色,则表明高锰酸钾过量;若残渣太湿,则说明高锰酸钾不足。为调节空气中的湿度,需要蒸发定量水分时,可直接将水加入福尔马林中,这样还可减弱反应强度。必要时用小棒搅拌药液,可使反应充分进行。达到规定消毒时间后,打开门窗通风换气,必要时用 25% 氨水中和残留的甲醛(用量为甲醛的 1/2)。

4.带鸡消毒

带鸡消毒是指对鸡舍环境和鸡体表定期或紧急喷雾消毒。正常鸡只体表可携带多种病原体,尤其在换羽期间,羽毛可成为一些疫病的传播媒介。做好鸡只体表的消毒,对预防一般疫病的发生有一定作用,在疫病流行期间采取此项措施意义更大。带鸡消毒常选用对皮肤、黏膜无刺激性或刺激性较小的药品进行喷雾消毒。主要药物有 0.015% 百毒杀、0.1% 新洁尔灭、0.2%～0.3% 次氯酸钠以及 0.3% 过氧乙酸等。药液用量为 60～240 mL/m²,以地面、墙壁、天花板均匀湿润和鸡体表略湿为宜。喷雾粒子以 80～100 μm,喷雾距离以 1～2 m 为宜(图 10-6)。

发生疫情时,可每天消毒一次。冬季带鸡消毒,应提高舍温 3～4 ℃,且药液温度以室温为宜。一般鸡 10 日龄以前不可实施带鸡消毒,否则容易引起呼吸道疾病。如果鸡只患有呼吸道疾病,一般亦不宜带鸡消毒。带鸡消毒必须避开活苗接种,即在活苗接种的当天、前后各 1 d 不得消毒。

图 10-6 带鸡消毒

5.运输工具消毒

运载工具包括各种车、船、集装箱和飞机等,在装卸鸡及其产品前后,都应对运输工具进行消毒。消毒按以下方法进行:

装运过健康鸡只及其产品的运输工具,清扫后用热水洗刷。

装运过一般传染病鸡只及其产品的运输工具,应彻底清扫。先打扫车辆表面和车内部,车辆内部包括车厢内地面、内壁及分隔板,外部包括车身、车轮、轮箍、轮框、挡泥板及底盘。除去车体大部分的污染物,将可以卸载的,现场不能或不易消毒的物品移出放于场外。打扫完毕后,用高压水冲洗车辆表面、内部及车底。用含 5%有效氯漂白粉溶液或 4%氢氧化钠溶液喷洒消毒15～30 min。清除的粪便、垫草和垃圾,采取焚烧或堆积泥封发酵消毒。

运载过危害严重的传染病鸡只及其产品的运输工具,应先用消毒药液喷洒消毒,经一定时间后彻底清扫,特别注意工作人员卸载物品可能接触的地方,注意缝隙、车轮和车底。再用含 5%有效氯漂白粉溶液或 10%氢氧化钠溶液、4%福尔马林、0.5%过氧乙酸等喷洒消毒 1 次,消毒30 min 后,用热水冲洗,清除的粪便、垫草集中烧毁。

6.孵化设施及种蛋消毒

对孵化设施及种蛋进行消毒是预防控制蛋媒垂直传播疫病的有效手段。孵化室内的下水道口处应定期投放氢氧化钠消毒,定期对室内、室外进行喷雾消毒。种蛋预选室和孵化厅各车间,每日要用清水冲洗干净后,再用消毒液喷洒消毒一次。

孵化器材的消毒方法多采用熏蒸、浸泡、冲洗、擦拭等手段进行。孵化器和出雏器经冲洗干净后,用过氧乙酸喷洒消毒。出雏盒、蛋盘、蛋架等用次氯酸钠或新洁尔灭溶液浸泡或刷拭干净后,再用福尔马林熏蒸 1 h。每出一次雏鸡,所有使用过的器具都要取出,放入消毒液内浸泡消毒洗净,然后将孵化器和出雏器内外用高压清水冲洗干净,再用消毒液喷洒消毒,逐个进行彻底清洗、擦拭、喷洒和熏蒸消毒。蛋盘和雏箱、送雏盒等用具不得逆转使用。雏鸡须用本厅专用车辆运送,用过的雏鸡盘、鉴别器具、车辆等须经消毒后使用,运送雏鸡车辆在回厅时应冲洗消毒。

经收集初选合格的种蛋应在 30 min 内送入孵化厅,并放入消毒柜或熏蒸室进行熏蒸消毒,消毒后存入种蛋库。种蛋入孵前可以采用熏蒸法、浸泡法和喷雾法消毒。熏蒸法消毒可用福尔马林、过氧乙酸。浸泡法可用 0.1%新洁尔灭溶液、0.05%高锰酸钾溶液或 0.02%季铵盐溶液,浸泡 5 min 捞出沥干入孵,浸泡时水温控制在 43～50 ℃。喷雾法可用 0.1%新洁尔灭溶液均匀喷洒在种蛋的表面,经 3～5 min,药液干后即可入孵。

7.禽类产品外包装消毒

禽类产品外包装物品和用具反复使用,进出场(户)会带出、带入各种病原体。因此,必须对外包装进行妥善消毒处理。

塑料包装制品消毒时,常用 0.04%～0.2% 过氧乙酸或 1%～2% 氢氧化钠溶液浸泡消毒。操作时先用常水洗刷,除去表面污物,干燥后再放入消毒液中浸泡 10～15 min,取出用常水冲洗,干燥后备用。也可在专用消毒房间用 0.05%～0.5% 过氧乙酸喷雾消毒,喷雾后密封 1～2 h。

金属制品消毒时,先用常水洗刷干净,干燥后用火焰喷烧消毒,或用 4%～5% 的氢氧化钠喷洒或洗刷,对染疫制品要反复消毒 2～3 次。

其他制品如木箱、竹筐等消毒时,由于不耐腐蚀,一般不采用浸泡法。可在专用消毒间熏蒸消毒。用福尔马林 42 mL/m³ 熏蒸 2～4 h 或时间更长些。对染疫的此类包装物,必要时烧毁处理。

二维码 10-1
鸡场的卫生控制

第二节 鸡的免疫接种技术

一、疫苗的运输、保存和使用

1.疫苗的运输和保存

疫苗的科学运输和保管,是保证免疫成功的重要环节之一,在这一过程中,应注意以下几点:

1)避免高温和直射阳光,在夏季天气炎热时尤其重要。

2)疫苗应低温保存和运输,但应注意不同种类的疫苗所需的最佳温度不同。例如冻干苗、湿苗需要 -20～0 ℃,而油乳剂疫苗和铝胶剂疫苗则应避免冻结,最适合温度为 2～8 ℃。这在北方寒冷季节应尤其注意,而细胞结合型马立克氏病疫苗则应在液氮内保存。

3)疫苗应有专人保管,并造册登记,以免错乱。

4)不同种类、不同血清型、不同毒株、不同有效期的疫苗应分开保存,先用有效期短的,后用有效期长的。

5)应经常检查电冰箱或冰库电源及温度,最好应有发电机备用。

6)电冰箱或冷藏柜内如结霜(或冰)太厚时,应及时除霜,使冰箱达到确定的冷藏温度。

7)保存期较长的和较重要的疫苗应与常用疫苗分开保存,并尽可能减少打开冰箱门的次数,尤其是天气炎热时更应注意。经营和使用单位收到生物制品后应立即清点,尽快放到规定的温度下贮藏,如发现运输条件不符合规定,包装不符合规格,或者货、单不符,批号不清等异常现象时,应及时与生产企业联系解决。

2.疫苗的使用

使用疫苗必须在兽医师指导下进行;必须按照疫苗说明书及瓶签上的内容及农业农村部发布的其他使用管理规定使用;对采购、使用的疫苗必须核查其包装、生产单位、批准文号、产品生产批号、规格、失效期、产品合格证、进货渠道等,并应有书面记录;在使用疫苗的过程中,如出现产品质量及技术问题,必须及时向县级以上农牧行政管理机关报告,并保存尚未用完的疫苗备查;订购的疫苗,只许自用,严禁以技术服务、推广、代销、代购、转让等名义从事或变相从事疫苗经营活动。

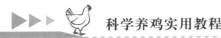

（1）疫苗的剂量

疫苗的剂量太少和不足,不能刺激机体产生足够的免疫效应,剂量过大可能引起免疫麻痹或毒性反应,所以疫苗使用剂量应严格按产品说明书进行;过期或失效的疫苗不得使用,更不得用增加剂量来弥补;大群接种时,为预备注射等过程中一些浪费,可适量增加10%～20%的用量。

（2）疫苗的稀释

稀释疫苗之前应对使用的疫苗逐瓶检查,尤其是名称、有效期、剂量、封口是否严密、是否破损和吸湿等;对需要特殊稀释的疫苗,应用指定的稀释液。而其他的疫苗一般可用生理盐水或蒸馏水稀释。稀释液应是清凉的,这在天气炎热时尤应注意。

稀释液的用量在计算和称量时均应细心和准确;稀释过程应避光、避风尘和无菌操作,尤其是注射用的疫苗应严格无菌操作。稀释过程中一般应分级进行,对疫苗瓶一般应用稀释液冲洗2～3次。稀释好的疫苗应尽快用完,尚未使用的疫苗也应放在冰箱或冰水桶中冷藏。

对于液氮保存的马立克氏病疫苗的稀释,生产厂家有操作程序时,应严格按提供的程序执行,如无现成的程序,也可参考以下步骤:①操作者应先戴好防护面具和手套;②稀释液平时应于4℃保存,稀释前稀释液温度为15～27℃;③按疫苗厂家的要求,准备好15～27℃的水浴箱(桶)以及长柄钳1～2支、冰块、托盘、水桶、自来水、注射器、18号针头等备用;④打开液氮罐,取出一支疫苗后迅速将其余疫苗放回液氮罐内;⑤立即将已取出的疫苗放入已准备好的水浴中,使疫苗迅速解冻;⑥待疫苗已完全溶解后,立即取干布拭干,甩动疫苗瓶,使疫苗瓶颈部不含疫苗液。在尽可能远离操作者面部及身体的地方把疫苗瓶颈部折断;⑦取注射器套上18号针头,抽取少量稀释液1～2 mL,温度在15～27℃之间,再将疫苗液抽入注射器内,轻轻混匀,注入稀释液瓶中,然后再抽取稀释液连续冲洗疫苗瓶3次,并将冲洗液加入疫苗稀释液中;⑧轻轻地摇动已加入疫苗的稀释液,使疫苗均匀地分布在稀释液中;⑨把稀释好的疫苗保持在15～27℃,在注射期间也应保持在这一温度范围内;⑩已稀释的疫苗必须在稀释后1 h内用完。

二、免疫程序的制定

生产上,免疫程序有广义和狭义之分。广义的免疫程序是指根据一定地区或养殖场内不同疫病的流行状况及疫苗特性,为特定动物群制定的免疫接种方案。主要包括所用各种类疫苗的名称、类型、接种顺序、用法、用量、次数、途径及间隔时间。狭义的免疫程序指在一个畜禽的生产周期中,为预防某种传染病而制定的疫苗接种规程,其内容包括所用疫苗的品系、来源、用法、用量、免疫时机和免疫次数等。各个国家和地区都重视免疫程序的制定,这不仅是养殖场防疫部门的工作,而且是疫苗生产和研究部门的责任,疫苗的产品说明书上应包括免疫程序和使用方法。

在什么时期接种什么样的疫苗,是养殖户尤其是大型养殖场最为关注的问题。没有一个免疫程序是通用的,而生搬硬套别人现成的程序也不一定能获得最佳的免疫效果,唯一的办法是根据本场的实际情况,参考别人已成功的经验,结合免疫学的基本理论、制定适合本地或本场的免疫程序。在制定免疫程序时,应着重考虑以下一些因素。

1.疫情因素

1）本地的鸡病疫情。

2）饲养本场种苗的各外地鸡病疫情。

3）本场的鸡病史及目前仍有威胁的主要传染病。对本地本场尚未证实发生的疾病,必须证明确实已受到严重威胁时才能计划接种,对强毒型的疫苗更应非常慎重,非不得已不引进使用。

2.家禽因素

1）所养家禽的用途及饲养期，例如种鸡在开产前需要接种传染性法氏囊病油乳剂疫苗，而商品鸡则不必要。

2）母源抗体的影响，这对鸡马立克氏病、鸡新城疫和传染性法氏囊病疫苗血清型（或毒株）选择时应认真考虑。

3）不同种类的家禽以及同一种类的不同品种对某些疾病抗病力的差异。

3.疫苗因素

1）不同疫苗之间的干扰和接种时间的科学安排。

2）所用疫苗毒（菌）株的血清型、亚型或株的选择。

3）疫苗剂型的选择，例如活苗或灭活苗、湿苗或冻干苗，细胞结合型和非细胞结合疫苗之间的选择等。

4）疫苗的生产国家、生产厂家的选择。

4.操作因素

1）疫苗剂量和稀释量的确定。

2）不同疫苗或同一种疫苗的不同接种途径的选择。

3）某些疫苗的联合使用。

4）同一种疫苗根据毒力先弱后强安排（如传染性支气管炎疫苗先 H120 后 H52）。

5）同一种疫苗的先活苗后灭活油乳剂疫苗的安排。

6）根据免疫监测结果及突发疾病的发生所做的必要修改和补充等。

三、免疫接种方法

禽类的免疫方法可分为个体免疫法和群体免疫法。前者免疫途径包括注射、点眼、滴鼻、滴口、刺种、擦肛等，后者包括饮水、拌料、气雾免疫等。选择合理的免疫接种途径可以大大提高禽类机体的免疫应答能力。

1.注射免疫接种

适用于各种灭活苗和弱毒苗的免疫接种。根据疫苗注入的组织不同，又可分为皮下注射、皮内注射与肌内注射。注射接种剂量准确、免疫密度高、效果确实可靠，在实践中应用广泛。

（1）皮下接种

这种方法多用于灭活苗及免疫血清、高免卵黄抗体接种，选择鸡只颈部背侧下 1/3 处，针头自头部刺向躯干部。注射部位消毒后，注射者右手持注射器，左手食指与拇指将皮肤提起呈三角形，使之形成一个囊，沿囊下部刺入皮下约注射针头的 2/3，将左手放开后，再推动注射器活塞将疫苗徐徐注入。然后用酒精棉球按住注射部位，将针头拔出（图 10-7）。

（2）皮内接种

鸡在肉髯部位接种。注射部位用酒精棉球消毒后，术者以左手绷紧固定皮肤，右手持注射器，使针头斜面向上，几乎与注射皮面平行刺入 0.5 cm 左右。应注意刺入时宜慢，以防刺出表皮或深入皮下。同时，注射药液后在注射部位有一小包，且小包会随皮肤移动，则证明确实注入皮内，然后用酒精棉球消毒皮肤针孔及其周围。皮内接种疫苗的使用剂量和局部副作用小，相同剂量疫苗产生的免疫力比皮下接种高。

图 10-7　皮下注射

（3）肌内注射

多用于弱毒疫苗的接种。肌内注射操作简便、应用广泛、副作用较小，药液吸收快，免疫效果较好。鸡宜在胸肌或大腿外侧肌内注射。注射时针头与皮肤表面呈 45°，避免疫苗流出（图 10-8）。

2.点眼与滴鼻

禽类眼部具有哈德氏腺，鼻腔黏膜下有丰富的淋巴样组织，对抗原的刺激都能产生很强的免疫应答反应。操作时，用乳头滴管吸取疫苗，将鸡眼或鼻孔向上，呈水平位置，滴头离眼或鼻孔 1 cm 左右，滴于眼或鼻孔内。这种方法多用于雏禽，尤其是雏鸡的首免。利用点眼或滴鼻法接种应注意：接种时，均使用弱毒苗，如果有母源抗体存在，会影响病毒的定居和刺激机体产生抗体，此时可考虑适当加大疫苗接种量；点眼时，要等待疫苗扩散后才能放开雏鸡；滴鼻时，可用固定雏鸡的左手食指堵住非滴鼻侧的鼻孔，加速疫苗的吸入。

生产中也可以用能安装滴头的塑料滴瓶盛装稀释好的疫苗，装上专用滴头后，挤出滴瓶内部分空气，迅速将滴瓶倒置，使滴头向下，拿在手中呈垂直方向轻捏滴瓶，进行点眼或滴鼻，疫苗瓶在手中应一直倒置，滴头保持向下。为减少应激，最好在晚上或光线稍暗的环境下接种（图 10-9）。

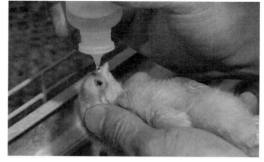

图 10-8　肌内注射　　　　　　　　　　图 10-9　滴鼻点眼法

3.皮肤刺种

常用于禽痘、禽脑脊髓炎等疫病的弱毒疫苗接种。家禽一般采用翼膜刺种法，在家禽翅膀内侧无血管处的"三角区"，用刺种针蘸取疫苗，刺针针尖向下，使药液自然下垂，轻轻展开鸡翅，从翅膀内侧对准翼膜用力垂直刺入并快速穿透，使针上的凹槽露出翼膜。每次刺种针蘸苗都要保证凹槽能浸在疫苗液面以下,出瓶时将针在瓶口擦一下,将多余疫苗擦去。在针刺过程中,要避免针槽碰上羽毛以免疫苗溶液被擦去,也应避免刺伤骨头和血管。每1～2瓶疫苗就应换用一个新的刺种针,因为针头在多次使用后会变钝,针头变钝意味着需要加力才能完成刺种,这可能使一些疫苗在针头穿入表皮之前被抖落。刺种后,应及时对鸡群的接种部位进行接种反应观察,一般接种4～6 d后在接种部位会出现皮肤红肿、增厚、结痂等接种反应,如接种部位无反应或鸡群的反应率低,则必须及时重新接种。因此,要在刺种后2周左右检查免疫的效果。如无局部反应,则应检查鸡群是否处于免疫阶段,疫苗质量有无问题或接种方法是否有差错,及时进行补充免疫(图10-10)。

4.擦肛接种

用消毒的棉签、毛笔或小刷蘸取疫苗,直接涂擦在泄殖腔的黏膜上。擦肛后4～5 d,可见泄殖腔黏膜潮红,否则应重新接种。此法常用于鸡传染性喉气管炎强毒苗的接种。

5.经口免疫接种

经口免疫即将疫苗均匀地混于饲料或饮水中经口服后而使鸡只获得免疫,可分为饮水、滴口、拌料三种方法,免疫效率高、省时省力、操作方便,能使全群鸡只在同一时间内同时被接种,对群体的应激反应小,但鸡群中抗体滴度往往不均匀,免疫持续期短,免疫效果常受到其他多种因素的影响。

(1)饮水免疫

饮水免疫时,应按禽只数量和禽只平均饮水量,准确计算疫苗用量。用于口服的疫苗必须是高效价的活苗,可增加疫苗用量,一般为注射剂量的2～5倍;稀释疫苗的用水量应根据鸡的大小来确定,一般为鸡日饮水量的30%,保证所有的鸡同时喝到疫苗水。具体可参照如下用水量:1～2周龄每只8～10 mL;3～4周龄每只15～20 mL;5～6周龄每只20～30 mL;7～8周龄每只30～40 mL;9～10周龄每只40～50 mL。疫苗混入饮水后,必须迅速口服,保证在最短的时间内摄入足量疫苗。因此,免疫前应停饮一段时间,具体停水时间长短可灵活掌握,一般在天气炎热的夏秋季节或饲喂干料时,停水时间可适当短些,在天气寒冷的冬春季节或饲喂湿料时,停水时间可适当长些,使鸡只在施用饮水免疫前有一定的口渴感,确保鸡只在0.5～1 h内将疫苗稀释液饮完。为有效地保护疫苗的效价,可在疫苗稀释前在饮水中加入疫苗保护剂。弱毒湿疫苗加0.2%～0.3%的脱脂奶或脱脂鲜奶,弱毒冻干疫苗加入1%～2%脱脂奶或10%脱脂鲜奶。

(2)滴口免疫

将按照要求稀释之后的疫苗滴于鸡只口中,使疫苗通过消化道进入家鸡体内,从而产生免疫力的免疫接种方法。

滴口免疫操作时,先按规定剂量用适量生理盐水或凉开水稀释疫苗,充分摇匀后用滴管或一次性注射器吸取疫苗,然后将鸡腹部朝上,食指托住头颈后部,大拇指轻按前面头颈处,待张口后在口腔上方1 cm处滴下1～2滴疫苗溶液即可。

滴口免疫时需注意:①确定稀释量,普通滴瓶每毫升水有25～30滴,差异较大,所以必须事先测量出每毫升水的滴数,然后计算出稀释液用量,最好购买正规厂家生产的疫苗专用稀释液及配套滴瓶;②稀释液可选用疫苗专用稀释液或灭菌生理盐水;③疫苗稀释后必须在0.5～1 h内滴完;④防止漏滴,做到每只免疫;⑤要注意经常摇动疫苗,以保持疫苗的均匀;⑥在滴口免疫前后24 h内停饮任何有消毒剂的水(图10-11)。

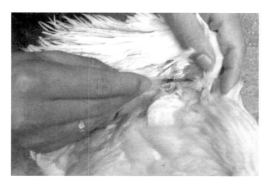

图 10-10　翅内刺种免疫

图 10-11　滴口免疫

（3）拌料免疫

生产中采用拌料免疫的有鸡新城疫Ⅰ系、Ⅱ系苗及鸡球虫苗。注意拌料要均匀，并现配现用。拌疫苗的饲料温度以室温为宜，不可直接撒在地面上，且应避免日光照射。

1）直接拌料。将新城疫疫苗按规定剂量溶解于水，混匀后拌碎米或玉米粉或鸡颗粒料，早晨鸡空腹时一次喂给，让鸡采食。对大小不一和吃食较少的鸡，可在第2天重复饲喂1次，以确保鸡吃进足够的剂量。免疫前应计算鸡群实际需要饲料量，防止饲料不足或过剩。

2）喷雾拌料。将按规定剂量稀释后的球虫疫苗悬液倒入干净的农用喷雾器或加压式喷雾器中，称取适量的饲料放入料盘中，把球虫疫苗均匀地喷洒在饲料上。喷洒时需要不时摇晃喷雾器，至少来回喷两次，每喷一次都要充分拌料。将拌有疫苗的料平均分配到每个料盘，让鸡自由采食，全部吃干净需4～5 h。注意倒拌有疫苗料之前不要刻意断料，倒料前只把料盘中的剩料倒干净即可，以免"抢食"造成每只鸡免疫剂量不均匀。

6.气雾免疫法

将稀释的疫苗在气雾发生器的作用下喷雾射出去，使疫苗形成5～100 μm的雾化粒子，其中雾粒直径为50～100 μm称为粗滴气雾免疫，雾粒直径为5～22 μm称为细滴气雾免疫。雾化粒子均匀地浮游于空气中，鸡只随着呼吸运动，将疫苗吸入而达到免疫。气雾免疫分为气溶胶免疫和喷雾免疫两种形式，其中气溶胶免疫最为常见。气雾免疫法不但省力，而且对少数疫苗特别有效，适用于大群动物的免疫。

在进行鸡群喷雾免疫前，应加强通风，并采取带鸡消毒等降温或增湿措施，以使舍内的温度保持在18～24 ℃，相对湿度保持在70%左右，空气中看不到灰尘颗粒等。气雾免疫不适于30日龄内的雏鸡和存在慢性呼吸道病的鸡群，以免诱发呼吸道系统疾患。气雾粒子为60 μm左右时，一般停留在雏鸡的眼和鼻腔内，很少发生慢性呼吸道病，适宜对6周龄以内的小雏鸡气雾免疫。而对12周龄雏鸡气雾免疫时，气雾粒子取10～30 μm为宜。在鸡头上1.5 m左右喷雾，呈45°角，使雾粒刚好落在家禽的头部。喷完后要最大限度地降低通风换气量，以保证气雾免疫效果，同时也要防止通风不良而造成窒息死亡。

小日龄雏鸡喷雾时，可打开出雏器或运雏箱，使其排列整齐。平养的肉鸡，可集中在鸡舍一角；或把鸡舍分成两半，中间设一栅栏并留门，从一边向另一边驱赶肉鸡，当肉鸡分批通过栅栏门时喷雾；接种人员还可在鸡群中间来回走动喷雾疫苗，至少来回两次。笼养蛋（肉）鸡，直接在笼内一层层地循序进行喷雾。

四、影响鸡只免疫效果的因素

1.免疫程序安排不合理

鸡场应根据当地疫病流行情况及本场实际制定合理的免疫程序,没有任何一个免疫程序可以适用于所有地区及不同类型的养鸡场。安排免疫接种时,对下列因素考虑不周常会影响免疫效果。

(1)家禽疫病日龄的易感性

如鸡马立克氏病 1 日龄较 10 日龄的鸡易感性大几十倍至几百倍,因此,应安排在出壳后 24 h 内接种马立克氏病疫苗,若在 18 日龄的胚胎期接种更为理想。

(2)疾病的流行季节

禽痘在春、夏季节多发,鸡新城疫在冬、春季节发生较多。在疫病的多发季节应着重加强免疫。

(3)当地、本场疫病的流行

在养殖业较为发达的地区,近年来鸡新城疫、传染性法氏囊病、传染性支气管炎和传染性喉气管炎等较为流行,应根据当地情况尽早合理安排疫苗接种。

(4)母源抗体的影响

母源抗体能与接种的疫苗病毒发生中和作用,因此在首免接种前应检测母源抗体的水平。对于母源抗体水平较低的鸡,首免可在较小日龄时进行;母源抗体水平较高的雏鸡,应推迟进行免疫接种;对于母源抗体水平参差不齐、差异较大,而该地区又存在某疫病的严重威胁时,雏鸡的免疫接种可分两次进行,一次在较小日龄,以提高低母源抗体水平雏鸡的免疫力,一次在较大日龄,以使原来母源抗体水平较高的雏鸡也能产生良好的免疫力。

(5)疫苗的联合使用或重复使用的影响

如使用新城疫弱毒疫苗,1 周内不要使用传染性支气管炎弱毒疫苗;接种传染性支气管炎弱毒疫苗,2 周内不要用新城疫弱毒疫苗;接种传染性喉气管炎弱毒疫苗前后各 1 周内,不要使用其他呼吸道病的弱毒疫苗。

2.疫苗使用不当

(1)疫苗质量不合标准

①含量不足,如马立克氏病湿疫苗为细胞结合性疫苗,使用时若不频频摇动,细胞容易下沉,造成先注射的剂量过大而后注射的剂量不足。另外,注射该疫苗时针头内径应大于 1.2 mm,一般用 7 号针头,以利于细胞通过;弱毒疫苗喷雾时,雾滴过小或过大或温度过高。②油乳剂疫苗油水分层、被冻结或注射器的定量控制失灵。③氢氧化铝佐剂的颗粒过粗或使用时没有充分摇匀。④疫苗在运输、保管过程中因温度过高或反复冻融而减效或失效。

(2)疫苗选择不当

疫病的误诊造成错用疫苗。例如发生鸡新城疫时误用传染性喉气管炎疫苗进行接种,致使新城疫暴发;疫苗的毒株或血清型选择不当;在传染性法氏囊病流行的地区,种鸡已接种过该病疫苗,抗体水平高而仅选用低毒力的疫苗进行接种;已接种 H52 疫苗的鸡又再使用 H120 的疫苗进行接种;使用与本场、本地区血清型不对应的传染性支气管炎疫苗、禽出血性败血症疫苗、大肠杆菌菌疫(菌)苗;该地区的鸡感染变异毒株或超强毒株而还使用常规疫苗免疫时,都不能产生理想的免疫力。

(3)疫苗稀释的差错

①稀释液不当。鸡马立克氏病疫苗不按要求用特殊的稀释液;②饮水免疫时用含高浓度消

毒液的自来水或因水的酸碱度及离子不合乎要求而影响疫苗的接种质量；③稀释液的量偏大，造成疫苗的接种不足；④液氮罐低温保存的疫苗，在稀释时不按规程操作；⑤在接种过程中，从疫苗稀释后到接种之间的间隔时间太长；⑥稀释疫苗时，在疫苗中加入过量抗生素或其他化学药物，以致降低疫（菌）苗的数量，影响免疫效果。

(4)多种疫苗之间的干扰作用

多种疫苗同时使用或相近时间接种，可能彼此发生影响，出现互相抑制作用。

3.接种技术或方法选择不当

(1)不按疫苗规定的方法接种

呼吸道病的疫苗接种，首次免疫常用滴鼻、点眼的方法，使弱毒活疫苗的病毒能通过鼻泪管的哈德氏腺进入上呼吸道繁殖。如新城疫、传染性支气管炎、传染性喉气管炎的免疫，首先采用滴鼻、点眼的方法免疫，以产生局部抗体为主。新城疫Ⅰ系疫苗的加强免疫和灭活疫苗多用注射法进行免疫；传染性法氏囊病病毒主要在消化道内繁殖，经口免疫优于点眼、滴鼻的免疫方法。饮水免疫未按规定操作也会导致免疫失败。

(2)接种失误或错漏

滴鼻、点眼接种时不正确操作，疫苗没有进入眼鼻内；注射部位不当或注射针头太粗，注射时连续注射器定量控制失灵；喷雾免疫时，雾滴的大小、喷雾操作的高度和速度不恰当。

(3)接种前后违规使用抗菌药物或抗病毒药物

药物会对疫苗产生不良影响。

(4)接种过于频繁，超剂量接种

此种情况可能造成免疫麻痹，而导致免疫失败。

4.鸡只本身不适宜免疫

日龄过小，免疫器官尚未成熟，产生的免疫应答能力差；雏鸡存在大量的母源抗体或残存抗体，中和疫苗病毒，使免疫效果降低或失效；鸡只受病原体的感染，处于潜伏阶段，当接种疫苗时促进疫病的暴发；严重慢性呼吸道病对呼吸道黏膜的损害，不利于疫苗中的病原体的繁殖；霉菌毒素中的黄曲霉毒素含量大于 0.1×10^{-6}、褐曲霉毒素含量大于 0.3×10^{-6} 时，影响免疫效果；鸡马立克氏病、传染性法氏囊病造成免疫抑制。

二维码 10-2
鸡的免疫接种

5.鸡只营养缺乏和管理不良

1)喂饲非全价的饲料，特别是动物性蛋白含量不足或鸡群处于限饲情况。另外，电解质和维生素 A、维生素 E 和维生素 C 的不足。

2)热应激或保温不良，育雏温度过低等，使机体抵抗力降低。

3)通风不良，饲养密度过大，氨气浓度过大，垫料潮湿不洁。

第三节　鸡场的给药技术

一、鸡场用药原则

(1)正确诊断

任何药物合理应用的先决条件是疾病的正确诊断。对疾病有了足够的认识，才能有的放矢地选择药物，针对适应证而用药。

（2）用药要有明确的指征

针对患病鸡只的具体病情，选择药效可靠、安全、方便、价廉易得的药物制剂。反对滥用药物，尤其是抗菌药物。

（3）熟悉药物性质，确定给药方案

掌握药物的作用、用法、适应证，熟悉药物的不良反应和禁忌证，确定正确的给药剂量、给药途径，疗程恰当。

（4）预期药物的疗效和不良反应

对治疗过程做好详细的用药计划，认真观察出现的药效和不良反应，以便随时调整给药方案。

（5）尽量避免多种药物的联合应用

在确定诊断以后，及时选择最有效、安全的药物进行治疗，一般情况下不应同时使用多种药物（尤其是抗菌药物）。

（6）多措施治疗

对因治疗、对症治疗、辅助治疗巧妙结合，标本兼治才能取得满意疗效。

二、鸡场给药技术

1.个体给药方法

（1）内服法

指将药物的水剂、片剂、丸剂、胶囊剂及粉剂等，经口直接投入鸡的食道上端的方法。此法多用于用药次数较少或用药量需精确的情况，对饲养量较少的养鸡户适用。

内服法的优点是给药剂量准确，并能让每只鸡都服入药物。但是，此法花费人工较多，适合于规模较小的鸡群或珍贵的禽只。内服给药较注射给药吸收慢，因为其吸收过程由于受到消化道内酸碱度和各种酶的影响，所以药效出现迟缓。

（2）静脉注射法

鸡只静脉注射的部位多采用翼下静脉。注射时先将肱窝消毒，用左手压住静脉根部，使血管努张，然后将盛有药液的注射器刺入静脉内，见有血回流，即放开左手，将药液缓缓注入即可。

静脉注射的优点是可将药物直接送入血液循环而迅速产生药效，因而适用于急性严重病例、对药量要求准确及药效要求迅速的病例。需注射某些刺激性药物及高渗溶液时亦必须用此法，如氯化钙及解毒剂等。此法技术要求高，尤其是要求一次性注射成功。若注射药物时未注入静脉中，血液就会溢出，将会增加再次注射药物的难度。另外，药物的选择、稀释应严格按注射剂的要求，器具使用前要消毒。

（3）肌内注射法

肌内注射优点是药物吸收较快，仅次于静脉注射。肌内注射的部位有腿部外侧肌肉、胸部肌肉及翼根内侧肌肉，其中以翼根内侧肌内注射较为安全。胸肌注射，可选择肌肉丰满处进行，针头不要与肌肉表面呈垂直方向刺入，插入不宜太深，以免刺入肝脏或体腔引起死亡。腿部外侧肌内注射一般需要有人帮助保定，或呈坐姿用左脚将鸡两翅踩住，左手食、中、拇指固定鸡的小腿，右手握注射器即可向肌肉内注射。刺激性较强的药液如氟苯尼考注射液、油乳剂疫苗等忌在其腿部注射，这些药物注入腿部肌肉后会使鸡的腿部长期疼痛而行走不便，影响鸡只采食，也会影响鸡的生长发育，应选在翅膀或胸部肌肉多的地方注射。当药液体积大时应在胸部肌肉丰满处多点注射给药，以利于药物快速吸收。

（4）皮下注射法

皮下注射法常用于鸡的免疫接种和疾病的治疗，其特点是药液吸收慢，作用时间长。注射药液较多时及油乳剂疫苗的注射均适用于皮下注射。皮下注射常选用于颈部皮下或翅膀、腿内侧皮下。皮下注射应选用较细针头（注射油性药液时可以用较粗的针头），忌用粗针头，以免因针孔大药物外流而影响疗效，且针孔大容易发炎流血。

2.群体给药方法

鸡由于个体小，饲养数量大，大都集约化饲养，只有在不得已的情况下才应用个体给药方法，通常是采用群体给药法。群体给药法方便、快捷，较为适合大中型集约化养殖场。

（1）混饮给药

混饮给药又称饮水给药，是指将药物溶解于水中，让鸡自由饮用。混水给药适于短期投药或群体性紧急治疗，特别适用于鸡只因病不能采食，但还能饮水的情况。混饮也是家禽免疫接种常用而又易用的群体免疫方法，省时省力，对鸡群干扰小，可在短时间内达到全群免疫。采用混饮给药比混饲给药要好，因为饮水可以整天供应，同时大多数病鸡在无食欲时也会饮水。此外，因混饮给药导致鸡只药物中毒的机会也较少。

（2）混饲给药

混饲给药是将药物均匀混入饲料中，让鸡在采食饲料时能同时摄入药物。此法简单易行、切实可靠，适用于群体给药，特别适于预防性投药。对于不溶于水或适口性差的药物更为恰当。当鸡只食欲差或不食时不能采用此法。

（3）气雾给药

气雾给药即是使用气雾发生器将药物分散成为微粒（包括液体或固体），让鸡只通过呼吸道吸入或作用于皮肤黏膜的一种给药法。由于鸡只肺泡面积很大，并有丰富的毛细血管，所以应用气雾给药时，药物吸收快，作用出现迅速，不仅能起到局部作用，也能经肺部吸收后呈现全身作用。

二维码10-3
鸡的给药技术

3.外用给药

外用给药多用于鸡的体表，以杀灭体外寄生虫或体外微生物，或用于鸡舍、周围环境和用具等消毒。

第四节　鸡病诊断技术

一、流行病学调查

流行病学调查是研究动物疫病流行规律的主要方法。其目的在于揭示疫病在动物群中发生的特征，阐明疫病的流行原因和规律，以作出正确的流行病学判断，迅速采取有效的措施，控制疫病的流行；同时流行病学调查分析，也是探讨原因未明疾病的一种重要方法。

1.流行病学调查的内容

（1）鸡场概况

包括养鸡场的历史，饲养种类、饲养量和上市量，经济效益，工作人员文化程度和来源等。

（2）鸡场地理位置

包括周围环境状况，附近是否有养鸡场、畜禽加工厂或市场，是否易受台风、冷空气和热应激的影响,排水系统如何,是否容易积水等。

(3)鸡场建筑布局

包括各种建筑物的布局是否合理,宿舍、育雏区、种鸡区、孵化房、对外服务部的位置及彼此间的距离,鸡舍的长度、跨度、高度,所用材料及建筑结构是开放式还是密闭式,如何通风、保温和降温,舍内的卫生状况如何,不同季节舍内的温度、湿度如何,采用何种照明方式等。

(4)养殖方式

如平养、离地网养和笼养,平养垫料是否潮湿,采用哪种食槽和饮水器,如何供料、供水,粪便、垫料如何清理等。

(5)饲料管理

自配饲料还是从饲料厂购进,其质量如何,是粉料、谷粒料还是颗粒饲料,干喂还是湿喂,自由采食还是定时供应,是否有限饲及如何限饲,饲料是否有霉变、结块等。

(6)饮水管理

饮水的来源和卫生标准,水源是否充足,曾否缺水、断水。

(7)育雏管理

育雏是采用多层笼养还是地面平养,是地下保温还是地上保温,热源来自电、煤气、煤、柴还是炭,种苗来源、运输过程是否有失误,何时开始饮水和开食,何时断喙。

(8)养殖档案

鸡群逐日的生产记录,包括饮水量、食料量、死亡数和淘汰数,1月龄的育成率,肉鸡成活率,平均体重、肉料比,蛋鸡或后备鸡的育成率、体重、均匀度及与标准曲线的比较,母鸡开产周龄、产蛋率、蛋重及与标准曲线的比较等。

(9)种鸡与种蛋管理

种鸡采用何种产蛋箱,数量、位置、卫生状况如何;集蛋方法及次数,蛋的包装和运输情况;种蛋的保存温度、湿度,是否有消毒;种蛋的大小、形状,蛋壳颜色、光泽、光滑度,有无畸形蛋,蛋白、蛋黄和气室等是否有异常等。

(10)入孵情况

孵化房的位置,孵房内温度和湿度是否恒定,受外界影响程度;孵化机的种类和性能如何;孵化记录,受精率,入孵蛋及受精蛋的孵化率,啄壳和出壳的时间,完成出壳时间,1日龄幼雏的合格率等。

(11)鸡场病史

养鸡场的鸡病史,过往曾发生过什么疾病,由何部门做过何种诊断,采用过什么防治措施,效果如何。

(12)疫情现况

本次发病鸡的种类、群(栏舍)数、主要症状及病理变化,做过何种诊断和治疗,效果如何。

(13)免疫情况

免疫接种情况,按计划应接种的疫苗种类和时间,实际完成情况,是否有漏接,疫苗的来源、厂家批号、有效期及外观质量如何,疫苗在转运和保存过程中是否有失误,疫苗的选择是否合适,疫苗稀释量稀释液种类及稀释方法是否正确,稀释后在多长时间内用完,采用哪种接种途径,是否有漏接错接,免疫效果如何;是否进行免疫监测等。

(14)用药情况

药物使用情况,本场曾使用过何种药物,剂量和用药时间;是逐只喂药还是群体投药,经饮水、饲料还是注射给药,用药效果如何;过去是否曾使用过类似的药物,过去使用该种药物时,鸡

群是否有不正常的反应。

(15)其他情况

鸡场(群)近期内是否还有什么其他与疾病有关的异常情况。

2.流行病学分析

(1)整理资料

首先将调查所获得的资料做全面检查,看是否完整、准确。然后根据所分析的目的,将资料按不同的性质进行分组,如可按日龄、性别、免疫情况等进行分组,时间可按日、周、旬、月、年进行分组;地区可按农区、牧区、多林山区、半农半牧区或单位分组。分组后,计算各组发病率,并制成统计表或统计图进行对比,综合分析。

(2)分析资料

可采用综合分析、对比分析、逐个排除等方法分析。分析时应以调查的客观资料为依据,进行全面的综合分析,可通过对比不同单位、不同时间、不同畜群等之间发病率的差别,找出差别的原因,从而找出流行的主要因素。

主要对发病率、发病时间、发病地区和发病鸡群分布等四个方面进行分析。必要时应对可疑的流行因素,如鸡群的饲养管理、卫生条件、气象因素(温度、湿度、雨量)、媒介昆虫的消长等进行综合分析。

二、鸡的临床检查

临床检查是鸡病诊断最基本的技术。通过临床检查,特别是对鸡整体状态的观察,能尽早地发现鸡群病症,及时采取防治措施。在临床检查时,应从以下几个主要方面进行:

1.鸡群一般状态的观察

在舍内一角或场外直接观察全群状态,以防止惊扰鸡群。注意观察鸡只精神状态,对外界的反应,观察呼吸、采食、饮水的状态,运动时的步态等。正常健康鸡听觉灵敏,白天视觉敏锐,周围稍有惊扰便有迅速反应,活动灵敏;食欲旺盛,生长发育正常,羽毛丰满光洁,鸡冠肉髯红润。病态鸡表现为鸡冠苍白或发绀,羽毛松乱,咳嗽打喷嚏或张口呼吸;食欲减少或不食,两眼紧闭,精神萎靡消瘦,蹲伏在鸡舍一角。

2.病鸡检查

(1)鸡冠和肉髯的观察

鸡冠和肉髯是鸡皮肤的衍生物,内部具有丰富的血管、淋巴管和神经,许多疾病都出现鸡冠和肉髯的变化。正常的鸡冠和肉髯颜色鲜红,组织柔软光滑。如果颜色异常则为病态。鸡冠发白,主要见于贫血、出血性疾病及慢性疾病;鸡冠发紫,常见于急性热性疾病,也可见于呼吸困难和中毒性疾病;鸡冠萎缩,常见于慢性疾病;如果冠上有水疱、脓包、结痂等病变,多为鸡痘的特征。肉髯发生肿胀,多见于慢性禽霍乱和传染性鼻炎。

(2)眼睛的检查

健康鸡的眼大而有神,周围干净,瞳孔圆形,反应灵敏,虹膜边界清晰。病鸡怕光流泪,结膜发炎,结膜囊内有豆腐渣样物,角膜穿孔失明,眼睑常被眼分泌物粘住,眼眶有颗粒状小痂块,眼部肿胀,瞳孔变成椭圆形、梨子形、圆锯形,或边缘不齐,虹膜灰白色等。

(3)口鼻的检查

健康鸡的口腔和鼻孔干净,无分泌物和饲料附着。病鸡可能出现口、鼻有大量黏液,经常晃头,呼吸急促、呼吸困难、喘息、咳出血色的黏液等症状。

（4）羽毛和姿势变化的观察

正常时,鸡被毛鲜艳有光泽。有病时羽毛变脆、易脱落,竖立、松乱,翅膀、尾巴下垂,易被污染。正常鸡站卧自然,行动自如,无异常动作。病鸡则出现步态不稳,运动不协调,转圈行走或经常摔倒,头颈歪向一侧或向后背等症状。

（5）呼吸的观察

正常鸡的呼吸平稳自然,没有特殊的状态。病鸡应注意观察鸡的呼吸状态,是否有啰音,是否咳嗽、打喷嚏等。

（6）粪便检查

检查粪便是临床诊断鸡病的一个重要方面,因为粪便发生异常变化,往往是疾病的预兆。健康鸡的粪便一般是成型的,以圆锥状多见,表面有一层白色的尿酸盐,其颜色往往因饲料的种类不同有差异。鸡的异常粪便在质、量、形态和消化不良等方面表现出来。

（7）皮肤检查

从头颈部、体躯和腹下等部位的羽毛用手逆翻,查检皮肤色泽及有无坏死、溃疡、结痂、肿胀、外伤等。正常皮肤松而薄,表面光滑,易与肌肉分离。若皮肤上有大小不一、数量不等的硬结,常见于马立克氏病;皮肤表面出现大小数量不等、凹凸不平的黑褐色结痂,多见于皮肤型鸡痘。

（8）嗉囊检查

用手指触摸嗉囊,检查其内容物的数量及性质。嗉囊内食物不多,常见于发生疾病或饲料适口性不好。内容物稀软,积液、积气,常见于慢性消化不良。单纯性嗉囊积液、积气是鸡高烧的表现或唾液腺神经麻痹的缘故。嗉囊阻塞时,内容物多而硬,弹性小。过度膨大或下垂,是嗉囊神经麻痹或嗉囊本身机能失调引起的。嗉囊空虚,是重病末期的象征。

（9）腹部检查

用于触摸腹下部,检查腹部温度、软硬等。腹部异常膨大而下垂,有高热、痛感,是卵黄性腹膜炎的初期;触摸有波动感,用注射器穿刺可抽出多量淡黄色或深灰色并带有腥臭味的浑浊液体,则是卵黄性腹膜炎中后期的表现。如腹部蜷缩、发凉、干燥而无弹性,常见于鸡白痢、内寄生虫病等。

（10）腿部和脚掌的检查

鸡腿负荷较重,患病时变化也较明显。病鸡腿部弯曲,膝关节肿胀变形,有擦伤,不能站立,或者拖着一条腿走路,多见于锰和胆碱缺乏症。膝关节肿大或变形,骨质变软,常见于佝偻病;跗骨显著增厚粗大、骨质坚硬,常见于白血病等。腿麻痹、无痛感、两腿呈"劈叉"姿势,可见于鸡马立克氏病。病初跛行,大腿易骨折,可见于葡萄球菌感染。足趾向内卷曲,不能伸张,不能行走,多见于核黄素缺乏症。

三、鸡的病理剖检

在鸡病诊断中,尸体剖检是最常用的诊断手段。通过剖检,根据特征性病理变化,结合流行特点和临床症状,一般都能对鸡病做出初步诊断。

1.活鸡致死

如是活鸡,先检查外观,注意头部、爪部是否异常和患外寄生虫病。杀死方法有三种:在环枕头节处将头部与颈关节断离;用带 18 号针头的注射器,从胸前插入 3.5～4 cm 到心脏,注入 10～25 mL 空气;颈侧动脉放血,但这种方法会影响血液循环障碍的检查。

2.固定尸体

为防止剖检中羽毛和灰尘污染内脏,应将尸体放在 2%～5% 的来苏尔溶液（或水）中浸泡后

再进行剖检,注意要将病鸡头部放在消毒液之外,以免药液进入呼吸道,影响病原分离。剖检是对病鸡的进一步诊断,病鸡的内脏器官和组织常有特异的病理变化。剖检应在病鸡死亡之后尽早进行。病变不典型时,要多剖检几只,以便加以对比、统计和分析。剖检首先切开大腿与腹部间的皮肤,将两大腿分别向外侧转动,使髋关节脱臼,然后将大腿与身体分离,分离时使尸体腹部朝上,平卧于解剖盘中。

3. 肌肉检查

横切腹部皮肤与两侧切口相连,腹部皮肤往后腿翻开,再沿龙骨切开胸部皮肤,向两侧剥离翻开,暴露并检查腹肌与胸肌。沿腹中线从泄殖腔处将皮肤提起剪至下颌,再将皮肤向两侧撕开,充分暴露气管、食管、胸肌和腿肌。

肌肉质地干燥,有灰白色条纹,则表明可能患某些营养物质缺乏症、白肌病;顺肌纤维方向出现条纹状出血,多见于传染性法氏囊病;点状出血或弥漫性出血,表明可能是药物中毒或患白血病。

4. 骨关节检查

主要查看长骨、胸骨及膝关节。长骨骨端肥大、肋骨与肋软骨连接处肥大成结节状及胸骨扭曲是佝偻病的特征;膝关节异常肿大且腓肠肌滑落是锰缺乏症的表现;关节囊内含干酪样物质或白色沉淀物,表明可能为关节炎型葡萄球菌感染或患痛风症。另外,高产或产蛋高峰期的笼养蛋鸡,常发生骨骼疏松,若胫腓骨变软易折则表明缺钙。

5. 体腔剖开及内表检查

沿胸骨后端泄殖孔纵向切开腹壁至胸骨两侧,沿肋弓切开腹壁,掀开胸骨,注意观察腹水情况和腹气囊变化。在胸骨两侧与肋软骨连接处,自后向前剪断肋软骨,再用骨剪剪断喙骨和锁骨,手握龙骨向前上方掰拉,割离肝、心与胸骨联系即可暴露胸腔。暴露胸腔后,保持各脏器位置,注意体腔内壁、胸气囊以及脏器表面有无异常。

若气囊肥厚混浊、附有干酪物,表明患呼吸道疾病;患曲霉素病时,在气囊表面还可见到霉菌结节;腹水混浊常见于细菌性或卵黄性腹膜炎;脏器表面及腹壁内侧有白色絮状尿酸盐沉着,则表明患痛风。

6. 病料采取

剥离肝左叶后,向右翻开暴露脾脏,然后取病料培养,肠道内容物样品应最后采集。如果没有采集血样,而病鸡是在剖检前刚死的,则可在心脏暴露后进行穿刺采血。将脏器移至瓷盘内,从口腔向下分离气管、食管、肠道、心、肝、脾、肺、肾、输卵管等,并逐一进行检查。

7. 口腔及颈部检查

剪开一侧嘴角,检查口腔,注意舌、咽、喉、上腭裂和黏膜的病变。从嘴侧切口向胸部纵行切开颈部皮肤,检查胸腺、食管、气管以及气管两侧的迷走神经。纵行切开食管、嗉囊、咽喉和气管,注意内容物的性状、气味、色泽和黏膜变化。沿颈静脉寻至后方,在形成"V"字形的左右锁骨的交汇处,有淡褐色略透明的卵圆形甲状腺。在甲状腺后方,与之毗邻的位置有小的白色甲状旁腺。检查时应注意它们是否肿胀。

8. 呼吸道检查

呼吸道的检查应注意黏膜是否充血、出血,有无痘疹、坏死及分泌物等。在眼与鼻孔之间用骨剪横断上喙,检查鼻腔,暴露眶下窦开口前端,用剪刀沿开口侧面纵向剪开窦外壁,检查鼻窦、眶下窦及内容物。正常情况下其内壁应湿润清洁无异物,如果需要可作病原培养。如窦腔内浆液性渗

出物增多或有黄色干酪物,则表明可能患慢性呼吸道病、传染性支气管炎、传染性鼻炎等。

剖开气管,如气管与支气管交界处有白色干酪样栓塞,则为传染性支气管炎病变;喉头、气管有血性黏液,则表明为传染性喉气管炎;喉头、气管有灰白色隆起物(痘疹),或黄白色干酪样坏死物,多见于黏膜型鸡痘。患气囊炎或腹膜炎时,可见气囊混浊、增厚,囊腔内有分泌物;患慢性呼吸道病时,气囊混浊或有黄色渗出物。

9.心脏检查

切开心包,查看心包液容量、色泽及渗出物,观察心冠脂肪和心肌的色泽、弹性及有无出血点、肿瘤结节等。患禽霍乱的病鸡常表现为心包液增多、呈黄色,有纤维素渗出,心冠脂肪出血等变化。病程较长的衰竭性疾病,心冠脂肪有胶冻样变性,变性心冠脂肪呈黄色且心肌松弛、苍白。

10.肝脏的检查

肝脏的病变主要表现为色泽异常、炎性肿胀、质地变脆及有特殊坏死灶。霉变饲料中毒、药物中毒,患禽霍乱、大肠杆菌病等时,肝脏肿大、质地变脆、有条纹状出血。除肿瘤疾病外,肝脏有坏死灶则表明可能患细菌性疾病;肝脏有出血点常表明可能患病毒性疾病。

许多疾病在肝脏表面都有特征性坏死灶,如患禽霍乱家禽的肝脏表面有多量灰白色、针尖大小的坏死灶;盲肠肝炎(组织病虫病)的肝脏表面有中间凹陷、周围黄绿色的圆形坏死溃疡病灶,且单个或融合成片;弧菌性肝炎的肝脏表面有白色、星状或菊花状坏死灶。

霉变饲料中毒鸡只的肝脏呈土黄色,患禽伤寒病鸡的肝脏呈古铜色。患大肠杆菌病时其肝脏表面常有多量纤维蛋白包裹。患内脏型马立克氏病的其肝脏表面或深部常可见到灰白色肿瘤。患禽淋巴白血病的,其肝脏极度肿大、色泽变淡、质地稍硬。

11.脾脏检查

脾脏肿大,表面有白色肿瘤结节,常见于内脏型马立克氏病。在一些细菌性和病毒性疾病中,常可见到脾脏肿大,有白色坏死点;而代谢性疾病一般见不到脾脏肿大。

12.肺脏检查

先用刀切割肺侧缘附着处,再将肺从肋骨间凹陷中剥出来。而后上提两肺叶(注意不要损坏第一级支气管),用剪刀将肺脏、支气管与食管分开。最后将肺从肋间翻向内侧,进行检查。

肺部病变一般不多,主要应检查其质地、出血情况等。雏鸡肺组织实变,并有大小不等的黄色或白色结节,多见于雏鸡患曲霉菌病或肺型鸡白痢。肺炎病灶大多数都发生在第一级支气管及其周围肺组织,因此必须检查肺脏的横切面,否则很易漏掉肺内病灶。

13.肾脏检查

肾和输尿管一般作原位检查,正常的肾脏位于肋窝间,深红色或红褐色,前后细长而分为前中后三个肾叶。当发生马立克氏病时,肾脏有肿瘤、灰白色并突出肋窝。当发现痛风症、传染性法氏囊病、肾型传染性支气管炎时,肾肿胀,输尿管内充满尿酸盐,在肾表面形成红白相间的索状弯曲,呈斑驳状。

14.输卵管检查

剥离卵巢和输卵管,纵行切开检查,注意其黏膜颜色、囊内是否有分泌物等。

15.法氏囊检查

法氏囊位于泄殖腔背侧,将直肠后拉即可见到圆形的法氏囊,可原位切开检查。法氏囊水肿、出血或萎缩,是传染性法氏囊病的特征性病变。禽淋巴白血病会在法氏囊上形成肿瘤,这也是与马立克氏病的一个重要区别。

16.消化道检查

从咽喉部至泄殖腔逐一剖开,主要检查消化道黏膜的出血、肿胀、溃疡、纤维素渗出,肠内容物及肠道寄生虫等状况。检查胰腺后,在腺胃前沿剪断食管,切断肠系膜,将整个胃肠道往后翻拉,横切直肠,取下胃肠道,用肠剪纵行切开检查。

咽喉部主要查看有无干酪物、血块及假膜。禽痘或传染性喉气管炎时,在咽喉部可见明显的纤维素性假膜或血块。鸡的白念珠菌病在食道嗉囊黏膜上也有明显的白色圆形隆起或融合成片的假膜,且不易剥离。维生素 A 缺乏症的病鸡在食道黏膜也可见露珠状细小隆起。此外嗉囊积食或松软可了解饲料成分,以改进饲喂方法;嗉囊充满水气混合物,可能为新城疫;嗉囊黏膜脱落,可能是慢性蓄积性中毒。

腺胃的病变较为普遍,腺胃乳头出血是鸡新城疫的特征之一;腺胃与肌胃交界处的黏膜出血、溃疡,多见于传染性法氏囊病;腺胃壁肿胀肥厚、出血、腺体扩张等病变,在传染性支气管炎、马立克氏病中都可见到。肌胃一般无明显病变,2 周龄以内雏鸡剥离角质层,有时可见少量白色结节,提示可能为禽脑脊髓炎;腺胃乳头分泌亢进,挤出浓厚分泌物,提示饲料中可能有霉菌毒素。

肠道主要检查其黏膜充血、出血、溃疡等。先看肠浆膜面,注意其色泽,表面有无出血斑点、坏死灶;而后再看黏膜面,注意内容物的性状、颜色,黏膜有无充血、出血、渗出物或分泌物。十二指肠黏膜的充血、出血、肿胀,往往是多种消化道疾病的共性病变。小肠中后段及盲肠管扩张,内含血样内容物,黏膜浆膜有出血点则为球虫病的特征。盲肠栓子在组织滴虫引起的鸡盲肠肝炎病中有一定诊断意义。肠道黏膜表面有隆起的结节,提示为副伤寒。肠道变粗、充气,可能是梭菌感染。盲肠扁桃体位于回盲交界处,正常情况下,扁平微隆起,当鸡新城疫等消化道疾病时则肿大、充血、出血。鸡新城疫时泄殖腔黏膜出血严重。

17.神经检查

在第一肋骨基部与最后颈椎间,切断肩胛软骨与胸壁肌肉间的联系,用手向两侧拉开左右肩胛软骨,即可检查臂神经丛。可用钝性剥离法在骨盆腔内除去肾中叶表层部分,即可检查腰荐神经丛。在腿部股内侧剥离内收肌后,就可暴露出坐骨神经,正常时呈白色,有光泽,可见纤维横纹。在腿麻痹的病例,应检查坐骨神经的粗细是否均匀,有无肿大变粗等。

18.脑组织检查

剥离头部皮肤,在头顶骨中线作十字切开,用骨剪去除顶骨,分离脑与周围联系,取出脑组织检查,注意脑膜与实质病变。必要时要用无菌方法取病料检查。

19.骨髓检查

骨髓的检查和取材一般在剖检的最后阶段进行。取出股骨,去掉其上面附着的肌肉,用骨刀纵行切开股骨以检查骨髓。切开胫骨近端骨髓,检查软骨骨化情况。检查骨髓组织的色泽、质地,有无肿瘤和坏死,还可做骨髓涂片(或印片)。必要时采取组织块固定于福尔马林中,以备切片检查之用。同时可检查骨组织的厚薄、硬度,如发现骨质疏松或软化,应观察甲状旁腺的大小是否正常。

二维码 10-4
鸡的病理剖检技术

二维码 10-5
病料采集及运检

四、实验室诊断

在鸡病诊断中，一般通过病史调查、临床检查和病理剖检可对大多数鸡病做出初步诊断。但当疾病缺乏临床特征而又需要做出正确诊断时，必须借助实验室手段帮助诊断。根据检查的方法不同，鸡病的实验室诊断可分为微生物学诊断、免疫学诊断、分子生物学诊断和寄生虫病学诊断。

1.微生物学诊断

运用微生物学的方法进行病原检查是诊断家禽传染病的重要方法之一。一般包括采集病料、涂片镜检、病原的分离培养与鉴定、动物接种试验等。

（1）病料采集与病原分离培养

为了使微生物学诊断结果准确，必须正确地采集病料。可根据初步诊断结果，有针对性的采集相应的病料，按照无菌操作的要求从濒临死亡或死亡几小时内的病例中采取病料，以使病料新鲜。较常采取的病料是血液、肝、脾、肺、肾、脑、腹水、心包液、关节滑液等。

据各种病原微生物的不同特性，选择合适的培养基进行接种培养。真菌、螺旋体以及某些有特殊要求的细菌则用特殊的培养基。接种后，通常置于 37 ℃恒温箱中进行好气培养，必要时进行厌氧培养。病毒的分离可接种于健康的非免疫或 SPF 鸡胚，获得的细菌或病毒必须用各种方法做进一步的鉴定，以确定其种属和血清型等。

（2）细菌学检验

1）涂片镜检。主要用于观察活体微生物的状态和运动性。例如压滴标本，压滴标本是取洁净载玻片一张，在其上加一环生理盐水（如是液体材料可以不加生理盐水），再用接种环在火焰上灼烧灭菌后蘸取适量的待检材料置于水滴中混匀。然后在水滴上加盖一张洁净的盖玻片，注意不可有气泡。对于组织脏器，用无菌剪刀剪一新鲜创，随即以新鲜切面触片。检查时将标本置于显微镜载物台上，先用低倍镜测定位置，然后用高倍镜或油镜观察。

2）细菌染色。应用各种染料对细菌进行染色，常用的有革兰氏染色法、亚甲蓝染色法、吉姆萨染色法、抗酸染色法等。

（3）鸡病的病毒学检验

病毒不具备细胞结构，只能在活组织细胞内生长繁殖，其形态甚为微小，但均有各自的外形和结构。病毒的形态观察常借助电子显微镜，在电子显微镜下，病毒的形态有圆形、丝状和子弹状等。各种病毒的大小和形态结构是鉴定病毒的初步依据之一。

2.免疫学诊断

免疫学诊断是建立在抗原与相应抗体发生可见反映这一原理的基础上，在动物传染病的诊断、病原微生物的分类和鉴定以及抗原分析等方面，均具有广泛的应用。用已知的抗体，可以对分离获得的病原微生物予以鉴定。相反，可通过已知的抗原对康复鸡、隐性感染鸡以及接种疫苗后的鸡的抗体加以定性或定量测定。

常用的免疫学诊断方法有凝集试验、血凝与血凝抑制试验、沉淀试验、对流免疫电泳技术，其他的还有红细胞吸附和红细胞吸附抑制试验、补体结合试验、中和试验、免疫标记技术、快速斑点免疫结合试验、固相免疫吸附凝集技术、脂质体免疫测定法（LIA）、核酸探针技术等。

3.分子生物学诊断

常用的是聚合酶链反应（PCR）技术。用核酸探针技术检测病原体时，至少需要 104～105 个靶基因拷贝。对于数量极少即可使宿主发病的病毒，感染早期无免疫应答的病毒，损害宿主免疫系

统使之不产生免疫应答的病毒,以及感染后期基因嵌入宿主 DNA 中的病毒,最有效的检测方法当数 PCR 技术。PCR 是模拟体内 DNA 的复制过程,由引物介导和耐 DNA 聚合酶催化在体外扩增特异性 DNA 片段的一种有效方法。目前,国内外对其研究甚多,诸如检测鸡传染性喉气管炎病毒(ILTV)、鸡传染性法氏囊病毒(IBDV)、减蛋综合征病毒(EDS$_{76}$V)、鸡传染性贫血病毒(CIAV)、传染性支气管炎病毒(IBV)、禽流感病毒(AIV)以及一些细菌和支原体等。应用 PCR 技术可直接从各种组织、体液中检测到病毒,无须分离培养,且有较高敏感性,可检出百万分之一的感染细胞,进行单拷贝的 DNA 检测。

在应用时,PCR 的技术操作及步骤均不断改进,衍生出了多个更具优势的新种类,PCR 与核酸杂交技术相结合,可提高检测的特异性,进行快速诊断和毒株分型,逆转录 PCR 已广泛应用于 RNA 病毒的检测;常温下 PCR 不需扩增仪即可直接扩增模板 DNA 或 RNA,简便快速;多重 PCR 是在同一反应体系中加入 1 对以上的引物,当与各引物对特异性互补的模板存在时:可在同一反应管中同时扩增出 1 条以上的目的基因。这是一种高度敏感特异及简便的方法,能同时将需要鉴别诊断的传染病一次性确诊。

4.寄生虫病学诊断

(1)蠕虫的常规检验

1)虫体检查。肉眼观察粪便中有无虫体。将被检粪便加入 10 倍以上的清水,混匀沉淀,倒去上清液,反复数次,肉眼或放大镜在粪便中查找虫体,凭积累的经验或借助显微镜鉴别。

2)幼虫检查。有些线虫随粪便直接排出幼虫,有些是蠕虫卵在外界环境中很快孵化成虫。对此类寄生虫的诊断可采用漏斗幼虫分离法、平皿幼虫分离法、幼虫培养检查法等进行诊断。

3)虫卵检查。虫卵检查法常用的有涂片法、沉淀法(自然沉淀法、离心沉淀法)、漂浮法(饱和盐水漂浮法)、筛滤法等。

(2)蠕虫虫体的染色与鉴定

1)吸虫虫体染色与鉴定。将收集所得的吸虫放置盛有生理盐水的小瓶中,活的虫体可在生理盐水中放置一定时间,使其将内容物吐出,并轻摇小瓶,洗去虫体表面的黏液。这种虫体呈半透明状,将其平铺于载玻片上,镜检观察,其内部构造隐约可见。但未经染色,虫体结构并不十分清晰,且其虫体不能保存。如欲保存,可将洗净后的虫体放入 20%酒精或 5%~10%的福尔马林溶液中。如欲制成染色装片标本,由虫体在固定前平铺于载玻片上,上覆盖另一载玻片,并用橡皮筋缚紧,使虫体平展,为防止虫体过分压扁而破裂,可在玻片两端垫以适当厚度的纸片,而后放入上述固定液中,1~2 d 后取出,分开玻片,取出虫体,仍浸于原来的固定液中,以备染色制成装片。常用的染色装片法有苏木紫染色装片法、盐酸卡红染色装片法两种。

2)绦虫虫体染色与鉴定。绦虫的收集和保存与吸虫基本相同,但收集绦虫必须注意保持头节的完整,因为头节是鉴定绦虫的主要依据之一,而头节相对在整个虫体来说比较细小,易于散失。对于大型虫体,其体节可达数百节,若做染色装片标本,只能选其中一段成熟体节或孕卵体节作为制作标本之用。绦虫节片染色装片标本的制作与吸虫相同,但头节无须染色,只要将头节固定于 70%酒精中,而后依次经 80%、95%和 100%的酒精各 5~10 min,使之脱水,再移入二甲苯中透明 5~10 min,置于载玻片上,滴加拿大树胶,覆以盖玻片封固。

3)线虫虫体染色与鉴定。收集的线虫应置于生理盐水中,充分振荡以洗去附着的黏液,尤其是那些具有较大口囊的虫体更需要充分清洗,以除去口囊内的杂物,但对寄生于肺内组织内的线虫,因其比较脆弱,清洗时易于崩解,应很快加以固定。固定前,可立即置于显微镜下检查,这时虫体是透明的,内部结构清晰可见。线虫固定最后用 70%酒精于烧杯中,为防止酒精挥发,使虫体变干,可加入 10% 的浓甘油,然后加热至底部有气泡升起(约 80 ℃即可)。此外,亦可用福尔马林生理盐水(生理盐水 90 份加入福尔马林 10 份)固定虫体。固定后的虫体不透明,如欲观察内部结构,可加以透明,其透明方法有甘油透明法和乳酸酚透明法两种。

4)虫卵的保存。为了保存粪便中的蠕虫虫卵以利随时检查,可取粪便用沉淀法收集卵,将所得沉淀渣加入 60 ℃的福尔马林生理盐水中,再装入小瓶保存。

(3)原虫的常规检验

1)血液检查。从鸡翅静脉采血,制成血涂片,然后用甲醇固定,用瑞氏吉姆萨及亚甲蓝等染色方法染色后镜检原虫。

2)粪便检查。粪便中球虫卵囊的检查步骤与蠕虫卵的检查方法相同。如欲检查粪便中球虫卵囊的孢子形成过程及孢子化卵囊的形态,可将被检粪样放于平皿中,加入少量的水,最好加入 0.5% 重铬酸钾溶液,防止霉菌生长,于 18～25 ℃环境下,每天取粪样检查直至可见到卵囊已有孢子形成为止。如欲使卵囊保存在不发育状态,可在新鲜粪样中加入 5% 石炭酸溶液,以杀死其中卵囊,然后保存于玻璃瓶中。

3)球虫直检。从病死鸡的肠道病变部刮取米粒大小的肠黏膜,涂布于清洁的载玻片上,滴加生理盐水 1～2 滴,加盖玻片后在高倍镜暗视野下观察,可见大量球形像剥了皮的大蒜头似的裂殖体和蒜瓣形的裂殖体。另取少量肠黏膜做成薄的涂片,滴加甲醇液,待甲醇挥发后,用瑞氏染色法染色 2 h,然后在高倍镜下观察。可见裂殖体被染成浅紫色,裂殖子染成深紫色,小配子体呈圆形紫红色,大配子体为圆形或椭圆形染成深蓝色。

(4)寄生虫病的血清学检验

寄生虫与病毒和细菌比较,因其个体大,抗原成分复杂,加上许多寄生虫在发育过程中发生各种逃避宿主免疫反应的能力,故其感染而产生的免疫力相对较弱。尽管如此,寄生虫对宿主机体来说是一种外界异物,机体对寄生虫必然存在或产生特异性和非特异性免疫。随着科学技术的发展,寄生虫病的血清学诊断技术应用将越来越广泛,目前应用的有抗体沉淀反应、凝集反应、补体结合反应、血凝反应、间接血凝反应、荧光抗体、琼脂扩散反应以及对流免疫电泳等。

二维码 10-6
禽病的诊断流程

第十一章 ▶▶▶

常见鸡病防治

第一节 主要传染病的防治

一、禽流感

禽流感是由 A 型流感病毒引起的以禽类为主的一种急性败血性、高度接触性传染病。临床上可表现为低致死率的呼吸道感染型和高致死率的急性出血性感染型,以发病突然、头面部水肿、轻重不一的呼吸道症状、产蛋率严重下降及全身败血性病变为特征。由于野禽作为流感病毒天然贮毒库的作用,以及已证实流感病毒可以由家禽直接感染人,引起人类的发病和死亡,所以该病具有重要的公共卫生学意义。

1.流行病学

(1)传染源

病禽是主要的传染源,康复动物和隐性感染者,在一定程度上也可带毒排毒。

(2)传播途径

病毒主要在呼吸道黏膜上皮细胞内增殖,当病人或患病动物打喷嚏、咳嗽时,病毒随飞沫传播,故其传播方式以空气传播和飞沫传播为主。禽流感病毒还可通过病禽的各种排泄物、分泌物和尸体等污染饮水和饲料,经消化道或伤口传播。

(3)易感动物

流感病毒,分为 A、B、C 三型,其中 A 型流感病毒可自然感染猪、马、禽类和人,貂、海豹、鲸等动物也可感染;B 型流感病毒在自然情况下仅感染人;C 型流感病毒常感染儿童。

(4)流行特点

本病多发于秋末至初春气候骤变的季节和寒冷冬季。在动物群中初次发生流感及人群中发生由 A 型流感病毒的变异株或新亚型引起的流感时,呈流行性或大流行性,发病率很高。事实证明流感病毒可能有"宿主飘移"现象,即在不同动物或动物与人之间可互相传播,有一些证据表明,H5N1 亚型禽流感病毒可通过水禽向家禽、哺乳动物及人类传播。

2.临床症状

潜伏期 3～5 d,有时只有几小时。

由高致病力毒株,如 H5N1 禽流感病毒感染鸡后形成的高致病力禽流感,其临床症状多为急性经过。

最急性的病例可在感染后 10 多个小时内死亡。急性型可见鸡群精神沉郁,呆立不动,采食量明显下降,甚至废食,饮水也明显减少。病鸡头部肿胀,冠和肉髯发黑,眼分泌物增多,眼结膜潮红、水肿,羽毛蓬松无光泽,体温升高;下痢,粪便黄绿色并带多量的黏液或血液;呼吸困难,呼吸啰音,张口呼吸,歪头;产蛋率急剧下降或几乎完全停止,蛋壳变薄、褪色、无壳蛋、畸形蛋增多,受精率和受精蛋的孵化率明显下降;鸡脚鳞片下呈紫红色或紫黑色。在发病后的 5～7 d 内死亡率几乎达到 100%。少数病程较长或耐过未死的病鸡出现神经症状,包括转圈、前冲、后退、颈部扭歪或后仰望天等。

产蛋鸡感染 H9N2 等低致病力毒株后,鸡群的采食、精神状况及死亡率可能正常,但可能见少数病鸡眼角分泌物增多、有小气泡,或在夜间安静时可听到一些轻度的呼吸啰音,个别病鸡有脸面肿胀。最常见的症状是产蛋率下降,但下降程度不一,有时可以从 90% 的产蛋率在几天之内下降到 10% 以下,要经过 1 个多月才逐渐恢复到接近正常的水平;有些仅下降 10%～30%,1 周至半个月即回升到基本正常的水平。产蛋率受影响较严重的鸡群,蛋壳可能褪色、变薄。严重病例可见呼吸困难,张口呼吸,呼吸啰音,精神不振,下痢,鸡群采食量下降,死亡数增多,但如饲养管理条件良好并适当使用抗菌药物控制细菌感染,则不会造成重大的死亡损失。

3.病理变化

最急性病死鸡常无眼观变化。急性死亡鸡可见头部和颜面浮肿,鸡冠、肉髯肿胀达 3 倍以上;皮下有黄色胶样浸润、出血,胸、腹部脂肪有紫红色出血斑,腿部肌肉出血;心包积水,心外膜有点状或条纹状坏死,心肌软化;腺胃乳头水肿、出血,肌胃角质层下出血,肌胃与腺胃交界处呈带状或环状出血;十二指肠、盲肠扁桃体、泄殖腔充血、出血;肝、脾、肾淤血肿大,有白色小块坏死;胰腺有斑点状出血、变性、坏死。呼吸道有大量炎性分泌物或黄白色干酪样坏死灶;胸腺萎缩,有出血点、斑状;法氏囊萎缩或水肿、充血、出血。母鸡卵泡充血、出血,卵黄液变稀薄;严重者卵泡破裂,形成卵黄性腹膜炎,腹腔中充满稀薄的卵黄;输卵管水肿、充血,内有浆液性、黏液性或干酪样物质。睾丸变性坏死(图 11-1 至图 11-5)。

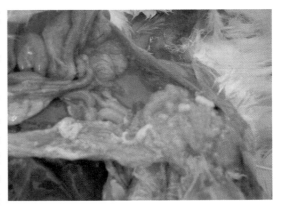

图 11-1 H9 继发大肠杆菌:
输卵管有白色分泌物,腹膜炎(刘明生 摄)

图 11-2 H9 继发大肠杆菌:
输卵管有白色分泌物,卵泡破裂,腹膜炎(刘明生 摄)

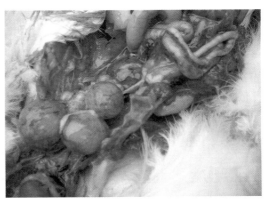

图 11-3 卵泡充血、出血(刘明生 摄)

图 11-4　直肠条纹状出血（刘明生 摄）　图 11-5　腺胃乳头出血、输卵管有白色分泌物（刘明生 摄）

低致病力禽流感常见的肉眼病理变化为喉气管充血、出血，在气管分叉处有黄色干酪样物阻塞，气囊膜混浊，典型的纤维素性腹膜炎，输卵管黏膜充血、水肿，卵泡充血、出血、变形，肠黏膜充血或轻度出血，胰腺有斑状灰黄色坏死点。

4.实验室诊断

据发病季节、发病率、易感动物、死亡率、症状、病变等可做出初步诊断，确诊需进行实验室诊断。可通过病毒分离鉴定、分子生物学鉴定、血清学试验（如血凝抑制试验、琼脂扩散试验、中和试验、ELISA 试验）等确诊。

5.防制

（1）管理预防

严禁从有疫情国家及地区进口家禽、鸟类；而来自非疫区的家禽、野禽、鸟类、种蛋、冻精及有关产品都要经过认真检疫；饲养场主张自繁自养，执行严格的防疫和消毒制度，应定期进行血清学检测；饲养、生产、经营场所必须符合动物防疫条件，取得《动物防疫合格证》；鸡和水禽禁止混养，养鸡场与水禽饲养场应相互间隔 3 km 以上，且不得共用同一水源；养禽场要有良好的防止家禽（包括水禽）、鸟类进入饲养区的设施，并有健全的灭鼠设施和措施。

（2）免疫预防

禽流感疫苗有病毒灭活苗、重组禽痘病毒载体疫苗、重组禽流感病毒（H5＋H7）三价灭活疫苗（H5N1 Re-11 株＋Re-12 株，H7N9 H7-Re3 株），用于预防 H5、H7 亚型禽流感病毒引起的禽流感。用法为颈部皮下或肌内注射，2～5 周龄鸡每羽 0.3 mL，5 周龄以上鸡每羽 0.5 mL。接种后 14 日开始产生免疫力，鸡免疫期为 6 个月。

（3）检疫后处理

任何单位和个人发现患有本病或疑似本病的禽类，都应当立即向当地动物防疫监督机构报告。动物防疫监督机构接到疫情报告后，按农业农村部《动物疫情报告管理办法》和《国家高致病性禽流感防治应急预案》等有关规定执行。禽流感为人兽共患病，工作人员应严格做好个人卫生防护。

当确认为疑似疫情时，扑杀疑似禽群，对扑杀禽、病死禽及其产品进行无害化处理，对其内、外环境实施严格的消毒措施，对污染物或可疑污染物进行无害化处理，对污染的场所和设施进行彻底消毒，限制发病场（户）周边 3 km 的家禽及其产品移动。疫情确诊后立即启动相应级别的应急预案，划定疫点、疫区、受威胁区，在动物防疫监督机构的监督指导下对疫点内所有的禽只进行扑杀。对所有病死禽、被扑杀禽及其禽类产品据《病害动物及病害动物产品生物安全处理规程》执行;对于禽类排泄物和被污染或可能被污染的垫料、饲料等物品均需进行无害化处理。禽类尸体需要运送时,应使用防漏容器,须有明显标志,并在动物防疫监督机构的监督下实施。对疫区和受威胁区内的所有易感禽类进行紧急免疫接种,登记免疫接种的禽群及其养禽场(户),建立免疫档案。

对疫点内禽舍、场地以及所有运载工具、饮水用具等必须进行严格彻底地消毒。环境及用具消毒,可用 3%氢氧化钠、10%漂白粉、0.05%百毒杀等。鸡舍带鸡消毒,可用 10%漂白粉,按 200 mL/g^2 喷洒,每 1～3 d 消毒 1 次。高氯灵片(三氯异氰尿酸＋增效剂)消毒效果好,复方二氯异氰脲酸钠(达康灭毒灵)1∶3 000。饮水消毒,高氯灵(1 000 L 水加 1.5～3 片),0.03%～0.15%漂白粉溶液。

对疫区、受威胁区内禽类实施紧急疫情监测,掌握疫情动态。根据流行病学调查结果,分析疫源及其可能扩散、流行的情况。对仍可能存在的传染源,以及在疫情潜伏期和发病期间售出的禽类及其产品、可疑污染物(包括粪便、垫料、饲料等)等应立即开展追踪调查,一经查明立即按照《病害动物及病害动物产品生物安全处理规程》采取就地销毁等无害化处理措施。

疫点内所有禽类及其产品按规定处理后,在动物防疫监督机构的监督指导下,对有关场所和物品进行彻底消毒。最后一只家禽扑杀 21 d 后,经动物防疫监督机构审验合格后,由当地畜牧兽医行政管理部门向发布封锁令的同级人民政府申请解除封锁。空鸡舍最少空栏 3 个月,才能再养鸡。疫区解除封锁后,要继续对该区域进行疫情监测,6 个月后如未发现新的病例,即可宣布该次疫情被扑灭。对处理疫情的全过程必须做好完整的详细记录,以备检查。

二、新城疫

新城疫(ND)又称亚洲鸡瘟或伪鸡瘟,是由新城疫病毒(NDV)引起的鸡和火鸡急性高度接触性传染病,常呈败血症经过。主要临床特征是呼吸困难、下痢、产蛋下降、神经紊乱;主要的病变特征为喉头气管出血,十二指肠及小肠前、中、后段局灶性(枣核状)出血和后期出现的溃疡灶;腺胃乳头、腺胃与肌胃交界处、肌胃角质层下出血。

1.流行病学

(1)传染源

本病的主要传染源是病鸡以及在流行间歇期的带毒鸡,但鸟类的作用也不可忽视。受感染的鸡在出现症状前 24 h,其口、鼻分泌物和粪便中已能排出病毒。而痊愈鸡带毒排毒的情况则不一致,多数在症状消失后 5～7 d 就停止排毒。在流行停止后的带毒鸡,常呈慢性经过,精神不好,有咳嗽和轻度的神经症状。保留这种慢性病鸡,是造成本病继续流行的原因。

(2)传播途径

本病的传播途径主要是呼吸道和消化道,鸡蛋也可带毒而传播。种蛋内含有病毒时,在孵化过程中可致鸡胚死亡,死亡鸡胚中的病毒能存活数天,如果处理不好也可散毒。创伤及交配也可引起传染。另外,带毒鸡的迁移,肉蛋品的运输,屠宰时的下脚料如羽毛、蛋壳、血、内脏、消化道内容物,病鸡排泄物,污染的饲料、用具,非易感的野禽,人畜等都可传播本病。

(3)易感动物

鸡、火鸡、珠鸡及野鸭对本病都有易感性,以鸡最易感。各种年龄的鸡,易感性也有差异,幼雏和中雏易感性最高,两年以上鸡较低。水禽(鸭、鹅)对本病有抵抗力,但可从鸭、鹅中分离新城疫病毒。近年来在我国一些地区出现对鹅也有致病力的新城疫病毒,并且造成很大的经济损失,值得注意。

(4)流行特点

新城疫一年四季均可发生,但以春、秋两季较多,这取决于不同季节中新鸡的数量,鸡只流行情况和适于病毒存活及传播的外界条件。购入貌似健康的带毒鸡,并将其合群饲养或宰杀,可使病毒散播。污染的环境和带毒的鸡群及非法买卖病死鸡是造成本病流行的常见原因。易感鸡群一旦感染速发性嗜内脏型鸡新城疫病毒,可迅速传播并呈毁灭性流行,发病率和病死率可达90%以上。

2.临床症状

鸡自然感染的潜伏期一般为 3~5 d,人工感染 2~5 d,根据临床表现和病程的长短分为最急性、急性、慢性三种类型。

(1)典型新城疫

最急性型突然发病,常无特征症状而迅速死亡。多见于流行初期和雏鸡。急性型是新城疫常见的一种典型类型,病初体温升高达 43~44 ℃,食欲减退或废绝,有渴感,精神委顿,不愿走动,垂头缩颈或翅膀下垂,眼半开或全闭,状似昏睡,鸡冠及肉髯渐变暗红色或暗紫色。产蛋鸡产蛋率下降,并且出现蛋壳颜色变淡、软壳蛋、无壳蛋。随着病程的发展,出现比较典型的症状,病鸡咳嗽,呼吸困难,有黏液性鼻漏,常伸头,张口呼吸,并发出"咯咯"的喘鸣声或尖锐的叫声。嗉囊内充满液体内容物,倒提时常有大量酸臭液体从口内流出。粪便稀薄,呈黄白色、黄绿色甚至绿色。有的病鸡还出现神经症状,如翅、腿麻痹,头颈震颤(即所谓的点头)等,最后体温下降,不久在昏迷中死亡。病程为 2~5 d。1 月龄内的小鸡病程较短,症状不明显,但病死率很高。

(2)非典型新城疫

症状不典型,仅表现呼吸道症状和神经症状。雏鸡主要表现为明显的呼吸道症状,张口伸颈、气喘、呼吸困难、发出"呼噜"声、咳嗽、口中有黏液,有摇头和吞咽动作,并出现零星死亡。经过 1 周左右,大部分病鸡趋向好转,而少数鸡出现扭颈、歪头或头向后仰,呈观星状,共济失调,翅下垂或腿麻痹等神经症状,安静时恢复常态,但稍遇刺激或惊扰,神经症状又复发作。成年鸡发病轻微,主要表现为产蛋量急剧下降,一般为 30%,同时软壳蛋和小蛋(鸽蛋大小)增多,褐壳蛋颜色变淡,有时伴有呼吸道症状,但不易见到神经症状,病死率很低。

3.病理变化

(1)典型新城疫

本病的主要病变是全身黏膜和浆膜出血,淋巴系统肿胀、出血和坏死,尤其以消化道和呼吸道为明显。嗉囊充满酸臭味的稀薄液体和气体;小肠、盲肠和直肠黏膜有大小不等的出血点或出血斑,肠黏膜上有纤维素性坏死性病变,有的形成假膜,假膜脱落后即成溃疡,这种病变多见于十二指肠及小肠前、中、后段,这是比较特征的病变,具有诊断意义;喉头、气管出血,肺有时可见淤血或水肿;腺胃乳头、腺胃与肌胃交界处、肌胃角质层下出血(这种变化不是所有病例都能见到的);心冠脂肪有时可见细小如针尖大的出血点;盲肠扁桃体常见肿大、出血和坏死;产蛋母鸡的卵泡和输卵管显著充血,卵泡膜极易破裂以致卵黄流入腹腔引起卵黄性腹膜炎;脑膜充血或出血,而脑实质无眼观变化,仅于组织学检查时见明显的非化脓性脑炎病变;脾、肝、肾一般无特殊的病变(图 11-6 至图 11-9)。

图 11-6　头颈扭曲症状（刘明生 摄）

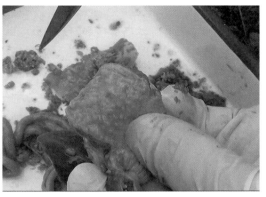

图 11-7　腺胃出血（刘明生 摄）

图 11-8　直肠出血（一）（刘明生 摄）

图 11-9　直肠出血（二）（刘明生 摄）

（2）非典型新城疫

免疫鸡群发生新城疫时，其病变不很典型，仅见黏膜卡他性炎症、喉头和气管黏膜充血，腺胃乳头出血少见，但多剖检数只，可见有的病鸡腺胃乳头有少数出血点，直肠黏膜和盲肠扁桃体多见出血。

4.实验室诊断

实验室检查有助于对新城疫的确诊。病毒分离和鉴定是诊断新城疫最可靠的方法，常用的是鸡胚接种、HA 和 HI 试验、中和试验及荧光抗体技术。但应注意，从鸡分离出的新城疫病毒不一定是强毒，还不能证明该鸡群流行新城疫。因为有的鸡群存在强毒和中等毒力的新城疫病毒，所以分离出新城疫病毒还得结合流行病学、症状和病变进行综合分析，必须针对分离的毒株做毒力测定后，才能做出确诊。还可以应用免疫组化和 ELISA 来诊断本病。

5.防制

目前对于新城疫尚无有效治疗方法，因其传播快，死亡率高，往往给养鸡业造成巨大损失，因此控制新城疫发生的根本措施是要贯彻预防为主的综合防制措施。

首先采取严格的生物安全措施，防止新城疫病毒强毒进入鸡群。日常的隔离、卫生、消毒制度；防止一切带毒动物（特别是鸟类、鼠类和昆虫）和污染物进入鸡群；进出人员、车辆及用具的消毒处理；饲料、饮水以及种蛋、苗鸡来源安全；科学的畜牧管理制度，如全进全出等；养鸡场的选址，生产的规模等都应

二维码 11-1
鸡新城疫抗体滴度监测

考虑有利于防止病原体的进入。一旦鸡群被强毒感染,应坚决采用隔离、检疫和销毁的措施。

其次免疫接种,提高鸡群特异免疫力,可以减少新城疫病毒强毒的传播,降低新城疫造成的损失;新城疫免疫计划中疫苗的选择和合理免疫程序的制定受母源抗体高低,强毒感染危险大小和其他感染存在情况等多种因素影响,必须根据具体鸡群确定,不能一概而论。

鸡群一旦发生新城疫,应采取紧急措施,防止疫情的扩大。首先应采取隔离饲养,及时报告当地政府,划定疫区进行封锁。尽早进行新城疫疫苗紧急接种,最好采用群体免疫接种技术,对鸡群进行新城疫弱毒活疫苗紧急接种。紧急免疫对正在发病的鸡群也有用,因为疫苗毒在鸡呼吸道或肠道的繁殖能干扰新城疫野毒在同一组织内的复制,所以让鸡群尽快接触到大量的疫苗病毒是紧急免疫成功的关键。紧急免疫时可应用新城疫Ⅰ系活毒疫苗注射,Ⅰ系活苗的用量不宜超过两倍,否则效果将适得其反。此外,对鸡舍进行紧急消毒,做好病死鸡的无害化处理。当疫区内最后一只病鸡死亡或扑杀后,经过 2 周的观察,如果再无新的病例出现,经严格的终末消毒后,经上级主管部门同意,方可解除封锁。

三、鸡马立克氏病

马立克氏病(MD)是由马立克氏病毒(MDV)引起鸡最常见的一种淋巴组织增生性传染病,以外周神经、性腺、虹膜、各种脏器、肌肉和皮肤的单核性细胞浸润为特征。本病在全世界所有养鸡的国家都有发生,传染性强,可导致高死亡率、免疫抑制以及进行性衰弱,造成严重经济损失,是危害养鸡业常见传染病之一。

1.流行病学

(1)传染源

主要是病鸡和带毒鸡,其羽毛囊及其脱落的毛囊上皮中含有大量感染性极强的完整病毒。

(2)传播途径

可直接接触传播,但最重要的是通过空气经呼吸道传播;其次是消化道感染,人员及昆虫也可成为传播媒介。目前尚无马立克氏病可垂直传播的报道。

(3)易感动物

本病最易感的动物是鸡,火鸡、野鸡、鸽、鹌鹑也可自然感染并发病。非禽类品种动物不易感。各种年龄的鸡均可感染,尤其是 1~7 日龄的雏鸡最易感,但自然感染马立克氏病发病一般在 12~30 周龄之间;蛋鸡通常在 16~20 周龄之间并持续至 24~30 周龄,最早 3 周龄就能发病,最迟至 60 周龄还有发生。肉仔鸡多在 40 日龄之后发病。马立克氏病的发病率的变动范围大,可在 5%~30%,但病死率可达 100%。

(4)流行特点

①早期感染,中后期发病。即小鸡在 2 周龄内感染后短期内并不发病,而要等到 2 个月龄后发病,开产后一段时间自然平息。②感染不同毒力的毒株可表现不同的临床症状,如神经型、肿瘤型或眼型等。一般地,强毒力易引发肿瘤形成,弱毒力则主要损伤外周神经。③发病率和死亡率在不同地区或鸡群变化较大,可从 10%~80% 不等,这主要与饲养管理、卫生、免疫状况、病毒毒力及应激因素有关。④这是一个典型的慢性病,但又可呈现急性暴发(神经或肿瘤)。⑤可引起免疫抑制,增加其他病(如鸡传染性法氏囊病、鸡传染性贫血等)的发生率。

2.临床症状

本病是一种肿瘤性疾病,潜伏期较长。自然感染时潜伏期难以确定,受病毒的毒力、剂量、感染途径和鸡的遗传品系、年龄和性别的影响,可以存在很大差异。以 2～5 月龄的鸡只发病最常见。1 月龄以内的鸡只发病的,多是在出雏室或育雏室早期感染所致。根据症状和病变发生部位的不同,马立克氏病在临床上可分为 4 种类型:

（1）神经型

神经型又称古典型,主要侵害外周神经。由于侵害神经部位的不同,症状也不一样,以侵害坐骨神经最为常见,步态不稳是最早看到的症状,后完全麻痹,不能行走,蹲伏地上,或表现为一腿伸向前方,另一腿伸向后方的特征性劈叉姿势。臂神经受到侵害时,一侧性或两侧性翅膀下垂。控制颈肌的颈神经受害可导致头下垂或头颈歪斜。迷走神经受害可引起嗉囊扩张或喘息。

（2）内脏型

内脏型又称急性型,这一型临床上最常见,危害也最大。病鸡表现精神委顿,食欲减退,羽毛松乱,鸡冠和肉髯苍白或萎缩,渐进消瘦,下痢,体质极度虚弱,病程较长,最后衰竭死亡。

（3）皮肤型

该类型较少见,主要表现为羽毛囊肿胀,毛囊周围形成大小不等的肿瘤结节,多在宰后发现。

（4）眼型

该类型很少见到。病鸡虹膜受害,表现一侧或两侧虹膜正常色素消失,由正常的橘红色变为灰白色,俗称"灰眼病",呈同心环状或斑点状以至弥漫的灰白色。瞳孔边缘变得不整齐,后期则仅为一针尖大小的孔,病鸡视力减退或消失。

上述各型在同一鸡群中经常同时存在,病程长的病例,有体重减少、颜色苍白、食欲不振和下痢等非特异症状。死亡通常由饥饿、失水或同栏鸡的踩踏所致。

3.病理变化

最恒定的病变部位是外周神经,以腹腔神经丛、前肠系膜神经丛、臂神经丛、坐骨神经丛和内脏大神经最常见。受害神经横纹消失,变为灰白色或黄白色,有时呈水肿样外观,局部或弥漫性增粗可达正常的 2～3 倍及以上。病变常为单侧性,将两侧神经对比有助于诊断。

内脏器官最常被侵害的是卵巢,其次为肾、脾、肝、心、肺、胰、肠系膜、腺胃和肠道,肌肉和皮肤也可受害。在上述器官和组织中可见大小不等的肿瘤块,灰白色,质地坚硬而致密,有时肿瘤呈弥漫性,使整个器官变得很大。法氏囊通常萎缩。皮肤病变常与羽囊有关,但不限于羽囊,病变可融合成片,呈清晰的带白色结节,在拔毛后的胴体尤为明显(图 11-10 至图 11-12)。

图 11-10　肝脏多量肿瘤结节(刘明生 摄)

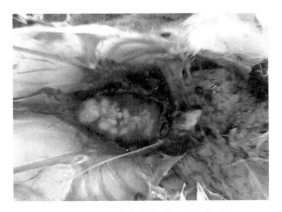

图 11-11　心脏肿瘤结节(刘明生 摄)

4.实验室诊断

组织中的病毒可用 FA、AGP 和 ELISA 等方法检查,或用 DNA 探针查病毒基因组。FA、AGP 和 ELISA 等方法也可用于检查血清中的马立克氏病毒特异抗体。

5.防制

疫苗接种是防制本病的关键,以防止出雏室和育雏室早期感染为中心的综合性防制措施对提高免疫效果和减少损失亦起重要作用。

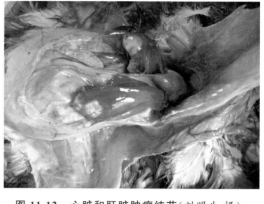

图 11-12　心脏和肝脏肿瘤结节(刘明生 摄)

(1)马立克氏病疫苗的种类

用于制造疫苗的病毒有 3 种:人工致弱的 1 型马立克氏病病毒(如 CVI988)、自然不致瘤的 2 型马立克氏病病毒(如 SBl、Z4)和 3 型马立克氏病病毒(HVT)(如 FCl26)。HVT 疫苗有冻干苗和细胞结合苗两种,细胞结合苗效果好,需液氮保存;冻干苗只需在 4 ℃保存即可,使用最广泛,不能预防马立克氏病超强毒感染。因为制苗经济,而且可制成冻干制剂,保存和使用较方便。1 型毒和 2 型毒只能制成细胞结合疫苗,需在液氮条件下保存。多价疫苗主要由 2+3 型或 1+3 型病毒组成。

(2)马立克氏病疫苗的接种方法

疫苗的接种必须在雏鸡刚出壳后(24 h 内)立即进行,接种途径为颈部皮下注射。

(3)HVT 冻干苗的使用方法

HVT 冻干苗应使用专门的稀释液,稀释液应清朗透明,并置 2~15 ℃保存。稀释后的疫苗应放在冰水中,并在 1 h 内用完。

(4)马立克氏病细胞结合苗(液氮苗)的使用方法

操作者戴上手套和护目镜从液氮罐取出疫苗;将取出的疫苗安瓿迅速放入 25~30 ℃(或按产品说明)温水中融化,一般在 45~90 s 即可融化,一旦融化立即打开安瓿;安瓿打开后,立即用装有 12 号针头的 5 mL 灭菌注射器缓慢吸取安瓿中的疫苗并将其注入一瓶预温至 18~25 ℃的专用稀释液中;疫苗稀释时要求冲洗安瓿 2~3 次,疫苗稀释液内不能添加药物;稀释后的疫苗要求在 1 h 内注射完毕,所以一次稀释的疫苗量不宜过多;使用过程中应不时摇动已稀释的疫苗溶液,以使其混匀。

(5)对超强毒马立克氏病病毒感染的措施

由超强毒株引起的马立克氏病暴发,常在用 HVT 疫苗免疫的鸡群中造成严重损失,用 1 型 CVI988 疫苗、2+3 型毒或 1+3 型毒组成的双价疫苗可以控制。2 型和 3 型毒之间存在显著的免疫协同作用,由它们组成的双价疫苗免疫效率比单价疫苗显著提高。由于双价苗是细胞结合疫苗,其免疫效果受母源抗体的影响很小。

平时要加强环境卫生与消毒,尤其是孵化室和育雏室的消毒,对预防雏鸡的早期感染是非常重要的。孵化场要远离鸡舍,孵化器具、孵化室要严格消毒,种蛋入孵前和雏鸡出壳后均应用甲醛熏蒸消毒。育雏舍应远离其他鸡舍,入雏前应彻底消毒。发病鸡舍应彻底消毒并空置后方可使用。加强饲养管理,提高机体的抵抗力。采取全进全出的制度,雏鸡应与成年鸡分开饲养。防止应激因素和预防免疫抑制病。

四、传染性法氏囊病

传染性法氏囊病（IBD）是由传染性法氏囊病病毒（IBDV）引起幼鸡的一种急性、高度接触性传染病。发病率高、病程短，呈尖峰式死亡。主要症状为腹泻、脱水、颤抖、极度虚弱。特征性的病变为法氏囊前期肿大、出血，后期萎缩，肾脏肿大，腿肌和胸肌出血，腺胃和肌胃交界处条状出血。幼鸡感染后，可导致免疫抑制，并可诱发多种疫病或使多种疫苗免疫失败。

1.流行病学

（1）传染源

病鸡和带毒鸡是主要传染源，其粪便中含有大量的病毒；麻雀也可带毒散毒。

（2）传播途径

病毒污染了饲料、饮水、垫料、用具、人员等，通过直接接触和间接传播。病毒可持续存在于鸡舍中，污染环境中的病毒可存活 122 d。

（3）易感动物

自然感染仅发生于鸡，各品种的鸡都能感染，主要发生于 2～15 周龄的鸡，3～6 周龄的鸡最易感。近年有 138 日龄的鸡也发生本病的报道。成年鸡一般呈隐性经过。

（4）流行特点

本病往往突然发生，传播迅速，当鸡舍发现有被感染鸡时，在短时间内该鸡舍所有鸡都可被感染，通常在感染后第 3 天开始死亡，5～7 d 达到高峰，以后很快停息，表现为尖峰式死亡和迅速康复的曲线。死亡率差异很大，有的仅为 3%～5%，一般为 15%～20%，严重发病群死亡率可达60% 以上。蛋鸡比肉鸡死亡率高。不少国家报道有传染性法氏囊病超强病毒毒株（vv 传染性法氏囊病毒）存在，死亡率可高达 70%。本病常与大肠杆菌病、新城疫、鸡球虫病、鸡支原体病混合感染，死亡率提高。

2.临床症状

本病潜伏期为 2～3 d。最初发现有些鸡啄自己的泄殖腔。病鸡精神委顿，羽毛蓬松，采食减少，畏寒，常打堆，随后病鸡出现腹泻，排出白色黏稠或水样稀粪，泄殖腔周围的羽毛被粪便污染。严重者病鸡头垂地，闭眼呈昏睡状态。后期体温低于正常，严重脱水，极度虚弱，最后死亡。近几年来，发现由传染性法氏囊病病毒的亚型毒株或变异株感染的鸡，表现为亚临床症状，炎症反应弱，法氏囊萎缩，死亡率较低，但由于产生严重的免疫抑制，造成的危害更大。

3.病理变化

病死鸡表现脱水，腿部和胸部肌肉出血。法氏囊的病变具有特征性，可见法氏囊内黏液增多，法氏囊浆膜、黏膜水肿和出血，体积增大，重量增加，比正常值重 2 倍以上。5 d 后法氏囊开始萎缩，切开后黏膜皱褶多混浊不清，黏膜表面有点状出血或弥漫出血。严重者法氏囊内有干酪样渗出物。肾脏有不同程度的肿胀。腺胃和肌胃交界处见有条状出血点（图 11-13至图 11-15）。

图11-13 腿肌出血(一)(刘明生 摄)

图11-14 腿肌出血(二)(刘明生 摄)

4.实验室诊断

(1)病毒分离鉴定

自然感染传染性法氏囊病毒的鸡群,在发病后的2~3 d,法氏囊中的病毒含量最高,其次是脾和肾。取发病典型的法氏囊和脾,经磨碎后,加灭菌生理盐水作1:(5~10)悬液,以3 000 r/min离心10 min,取上清液加入抗生素作用1 h,经绒毛尿囊膜接种9~12日龄SPF鸡胚。受感染的鸡胚在3~5 d死亡,可见到胚胎水肿、出血。鉴定分离出来的传染性法氏囊病病毒,可用已知阳性血清在鸡胚或鸡胚成纤维细

图11-15 腺胃肌胃交界处出血(刘明生 摄)

胞培养作中和试验;血清亚型的鉴定则需进行复杂的交叉中和试验。

(2)琼脂扩散试验

常用于传染性法氏囊病诊断。应用此法还可以进行流行病学调查和检测疫苗免疫后的传染性法氏囊病抗体,但是本方法不能区分血清型差异,主要查出群特异性抗原。

(3)易感鸡感染试验

取病死鸡的法氏囊典型病变,经磨碎制成悬液,经滴鼻或口服感染21~25日龄易感鸡,在感染后48~72 h出现症状,死后剖检见法氏囊有特征性的病变。

5.防治措施

(1)严格的兽医卫生措施

病毒在外界环境中极为稳定,能在鸡舍中长时间存在。在防制本病时,首先要注意对环境的消毒,特别是育雏室。用有效的消毒药对环境、鸡舍、用具、笼具进行喷洒,经4~6 h后,进行彻底清扫和冲洗,然后再经2~3次消毒。因为雏鸡在疫苗接种到抗体产生需经一段时间,所以必须将免疫接种的雏鸡,放置在彻底消毒的育雏室内,以预防传染性法氏囊病病毒的早期感染。

(2)提高种鸡的母源抗体水平

种鸡在18~20周龄和40~42周龄经2次接种传染性法氏囊病油佐剂灭活苗后,雏鸡可获得较整齐和较高的母源抗体,在2~3周龄内得到较好的保护,能防止雏鸡早期感染和由此引起

的免疫抑制。

（3）雏鸡的免疫接种

首次接种应在母源抗体降至较低水平时进行。因为母源抗体高会影响疫苗免疫效果，过迟接种疫苗会使传染性法氏囊病病毒感染母源抗体低或无的雏鸡，而失去免疫接种的意义。确定首免日龄可应用琼扩试验测定雏鸡母源抗体消长情况，当 1 日龄雏鸡沉淀抗体测定，阳性率不到 80％的鸡群在 10～17 日龄间首免。阳性率在 80％以上的鸡群在 7～10 日龄再检测一次抗体，阳性率已降至 50％以下时，可在 14～21 日龄首免，如仍在 50％以上，则在 17～24 日龄接种。一般多在 20～24 日龄间首免，二免于首免后 2～3 周进行。

对母源抗体较低的雏鸡，首免可提早至 7～9 日龄，二免 15～18 日龄，在疫区 28～30 日龄再加强一次，首免滴鼻点眼，二免、三免可饮水或滴口免疫。

（4）发病后的治疗

发病后要改善饲养管理，提高育雏舍的温度（尤其冬春季很重要），饮水中加 5％的糖、0.1％的食盐或加肾肿解毒药，供应充足的饮水，减少各种应激因素的刺激；对鸡舍及养鸡环境进行严格的消毒；对病鸡或发病鸡群进行紧急治疗，对于刚发病的鸡群可注射传染性法氏囊病高免血清或高免卵黄抗体，并辅以对症治疗；10 d 后再用疫苗进行免疫。

五、传染性支气管炎

鸡传染性支气管炎（IB）是由鸡传染性支气管炎病毒（IBV）引起的鸡的一种急性、高度接触性呼吸道传染病。其特征是病鸡咳嗽、喷嚏和气管发生啰音。在雏鸡还可出现流涕，产蛋鸡产蛋减少和蛋的质量变劣。肾型传染性支气管炎可见白色水样下痢、肾肿大、有尿酸盐沉积。

1.流行病学

（1）传染源

病鸡和带毒鸡是传染源，病鸡康复后可带毒 49 d，在 35 d 内具有传染性。

（2）传播途径

主要经呼吸道传播，病鸡从呼吸道排出病毒，经飞沫或尘埃传染给易感鸡。此外，也可通过污染饲料、饮水等经消化道传染。也可经直接接触感染，垂直传播也有可能。

（3）易感动物

本病仅发生于鸡，但小雉可感染发病，其他家禽均不感染。各种年龄的鸡都可发病，但雏鸡最为严重。有母源抗体的雏鸡有一定抵抗力。

（4）流行特点

本病无季节性，传播迅速，几乎在同一时间内有接触史的易感鸡都发病。常继发感染支原体病、大肠杆菌病、传染性鼻炎等。严重程度与环境因素，如温度不适、通风不良、卫生条件差、疫苗接种及运输、拥挤等有很大关系。流行过程短，一般为 15～20 d。

2.临床症状

潜伏期 36 h 或更长一些，人工感染为 18～36 h。

病鸡看不到前驱症状，突然出现呼吸道症状，并且全群鸡几乎同时发病，这是本病的特征。

4 周龄以下鸡常表现伸颈、张口呼吸、咳嗽、打喷嚏、有特殊的啰音，病鸡全身衰弱，精神不振，食欲减少，羽毛松乱，昏睡、翅下垂。常挤在一起，借以保暖。个别鸡鼻窦肿胀，流黏性鼻液,流泪。

5～6周龄以上鸡,症状较轻。突出症状是啰音、气喘和微咳,同时伴有减食、精神沉郁或下痢症状。

成年鸡感染本病,一般出现轻微的呼吸道症状,主要表现是产蛋鸡产蛋量下降,并产软壳蛋、畸形蛋或粗壳蛋。蛋的质量变差,如蛋白稀薄呈水样,蛋黄和蛋白分离以及蛋白黏着于壳膜表面等。

病程一般为1～2周,有的拖延至3周。雏鸡的死亡率可达25%～90%,6周龄以上的鸡死亡率很低。康复后的鸡具有免疫力,血清中的相应抗体至少有一年可被测出,但其高峰期是在感染后3周左右。

雏鸡如早期感染,可造成输卵管永久性损害,有相当多的雌雏输卵管发育受阻,成为外观正常但不产蛋的"假母鸡"。

肾型毒株感染鸡,呼吸道症状轻微或不出现,主要引起肾炎,多发生于10～50日龄,以20～30日龄雏鸡最常见。病鸡沉郁、持续排白色或水样下痢、迅速脱水、消瘦、爪干、饮水量增加。雏鸡死亡率为10%～30%,6周龄以上鸡死亡率在0.5%～1%。

3.病理变化

(1)呼吸道病变

主要是气管下段、支气管、鼻腔和窦内有浆液性、卡他性和干酪样渗出物。气囊可能混浊或含有黄色干酪样渗出物。在死亡鸡的气管后段或支气管中可能有一种纤维素性干酪样栓子。在大的支气管周围可见到小灶性肺炎。

(2)生殖系统病变

产蛋母鸡的腹腔内可以发现液状的卵黄物质,卵泡充血、出血、变形。18日龄以内感染传染性支气管炎并失去产蛋能力的成年母鸡,可见输卵管发育异常,呈稚型或萎缩。

(3)肾病变

肾型传染性支气管炎,可见肾肿大、苍白,呈斑驳状的"花斑肾",肾小管和输尿管因尿酸盐沉积而扩张。在严重病例,白色尿酸盐可沉积于其他组织器官表面。

4.实验室诊断

(1)病毒的分离鉴定

可无菌采取数只急性期病鸡的气管、渗出物和肺组织,制成悬浮液,每毫升加青霉素和链霉素各5 000 IU,置4 ℃冰箱过夜。经尿囊腔接种于9～11日龄的鸡胚。初次接种的鸡胚,孵化至19 d,可使少数鸡胚发育受阻,而多数鸡胚能存活,这是本病毒的特征。若在鸡胚中连续传代几代,则可使鸡胚呈现规律性死亡,并出现特征性的病变。

将收集到的尿囊液再经气管内接种易感鸡,如有本病毒存在,则被接种的鸡在18～36 h后可出现症状,发生气管啰音。也可将尿囊液经1%胰蛋白酶37 ℃作用4 h,再作血凝及血凝抑制试验进行初步鉴定。用鸡传染性支气管炎病毒特异的多克隆或单克隆抗体对感染鸡胚的绒尿膜(CAM)切片,或尿囊液的细胞沉积物涂片作免疫荧光或免疫酶试验可以快速鉴定分离的病毒。剖检时取感染的气管黏膜或其他组织作切片,可用免疫荧光或免疫酶试验直接检测传染性支气管炎病毒抗原。

(2)RT-PCR

近年来已建立起直接检查感染鸡组织中IBV核酸的RT-PCR方法。

5.防制

严格执行隔离、检疫等卫生防疫措施。鸡舍要注意通风换气,防止过挤,注意保温,加强饲养管理,补充维生素和矿物质饲料,增强鸡体抗病力。同时配合疫苗进行人工免疫。

常用 M41 型的弱毒苗如 H120、H52 及其灭活油剂苗。一般认 M41 型对其他病型毒株有交叉免疫作用。H120 毒力较弱、对雏鸡安全;H52 毒力较强、适用于 20 日龄以上鸡;油剂苗各种日龄均可使用。一般免疫程序为 5～7 日龄首免,用 H120;25～30 日龄二免用 H52;种鸡于 120～140 日龄用油剂苗作三免。弱毒苗可采用点眼(鼻)、饮水和气雾免疫,油剂苗可作皮下注射。对肾型传染性支气管炎,弱毒苗有 Ma5,1 日龄及 15 日龄各免疫一次,方法同上。除此之外还有多价(2～3 个型毒株)灭活油剂苗,雏鸡按 0.2～0.3 mL/只、成鸡按 0.5 mL/只,皮下注射。

本病尚无特效疗法。发病鸡群注意保暖、通风换气和鸡舍带鸡消毒。为了补充钠、钾损失和消除肾脏炎症,可以给予复方口服补液盐、柠檬酸盐或碳酸氢盐的复方制剂。也可用药物治疗及预防,如抗病毒、抗菌、肾肿解毒的药物。

六、传染性喉气管炎

传染性喉气管炎(ILT)是由传染性喉气管炎病毒(ILTV)引起鸡的一种急性呼吸道传染病,主要特征为呼吸困难,咳嗽,咳出含有血液的渗出物,产蛋鸡产蛋率下降。喉部和气管黏膜肿胀,出血并形成糜烂,有时可见黄白色纤维素性假膜。传播快,发病率高,死亡率高低不一,成年鸡死亡率较低,而育成鸡和雏鸡死亡率较高。

1.流行病学

(1)传染源

病鸡和带毒鸡是主要传染源,通过咳喘及分泌物排毒。

(2)传播途径

病毒存在于气管和上呼吸道分泌液中,通过咳出血液和黏液而经上呼吸道传播。易感鸡与接种活苗的鸡长时间接触,也可感染本病。感染后排毒 6～8 d,约 2% 康复鸡可带毒,时间可长达 2 年。所以,鸡场一旦感染传染性喉气管炎病毒,如不采取全进全出的措施,很难净化本病。

(3)易感动物

在自然条件下,主要侵害鸡,不同年龄的鸡均易感,以成年鸡的症状特征最为典型,但近几年来,雏鸡和育成鸡也有发生。野鸡、孔雀、幼火鸡也可感染,而其他禽类和实验动物有抵抗力。

(4)流行特点

本病在易感鸡群内传播很快,感染率可达 90%,死亡率为 5%～70%,一般平均在 10%～20%,在高产的成年鸡死亡率较低,而育成鸡和雏鸡死亡率较高。

本病一年四季均可发生,秋冬寒冷季节多发。鸡舍拥挤、通风不良、管理差、维生素 A 缺乏、寄生虫感染都可以促进发病。

2.临床症状

自然感染的潜伏期 6～12 d,人工气管内接种 2～4 d。潜伏期的长短与毒株的毒力有关。

（1）喉气管型

又称急性流行型，由毒力较强毒株引起，多见于青年鸡尤其是成年鸡。发病急，传染迅速。发病初期常有少数鸡只突然死亡，病初鼻孔有分泌物，流泪，并伴有结膜炎的症状。其后表现为特征性的呼吸道症状，呼吸时发出湿性啰音，继而咳嗽和气喘并有喘鸣音。严重病例，呈现明显的呼吸困难，每隔数分钟进行一次伸颈、张口、发出"咯…呵"喘鸣声，频频摇头；痉挛性咳嗽，常咳出一些带有血液的分泌物；多数重病鸡在病的后期因为气管堵塞而窒息死亡。口腔检查时，可见喉头黏膜上有淡黄色凝固物（假膜）附着，不易擦去。病鸡迅速消瘦，鸡冠发紫，有时排绿色稀粪。产蛋鸡产蛋下降。病程 5～7 d 或更长。有的康复鸡可成为带毒者。病程为 5～6 d，死亡率可达25％～70％。耐过鸡可获坚强的特异免疫力。

（2）眼结膜型

又称轻微型，由弱毒株引起的，流行经过缓和，局限性流行，症状轻，多发生于 4～6 周龄的小鸡。主要表现结膜炎症状，有时伴发眶下窦肿胀和长期流鼻液，营养不良。发病率低，不超过5％，死亡率更低，大部分鸡可以耐过。

3.病理变化

（1）喉气管型

典型病理变化为喉和气管黏膜充血和出血。口腔黏膜发绀，口腔内含或多或少的血性黏液或白色泡沫样蛋白性渗出物；喉头内外侧黏膜水肿、暗红、点状出血；气管黏膜严重出血或糜烂，气管腔内含红色或黄白色的、管状或柱状的渗出凝固物；眼结膜点状出血；肺脏常有出血，导致其脏面斑块状红染。

（2）眼结膜型

多数病例只见鼻腔，尤其是喉头、气管有大量的黏液性渗出物，黏膜充血甚至出血。极个别病例类型似于喉气管型的病变。

4.实验室诊断

（1）鸡胚接种

采取病鸡的喉头、气管黏膜和分泌物，经无菌处理后，接种 10～12 日龄鸡胚尿囊膜上，接种后 4～5 d 鸡胚死亡，见绒毛尿囊膜增厚，有灰白色坏死斑。

（2）包涵体检查

取发病后 2～3 d 的喉头黏膜上皮或者将病料接种鸡胚，取死胚的绒毛尿囊膜作包涵体检查，见细胞核内有包涵体。

（3）动物接种

病鸡的气管分泌物或气管制备的组织悬液，经喉头或气管接种易感鸡，2～5 d 可出现典型的传染性喉气管炎的症状和病变。

（4）病毒抗原和特异性抗体的检查

检查本病的抗原和抗体的方法有荧光抗体法、琼脂扩散试验、中和试验、核酸探针、PCR、ELISA、间接血凝试验、对流免疫电泳等。

5.防制

坚持严格隔离、消毒等措施是防止本病流行的有效方法，封锁疫点，禁止可能污染的人员、饲料、设备和鸡只的移动是成功控制的关键。全进全出是净化本病的根本方法。野毒感染和疫苗接种都可产生传染性喉气管炎病毒潜伏感染的带毒鸡，因此，避免将康复鸡或接种疫苗的鸡与易

感鸡混群饲养。同时要注意避免不同日龄的鸡只混合饲养。

目前,有两种疫苗可用于免疫接种。一种是弱毒疫苗,经点眼、滴鼻免疫。但传染性喉气管炎弱毒疫苗一般毒力较强,免疫鸡可出现轻重不同的反应,甚至引起成批死亡,接种途径和接种量应严格按说明书进行。另一种是强毒苗,可涂擦于泄殖腔黏膜,4~5 d后,黏膜出现水肿和出血性炎症,表示接种有效,但排毒的危险性很大,一般只用于发病鸡场。灭活疫苗的免疫效果一般均不理想。基因工程疫苗克服了常规疫苗引起潜伏感染的缺点,结合使用隔离封锁和卫生措施,对传染性喉气管炎防制发挥了重要作用。

发病时如能早期诊断,紧急接种疫苗是控制本病的最佳方法。药物仅是对症疗法,可使呼吸困难的症状缓解,可用麻杏石甘口服液、双黄连等。另外,可用抗菌药物预防继发感染。

七、禽白血病

禽白血病(AL)是由禽白血病/肉瘤病毒群中的病毒引起的禽类多种肿瘤性疾病的统称,在自然条件下以淋巴白血病(LL)最为常见,其他如成红细胞白血病、成髓细胞白血病、髓细胞瘤、纤维瘤和纤维肉瘤、肾母细胞瘤、血管瘤、骨石症等出现频率很低。自从 Roloff 于 1868 年首次报道该病以来,一直被认为是严重危害养禽业的最重要的禽病之一。

本病几乎波及所有商品鸡群,鸡群呈现渐进性发生和持续的低死亡率(1%~2%),偶尔出现高达 20%或以上的死亡率;很多感染鸡群的生产性能下降,尤其是产蛋率和蛋的品质下降。本病是一种慢性、免疫抑制性疾病。其特征是在成年鸡中产生淋巴样肿瘤。

1.流行病学

(1)传染源

本病的传染源是病鸡和带毒鸡。有病毒血症的母鸡,其整个生殖系统都有病毒繁殖,以输卵管的病毒浓度最高,特别是蛋白分泌部,因此其产出的鸡蛋常带毒,孵出的雏鸡也带毒。这种先天性感染的雏鸡常有免疫耐受现象,它不产生抗肿瘤病毒抗体,长期带毒排毒,成为重要传染源。

(2)传播途径

外源性淋巴白血病病毒的传播方式有两种:通过蛋的垂直传播和通过直接或间接接触的水平传播。垂直传播在流行病学上十分重要,因为它使感染从一代传到下一代。大多数鸡通过与先天感染鸡的密切接触获得感染。因为病毒不耐热,在外界存活时间短,感染不易间接接触传播。

(3)易感动物

鸡是本病所有病毒的自然宿主。人工接种在野鸡、珠鸡、鸭、鸽、鹌鹑、火鸡和鹧鸪也可引起肿瘤。不同品种或品系的鸡对病毒感染和肿瘤发生的抵抗力差异很大。

(4)流行特点

本病的感染虽很广泛,但临床病例的发生率相当低,一般多为散发。

2.临床症状

禽淋巴白血病的潜伏期长,自然病例可见于 14 周龄后的任何时间,但通常以性成熟时发病率最高。

禽淋巴白血病无特异症状,可见鸡冠苍白、皱缩,间或发绀。食欲不振、消瘦和衰弱也很常见。腹部常增大,可触摸到肿大的肝脏。一旦出现临床症状,通常病程发展很快。

无明显症状的病毒感染,蛋鸡和种鸡的产蛋性能可受到严重影响。与不排毒的母鸡相比,排毒母鸡要少产蛋20～30枚,性成熟迟,蛋小而壳薄,受精率和孵化率下降。排毒肉鸡的生长速度亦受影响。

3.病理变化

肝、法氏囊和脾几乎都有眼观肿瘤,肾、肺、性腺、心、骨髓和肠系膜也可受害。肿瘤大小不一,可为结节性、粟粒性或弥漫性。肿瘤主要由成淋巴细胞组成,大小虽略有差异,但都处于相同的原始发育状态。

J亚群白血病病毒感染,可发生在4周龄或更大日龄的肉鸡,产生髓细胞瘤的时间比A亚群产生的成淋巴群细胞瘤要早,4～20周龄病鸡在肝、脾、肾和胸骨可见病理变化(图11-16至图11-20)。病理组织学特征是肿瘤由含酸性颗粒的未成熟的髓细胞组成。

图11-16　肝脾肿大(刘明生 摄)

成红细胞白血病、成髓细胞白血病、髓细胞瘤等在现场很少发生,生产上意义不大,但它们在肿瘤的基础研究中起重要作用。

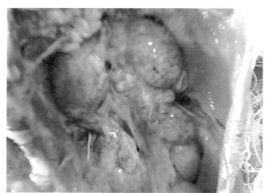

图11-17　肾脏多量肿瘤结节(刘明生 摄)

图11-18　肝脏弥漫性肿瘤、肝破裂出血(刘明生 摄)

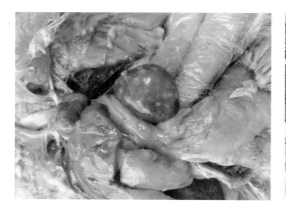

图11-19　脾脏肿瘤(刘明生 摄)

图11-20　颈部血管瘤(刘明生 摄)

4.实验室诊断

病毒分离鉴定和血清学检查在日常诊断中很少使用,但它们对建立无白血病种鸡群,特别对SPF 鸡场是所不可缺少的。

病毒分离的最好材料是血浆、血清和肿瘤,新下蛋的蛋清、10 日龄鸡胚和粪便中也含有病毒。淋巴白血病病毒能在敏感鸡胚成纤维细胞(CEF)中繁殖,但不产生细胞病变。病毒的存在可用下列试验测定:半微量补体稀释法补体结合试验、酶联免疫吸附试验(ELISA)、琼脂扩散试验(AGP)、葡萄球菌 A 蛋白酶联免疫吸附试验(PPA-ELISA)。检测特异抗体的样品以血清或卵黄为好。

5.防制

由于本病的垂直传播特性,水平传播仅占次要地位,先天感染的免疫耐受鸡是最重要的传染源,所以疫苗免疫对防制的意义不大,目前也没有可用的疫苗。减少种鸡群的感染率和建立无白血病的种鸡群是防制本病最有效的措施。

从种鸡群中消灭淋巴白血病病毒的步骤包括:①从蛋清和阴道拭子试验阴性的母鸡选择受精蛋进行孵化;②在隔离条件下小批量出雏,避免人工性别鉴定,接种疫苗每羽换针头;③测定雏鸡血液是否淋巴白血病病毒阳性,淘汰阳性雏和与之接触者;④在隔离条件下饲养无淋巴白血病病毒的各组鸡,连续进行 4 代,建立无淋巴白血病病毒替代群。上述方法由于费时长,成本高,技术复杂,一般种鸡场还不能实行。

目前,通常的做法是通过检测和淘汰带毒母鸡以减少感染,在多数情况下均能奏效。因为刚出雏的小鸡对接触感染最敏感,每批之间孵化器、出雏器、育雏室的彻底清扫消毒,均有助于减少来自先天感染种蛋的感染。

八、产蛋下降综合征

产蛋下降综合征(EDS$_{76}$)是由禽腺病毒Ⅲ群中的病毒引起鸡以产蛋下降为特征的一种传染病,主要表现为鸡群产蛋骤然下降,软壳蛋和畸形蛋增加,褐色蛋蛋壳颜色变淡。因在 1976 年首次发现,特定名为产蛋下降综合征-1976。

1.流行病学

(1)易感动物

本病只发生于产蛋鸡,但病毒的自然宿主为鸭、鹅和野鸭。不同品种的鸡对 EDS$_{76}$ 病毒易感性有差异,产褐色蛋母鸡最易感。本病主要侵害 26～32 周龄鸡,35 周龄以上较少发病。幼龄鸡感染后不表现症状,血清中也查不出抗体,在性成熟而开始产蛋后,血清才转为阳性。

(2)传播途径

本病的传播方式主要是垂直传播。试验证明,感染母鸡所产的种蛋孵出雏鸡,在肝脏可回收到 EDS$_{76}$病毒。水平传播也是很重要的方式,因为从感染鸡的输卵管、泄殖腔、粪便、肠内容物都能分离到病毒,它可向外排毒,水平传播给易感鸡。EDS$_{76}$病毒侵入鸡体后,在性成熟前对鸡不表现致病性,在产蛋初期由于应激反应,致使病毒活化而使产蛋鸡发病。

(3)流行特点

病毒在性成熟之前侵入体内,一般不显示致病性。当这些鸡进入产蛋期后,受应激因素影响(如激素分泌紊乱等),致使体内的病毒可重新活化并致病。

2.临床症状

感染鸡无明显症状,主要表现为突然性群体产蛋下降,比正常下降 20%～40%,甚至达 50%。病初蛋壳的色泽变淡,紧接着产畸形蛋,蛋壳粗糙像砂粒样,蛋壳变薄易破损,软壳蛋增多,占 15% 以上。对受精率和孵化率没有影响,病程一般可持续 4～10 周。

3.病理变化

发病鸡群很少死亡,无特异的病理变化。

重症死亡者,多因腹膜炎或输卵管炎造成。剖检时可发现肝脏肿大,胆囊明显增大,充满淡绿色胆汁。病程稍长死亡者,肝脏发黄、萎缩,胆囊也萎缩;卵泡充血,变形或掉落,或发育不全,卵巢萎缩或出血;卡他性肠炎,泄殖腔脱垂的病例增多;子宫和输卵管管壁明显增厚、水肿,其表面有大量白色渗出物或干酪样分泌物。

4.实验室诊断

(1)病原分离和鉴定

取病鸡的输卵管、泄殖腔、肠内容物和粪便作为病料,经无菌处理后,尿囊腔接种 10～12 日龄鸭胚(无腺病毒抗体)。首次分离时鸭胚死亡不多,随着传代次数增加,鸭胚死亡数增多。分离的病毒如果有血凝现象,再用已知抗 EDS_{76} 病毒阳性血清进行 HI 试验或中和试验进行鉴定,以进一步鉴定分离病毒。

(2)血清学试验

鸡感染 EDS_{76} 病毒后,能产生高效价抗体,HI 试验是最常用的诊断方法之一。对于没有免疫接种的鸡群,如果 HI 抗体滴度在 1:8 以上,则证明此鸡群已感染。此外,还可采用 ELISA、荧光抗体和双向免疫扩散试验等方法诊断本病。

5.防制

主要采取综合防制措施,杜绝 EDS_{76} 病毒传入,本病主要是经鸡胚垂直传播,所以应从非疫区鸡群中引种。严格执行兽医卫生措施,加强鸡场和孵化厅消毒工作。在日粮配合中,必须注意氨基酸、维生素的平衡。

免疫接种是预防本病的主要措施,在 110～130 日龄进行 EDS_{76} 油佐剂灭活苗免疫接种,免疫后 HI 抗体效价可达 8～9 $\log_2$,免疫后 7～10 d 可测到抗体,免疫期 10～12 个月。也有使用新城疫-减蛋综合征二联油佐剂灭活苗、新城疫-传染性支气管炎-减蛋综合征三联油佐剂灭活苗或新城疫-传染性支气管炎-减蛋综合征-禽流感(H9)四联油佐剂灭活苗,可收到打一针防多病和减少应激的良好效果。

九、安卡拉病

安卡拉病也叫心包积液—肝炎综合征,是在巴基斯坦发现的一种新的鸡病,主要危害 3～6 周龄肉鸡,而后备母鸡和蛋鸡偶尔发生。该病早在 1985 年就有散发病例,1987 年 3 月在卡拉奇附近的安卡拉地区一个肉鸡场发生暴发性流行,安卡拉病就由此而得名。到 1988 年夏,该病已扩散到全巴基斯坦,造成了上亿只肉鸡死亡。在死亡高峰,该病猖獗致使 25% 以上的肉鸡生产者破产。

该病经实验室检测,证实为一种腺病毒感染,与包涵体肝炎同源,只是血清型上有所变化。

1.流行病学

(1)传染源

病禽和带毒禽是主要传染源。

（2）传播途径

本病可垂直传播，也可水平传播。

（3）易感动物

本病主要发生于 1～3 周龄的肉鸡、麻鸡，也可见于肉种鸡和蛋鸡，其中以 5～7 周龄的鸡最多发。近几年来，该病也危害到其他禽类，如鸭、鹅、鸽等。

（4）流行特点

发病鸡群多于 3 周龄开始死亡，4～5 周龄达高峰，高峰持续期 4～8 d，5～6 周龄死亡减少。病程 8～15 d，死亡率达 20%～80%，一般在 30% 左右。本病一年四季皆可发病，冬、春季节多发。

鸡感染后可成为终身带毒者，并可间歇性排毒。就本病症来说，现在主要集中在山东、河南、江苏等地。

2.临床症状

本病潜伏期短、发病快。其特征是无明显先兆而突然倒地，沉郁，羽毛成束，出现呼吸道症状，甩鼻、呼吸加快，部分有啰音；排黄色稀粪；有神经症状，两腿划空，数分钟内死亡。

3.病理变化

主要侵害的是心脏和肝脏。表现为病鸡心肌柔软，心包积有淡黄色透明或胶冻状的渗出液，这是本病的特征性症状。肝脏充血、肿胀、边缘钝圆、质地变脆，色泽变黄，并出现坏死。肾肿大、苍白或暗黄色。肺淤血水肿，外观发黑，部分有气囊炎，脾脏轻微肿大，肌肉淡白，可视黏膜变浅，肠道变化不明显。

4.实验室诊断

（1）病理组织学诊断

采集发病活鸡的肝脏，经 4% 甲醛固定后制作石蜡切片，观察病理组织学变化。本病可见肝脏充血、出血和肝细胞脂肪变性，肝细胞核内可见形状不规则的嗜酸性或嗜碱性包涵体。

（2）病毒的分离鉴定

可选用粪便、咽喉、肾和肝脏等病料，做成 10% 悬液。如为鸡的病料可接种鸡胚肝细胞或鸡肾细胞，鸡胚成纤维细胞和气管组织培养不敏感，通常要盲传 2～3 代，每代 7 d。如要从其他禽类分离腺病毒，最好用同一禽种的细胞。一旦从细胞培养物中分离到病原体，要确定为腺病毒最简便的方法是以荧光抗体对细胞染色检查。细胞溶解产物直接在电镜下检查亦可快速获得结果；如不能进行荧光抗体或电镜检查，亦可将单层细胞培养物用苏木素伊红染色，可显示核内嗜碱性包涵体。

（3）血清学检查

以三个血清型腺病毒制备三价抗原作双向琼脂扩散（DID）试验可测出群特异抗体；间接免疫荧光试验更为敏感、快速和简便；ELISA 用于检测群特异抗体既敏感又简便。

（4）分子生物学诊断

目前有建立 PCR 技术，用于组织或细胞中病毒的检测，其敏感性和特异性较高。

5.防治措施

（1）治疗原则和方法

抗病毒、保肝护肾、强心利尿、控制继发感染等。

抗病毒：发病初期使用植物血凝素。近年来，已研制出安卡拉卵黄抗体，按每千克体重1～

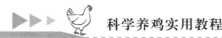
2 mL,皮下注射,能迅速控制病情。

保肝护肾:由于本病会出现肝、肾肿大、色泽变黄等变化,可以使用利水消肿、扶正固本,通利二便的药物,恢复肝肾机能,增强药物吸收利用率。

强心利尿:由于本病出现较多的心包积液,因此,需要使用强心药物来维持心脏功能,使用高效利尿药来消除组织间液的水分而缓解心包积液和肝肾水肿。可以使用牛磺酸、樟脑磺酸钠、安钠咖来强心,使用呋塞米等利尿药利尿来缓解心包积液、肝肾水肿现象,同时可另外加用ATP、肌苷、辅酶A等补充能量。

控制继发感染:发生本病后,由于抵抗力下降,常常会继发大肠杆菌、支原体等病,选择合适的抗微生物药物进行防治,如氟苯尼考、多西环素等。

(2)预防

1)减少应激,防止过度惊吓导致心跳加快而浅,心脏机能紊乱。

2)注意通风降温,供给鸡只充足的新鲜空气,保证氧气供应。

3)发病区、发病季节,注意养殖密度不要过大,甚至可以降低密度。这样鸡群的需氧量能够充分供应,且温度容易调控。

4)密闭式鸡舍,注意负压不要过大,以防止鸡舍缺氧。必要时可适当加大进风口面积,加大风力风速。也可以使用正压通风,以保证氧气供应。

5)饲料全程添加脱霉剂,能够有效防止霉菌及其毒素对肝脏和肾脏的侵害。

6)使用安卡拉疫苗,或使用安卡拉卵黄抗体,能有效预防本病。

十、沙门氏菌病

沙门氏菌病又名副伤寒,是由沙门氏菌属细菌引起各种动物沙门氏菌病的总称,临床多表现为败血症和肠炎。

1.流行病学

(1)传染源

病鸡和带菌鸡是主要的传染源。

(2)传播途径

病鸡和带菌鸡的排泄物和分泌物污染水源和饲料等,经消化道感染健康鸡只。交配或人工授精也可发生感染。

(3)易感动物

人及各种动物对沙门氏菌都有易感性。各种年龄的鸡均可感染,但幼龄鸡较成年鸡易感。

(4)流行特点

本病一年四季均可发生。一般呈散发或地方流行性。环境污秽、潮湿、拥挤,饲料和饮水供应不良,长途运输、气候恶劣、疲劳、饥饿等都可促进本病的发生。

2.临床症状

(1)鸡白痢

由鸡白痢沙门氏菌引起的鸡的传染病,以2~3周龄内雏鸡的发病率与病死率为最高,成年鸡感染后多呈慢性或隐性经过。

雏鸡多在孵出后几天表现为精神委顿,拉稀薄白色如糨糊状粪便(白痢)。稀粪干结后封住肛门,故排粪时常发出尖叫声。有的呼吸困难或关节肿胀,跛行症状。病程4~7 d。耐过鸡生长

发育不良,成为慢性患者或带菌者。成年鸡常无临床症状。极少数病鸡腹泻,产卵停止。有的因卵黄囊炎引起腹膜炎。

（2）禽伤寒

由鸡伤寒沙门氏菌引起鸡、鸭和火鸡的一种急性或慢性败血性传染病。主要发生于成年鸡（尤其是产蛋母鸡）和 3 周龄以上鸡,也可感染火鸡、鸭等禽类。临床以黄绿色下痢及肝脏肿大,呈青铜色为特征。

潜伏期 4～5 d。青年或成年鸡和火鸡突然停食,精神委顿,冠和肉髯苍白,体温升高 1～3 ℃,排黄绿色稀粪。病程 5～10 d 内,死亡率较低,康复禽往往成为带菌者。

（3）禽副伤寒

由多种能运动的泛嗜性沙门氏菌引起的家禽疾病的总称。各种家禽及野禽均易感。出壳后 2 周发病,病死率 10%～20%不等,重者达 80%以上。

胚胎感染者出壳后几天发生死亡。出壳后感染雏鸡或雏火鸡表现精神不佳,饮水增加,怕冷,水样下痢,肛门周围黏附粪便,少数病鸡还出现眼结膜炎。成年鸡或火鸡在临床上多呈慢性经过,少数呈急性经过,表现为慢性下痢,产蛋下降,消瘦等。

3.病理变化

（1）鸡白痢

急性死亡的雏鸡无明显肉眼可见的病变。病程稍长的死亡雏鸡可见心肌、肺、肝、肌胃等脏器出现黄白色坏死灶或大小不等的灰白色结节;肝脏肿大,有条纹状出血,胆囊充盈;心脏常因结节病变而变形。成年鸡慢性经过者表现为卵巢炎。

（2）禽伤寒

成年鸡,最急性病例病变轻微或不明显;急性病例常见肝、脾、肾充血肿大;亚急性和慢性病例,特征病变是肝大,呈青铜色,肝和心肌有灰白色粟粒大坏死灶,肺和肌胃可见灰白色小坏死灶,卵巢及腹腔病变与鸡白痢相同。

（3）禽副伤寒

急性病例常无可见病变。病程稍长的,肝、脾充血,有条纹状或针尖状出血和坏死灶,肺及肾出血,心包炎,常有出血性肠炎。

4.实验室诊断

根据流行特点、临床症状、病理变化可做出初步诊断,确诊用细菌学和血清学诊断。

5.防治措施

（1）预防措施

加强饲养管理,消除发病诱因,保持饲料和饮水的清洁、卫生。使用疫苗进行免疫接种;病死鸡应严格执行无害化处理,以防止病菌散播;利用凝集试验做好种鸡群净化,建立严格的种蛋、孵化室消毒制度;做好鸡舍环境和用具清洁消毒,加强雏鸡饲养管理。注意药物预防,育雏时可在饮水中添加 0.005%氟哌酸等药进行预防;或依据竞争排斥原理预防雏鸡白痢,常用的有促菌生、调痢生、乳酸菌等(在使用这类制剂的同时以及前后 4～5 d 禁用抗菌药物)。

（2）治疗措施

磺胺类、喹诺酮类等药物对本病有疗效,应在药敏试验的基础上选择药物,并注意交替用药。发病时可在饲料中加入 0.03%复方磺胺-5-甲氧嘧啶,连用 3～5 d;或在饮水中加入庆大霉素 4 万 IU/L,0.008%氨苄青霉素,0.005%氟哌酸或环丙沙星或恩诺沙星,连用 3～5 d。下痢不止

者,可内服次硝酸铋 5～10 g 或活性炭 10～20 g,以保护肠黏膜,减少毒素吸收。

（3）检疫后处理

二维码 11-2
鸡白痢检疫

对于鸡白痢,通过血清学试验,检出并淘汰带菌种鸡,第一次检查于 60～70 日龄进行,第二次检查可在 16 周龄时进行,后每隔 1 个月检查 1 次,发现阳性鸡及时淘汰,直至全群的阳性率不超过 0.5％ 为止。及时拣、选种蛋,并分别于捡蛋、入孵化器后、18～19 日胚龄落盘时 3 次用 28 mL/m³ 福尔马林熏蒸消毒 20 min。出雏达 50％ 左右时,在出雏器内用 10 mL/m³ 福尔马林再次熏蒸消毒。孵化室建立严格的消毒制度。育雏舍、育成舍和蛋鸡舍做好地面、用具、饲槽、笼具、饮水器等的清洁消毒,定期对鸡群进行带鸡消毒。

十一、大肠杆菌病

禽大肠杆菌病是由大肠埃希氏菌的某些致病菌株引起的禽类不同疾病的总称,包括大肠杆菌性败血症、大肠杆菌性肉芽肿、气囊炎、肝周炎、肿头综合征、腹膜炎、输卵管炎、滑膜炎、全眼球炎及脐炎等一系列疾病。该病是禽类胚胎和雏鸡死亡的重要原因之一。

1.流行病学

（1）传染源

患病鸡和带菌鸡为主要传染源。

（2）传播途径

鸡主要通过消化道、呼吸道感染,也可经蛋垂直传播。大肠杆菌可以通过污染的蛋壳进入蛋内而引起死胚或弱雏。

（3）易感动物

各年龄的鸡均易感,通常以 1 月龄前后的雏鸡发病率和病死率较高,日龄较大的育成鸡和成年鸡也会发生。

（4）流行规律

一年四季均可发生,但以冬末春初较为多见。若饲养密度过大,场地陈旧、环境已被严重污染,则本病随时发生。本病常与其他疾病并发或继发,如支原体病、新城疫、传染性法氏囊病、球虫病等,可造成严重损失。

2.临床症状

为多种家禽共患的传染病,病型有败血症、气囊炎、腹膜炎、输卵管炎、肉芽肿、肿头综合征、滑膜炎、全眼球炎及脐炎等系列疾病。潜伏期为数小时至 3 d,急性病鸡表现为呆立一旁,缩颈嗜睡,口、眼、鼻孔处常附黏性分泌物,排黄白色或黄绿色稀粪,呼吸困难,食欲下降或废绝,病死率 5％～10％。慢性表现为长时间的下痢,病程达 10 余天。

3.病理变化

（1）急性败血型

3～7 周龄多发。病变为肠浆膜、心外膜、心内膜有明显小出血点;肠壁黏膜有大量黏液,脾肿大数倍,心包腔有多量浆液。

（2）全眼球炎型

眼结膜充血、出血,眼房液混浊（图 11-21）。

（3）脐炎型

幼雏脐部受感染时，脐带口发炎，多见于蛋内或刚孵化后感染。

（4）气囊炎型

常见病型，幼禽多发。气囊增厚，表面有纤维素性渗出物被覆，呈灰白色，由此继发心包炎和肝周炎，心包膜和肝被膜上附有纤维素性伪膜；心包膜增厚，心包液增量、混浊；肝大，被膜增厚，被膜下有大小不等的出血点和坏死灶（图11-22至图11-24）。

（5）卵泡炎、输卵管炎和腹膜炎型

产蛋期鸡感染时，卵泡坏死、破裂，输卵管增厚，有畸形卵阻滞，卵破裂溢于腹腔内；有多量干酪样物，腹腔液增多、混浊，腹膜有灰白色渗出物（图11-25至图11-28）。

（6）滑膜炎型

多见于肩、膝关节，关节明显肿大，滑膜囊内有不等量的灰白色或淡红色渗出物，关节周围组织充血水肿。

（7）肉芽肿型

生前无特征性症状，主要以肝、十二指肠、盲肠系膜上出现典型的针头至核桃大小的肉芽肿为特征，其组织学变化与结核病的肉芽肿相似。

图11-21　全眼球炎（刘明生 摄）

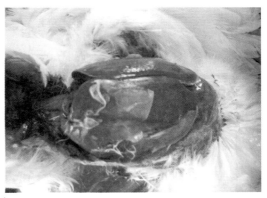

图11-22　肝周炎（一）（刘明生 摄）

图11-23　肝周炎（二）（刘明生 摄）

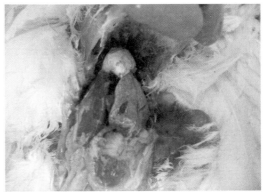

图11-24　心包炎、肝周炎（三）（刘明生 摄）

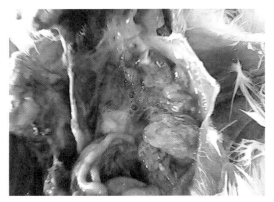

图 11-25　卵黄性腹膜炎（刘明生 摄）

图 11-26　输卵管囊肿（一）（刘明生 摄）

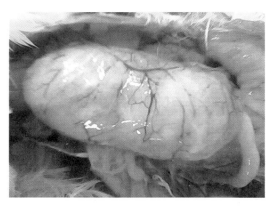

图 11-27　输卵管囊肿（二）（刘明生 摄）

图 11-28　输卵管囊肿（三）（刘明生 摄）

4.实验室诊断

本病特征性的病理变化是初步诊断的依据，确诊需进行病原分离与鉴定。根据病型采取不同病料，如果败血性疾病，采取血液、肝、脾等内脏实质器官；若是局限性病灶，直接采取病变组织。采取病料应尽可能在病禽濒死期或死亡不久，因死亡时间过久，肠道菌很容易侵入机体内。

（1）病料直接涂片

进行革兰氏染色，典型者可见单在的革兰氏阴性小杆菌，但有时在病料中很难看到典型的细菌。

（2）分离培养

如病料没有被污染，可直接用普通平板或血平板进行划线分离，如病料中细菌数量很少，可用普通肉汤增菌后，再行划线培养。如果病料污染严重，可用鉴别培养基划线分离培养后，挑取可疑菌落除涂片镜检外，作纯培养进一步鉴定。

（3）种属鉴定

符合下述主要性状者可确定为大肠杆菌：形态染色，革兰氏阴性小杆菌；运动性，阳性；吲哚产生试验，阳性；柠檬酸盐利用，阴性；H_2S产生试验，阴性；乳糖发酵试验，阳性。对于已确定的大肠埃希氏杆菌，可通过动物试验和血清型鉴定确定其病原性。在排除其他病原感染（如病毒、细菌、支原体等），经鉴定为致病血清型大肠杆菌，或动物试验有致病性者方可认为是原发性大肠杆菌病;在其他原发性疾病中分离出大肠杆菌时,应视为继发性大肠杆菌病。

5.防治措施

（1）管理预防

首先加强饲养管理,降低饲养密度,注意控制温度、湿度和通风,减少空气中细菌污染,禽舍和用具经常清洗消毒,种禽场应加强种蛋收集、存放和整个孵化过程的卫生消毒管理,减少各种应激因素,避免诱发大肠杆菌病的发生与流行。

（2）免疫预防

国内已研制成大肠杆菌灭活疫苗,有鸡大肠杆菌多价氢氧化铝苗和多价油佐剂苗,均有一定的防治效果。一般免疫程序为 7～15 日龄、25～35 日龄、120～140 日龄各 1 次。大肠杆菌血清型众多,制苗菌株最好是针对性强或自场分离株效果较好。

（3）药物预防与治疗

一般可在雏禽出壳后开食时,在饮水中投 0.005% 氟哌酸或 0.03% 庆大霉素等饲喂 3～5 d 预防效果好。病鸡可选用敏感药治疗,常用药物有氟哌酸、恩诺沙星、氧氟沙星、庆大霉素、磺胺类、氟苯尼考等,轻病鸡用药依据用量拌水饲喂,重病鸡肌内注射用药,连续给药 3～5 d,高敏药可取得良好治疗效果。另外,还可使用中草药进行预防和治疗,常用的有大蒜、穿心莲、黄连素、鱼腥草等。

十二、禽霍乱

禽霍乱又称禽巴氏杆菌病,是由多杀性巴氏杆菌引起的鸡、鸭和火鸡的一种急性败血性传染病。临床特征为急性病例表现为突然发病、下痢,肝表面有大小不等的灰白色坏死灶;慢性病例发生肉髯水肿及关节炎。

1.流行病学

（1）传染源

病禽和健康带菌家禽为主要传染源。

（2）传播途径

主要通过呼吸道、消化道和黏膜及皮肤外伤感染。

（3）易感动物

各种家禽和野禽对本病都易感,家禽中以鸡、火鸡、鸭、鹅和鹌鹑最易感染。雏鸡有一定抵抗力,3～4 月龄的鸡和成年鸡较容易感染。

（4）流行特点

一年四季均可发生,但在高温、潮湿、多雨的夏、秋两季,以及气候多变的春季最容易发生。

2.临床症状

自然感染的潜伏期一般 2～9 d。

（1）最急性型

常见于流行初期,病鸡突然发生不安,倒地挣扎,拍翅抽搐死亡;或前一天晚上入圈时,精神食欲尚好,次日死于禽舍里。病程短者数分钟至数小时。

（2）急性型

最为常见。病鸡体温升高 43～44 ℃。常有腹泻,粪便呈灰黄色、绿色,有时混有血液。食欲不佳,饮欲增加。呼吸困难,口、鼻分泌物增加。鸡冠和肉髯变为青紫色,有的病鸡肉髯肿胀,有

热痛感。最后衰竭死亡,病程 0.5～3 d,病死率很高。

(3)慢性型

鸡鼻孔流出黏液,经常腹泻,逐渐消瘦,冠、肉髯苍白,关节肿大,跛行。

3.病理变化

(1)最急性型

无特殊病变,有时可见心外膜有少许出血点,肝可能有灰白色坏死灶。

(2)急性型

心外膜、心冠脂肪及腹部脂肪常见有大量点状出血;皮下、呼吸道、胃肠黏膜、腹腔浆膜有大量出血点,肺有充血和出血点;肝脏的病变具有特征性,肝稍肿,质地脆,呈棕色或黄棕色,肝表面散布有许多灰白色针尖大的坏死点;肌胃出血显著,肠道尤其是十二指肠呈卡他性或出血性炎症,脾脏无明显变化或稍肿大。

(3)慢性型

有的见到鼻腔和鼻窦内有多量黏性分泌物;有的可见关节肿大变形;有的公鸡的肉髯肿大,母鸡卵巢明显出血;有时在卵巢周围有干酪样物质,附着在内脏器官的表面。

4.实验室诊断

据流行病学、症状、病变可做出初步诊断,确诊可采取心血、肝脏等涂片,经亚甲蓝染色后镜检,可见两极着色的球杆菌。

禽巴氏杆菌病应注意与鸡新城疫、鸭瘟、禽伤寒、小鹅瘟、雏鸭病毒性肝炎和禽流感等病相鉴别。

5.防治措施

(1)预防

加强饲养管理,严格执行禽场兽医卫生防疫措施,以栋舍为单位采取全进全出饲养制度,预防本病的发生是完全有可能的。一般从未发生本病的禽场不进行疫苗接种。对常发地区或禽场,最好用疫苗免疫,目前常用的禽霍乱氢氧化铝甲醛灭活苗,用于 2 月龄以上禽免疫,免疫期 3 个月。此外还有禽霍乱蜂胶灭活菌苗、禽霍乱 G190E40 弱毒活疫苗等可供选择使用。在有条件的地方可在本场分离细菌,经鉴定合格后,制作自家灭活苗,定期对禽群进行注射,经实践证明通过 1～2 年的免疫,本病可得到有效控制。

(2)治疗

鸡群发病应立即采取治疗措施,有条件的地方应通过药敏试验选择有效药物全群给药。可选用磺胺类药物、氟苯尼考、庆大霉素、土霉素、氟哌酸、环丙沙星等药,按量混料或拌水饲喂,均有较好的疗效。重病鸡可选用肌内注射给药,每日 2 次。当鸡只死亡明显减少后,再继续投药 2～3 d 以巩固疗效防止复发。

十三、传 染 性 鼻 炎

传染性鼻炎(IC)是由副禽嗜血杆菌所引起鸡的急性、呼吸道传染病。主要症状为鼻炎、鼻窦炎和结膜炎,表现流涕和面部水肿。此病分布于全世界,由于感染的产蛋鸡产蛋减少 10%～40%,生长鸡增重停滞及淘汰鸡数增加并且伴有继发感染,常造成严重经济损失。

1.流行病学

（1）传染源

病鸡及隐性带菌鸡是传染源，而慢性病鸡及隐性带菌鸡是鸡群中发生本病的重要原因。

（2）传播途径

可由飞沫及尘埃经呼吸道传染，但多数通过污染的饲料和饮水经消化道感染。不能垂直传播，麻雀也能成为传播媒介。

（3）易感动物

本病发生于各种年龄的鸡，随着年龄的增加易感性增高，以育成鸡和产蛋鸡最易感，尤以产蛋鸡最易感。近几年来雏鸡和商品肉鸡发生本病也比较多见，应引起注意。雉鸡、珠鸡、鹌鹑偶然也能发病。其他禽类、小鼠、豚鼠和家兔都不感染。

（4）流行特点

本病多发生于冬、秋两季。本病的发生与诱因有关，如鸡群拥挤，不同年龄的鸡混群饲养，通风不良，鸡舍内闷热，氨气浓度高，或鸡舍寒冷潮湿，缺乏维生素 A，受寄生虫侵袭等都能促使鸡群严重发病。鸡群接种禽痘疫苗引起的全身反应，也常常是传染性鼻炎的诱因。

2.临床症状

潜伏期短，用培养物或鼻腔分泌物人工鼻内或窦内接种易感鸡，可在 24～48 h 内发病，自然接触感染，常在 1～3 d 内出现症状。本病具有来势猛、传播快特点，一旦发病，短时间内便可波及全群。

最明显的症状是鼻腔和窦内炎症，常仅表现鼻腔流稀薄清液，后转为浆液、黏性分泌物，有时打喷嚏；眼周及脸水肿，眼结膜炎、红眼和肿胀。食欲及饮水减少，或有下痢，体重减轻。仔鸡生长不良；成年母鸡在发病 1 周左右产蛋减少；公鸡肉髯常见肿大。如炎症蔓延至下呼吸道，则呼吸困难并有啰音；如转为慢性和并发其他疾病，则鸡群中发出一种污浊的恶臭。病鸡常摇头欲将呼吸道内的黏液排出，最后常窒息而死。

病程一般为 4～8 d，本病在夏季常较缓和，病程亦较短。

无并发感染的，发病率高而病死率低。若饲养管理不善，缺乏营养及感染其他疾病时，则病期延长，病情更为严重，病死率也增高。

3.病理变化

主要病变为鼻腔和窦黏膜呈急性卡他性炎，黏膜充血肿胀，表面覆有大量黏液，窦内有渗出物凝块，后成为干酪样坏死物。常见卡他性结膜炎，结膜充血肿胀。脸部及肉髯皮下水肿。若炎症蔓延到下呼吸道，可表现急性卡他性支气管肺炎和气囊炎。

4.实验室诊断

（1）病原分离鉴定

可用消毒棉拭子在早期病鸡的窦内（最好是眶下窦）、气管或气囊无菌采取病料 2～3 只，直接在血琼脂平板上画直线，然后再用葡萄球菌在平板上画横线，放在有 $5\%CO_2$ 的缸内，置 37 ℃培养 24～48 h，之后在葡萄球菌菌落边缘可长出一种细小的卫星菌落，这有可能是鸡嗜血杆菌。获得纯培养后，再作其他鉴定。

（2）动物接种试验

以病鸡的窦分泌物或培养物，窦内接种于健康鸡 2～3 只，可在 24～48 h 出现传染性鼻炎的症状。如接种材料含菌量少，则其潜伏期可延长至 7 d。

（3）血清学诊断

可用加有 5%鸡血清的鸡肉浸出液培养鸡嗜血杆菌制备抗原，用凝集试验检查鸡血清中的抗体，通常鸡被感染后 7～14 d 即可出现阳性反应，可维持一年或更长的时间。因为 3 种血清型的细菌都有共同抗原，所以用 1 种血清型制备的凝集抗原可检出 3 种血清型的抗体。凝集试验可用于检测鸡群过去感染的情况，也可用于菌苗效力检验。平板法抗原是试管抗原的 10 倍，1∶5 稀释血清，与抗原各 1 滴，3 min 内出现凝集者为阳性。试管法抗原 60 亿/mL，1∶5 稀释血清出现凝集者为阳性。此外，血凝抑制试验（HI）和琼脂扩散试验（AGP），也可用于本病诊断。

（4）分子生物学诊断

PCR 也已用于诊断，这比常规的细菌分离鉴定快速，只需 6 h 就能出结果，可以检出 A、B、C 三种类型的菌株。

5.防治措施

（1）加强管理

康复带菌鸡是主要的传染源，应该与健康鸡隔离饲养或淘汰；不同日龄的鸡只不能混养；不能从疾病情况不明的鸡场购进种公鸡或生长鸡；种鸡替换群只用 1 日龄雏，除非已知来源于无传染性鼻炎鸡群；要从鸡场消灭传染性鼻炎，需扑杀感染鸡或康复鸡，因为这些鸡群中的鸡仍是传染来源；鸡舍和设备经清洗和消毒后要闲置 2～3 周方可进场；改善鸡舍通风，避免过密饲养，带鸡消毒等措施可减轻发病。

（2）免疫接种

采用传染性鼻炎二价油乳剂灭活苗（包括 A、C 型菌苗），进行免疫注射。免疫程序是：首免于 30 日龄肌内注射，0.5 mL/只；二免于 50～60 日龄肌内注射，1 mL/只；三免于产蛋前 15～20 d 肌内注射，1 mL/只。发病群也可作紧急接种，并配合药物治疗，并对饮水和鸡舍带鸡消毒，可以较快地控制本病。

（3）治疗

本菌对多种抗生素及化学药物有一定敏感性。可选用高敏药物，常用红霉素、土霉素、强力霉素、环丙沙星等。在使用药物进行治疗时要考虑到鸡群的采食情况，当采食量变化不明显时，可选用口服易吸收的药物；当采食量明显减少，口服给药不能达到治疗浓度时，则应采用注射给药途径。

该病停药后易复发，因此，用药时混合使用 1 种以上的药物，且患鸡群一般在用药治疗 3～5 d 即可见疗效，但生效后应继续治疗 3～5 d。

用药的同时，全群（全场）紧急接种（肌内注射）传染性鼻炎二价油乳剂灭活苗，青年鸡 0.5 mL/只，成年鸡 1 mL/只，15～20 d 后，再加强免疫接种。

十四、鸡败血支原体感染

鸡败血支原体感染（MGI）又称鸡毒霉形体感染、鸡慢性呼吸道病、气囊病、禽支原体病，是由鸡败血支原体（MG）引起鸡和火鸡的一种慢性呼吸道传染病。主要特征是流鼻液、咳嗽、打喷嚏、呼吸出现啰音，火鸡常见窦炎，病程长，经过缓慢，多为隐性感染。病理特征是气囊壁混浊增厚，鼻窦、气管、支气管黏膜发生卡他性或黏液性炎，或形成干酪物。成年鸡多为隐性感染，可在鸡群长期存在和蔓延。

1.流行病学

(1)传染源

病鸡和隐性感染鸡是本病的传染源。

(2)传播途径

本病的传播有垂直和水平传播两种方式。病原体可通过病鸡咳嗽、喷嚏的飞沫和尘埃经呼吸道传染,被支原体污染的饮水、饲料、用具也能使本病由一个鸡群传至另一个鸡群。垂直传播是本病重要的传播方式,病原经感染鸡的卵传给下一代,构成代代相传,使本病在鸡群中连续不断地发生。在感染的公鸡精液中,也发现有病原体存在,因此配种时也能发生传染。

(3)易感动物

各种年龄鸡都可感染,尤以4~8周龄雏鸡最敏感,成年鸡多为隐性感染。

(4)流行特点

本病一年四季均可发生,以寒冷季节流行严重,成年鸡则多表现散发。

单纯感染鸡败血支原体的鸡群,在正常饲养管理条件下,常不表现出症状,呈隐性感染,在诱因存在时可转为显性传染。其诱因主要有:①环境因素,如饲养密度大,卫生条件差,气候变化,鸡舍通风不良等;②管理因素,如饲料中维生素缺乏,不同日龄的鸡混合饲养,在用气雾和滴鼻法进行新城疫弱毒疫苗免疫等。③感染因素,呼吸道感染其他病原体,如传染性支气管炎病毒、传染性喉气管炎病毒、新城疫病毒、传染性法氏囊病毒、副鸡嗜血杆菌和大肠杆菌等,或用带有支原体的鸡胚生产的弱毒苗,易造成通过疫苗接种而散播本病。

2.临床症状

人工感染潜伏期为4~21d,自然感染难以确定。带菌卵的孵化,使鸡胚在14~21d死亡,或孵化出一些不能自然脱壳的弱雏,孵出的弱雏带有病原体,作为传染源,造成水平传播。

(1)幼龄鸡

发病时,症状较典型,最常见呼吸道症状,表现咳嗽、喷嚏、气管啰音和鼻炎。病初流浆液或浆液－黏液性鼻液,使鼻孔堵塞妨碍呼吸,频频摇头、喷嚏、咳嗽,还见有窦炎、结膜炎和气囊炎。当炎症蔓延下部呼吸道时,则喘气和咳嗽更为显著,并有呼吸道啰音。病鸡食欲不振,生长停滞。到了后期,如鼻腔和眶下窦中蓄积渗出物则引起眼睑肿胀,症状消失后,发育受到不同程度的抑制。成年鸡很少死亡,幼鸡如无并发症,病死率也低。

(2)产蛋鸡

只表现产蛋量下降,孵化率低,孵出的雏鸡生长发育受阻。

滑液囊支原体(MS)引起鸡发生急性或慢性的关节滑液膜炎、腱滑液膜炎或滑液囊炎。

本病常易继发或并发大肠杆菌感染而造成较大的经济损失。

3.病理变化

单纯感染鸡败血支原体的病例,眼观变化见鼻道、气管、支气管和气囊内含有混浊的黏稠渗出物。气囊炎以致气囊壁变厚和混浊,严重者有干酪样渗出物。自然感染的病例多为混合感染,可见呼吸道黏膜水肿,充血、肥厚。窦腔内充满黏液和干酪样渗出物。波及肺和气囊,气囊内有干酪样渗出物附着,有时可见于腹腔气囊,如有大肠杆菌混合感染时,可见纤维素性肝被膜炎和心包炎,火鸡常见到明显的窦炎。有关节炎时,关节周围组织肿胀,关节液增多,开始清亮而后混浊,拉丝较长,最后呈奶油状。

4.实验室诊断

根据流行病学特点、临床症状和病理变化可以做出初步诊断,确诊须进行病原分离鉴定和血清学检查。作病原分离时,可取气管或气囊的渗出物制成悬液,直接接种,加含有 1∶4 000 的醋酸铊和 2 000 IU/mL 青霉素的支原体肉汤或琼脂培养基;血清学方法主要用于鸡败血支原体感染控制计划的鸡群监测和怀疑有感染时的辅助诊断,以血清平板凝集试验(SPA)最常用,其他还有 HI 试验和 ELISA。

5.防制

(1)加强饲养管理

本病的发生具有明显的诱因,因此加强饲养管理和防止各种应激是预防本病的关键。生产实际中应注意保持良好的通风,饲养密度适宜;饲喂全价饲料,防止维生素缺乏;疫苗接种、更换饲料、转群前后 2～3 d 可使用敏感药物进行预防。

(2)对种蛋的处理

种鸡感染鸡败血支原体后可通过种蛋传给下一代,所以对种蛋进行处理以杀灭或减少蛋内的支原体,是有效预防本病的方法之一。处理种蛋的方法有两种。

1)变温药物浸泡法。种蛋经一般性清洗,在浸蛋前 3～6 h 使蛋温升至 37～38 ℃,然后浸入 5 ℃ 左右的泰乐菌素或红霉素溶液中(每升水加入抗生素 400～1 000 mg),保持 15 min,利用温差造成的负压,使药物进入蛋内。

2)加热法。将种蛋放入 46.1 ℃ 的孵化箱中处理 12～14 h,凉蛋 1 h,当温度降至 37.8 ℃ 时转入正常孵化。这种方法可杀死 90% 以上的蛋内支原体。

(3)疫苗接种

控制鸡败血支原体感染的疫苗有灭活疫苗和活疫苗两大类。灭活疫苗为油乳剂,可用于幼龄鸡和产蛋鸡。活疫苗主要源于 F 株和温度敏感突变种 S6 株,据报道其免疫保护效果确实,比未免疫的对照鸡病变轻,生产性能较好。

(4)药物防治

对 1 周龄内的雏鸡,使用敏感药物连续应用 5～7 d,可减少雏鸡带菌率;在本病易发年龄使用药物进行预防;对开产种鸡每月进行 1～2 次投药可减少种蛋带菌。常用药物有泰乐菌素、泰妙菌素、替米考星、红霉素、喹诺酮类药物等,当鸡群发病时,可选用上述药物,用量可适当增加,但一般不要超过两倍。抗生素治疗时,停药后往往复发,因此应考虑几种药轮换使用。

(5)建立无鸡败血支原体感染的种鸡群

感染本病的鸡多为带菌者,很难根除病原,故必须采取综合措施建立无支原体病的种鸡群。在引种时,必须从无本病鸡场购买。从鸡败血支原体感染阳性场建立无鸡败血支原体鸡群比较困难,但通过用灭活疫苗免疫,收集种蛋前种鸡连续服用恩诺沙星等高效抗支原体药物,结合种蛋的药物浸泡或将种蛋在最初 12～14 h 进行 46.1 ℃(蛋内温度)高温孵化,可大大减少鸡败血支原体经蛋传递的百分率。用这种方法培育出不带支原体的健雏,以后在 2、4、6 月龄时进行血清学检查,淘汰阳性鸡,留下阴性鸡群隔离饲养作为种用,并对后代继续观察,确认是健康鸡群后,还应严格执行消毒、隔离措施,并定期作血清学检查,确保安全。

十五、禽曲霉菌病

禽曲霉菌病是真菌中的曲霉菌引起的多种禽类的真菌性传染病,主要侵害呼吸器官。特征是在组织器官中,尤其是肺及气囊发生炎症和小结节。多见于雏禽,常见急性暴发。

1.流行病学

(1)传染源

曲霉菌的孢子广泛分布于自然界,在禽舍的地面、垫草及空气中经常可分离出其孢子。

(2)传播途径

禽类常因通过接触发霉饲料和垫料经呼吸道或消化道而感染。曲霉菌孢子易穿过蛋壳,而引起死胚,或出壳后不久出现症状。孵化室严重污染时,新生雏也可经呼吸道感染而发病,几天后大多数出现症状,1 个月后基本停止死亡。

(3)易感动物

各种禽类都有易感性,以 4～12 日龄幼禽的易感性最高。

(4)流行特点

本病常为急性和群发性,成年禽为慢性和散发。阴暗潮湿鸡舍和不洁的育雏器及其他用具、梅雨季节、空气污浊等均能使曲霉菌增殖,诱发本病发生。

2.临床症状

自然感染的潜伏期 2～7 d,人工感染 24 h。急性者可见病禽精神不振,不愿走动,多卧伏、拒食,对外界反应淡漠。病程稍长,可见呼吸困难,伸颈张口,听诊病鸡,可闻气管啰音,但不发生明显的"咯咯"声。由于缺氧,冠和肉髯颜色暗红或发紫,食欲显著减少或不食,饮欲增加,常有下痢。离群独处,闭目昏睡,精神委顿,羽毛松乱。有的表现神经症状,如摇头、头颈不随意屈曲、共济失调、脊柱变形和两腿麻痹。病原侵害眼时,结膜充血、肿眼、眼睑封闭,下眼睑有干酪样物,严重者失明。急性病程 2～7 d 死亡,慢性可延至数周。

3.病理变化

病变主要表现在肺和气囊。典型病例均可在肺部发现粟粒大至黄豆大的黄白色或灰白色结节,结节的硬度似橡皮样或软骨样,切开见有层次的结构,中心为干酪样坏死组织,内含大量菌丝体,外层为类似肉芽组织的炎性反应层,并含有巨细胞。气囊通常增厚,附有黄白干酪样结节,病程长时,干酪结节更大,数量更多,气囊壁变厚,并融合成更大的病灶。随时间的延长,曲霉菌在干酪样及增厚的囊壁上形成分生孢子,此时可见气囊上形成圆形隆起的灰绿色霉菌斑,呈绒球状。

4.实验室诊断

根据流行病学特点、临床症状和典型的病理变化可做出初步诊断,确诊则需进行微生物学检查。取病理组织(结节中心的菌丝体最好)少许,置载玻片上,加生理盐水 1～2 滴,用针拉碎病料,加盖玻片后镜检,可见菌丝体和孢子;接种于马铃薯培养基或其他真菌培养基,生长后进行检查鉴定。

5.防制

不使用发霉的垫料和饲料是预防曲霉菌病的主要措施,垫料要经常翻晒,妥善保存,尤其是阴雨季节,防止霉菌生长繁殖。种蛋、孵化器及孵化厅均按卫生要求进行严格消毒。

育雏室应注意通风换气和卫生消毒,保持室内干燥、清洁。长期被烟曲霉污染的育雏室、土壤、尘埃中含有大量孢子,雏禽进入之前,应彻底清扫、换气和消毒。消毒可用福尔马林熏烟法,或 0.4% 过氧乙酸或 5% 石炭酸喷雾后密闭数小时,经通风后使用。发现疫情时,迅速查明原因,并立即排除,同时进行环境、用具等的消毒工作。

本病目前尚无特效的治疗方法。据报道用制霉菌素防治本病有一定效果,剂量为每100只雏鸡一次用50万IU,每日2次,连用2～4 d。用1：3 000的硫酸铜或0.5%～1%碘化钾饮水,连用3～5 d。另外对个别病禽,采用0.1%的煌绿或结晶紫做肌内注射,幼禽0.2～0.5 mL/只,成年禽0.5～1 mL/只,每日2次,连用2～3 d,均有一定疗效。

十六、禽念珠菌病

禽念珠菌病又称霉菌性口炎、白念珠菌病,俗称"鹅口疮",其特征是在上消化道黏膜发生白色假膜和溃疡。

1.流行病学

(1)传染源
病禽和带菌禽是主要传染来源。

(2)传播途径
传染源通过分泌物、排泄物污染饲料、饮水,经消化道感染。雏鸽感染主要是通过带菌亲鸽的"鸽乳"而传染。

(3)易感动物
鸡、火鸡、鸽、鸭、鹅等易感,以幼龄禽多发。鸽以青年鸽易发且病情严重。

(4)流行特点
本病发病率、死亡率在火鸡和鸽均很高,多发生在夏秋炎热多雨季节。禽念珠菌病的发生与禽舍环境卫生状况差,饲料单纯和营养不足有关,鸽群发病往往与鸽毛滴虫并发感染。

2.临床症状

病鸡精神不振,食量减少或停食,消瘦,羽毛粗乱,消化障碍。嗉囊胀满,但明显松软,挤压时有痛感,并有酸臭气体自口中排出。有时病鸡下痢,粪便呈灰白色,1周左右死亡。

火鸡雏多发,表现精神委顿,食欲减退。口腔内有黏液并黏附着饲料,擦去饲料在黏膜上见有一层白色的膜。病雏常伸颈甩头,张嘴呼吸。少部分雏有程度不同的下痢。火鸡一旦发病,死亡逐日增多,发病率和死亡率均高。

3.病理变化

病理变化主要集中在上消化道,可见喙缘结痂,口腔、咽和食道有干酪样假膜和溃疡。嗉囊黏膜明显增厚,被覆一层灰白色斑块状假膜,易刮落。假膜下可见坏死和溃疡。少数病禽引起胃黏膜肿胀、出血和溃疡,颈胸部皮下形成肉芽肿。

4.实验室诊断

病理组织学检查在嗉囊黏膜病变部位,上皮细胞间散在多量圆形或椭圆形孢子,尚见少数分枝分节,大小不一的酵母样假菌丝。

5.防治措施

本病常用1：2 000硫酸铜溶液或在饮水中添加0.07%的硫酸铜连服1周,制霉菌素按每千克饲料加入50～100 mg(预防量减半)连用1～3周,或每只每次20 mg,每日2次连喂7 d。投服制霉菌素时,还需适量补给复合维生素B,对大群防治有一定效果。

第二节　主要寄生虫病的防治

一、球虫病

鸡球虫病是由各类球虫引起的鸡的主要寄生虫病，是常见且危害十分严重的寄生虫病，雏鸡的发病率和致死率均较高。病愈的雏鸡生长受阻，增重缓慢；成年鸡多为带虫者，但增重和产蛋能力降低。

1.流行病学

鸡球虫的感染过程：粪便排出的卵囊，在适宜的温度和湿度条件下，经1～2 d发育成感染性卵囊。这种卵囊被鸡吃了以后，子孢子游离出来，钻入肠上皮细胞内发育成裂殖子、配子、合子。合子周围形成一层被膜，被排出体外。鸡球虫在肠上皮细胞内不断进行有性和无性繁殖，使上皮细胞受到严重破坏，遂引起发病。

球虫虫卵的抵抗力较强，在外界环境中一般的消毒剂不易破坏。卵囊对高温和干燥的抵抗力较弱。

各个品种的鸡均有易感性，15～50日龄的鸡发病率和致死率都较高，成年鸡对球虫有一定的抵抗力。病鸡是主要传染源，凡被带虫鸡污染过的饲料、饮水、土壤和用具等，都有卵囊存在。鸡感染球虫的途径主要是吃了感染性卵囊。人及其衣服、用具等以及某些昆虫都可成为机械传播者。

饲养管理条件不良，鸡舍潮湿、拥挤、卫生条件恶劣时，最易发病。在潮湿多雨、气温较高的梅雨季节易暴发球虫病。

2.临床症状

病鸡精神沉郁，羽毛蓬松，头蜷缩，食欲减退，嗉囊内充满液体，鸡冠和可视黏膜贫血、苍白，逐渐消瘦，病鸡常排红色胡萝卜样粪便，若感染柔嫩艾美耳球虫，开始时粪便为咖啡色，以后变为完全的血粪，如不及时采取措施，致死率可达50%以上。若多种球虫混合感染，粪便中带血液，并含有大量脱落的肠黏膜。

病鸡消瘦，鸡冠与黏膜苍白。

3.病理变化

内脏变化主要发生在肠管，病变部位和程度与球虫的种别有关。

柔嫩艾美耳球虫主要侵害盲肠，两支盲肠显著肿大，可为正常的3～5倍，肠腔中充满凝固的或新鲜的暗红色血液，盲肠上皮变厚，有严重的糜烂。

毒害艾美耳球虫损害小肠中段，使肠壁扩张、增厚，有严重的坏死。在裂殖体繁殖的部位，有明显的淡白色斑点，黏膜上有许多小出血点。肠管中有凝固的血液或有胡萝卜色胶冻状的内容物。

巨型艾美耳球虫损害小肠中段，可使肠管扩张，肠壁增厚；内容物黏稠，呈淡灰色、淡褐色或淡红色。

堆型艾美耳球虫多在上皮表层发育，并且同一发育阶段的虫体常聚集在一起，在被损害的肠段出现大量淡白色斑点。

哈氏艾美耳球虫损害小肠前段，肠壁上出现大头针头大小的出血点，黏膜有严重的出血。

若多种球虫混合感染，则肠管粗大，肠黏膜上有大量的出血点，肠管中有大量的带有脱落的肠上皮细胞的紫黑色血液。

4.实验室诊断

鸡生前用饱和盐水漂浮法或粪便涂片查到球虫卵囊,或鸡死后取肠黏膜触片或刮取肠黏膜涂片查到裂殖体、裂殖子或配子体,均可确诊为球虫感染,但由于鸡的带虫现象极为普遍,因此,是不是由球虫引起的发病和死亡,应根据临床症状、流行病学资料、病理剖检情况和病原检查结果进行综合判断。

5.防治措施

(1)预防

成鸡与雏鸡分开喂养,以免带虫的成年鸡散播病原导致雏鸡暴发球虫病。加强饲养管理。保持鸡舍干燥、通风和鸡场卫生,定期清除粪便,堆放;发酵以杀灭卵囊。保持饲料、饮水清洁,笼具、料槽、水槽定期消毒,一般每周一次,可用沸水、热蒸汽或 3%～5% 热碱水等处理。据报道:用球杀灵和 1:200 的农乐溶液消毒鸡场及运动场,均对球虫卵囊有强大杀灭作用。每千克日粮中添加 0.25～0.5 mg 硒可增强鸡对球虫的抵抗力。补充足够的维生素 K 和给予3～7 倍推荐量的维生素 A 可加速鸡患球虫病后的康复。

(2)治疗

迄今为止,国内外对鸡球虫病的防制主要是依靠药物。使用的药物有化学合成药和抗生素两大类。

化学合成药,如氯苯胍、氯羟吡啶(可球粉、可爱丹)、氨丙啉、硝苯酰胺(球痢灵)、常山酮(速丹)、尼卡巴嗪、杀球灵、百球清等;抗生素有莫能霉素、盐霉素、马杜拉霉素、复方磺胺-5-甲氧嘧啶(SMD-TMP)、磺胺喹噁啉(SQ)、磺胺间二甲氧嘧啶(SDM)、磺胺间六甲氧嘧啶(SMM,DS-36,制菌磺)、磺胺氯吡嗪等。

二、组织滴虫病

组织滴虫病又叫盲肠肝炎或黑头病,火鸡组织滴虫寄生于禽类盲肠和肝脏而引起的。本病多发生于雏火鸡。成鸡虽也能感染,但病情轻微。本病的主要特征是盲肠发炎、溃疡和肝脏表面具有特征性的坏死灶。

1.流行病学

组织滴虫行二分裂法繁殖。寄生于盲肠内的组织滴虫,可进入鸡异刺线虫体内,在卵巢中繁殖,并进入其卵内。异刺线虫卵到外界后,组织滴虫因有卵壳的保护,故能生存较长的时间,成为重要的感染源。

本病通过消化道感染,在急性暴发流行时,病禽粪便中含有大量病原,沾污饲料、饮水、用具和土壤,健禽食后便可感染。蚯蚓吞食土壤中的异刺线虫卵时,火鸡组织滴虫可随虫卵生存于蚯蚓体内,当雏鸡吃了这种蚯蚓后就被滴虫感染。因此,蚯蚓在传播本病方面也具有重要作用。

2 周龄至 4 月龄雏火鸡对本病的易感性最强,患病后死亡率也最高,8 周龄至 4 月龄的雏鸡也易感;成鸡感染后症状不明显,常成为散布病原的带虫者。

本病的发生无明显季节性,但温暖潮湿的夏季发生较多。常发生于卫生和管理条件差的鸡场。鸡群过分拥挤,鸡舍及运动场不清洁,通风和光照不足,饲料缺乏营养,尤其是缺乏维生素 A,都是诱发和加重本病流行的重要因素。

2.临床症状

潜伏期 15～21 d,最短为 5 d。病鸡表现精神不振,食欲减少以至停止。羽毛粗乱,翅膀下垂,身体蜷缩,怕冷,下痢。排泄淡黄色或淡绿色粪便,严重的病例粪中带血,甚至排出大量血液。有的病雏不下痢,在粪便中常发现盲肠坏死组织的碎片。病的末期,由于血液循环障碍,鸡冠呈暗黑色,因而有"黑头病"之称。病程一般为1～3周,病愈康复鸡的体内仍有虫体存在,带虫可达数周到数月。成鸡很少出现症状。

3.病理变化

本病的病变主要局限在盲肠和肝脏,一般仅一侧盲肠发生病变,个别也有两侧盲肠同时受害的。在最急性病例中,仅见盲肠发生严重的出血性炎症,肠腔中含有血液,肠管异常膨大。典型的病例可见盲肠肿大,肠壁肥厚坚实,盲肠黏膜发炎出血、坏死甚至形成溃疡,表面附有干酪样坏死物或形成横截面呈同心圆状的坚硬肠芯。这种溃疡可达到肠壁的深层,偶尔可发生肠壁穿孔,引起腹膜炎而死亡。此种病例中常见到盲肠浆膜面黏附多量灰白色纤维素性渗出物,并与其他内脏器官相粘连。

肝脏肿大并出现特征的坏死病灶。这种病灶突出于肝脏表面,呈圆形或不规则形,中央凹陷,边缘隆起。病灶颜色为淡黄色或淡绿色。病灶的大小和数量不定,自针尖大、豆大至指头肚大,散在或密发于整个肝脏表面。

4.实验室诊断

可根据流行病学、临床症状及特征性病理变化进行综合性判断。尤其是肝脏与盲肠病变具有特征性,可作为诊断的依据。还可采取病禽的新鲜盲肠内容物,加40℃温生理盐水稀释后作悬滴标本镜检虫体,可发现虫体在鞭毛协助下摆动或翻转。

本病在症状和剖检变化上与鸡盲肠球虫病相似。鉴别点在于本病检查不到球虫卵囊,盲肠常一侧发生病变及后者无本病所见的肝脏病变。但两种原虫病有时可以同时发生。

5.防治措施

（1）预防

平时注意雏鸡与成鸡分群喂养,并定期对鸡群进行异刺线虫的驱虫。鸡舍定期用苛性钠消毒,注意通风及光照,保持饲料营养全价。鸡应与火鸡分开饲养。

（2）治疗

可使用0.5％浓度的灭滴灵饮水,连用7 d,停药3 d,再用7 d,有明显治疗效果。

三、鸡住白细胞虫病

鸡住白细胞虫病是由卡氏住白细胞原虫和沙氏住白细胞原虫寄生于鸡的血液和内脏器官所引起的一种原虫病。

1.流行病学

不同品种、性别、年龄的鸡均能感染。多发生于3～6周龄的雏鸡,死亡率高达50％～80％;青年鸡（5～7月龄）发病也严重,但死亡率不高,一般为10％～30％;成年鸡具有一定的抵抗力,一般不表现临床症状,死亡率低,通常为5％～10％。

本病是虫媒性疾病,通过传播媒介分别叮咬病鸡和健康鸡进行传播。住白细胞原虫病的发生及流行,与气候、地理位置、季节和传播媒介（蠓、蚋）的活动密切相关。热带、亚热带地区和地势低洼地区,夏秋季节,蠓、蚋大量繁殖,大大增加了家禽感染住白细胞原虫的机会。

2.临床症状

自然感染的潜伏期为6～10 d,以3～6周龄的雏鸡发病严重,死亡率高。病鸡出现精神沉

郁、食欲不振、羽毛蓬乱、下痢、鸡冠和肉垂苍白等症状。感染后 12～14 d，突然出现出血、咯血，呼吸困难而死亡。感染稍轻者，可延迟 1～2 d 出现出血死亡。青年鸡和成年鸡感染后病情较轻，死亡率也较低，病鸡鸡冠苍白、消瘦，拉水样的白色或绿色稀粪。青年鸡发育受阻，生长缓慢。成年鸡常引起产蛋下降或停止。

3.病理变化

鸡冠、肉髯、颜面等皮肤及黏膜苍白；全身性出血（全身皮下广泛出血，肌肉特别是胸肌、腿肌、心肌有不同程度的出血斑点或条纹，全身脏器肿大、出血，尤其是肺脏、肾脏严重出血。有时出血也见于气管、胸腔、消化道及脑等处）及特征性病变——白色裂殖体小结节（胸肌、心肌、肺脏、肾脏、肝脏等器官上有针尖至粟粒大小、灰白或稍带黄色与周围界限明显的小结节，有时外围有出血环）。

4.实验室诊断

根据发病季节、临床症状及病理剖检变化做出初步诊断。确诊需找到病原体。用消毒注射针头在鸡的翅下小静脉或鸡冠取一滴血液，涂薄片，瑞氏吉姆萨染色，置高倍镜下观察，发现虫体即可确诊。亦可取肌肉及实质器官内的小结节压片，染色，镜检，可看到许多散在裂殖子。有报道用湿片检查法查出裂殖体：取病鸡的肺脏、心脏、肾脏及脾脏等，作一新切面，在放有 50％甘油水溶液的玻片上按压数次，使片上液体微混，加盖玻片，镜检。可见有无色光滑、直径 68～448 μm 的球体，内部不透明。有时球体破裂后，其内容物为无数尘埃样小粒，呈香蕉状。此法省时省力，可用于临床诊断。

有时可取病鸡的肾、脾、肺、肝、胰、腔上囊、卵巢制成切片，HE 染色，镜检。可发现圆形大裂殖体存在部位，数量与眼观病变程度一致。其中，肾与脾内裂殖体最多，聚集或散在，最多一丛为 17 个，直径为 27～40 μm。

5.防治措施

(1)加强日常管理

库蠓及蚋多产卵于有机质丰富的土壤和粪中，幼虫在水边变蛹，并羽化为成虫。因此，在流行季节要搞好鸡舍及其周围的环境卫生，及时清除污水、粪便及杂草，必要时用药物灭蠓。鸡舍要设置适宜隔离窗纱，阻止库蠓和蚋进入。

(2)及时治疗

药物治疗应在感染早期进行，最好是在疾病即将流行或正在流行的初期用药杀虫，效果良好，晚期用药往往因为病鸡器官发生器质性病变而效果很差。一个鸡场连续多年使用同一种药物，虫体可能产生抗药性，可改用另一种药物或同时使用两种有效药物，即可获得良好的控制效果。另外，由于病鸡采食及饮水量锐减，采用拌料或饮水给药往往达不到治疗剂量。因此，对严重病鸡采用注射给药，而采食及饮水量变化不大的病鸡可口服给药。治疗可用氯羟吡啶、乙胺嘧啶、贝尼尔(三氮脒)等。

(3)免疫预防

已证实将含有裂殖体的组织脏器悬液用福尔马林灭活后，对 30 日龄的鸡进行免疫接种后，对鸡卡氏住白细胞原虫病具有一定的保护作用。至于非常好的虫苗，目前尚未见报道。故有待进一步研究新型虫苗，以提高预防本病的效果。

四、禽羽虱病

禽羽虱病是禽体表常见的体外寄生虫，它们属于食毛目，即所谓咀嚼虱，有严格的宿主寄生性。寄生于禽类的常见种类有鸡虱、鸭虱、鹅虱和鸽虱。

1.流行病学

羽虱通过直接接触或间接接触传播,一年四季均可发生,但冬季较为严重。若鸡舍矮小、潮湿,饲养密度大,鸡群得不到沙浴,可促使羽虱的传播。

2.临床症状

羽虱繁殖迅速,以羽毛和皮屑为食,使禽类奇痒不安,鸡因啄痒而伤及皮肤,羽毛脱落,日渐消瘦,产蛋量减少,以头虱和大体虱危害最大,使雏鸡生长发育受阻,甚至由于体质衰弱而死亡。

3.诊断

在禽类体表发现虱体即可确诊。

4.防制措施

（1）预防

防止野禽或家禽接触禽体,绝不能将有虱子的禽放入无虱的禽群。

（2）治疗

用 250 mg/L 的溴氰菊酯直接向禽体喷洒或药浴,一定要保证全身都被喷到,同时对鸡舍、笼具进行喷洒消毒。也可在运动场内建一方形浅池,在细沙内加入 10％硫黄粉或 4％马拉硫磷,充分混匀,铺成 10～20 cm 厚度,让禽自行沙浴。

第三节　　主要普通病防治

一、常见中毒病

1.食盐中毒

食盐是家禽日粮中不可缺少的一种矿物质盐类,对维持机体起到很大作用。成禽每天每只需 0.5～1 g,幼禽饲料中食盐含量为 0.5％～1％。如在饮水不足的情况下,过量摄入食盐或含盐饲料可引起以消化紊乱和神经症状为特征的食盐中毒,主要病理变化为嗜酸性颗粒白细胞（嗜伊红细胞）性脑膜脑炎。临床表现为中枢神经兴奋及腹泻、脱水等。

（1）病因

①食盐含量过高。鸡食盐中毒量为每千克体重 1～1.5 g,当家禽摄入过量的食盐时,可引起中毒。此外当"V"形食槽不常清理,底部有食盐沉积过多时,亦可导致部分家禽中毒。②饮水不足。鸡在炎热的季节限制饮水,或寒冷的天气供给冰冷的饮水,容易发生钠离子中毒。一般认为,鸡可耐受饮水中 0.25％的食盐,湿料中含 2％的食盐即可引起雏鸡中毒。③诱发因素。当家禽缺乏维生素 E 和含硫氨基酸、矿物质时,对食盐的敏感性增高;环境温度高而又散失水分时敏感性亦升高。

（2）临床症状及剖检变化

中毒禽精神委顿,厌食,口渴增加,随后发生腹泻,有时呈神经过敏、惊厥、麻痹。剖检可见幼禽有明显的消化道充血、出血,内脏器官水肿,腹腔和心包积水,肾脏、输尿管和排泄物中尿酸沉积。

（3）实验室诊断

根据家禽有摄入大量食盐或其他钠盐,同时饮水不足的病史,结合典型症状和病理组织学检查,可做出初步诊断。确诊需要测定体内氯离子、氯化钠或钠盐的含量。

（4）防治措施

立即停用可疑饲料和饮水，换上新鲜淡水或糖水。但注意应有限地供给饮水，一次大量饮水反而会导致组织严重水肿及脑水肿。急性病例一般难以恢复。

2.黄曲霉毒素中毒

黄曲霉毒素中毒是人兽共患疾病之一。此病以肝脏受损，全身性出血，腹水，消化机能障碍和神经症状等为特征。

（1）病因

黄曲霉毒素的分布范围很广，凡是污染了能产生黄曲霉毒素的真菌的粮食、饲草饲料等，都有可能存在黄曲霉毒素。禽黄曲霉毒素中毒就是由于大量采食了这些含有多量黄曲霉毒素的饲草饲料和农副产品而发病的。由于性别、年龄及营养状态等情况，其敏感性是有差异的。其敏感顺序是：雏鸭＞雏火鸡＞雏鸡＞日本鹌鹑；家禽是最为敏感的，尤其是幼禽。根据国内外普查，以花生、玉米、黄豆、棉籽等作物，以及它们的副产品，最易感染黄曲霉，含黄曲霉毒素量较多。世界各国和联合国有关组织都制定了食品、饲料中黄曲霉毒素最高允许量标准。

（2）临床症状

家禽中以雏鸭和火鸡对黄曲霉毒素最为敏感，中毒多取急性经过。多数病雏鸭食欲丧失，步态不稳，共济失调，颈肌痉挛，以呈现角弓反张症状而死亡。火鸡多为2～4周龄的发病死亡，8周龄以上的火鸡对黄曲霉毒素有一定的抵抗性。小火鸡发病后，表现嗜睡、食欲减退、体重减轻、羽翼下垂、脱毛、腹泻、颈肌痉挛和角弓反张。病雏鸡的症状基本上与雏鸭和小火鸡的相似，但鸡冠淡染或苍白，腹泻的稀粪便多混有血液。成年鸡多呈慢性中毒症状，主要呈现恶病质，降低对沙门氏杆菌等致病性微生物的抵抗力，使母鸡引起脂肪肝综合征，产蛋率和孵化率有所降低。

（3）病理变化

病死家禽在肝脏有特征性损害。急性型的肝脏肿大，弥漫性出血和坏死。亚急性和慢性型的发生肝细胞增生、纤维化和硬变，肝体积缩小。病程在1年以上者，可发现肝细胞瘤、肝细胞癌或胆管癌。血液检验，病禽血清蛋白质组分都较正常值为低，表现出重度的低蛋白血症；红细胞数量明显减少，白细胞总数增多，凝血时间延长。急性病例的谷草转氨酶、瓜氨酸转移酶和凝血酶原活性升高；亚急性和慢性型的病例，异柠檬酸脱氢酶和碱性磷酸酶活性也明显升高。

（4）实验室诊断

首先要调查病史，检查饲料品质与霉变情况，吃食可疑饲料与家禽发病率呈正相关，不吃此批可疑饲料的家禽不发病，发病的家禽也无传染性表现。然后，结合临床症状、血液化验和病理变化等材料，进行综合性分析，排除传染病与营养代谢病的可能性，并且符合真菌毒素中毒病的基本特点，即可做出初步诊断。若要达到确切诊断，必须进行可疑饲料的病原真菌分离、培养与鉴定以及可疑饲料的黄曲霉毒素测定。

（5）防治措施

目前尚无治疗本病的特效药物，主要在于预防。预防中毒的根本措施是不喂发霉饲料，对饲料定期作黄曲霉毒素测定，淘汰超标饲料。现时生产实践中不能完全达到这种要求，搞好预防的关键是防霉与去毒工作，防霉和去毒两个环节应以防霉为主。

防霉的根本措施是破坏霉败的条件，主要是水分和温度。粮食作物收割后，防遭雨淋，要及时运到场上散开通风、晾晒，使之尽快干燥，水分含量达到谷粒为13％，玉米为12.5％，花生仁为8％以下。为防止粮食和精饲料在贮藏过程中霉变，可试用化学熏蒸法，如选用氯化苦、溴甲烷、二氯乙烷、环氧乙烷等熏蒸剂；也可选用制霉菌素、马匹菌素等防霉抗生素。已被黄曲霉毒素污

染的玉米、花生饼等谷物饲料即使做去毒处理也不宜再做饲料用。

3.喹乙醇中毒

喹乙醇是十几年来在我国畜禽生产中被广泛使用的一种抗菌、促生长性化学药物,但家禽对喹乙醇很敏感,临床上有关鸡、鸭等发生中毒事例很多。《中国兽药典》明确规定,喹乙醇被禁止用于家禽及水产养殖。

（1）病因

喹乙醇使用剂量较小,当作饲料添加剂应用时必须用量计算准确、彻底混合均匀。在防治细菌性疾病时治疗量为内服 20～30 mg/kg,每天一次,连用 3 d。预防量为每吨饲料添加 25～35 g,连用一周。盲目增大剂量或使用时间过长常引起中毒。此外,喹乙醇在水中几乎不溶,如将喹乙醇饮水投药时,部分药物沉积水底容易导致部分鸡中毒。同时使用几种含有喹乙醇成分的药物(特别是某些中西复方制剂),或与含喹乙醇的饲料同用,也极易造成重复用药而中毒。

（2）临床症状及剖检病理变化

中毒鸡精神沉郁,厌食,流涎,排黄绿色稀粪,冠及肉髯发绀,行走摇晃或瘫卧,有时呈角弓反张等神经症状。产蛋鸡中毒后产蛋下降。剖检可见消化道尤其在十二指肠呈弥漫性出血、充血,肝大、易脆,胆囊充盈,心冠脂肪及心外膜有出血点,泄殖腔严重出血。

（3）防治措施

目前无特效解毒药物。发生中毒后应立即停喂可疑饲料、饮水或药物,适当增加 5% 葡萄糖水和服用维生素 C 有一定效果。但关键在于预防。

4.磺胺类药物中毒

磺胺类药物常用于鸡球虫病、禽霍乱、鸡白痢等病的防治,如复方敌菌净、磺胺脒等。磺胺类药物的治疗量接近中毒量,且鸡较敏感,故使用剂量过大或连续用药时间过长很容易引起中毒。

（1）病因

对每种磺胺药应掌握其安全剂量,任意增大剂量易发生中毒。例如磺胺二甲嘧啶按 0.25% 混料饲喂青年鸡能使其体重减轻、生长减慢。小鸡、产蛋鸡、体弱鸡对磺胺类药物更敏感,应慎用或禁用。经拌料或饮水时应搅拌均匀,使用水溶性药物(钠盐)混饮。磺胺药及其代谢物(乙酰化物)遇酸性时易析出结晶造成肾损害,因此在使用时要注意配伍,不可与氯化铵、氯化钙等合用。为减少对肾脏的损害,建议与碱性药物如碳酸氢钠合用,用药期间应充分供给饮水。

（2）临床症状及剖检病理变化

该药的急性中毒可在短时间内死亡,表现为兴奋不安,体温升高,呼吸加快,拒食,腹泻,共济失调、痉挛、麻痹等;慢性中毒表现为精神萎靡,羽毛松乱,食欲不振或废绝,渴欲增加,贫血,鸡冠和肉髯苍白,结膜苍白或黄染。便秘或下痢,粪便呈白、灰白色或酱油色。小鸡生长受阻,成年鸡产蛋下降,软、薄壳蛋增加,蛋壳粗糙。种蛋受精率和孵化率下降。病变以全身性出血和血液凝固不良为主要特征。剖检可见皮肤、皮下、肌肉和内脏器官出血,骨髓色泽变浅或黄染。胆囊、胃、肠管等处黏膜出血。肝大,呈土黄色,并有出血点和坏死灶。肾肿大可达 3～4 倍,呈土黄色,出血斑,输尿管变粗并充满白色尿酸盐,有时可见关节囊腔中有少量尿酸盐沉积。脾肿大,有出血性梗死或灰白色坏死灶。

（3）诊断

本病诊断依据为:鸡冠、肉髯苍白、结膜苍白或黄染;血液稀薄不凝固,全身广泛性出血,特别

是胸部,腿部肌肉有条状或块状出血斑;骨髓色淡,严重者为黄色。结合病史情况,如果有磺胺药物的超量使用或超长时间连续使用,则可确诊。

（4）防治措施

本病重在预防。首先要严格掌握用药剂量和连续用药时间。由于本药中毒剂量与治疗剂量很接近,所以一定要严格按照药品使用说明书用药。本病无特效解毒药,一旦中毒应立即停药,饮水中加入1%～2%碳酸氢钠和3%～5%葡萄糖让鸡自由饮用,还可将复合维生素B用量增加一倍,达到3.6 mg/kg饲料。出血严重的按每千克饲料添加维生素C 0.2 g、维生素K 35 mg,连用5～7 d。对严重中毒,呼吸困难的病鸡,可肌内注射维生素B_{12},每只1～2 μm;或肌内注射叶酸,每只50～100 μg;或口服维生素C 25～30 mg。

5.有机磷农药中毒

有机磷农药中毒是由于接触、吸入或误食某种有机磷农药所致。其中毒机制是抑制胆碱酯酶的活性,使机体内乙酰胆碱不能分解成乙酸和胆碱而引起胆碱能神经过度兴奋,出现毒蕈碱样和烟碱样症状。

有机磷农药的种类很多,主要有内吸磷、对硫磷、八甲磷、甲基对硫磷、敌百虫、马拉硫磷、乐果等。家禽对这类农药特别敏感,稍不注意,就会引起中毒,尤其是水禽。

（1）病因

中毒的途径较多,误食喷洒过农药的青绿植物或饮用了被农药污染的水;误食拌过或浸过农药的植物种子或被农药污染的饲料;敌百虫等农药驱除禽体表寄生虫时使用的浓度过大;敌敌畏等农药在禽舍内驱虫灭蚊等,都有可能导致有机磷农药中毒。

（2）临床症状与病理变化

最急性中毒可未见任何先兆而突然死亡。急性中毒表现为运动失调、盲目奔跑或飞跃、瞳孔缩小、流泪、流鼻液和流涎,食欲下降或废绝,频频排粪,呼吸困难,冠和肉髯紫蓝色。病后期转为沉郁,不能站立,抽搐,昏迷,最终衰竭死亡。

病变主要表现在皮下或肌肉有出血点;嗉囊、腺胃、肌胃的内容物有大蒜味;胃肠黏膜充血、肿胀,易剥落;喉气管内充满带气泡的黏液;肺淤血、水肿、胀大,腹腔积液;心肌、心冠脂肪有点状出血;肝、肾变性呈土黄色。

（3）诊断

根据病史调查及临床症状和病理变化,一般可做出初步诊断。必要时,进行胆碱酯酶活性测定及有机磷农药的定性检验加以确诊。

（4）防治措施

为了预防本病的发生,应用有机磷农药杀灭禽舍或家禽体表的寄生虫时,应特别小心,剂量要准。农药喷洒过的禽舍和运动场,清扫后方可让禽进入。有机磷农药保存应远离饲料和水源。

发生中毒时,应立即清除含毒物料,同时进行治疗。

1）对症治疗。肌内注射硫酸阿托品,成年鸡每只0.2～0.5 mL,对各种有机磷农药均有疗效。

2）胆碱酯酶复活剂（如解磷定、氯磷定等）。每只鸡肌内注射0.2～0.5 mL;双复磷,每千克体重40～60 mg,肌内或皮下注射。

3）经消化道引起的有机磷农药中毒,可喂服1%～2%的石灰水,成年鸡每只5～10 mL;或1%硫酸铜及0.1%高锰酸钾溶液灌服,可将残留在消化道内的毒物转化为无毒物质。

4）在饲料中添加维生素C,有助于病禽的康复。

二、常见营养代谢病

1.痛风

家禽痛风又称尿酸素质,是一种核蛋白营养过剩或嘌呤核苷酸代谢障碍,尿酸盐形成过多和/或排泄减少,在体内形成结晶并蓄积的一种代谢病。临床上以关节肿大、运动障碍和尿酸血症为特征。本病以鸡多见,其次是火鸡、水禽,偶见于鸽。

（1）病因

本病的发生原因比较复杂,一般认为是饲喂大量富含核蛋白和嘌呤碱的蛋白质饲料所致。属于这类的饲料有动物内脏、肉屑、鱼粉、大豆粉等。按尿酸盐的沉积部位和病因,可分为内脏痛风和关节痛风2种病型。

1）内脏型痛风。一般认为是肾脏衰竭的结果,是因近曲小管功能不全,分泌减少,造成高尿酸血症,以致尿酸盐结晶在心、肝、腹膜等器官的浆膜上沉着,即属于肾中毒型内脏痛风。另一种是由于维生素A缺乏、尿结石、实验性结扎输尿管所致的内脏浆膜面尿酸沉积,即退行性和阻塞型内脏痛风。

2）关节型痛风。其原因尚不十分清楚,可能与饲喂高核蛋白饲料及与遗传有关。另外,禽舍潮湿、阴暗、密集,运动和光照不足,饲料中维生素缺乏,可促使本病的发生。

（2）临床症状与病理变化

本病通常取慢性经过,急性死亡者甚少。病禽食欲减退,逐渐消瘦,运动迟缓,肉冠苍白,羽毛蓬乱,脱毛,周期性体温升高,心跳加快,气喘,伴有神经症状及皮肤瘙痒,排白色尿酸盐,血液尿酸盐升高至150 mg/L以上。

1）关节型痛风。运动障碍,跛行,不能站立,腿和翅关节肿大,初期软而痛,界限不明显,以后肿胀逐渐变硬,微痛而形成樱桃大、核桃大乃至鸡蛋大的结节。病程稍久,则结节软化或破溃,排出灰黄色干酪样物,局部形成溃疡。尸体解剖,关节腔积有白色或淡黄色黏稠物。关节肿胀,关节、关节软骨、关节周围组织、滑膜、腱鞘、韧带等部位有尿酸盐沉着,形成大小不等的结节。结节切面中央为白色或淡黄白色团块（图11-29）。

2）内脏型痛风。临床上不易发现,多取慢性经过。主要表现为营养障碍,增重缓慢,产蛋减少,下痢及血液中尿酸水平增高。剖检可见胸腹膜、肠系膜、心包、肺、肝、肾、肠浆膜表面布满石灰样粟粒大尿酸盐结晶。肾脏肿大或萎缩,外观灰白或散在白色斑点,输尿管扩张,充满石灰样沉淀物（图11-30）。

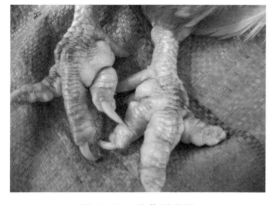

图11-29　关节型痛风

图11-30　内脏型痛风

（3）诊断

依据饲喂动物性蛋白饲料过多、关节肿大、关节腔或胸腹膜有尿酸盐沉积，可做出诊断。关节内容物化学检查呈紫尿酸铵阳性反应，镜检可见细针状或禾束状或放射状尿酸钠晶粒。或将粪便烤干，研成粉末，置于瓷皿中，加 10% 硝酸 2～3 滴，待蒸发干涸，呈橙红色，滴加氨水后，生成紫尿酸铵而显紫红色。

（4）预防和控制

预防要点在于减喂动物性蛋白饲料，控制在 20% 左右；调整日粮中钙磷比例，添加维生素 A，也有一定的预防作用；笼养鸡适当增加运动，亦可降低本病的发病率。

对本病的治疗，目前尚无有效的方法。关节型痛风，可手术摘除痛风石。为促进尿酸排泄，可试用阿托方或亚黄比拉宗，鸡 0.2～0.5 g 内服，每日 2 次。

2.脂肪肝综合征

本病见于产蛋母鸡，为笼养鸡多见的一种营养代谢病。发病的特点是多出现在产蛋率高的鸡群或产蛋高峰期，产蛋量明显下降，鸡体况良好，有的突然死亡，多见肝破裂，肝脏发生异常脂肪变性。

（1）病因

在正常情况下，新鲜肝中含脂肪约 5%。由于某种原因或多种原因影响脂肪代谢过程，使脂肪在肝中沉积过多，均可导致脂肪肝。脂肪肝形成是肝内脂肪来源过多或去路过少的结果。具体原因为：

1）肝脂肪来源过多。从饲料中摄取过多的糖和脂肪，这些物质进入肝脏，使脂肪的合成增多。脂肪组织中脂肪的动员增加，大量游离脂肪酸从脂肪组织中动员出来进入肝脏，在肝中合成过多脂肪。

2）肝脏脂肪的利用减少。肝内游离脂肪酸氧化减少，使脂肪合成增加。

3）肝脏输出脂肪障碍。肝内脂肪必须在肝中形成脂蛋白才能运出肝脏，脂蛋白合成过少可形成脂肪肝，多见于：饲料中蛋白质缺乏使肝内氨基酸供应减少，影响脱脂脂蛋白的合成，进而影响脂蛋白的合成。肝功能损害引起三酰甘油与脱脂肪蛋白的结合障碍。胆碱和必需脂肪酸缺乏时，磷脂在肝内合成减少，以致影响脂蛋白的合成。

另外，笼养鸡体态过肥，运动不足，也可引起脂肪肝综合征。

（2）临床症状与病理变化

发病和死亡的鸡大都是母鸡，多数过度肥胖。病鸡产蛋量下降，从高产率 75%～85% 降到 40%～55%。病鸡喜卧，腹大而软绵下垂，冠、髯苍白贫血。严重的嗜睡、瘫痪、消化紊乱，排粪迟滞或稀软。一般从出现明显症状到死亡 1～2 d，有的在数小时内即死亡。尸体剖检，可见腹腔及肠系膜均有多量的脂肪沉积。肝脏肿大，边缘钝圆，呈黄色油腻状，表面有出血点和白色坏死灶，质地极脆，易破碎如泥样，用刀切时，在刀的表面上有脂肪滴附着。

（3）诊断

本病生前诊断困难。确诊依据是肝活体组织学检查和死后剖检。因一般为群体发生，参考长期饲喂高能饲料和高脂肪饲料及临床症状，可为病鸡群的诊断提供帮助。

（4）预防和控制

本病的防治要点是去除病因，给予胆碱、蛋氨酸等抗脂肪肝药物。预防本病时，要加强饲养管理，适当限制饲料的喂量，使体重适当。降低饲料代谢能的摄入量，以适应变化了的环境下鸡群的需要。调整饲料配方，增加富含亚油酸的饲料成分，并在每 1 000 kg 饲料中加氯化胆碱

100 g。

对已发病鸡群,日粮中加胆碱每千克饲料 22～110 mg,治疗 1 周可见效。或每只鸡喂服氯化胆碱 0.1～0.2 g,连服 10 d。

3.笼养鸡产蛋综合征

笼养鸡产蛋综合征不是一种独立的疾病,而是由于鸡体内物质代谢紊乱,临床上表现喜卧、不能站立、骨骼变形、产蛋减少等一系列综合症状。

(1)病因

本病形成的主要原因是钙、磷及维生素 D 缺乏或其比例失调,特别是高产蛋鸡,由于形成蛋壳需要消耗大量的钙和磷,若此时不注意调整饲料,则很容易发生产蛋综合征。

(2)临床症状与病理变化

病初无明显的临床表现,由于骨骼中钙、磷的调节,血钙、磷含量也无明显变化。进一步发展,病鸡表现站立困难,精神委顿,腿软无力,常以飞节和尾部支撑身体,或因骨折、瘫痪而伏卧。初期鸡群产蛋总量减少不明显,但软壳蛋、薄壳蛋及无壳蛋增加,继而产蛋率迅速下降甚至停产,种蛋孵化率降低,剖检可见肋软骨处呈串珠状,骨骼变形,一般情况下本病死亡率较低。

(3)诊断

由于本病系钙、磷及维生素 D 缺乏或失调所致,临床上与钙、磷及维生素 D 缺乏症有诸多相同之处。在做饲料分析和临床表现判断后,本病多发于高产蛋鸡,可综合评判诊断。

(4)预防和控制

增加饲料中钙、磷及维生素 D 含量是防治本病的主要措施,如在饲料中补充骨粉、肉骨粉、贝壳粉、石灰粉等,并正确调配钙、磷比例,大多病鸡可自然恢复。另外,将鸡改为平养,同时增加光照,可加快病鸡的康复。

4.啄癖

啄癖又称异食癖、恶食癖,是鸡彼此互相啄食身体个别部位的一种恶癖。有各种各样的表现形式,常见的有啄肛、啄毛、啄头、啄尾、啄翅、啄蛋等恶癖,被啄破的部位一旦有出血,鸡群则争抢啄食,能迅速导致被啄鸡的死亡。即使不死,也对被啄鸡的发育、生产性能产生极大影响。

(1)病因

引起啄癖的原因很多,大致可分为以下 3 个方面。

1)管理方面的原因。鸡群密度过大、舍内及运动场拥挤、通风换气不良、温度及湿度过高等原因,容易造成鸡只烦躁,导致相互啄食。这种情况在较大的雏鸡和青年鸡群中容易发生;不同日龄的鸡混群饲养,或由具有恶癖鸡群引进新鸡,或向笼内补充新鸡以取代淘汰鸡时,常容易由于打斗受伤而导致啄癖的发生;舍内光线过强,蛋鸡产蛋后不能很好地休息,使泄殖腔难以复常,日久造成脱肛,引发啄肛。尤其在产蛋初期,由于初产鸡肛门括约肌紧张,有时微血管破裂、出血,在强烈的光照下,易引起其他鸡的注意,从而发生啄癖。

2)饲料营养不全。饲料中食盐、某些微量元素、维生素、含硫氨基酸(蛋氨酸、胱氨酸)、蛋白质等的不足,易导致啄癖的发生。尤其是啄羽最为常见,因为在羽毛中含硫氨基酸最为丰富。另外,在限量饲养时鸡群处于饥饿状况或两次给料的间隔时间过长,均易造成啄癖的发生。

3)寄生虫方面的因素。一些外寄生虫病引起局部发痒,致使禽只不断啄叨患部,甚至啄破出血,引起啄癖。

（2）防治措施

1）隔离饲养。发现被啄鸡，应立即挑出，隔离饲养，尽快查出病因，及时治疗，控制蔓延。

2）断喙。断喙是防止啄癖最有效的办法。一般在雏鸡5～8日龄时进行，70日龄再修喙一次。

3）强饲养管理。光线要适当，若光线过强，可将红色玻璃纸黏在玻璃窗上或用红色灯泡照明，均可避免啄癖；饲养密度要适宜，鸡舍保持通风良好，以排出氨气、硫化氢、二氧化碳等有害气体。这些气体浓度过大，易引起啄癖；提供营养全面的饲料，保证微量元素、维生素、食盐、氨基酸等的供给。

4）治疗。发生啄癖时，应根据病因进行治疗。若因蛋白质不足，应马上添加动物性饲料（鱼粉），减少谷物饲料，增加粗纤维含量，多喂些糠麸及氨基酸等；如因矿物质不足，应适当补喂矿物质、骨粉、贝壳粉等，提高饲料中食盐含量（0.2％），连喂2～3 d，并保证足够的饮水。切不可将食盐加入饮水，因为鸡的饮水量比采食量大，易引起中毒，而且会越饮越渴，越渴越饮；可加喂蛋氨酸、羽毛粉、啄肛灵、啄羽毛灵、核黄素、生石膏等。其中，以生石膏最有效，按2％～3％加入饲料饲喂10～15 d即可。

5.硒-维生素E缺乏综合征

硒缺乏症是以硒缺乏造成的骨骼肌、心肌及肝脏变质性病变为基本特征的营养代谢障碍综合征。其临床表现和病理改变极为复杂，包括多种疾病类型。鉴于硒缺乏同维生素E缺乏在病因、病理、症状及防治等诸多方面均存在着复杂而紧密的关联性，有人将二者合称硒-维生素E缺乏综合征。

（1）病因

本病的发生是全球性的，但仍有一定的地区性，即在缺硒的地带易发病。在土壤—植物—动物生态循环链上，任何一个环节缺硒，均可导致硒缺乏症的发生。①土壤中硒含量不足是硒缺乏症的根本原因；②饲料中硒含量不足是硒缺乏症的直接原因；③维生素E有助于硒以还原状态存在，利于硒的吸收，在一定程度上可补偿硒的不足，维生素E缺乏可促使硒缺乏症的发生；④应激可诱发硒缺乏；⑤硒拮抗元素（如铜、银、锌及硫酸盐等）可使硒的吸收利用率降低，是硒缺乏的继发因素。

（2）临床症状与病理变化

硒缺乏时，组织损伤的程度和代谢障碍的环节不同，其病理变化和临床表现亦多种多样，且常因家禽的种类和年龄而异。成年鸡主要表现为白肌病、生殖紊乱（产蛋和孵化率降低）；雏鸡为白肌病，渗出性素质，胰纤维化；火鸡和鸭则为白肌病、嗉囊肌病或肠肌病。主要症状和病理变化为：

1）渗出性素质。常在2～6周龄发病较多，呈急性经过。病雏躯体低垂的胸腹部皮下出现淡蓝绿色水肿样变化，可扩展至全身。排稀便或水样便，最后衰竭死亡。剖检可见到水肿部位有淡黄绿色的胶冻样渗出物或淡黄绿色纤维蛋白凝结物。

2）白肌病。病禽表现食欲不振，精神委顿，羽毛蓬乱，翅下垂，互相堆挤在一起。两腿软弱无力，运步迟缓，跛行，有时呈现特殊的企鹅步样。病情严重的，则因两肢麻痹而卧地不起，完全丧失运动能力，最后死于衰竭。主要病变在肌肉，雏鸡多在胸肌，腿部肌肉的病变少见。雏火鸡病变多在平滑肌和肌胃，其次是心肌，骨骼肌病变少见。病变部位肌肉变性、色淡，呈灰黄色、黄白色的点状、条状、片状不等。心肌扩张变薄，多在乳头肌内膜有出血点。胰脏变性，体积小而有坚实感。火鸡肌胃变性，质软，颜色淡。

（3）诊断

①流行病学调查：发病有一定的地域性（低硒地区）、季节性（冬、春两季多发）和群发性，无传染性，以幼禽较易发生；②临床症状与病理变化；③实验室检验：血浆、血清中特异性酶（如肌酸磷酸激酶，CPK）活性升高；血液中谷胱甘肽过氧化物酶（GSH-PX）活性和酶含量降低；维生素 E 含量降低。

（4）预防和控制

本病以预防和预测并重为主。一般在鸡每千克饲料中添加 0.1～0.2 mg 亚硒酸钠和 20 mg 维生素 E 进行预防。有怀疑症状即进行实验室检测预报，做到及早防治。治疗时，用 0.005％亚硒酸钠皮下或肌内注射，雏鸡 0.1～0.3 mL，成年鸡 1.0 mL，或用饮水法，配制成 0.1～1 mg/kg 的亚硒酸钠溶液给鸡饮用，5～7 d 为一个疗程。同时，配合维生素 E 进行治疗。

6.维生素 A 缺乏症

维生素 A 缺乏症是维生素 A 长期摄入不足或吸收障碍所引起的一种慢性营养缺乏症，以夜盲、干眼燥症、角膜角化、生长缓慢、繁殖机能障碍及脑和脊髓受压迫为特征。各种家禽各个发育阶段均可发生。

（1）病因

家禽维生素 A 缺乏症常由原发性维生素 A 缺乏和继发性维生素 A 缺乏引起。原发性维生素 A 缺乏是家禽饲料中维生素 A 或维生素 A 原含量不足，家禽体内维生素 A 储备耗竭，饲料加工储存不当引起维生素 A 的破坏；雏禽快速发育及产蛋高峰及疾病过程中维生素 A 需要量增加而致相对缺乏；饲料中含硝酸盐和亚硝酸盐过多，引起维生素 A 和维生素 A 原分解；饲料内中性脂肪和蛋白质不足、维生素 A 和胡萝卜素吸收不完全、参与维生素 A 运输的血浆脂蛋白合成减少等均可引起缺乏症。

继发性维生素 A 缺乏是由于慢性消化不良、肝脏和胆道疾病引起维生素 A 的吸收和转化不足而引起的缺乏症。

（2）临床症状

幼禽缺乏维生素 A，经 6～7 周可出现症状。病初，雏禽精神不振，羽毛蓬乱，生长停滞，流眼泪，眼睑内积聚黄白色干酪样物，喙和小腿皮肤黄色消退。继而出现神经过敏和共济失调，常歪头。捕捉等刺激常引起间歇性神经症状发作，头扭转，转圈运动，同时作后退运动和惊叫。

成年禽维生素 A 缺乏多见于产蛋期，呈慢性经过。病禽逐渐消瘦，体弱，羽毛蓬乱，步态不稳，产蛋量明显下降，孵化率也低。眼内蓄积乳白色干酪样分泌物，角膜软化或溃疡，上下眼睑常被黏着，外观似乎失明。舌背、舌系带、硬腭、喉头和食道前端有米粒大小干酪样疱状结节，剥离后黏膜完整而无出血和溃疡。鼻孔常流出黏稠鼻液，以致堵塞鼻道而引起呼吸困难。由于黏膜腺管鳞状化而发生脓疱性咽炎和食管炎。

（3）病理变化

尸体剖检的主要变化是眼、消化道、呼吸道、泌尿生殖器官等上皮组织角化、脱落、坏死。雏禽鼻窦、喉头、气管上端有多量黏液性分泌物和少量干酪样物，食道上端至嗉囊口均有散在的粟粒大白色脓疱。在腹腔内，肝表面、心外膜、心包、肾外膜、肾盂和输尿管均有明显的白色尿酸盐沉积。实验室检查，血浆中维生素 A 含量低于 0.18 μmol/L。

（4）诊断

本病的诊断依据是，饲料中缺乏含维生素 A 和维生素 A 原的成分；家禽眼流浆液黏液性或脓性分泌物，角膜软化，共济失调和麻痹等临床表现；血浆中维生素 A 在 0.18 μmol/L 以下；维生素 A 治疗有效等,可建立诊断。

本病应注意与传染性鼻炎、传染性支气管炎、鸡痘、大肠杆菌病及痛风病相区别。

(5)预防和控制

家禽维生素 A 缺乏症的预防主要在于平时加强饲养,除注意必需的蛋白质、脂肪、糖和矿物质外,还必须保证有足够的维生素 A 和维生素 A 原。疾病发生后,首先要改换饲料,供给富含胡萝卜素的饲料。雏鸡可在饲料中添加生肝块;也可将 $1\sim2$ mL 鱼肝油混于饲料中饲喂;并对角膜软化、溃疡等冲洗后涂以抗菌眼膏。

7.维生素 B_1 缺乏症(硫胺素缺乏症)

维生素 B_1 缺乏症是由于饲料中维生素 B_1 不足或饲料中含有干扰维生素 B_1 作用的物质所引起的一种营养缺乏症,临床表现以神经症状为特征。本病多发生于雏鸡。

(1)病因

维生素 B 主要参与糖代谢。缺乏维生素 B_1 时,丙酮酸不能氧化,造成神经组织中丙酮酸和乳酸的积累,同时能量供应减少,以致影响神经组织及心肌的代谢和机能,引起多发性神经炎。

造成家禽维生素 B_1 缺乏的主要原因是:饲料中缺乏维生素 B_1;慢性腹泻和急性下痢影响小肠吸收维生素 B_1;饲料中含维生素 B_1 酶或维生素 B_1 的拮抗物;饲料中含碱,造成维生素 B_1 的分解。

(2)临床症状和病理变化

雏鸡发病较快,可在 2 周龄以前发病。病雏鸡发育不良,食欲减退,体温降低,体重减轻,羽毛松乱无光泽,腿无力,步态不稳,行走困难。初期以飞节着地行走,两翅展开以维持平衡,进而两腿发生痉挛,向后伸直,倒地而不能站立;然后,向上蔓延,翅、颈部伸肌发生痉挛,头向背侧极度挛缩,发生所谓"观星"姿势,有的发生进行性麻痹,瘫痪倒地不起。成鸡发病较慢,可在 3 周时发病。病鸡的鸡冠呈蓝紫色,所产蛋的孵化率低,孵出的小雏亦呈现维生素 B_1 缺乏症,有的因无力破壳而夭折。病程为 $5\sim10$ d,不予救治的多取死亡转归。病程较急的,甚至可 $2\sim3$ d 内死亡。

病理剖检,胃肠有炎症,十二指肠发生溃疡并萎缩。右侧心脏常扩张,心房较心室明显,生殖器官也发生萎缩,睾丸比卵巢明显。小鸡皮下发生水肿,肾上腺肥大,母鸡比公鸡更明显。

对于病鸭,头部常偏向一侧,或团团打转,或漫无目的地奔跑,或抬头望天,或突然跳起,多为阵发性发作。在水中游泳时,常因此而被淹死。每次发作几分钟,一天发作几次,病情一次比一次严重,最后全身抽搐,呈角弓反张而死亡。

(3)诊断

一般依据是否缺乏米糠、麸皮等谷物饲料或青绿饲料的生活史,临床表现麻痹、运动障碍等神经症状,食欲减退但不废绝,维生素 B_1 治疗效果显著等,可做出诊断。测定血中丙酮酸和维生素 B_1 含量,有助于确定诊断。

(4)预防和控制

预防本病主要是加强饲养管理,增喂富含维生素 B_1 的饲料,如青饲料、谷物饲料及麸皮等。雏鸡补充维生素 B_1,每天 2 次,每次 0.1 mg。用酵母代替亦可,但注意不要与其他碱性药物同用。肌内注射维生素 B_1 针剂,每只鸡 5 mg,疗效很好。对消化道疾病、发热等造成的维生素 B_1 缺乏,查准病因后,应对原发性疾病及时治疗。

8.维生素 B_2 缺乏症

维生素 B_2 又名核黄素,对动物的生长发育和生产能力的提高非常重要。它的缺乏,会使体内生物氧化以及新陈代谢发生障碍。维生素 B_2 在禾谷类及其副产品中含量很少。因此,以禾谷类及其副产品为饲养的家禽,很容易发生维生素 B_2 缺乏症。雏鸡群发病时,发病率可达30%～50%。如不及时诊治,病死率颇高。

（1）病因

家禽对维生素 B_2 的需要量较其他家畜要多,而能满足其需要量的饲料较少,体内细菌合成量又不能满足机体需要。因此,在缺乏青绿饲料的情况下,如不注意选择富含维生素 B_2 的饲料或不添加维生素 B_2 时,就很容易出现维生素 B_2 缺乏症。

（2）临床症状

小鸡维生素 B_2 缺乏的特征症状是"趾卷曲"性瘫痪。根据病情的轻重可分为3种表现形式:第一种是患鸡以跗关节着地而蹲坐和趾稍弯曲;第二种是以腿的严重无力和一脚或两脚的趾明显弯曲为特征;第三种是以趾完全向内或向下弯曲和肢无力,甚至以跗关节拖地行进为特征的病鸡始终保持食欲,后因行走困难,吃不到饲料而消瘦,少数病雏可发生下痢。维生素 B_2 缺乏主要发生于雏鸡,成年鸡亦可患病,主要表现为产蛋率与孵化率下降,并与缺乏程度成正比。

小火鸡和小鸭维生素 B_2 缺乏的症状与小鸡不同。小火鸡约在8日龄时发生皮炎,肛门有干痂附着、发炎和擦伤;约在17日龄时,发育迟滞或完全停止;约21日龄时开始发生死亡。小鸭常有腹泻和生长停止。小鹅症状与小鸡类似,表现为足趾内卷和瘫痪。

（3）病理变化

坐骨神经和臂神经显著肿大和变软,严重者比正常粗大4～5倍;胃肠道黏膜萎缩,肠道变薄,肠道中有多量泡沫状内容物;心冠脂肪消失,肝大,呈紫红色。

（4）诊断

依据所饲喂饲料的生活史和临床症状,可初步建立诊断。测定红细胞中维生素 B_2 的含量和血清中谷胱甘肽还原酶指标,对该病的诊断有一定的价值。

（5）预防和控制

本病必须早期防治。对雏禽一开食时就应喂标准配合日粮,或在每吨饲料中添加2～3 g维生素 B_2,即可预防本病发生。群体发病治疗时,每500 kg饲料加1 000 g复方多维,每天每只再补加维生素 B_2 粉250 μg拌料,连用5～7 d。个别严重病鸡可用维生素 B_2 进行注射,每只鸡2.5 mg,每日1次,连用3 d。

三、其他普通病

1.中暑

中暑是日射病和热射病的总称,是禽在炎热的夏季常见的疾病,尤以雏禽多见。

（1）病因及症状

发生中暑的主要原因是由于夏季禽舍过分拥挤、通风不良、潮湿、饮水不足,造成环境温度较高、湿度较大,热量难以散发,水禽则多由于在烈日下放牧或长时间在灼热的地面上活动而造成中暑。

患禽一般最初表现为呼吸急促,张口呼吸,两翅张开下垂,口渴,大量饮水,体温升高,随后出现晕眩、走路不稳或不能站立,很快发生惊厥而死亡。剖检可见脏器实质及脑膜出血或充血。

（2）诊断

根据发病季节、气候及环境条件、发病情况及症状等综合分析，一般不难做出诊断。

（3）防治措施

1）加强管理。炎热的夏季要注意禽舍的通风、供给充足的饮水、减小饲养密度和设法降低禽舍内的温度，同时加喂抗热应激的药物如 0.5% 的小苏打。运动场要有树荫或凉棚；水禽放牧要避开中午。

2）及时治疗。发现中暑，应立即将其转移到阴凉通风处，水禽可全部赶下水。病轻的禽可逐渐恢复，病重的禽可将其放在凉水中浸泡一会或向其身上喷洒冷水，以降低体温，促进恢复。

2. 肉鸡腹水综合征

腹水综合征又称腹水症，是由多种致病因素引起的以腹腔内潴留大量积液为主要特征的一种疾病。本病发病率和死亡率均较高，是威胁肉鸡业发展的一种常见疾病。本病主要发生于肉仔鸡，蛋鸡偶尔也可发生，尤以 3～6 周龄的肉仔鸡和生长速度快的肉雄性鸡更易发生。一般常年均可发生，但以冬春低温季节多见。其发病率随致病因子不同而有高有低。死亡率较高，可达 60% 以上。

（1）病因

本病的发生主要是由于多种致病因素造成鸡慢性缺氧、代谢机能紊。致病因素非常繁多和复杂，概括起来主要有以下几个方面：

1）饲养环境和管理不善。鸡舍通风换气不良，空气中缺氧，氨气、一氧化碳、二氧化碳以及灰尘等有害物质浓度过高，可导致肺脏受损害，进而危及心脏、肝脏，引起整个循环、呼吸系统机能障碍而发生腹水症。

2）饲料质量和营养失调。在日粮饲料中，能量和食盐含量过高（如油脂补加量超过 2%～3%），极易导致腹水症的发生。另外，饲料中维生素 E、硒或磷元素的缺乏、霉菌毒素及有毒脂肪等的存在，均可提高腹水症的发病率。

3）用药和疾患影响。长期连续投服或过量用药，尤其是磺胺类、呋喃类或离子载体抗球虫剂，常会损害鸡的心脏、肝脏等器官，使血清渗透压降低而诱发腹水症。另外，肉鸡患某些疾病，如慢性呼吸道病、大肠杆菌病、慢性中毒等，都可发生程度不同的腹水现象。

4）与遗传因素有关。肉鸡生长速度过快，摄食量大，对能量及氧的需要量比蛋鸡高。因此，携氧和运送营养物质的红细胞比蛋鸡明显增多，尤其是 4～5 周龄的肉仔鸡对饲料的转换率最佳。快速生长使体内红细胞不能在肺毛细血管内通畅流动，影响肺部的血液灌注，导致动脉高血压及右心衰竭、代谢机能紊乱，从而导致腹水症的发生。这也是肉鸡腹水症发生率明显高于蛋鸡的遗传因素。

（2）临床症状

病初表现精神不振，呼吸困难，减食或不食，个别可见拉白色稀粪，以后迅速发展为腹水症。可见腹部明显膨大、发紫，外观呈水袋状，手触有明显的波动感。病雏常以腹部着地，行动困难，多于出现腹水后 1～2 d 死亡，一般死亡率为 10%～30%，高者可达 60% 以上。

（3）病理变化

剖检可见腹腔内含有大量腹水，呈淡黄色、透明、内有大小不等的半透明胶冻样物质；肝、脾肿大，有时有出血，表面有黄白相间的斑块，有的肝脏萎缩、硬化；心脏肿大，右心扩张、柔软、心壁变薄，心包内积有多量液体；肺脏呈弥漫性水肿、充血；肾脏常有肿大、充血、尿酸盐沉着。

（4）防治措施

本病目前尚无特效治疗和预防方法，只能尽量去消除一切可能诱发腹水症的各种不利环境因素。主要应做好以下几个方面的工作：

1）努力改善饲养环境和加强科学管理。保持鸡舍空气新鲜，通风良好。鸡舍温度、湿度及饲养密度要适宜，防止供氧不足和二氧化碳及氨气等有害气体在舍内过量蓄积。用煤炉供暖的鸡舍，更应保持良好的通风。舍内饮食（水）器具布局适当，垫料保持清洁干燥，粪便及时清扫，以减少氨气等有害气体的产生。

2）适当调整日粮营养，合理使用药物。可适当延长粉状饲料饲喂时间，限制前期快速生长，一般2～3周龄给予粉料，4周龄至出栏给予颗粒料为宜；适当降低日粮粗蛋白与能量水平，添加油脂量在6周龄前应保持1%左右，7周龄至出栏不超过2%；饲料中食盐含量不应超过0.5%；对于磺胺类药物不宜长期连续投服，可采用交替用药的办法。

3）减轻各种应激反应。不断提高鸡的抗病能力，以降低本病的发生概率。

4）及时治疗。一旦发生腹水症，应尽快查出和消除引起腹水发生的因素。要使用利尿剂消除或减少腹水，加喂维生素C、维生素E及含硒生长素等，限制饮水及调整饲料的钠盐平衡。一般对鸡群可用双氢克尿噻片100 mg，加葡萄糖125 g，维生素C 1 g，混合后加水20 kg（或拌料10 kg），每日2次，连用3 d，对本病有一定疗效。也可试用下列中草药：大黄50 g、莱菔子80 g、茯苓60 g、猪苓80 g、青皮60 g、陈皮60 g、泽泻50 g、木通40 g、苍术30 g、白术60 g、槟榔40 g、茵陈60 g，以上药物粉碎后拌料可供250只鸡服用1 d，连用3 d，可排出大量腹水，逐渐恢复。

现代化鸡场的经营管理

第一节　鸡场的产业化经营

鸡场的产业化经营是指养鸡产业在市场经济条件下，以需求为导向，以实现效益为目标，依靠专业化服务和质量体系管理，形成的系列化和品牌化的经营方式和组织形式。

养鸡产业化经营是以实现区域化布局、专业化生产、一体化经营、社会化服务、企业化管理为目的，形成以市场牵龙头企业、龙头企业带基地、基地连农户，集产、供、加、销一体化的经济管理体制和运行机制，逐步形成系列化和品牌化的养殖产业群，走向"规模化、集约化、专业化、标准化"的现代化养鸡生产经营管理模式。

产业化的基石是要重视扩展好鸡场的"经营"，同时，也需科学强化其生产中的"管理"。鸡场的经营，就是指根据市场需求，力争有效地利用自然资源和各种生产要素，围绕经济效益这个中心，合理地组织生产经营活动。鸡场的管理就是指为了实现经营目标，提高经济效益所进行的计划、组织、指挥、协调等工作。经营和管理同样重要，且二者之间需要紧密联系与协调配合。有经营才要管理，经营目标借助于管理才能实现，离开了管理，经营活动就会混乱，甚至中断。此外，鸡场的经营管理主旨是充分调动场内人员的生产能动性，积极利用场内鸡舍、设备等现有条件，最大限度地发挥所饲鸡群的生产潜力，以达到提高产品的产量和质量，降低生产成本，最终使鸡场利润最大化。鸡场经营管理的内容比较多而广泛，在此仅选择重要的进行分述。

一、鸡场的经营方向

鸡场建立时，确定鸡场的经营方向是鸡场经营管理中的首要问题。鸡场的经营方向从主体上而言，可分为专业化鸡场和综合性鸡场。

1.专业化鸡场

专业化鸡场按照专一生产模式可分为种鸡场、肉鸡场和蛋鸡场。

（1）种鸡场

种鸡场的主要任务是培育、繁殖优良鸡种，向社会提供种蛋或商品苗。其中又可分为蛋用鸡种鸡场和肉用鸡种鸡场，一般一个场只能饲养一个品种。种鸡场对养鸡业实行良种化和提高养鸡业的生产水平有着重要作用。种鸡场投资大，技术要求高，通常由经济实力雄厚，且科研联合能力强的单位经营，尤其是一些原种鸡场（曾祖代场），为保障其运行，国家定期给予一定的保种费。

（2）肉鸡场

肉鸡场是专门饲养肉用仔鸡的商品代鸡场，为社会提供肉鸡产品。肉鸡场规模可大可小，经营主体灵活，一般饲养至 $42\sim49$ 日龄均可出售，体重可达 $2\sim3\,kg$，优质肉鸡的饲养日龄较长，在

70～150日龄上市体时重为1.5～2 kg。通过向父母代鸡场购买雏鸡或种蛋进行生产,购买种蛋的肉鸡场则要附设孵化间。

（3）蛋鸡场

蛋鸡场是专业从事商品化蛋鸡饲养的鸡场,向社会提供商品蛋和淘汰母鸡。这类鸡场规模量及经营主体灵活,除特殊情况外,经营投资利润较为稳定;饲养规模一般5万只起,太小不能产生规模效益。鸡场通过向种鸡场购买商品雏鸡或青年鸡进行生产,极个别鸡场饲养部分父母代种鸡,进行自繁自养。

2.综合性鸡场

综合性鸡场的特点是投资大,生产规模大,经营项目多,集约化程度高,形成供应、生产、加工、销售一体化的联合企业体系,是现代化养鸡场的代表。综合性鸡场多见于经济发达的大城市郊区。这类鸡场设有饲料厂、祖代鸡场、父母代鸡场、孵化场、商品鸡场、屠宰加工厂,为社会提供种蛋、种雏、商品鸡、分割鸡肉,销往国内外市场。

二、鸡场的经营模式

1.养鸡合作社

以自愿、民办、民管、民受益为原则,在一定地域范围内,由农户养鸡场、饲料加工销售商、鸡产品销售经纪人队伍、鸡产品加工企业和畜牧兽医技术服务单位等,成立养鸡合作社或协会,并设立合作办事机构,制订相关章程,具体签订各种买卖合同。合作社内部实时互通生产经营信息,协调安排鸡产品生产经营及营销策略,规范成员的生产经营行为。通过合作社与地方政府间的桥梁沟通作用,协调政府制订优惠扶持政策,依法保障会员的权益。

2.公司＋基地＋农户模式

以加工、销售企业为主体,通过基地提供生产资料及综合技术服务保障,合约农户开展实时生产的方式,把生产、加工、销售、科研和生产资料供应等环节纳入统一经营体内,成为比较紧密的企业集团。该模式拥有规模较大、布局集中的产品生产基地;拥有实力雄厚、前后辐射能力强大的工贸龙头企业;拥有稳定的、不断拓展的终端产品市场;企业、基地、养殖户之间形成以产品为龙头、资产为纽带的一体化运行机制。

3.养鸡联营公司模式

若干专业化鸡场间以平等方式进行的联合经营,形成紧密的产、供、销一条龙经营体。这种模式充分灵活地发挥了各鸡场自身的长处,增加了销售产品的多样化,其关键是鸡产品的销售要有保障。

4.家庭农场模式

家庭农场是指以家庭成员为主要劳动力,从事农业规模化、集约化、商品化生产经营,并以农业收入为家庭主要收入来源的新型农业经营主体。家庭农场主要以种养结合的模式,以"生态、环保、可持续发展"为经营理念,以绿色、生态、环保为目标,以资源有效利用为载体,依据生物链原理,把农场中的种植、养殖、销售、餐饮、农家乐、鲜果蔬和散养禽产品配送等产业构建成为相互依存,相互转换,互为资源的循环经济体。

三、鸡场产业化经营典型案例分析

1.养殖合作社经营模式

单个农户面对自然风险和市场风险的脆弱性,催生了以养殖小区为代表的合作经营模式。合作经营模式是市场需求诱导下传统农户养殖模式的一种适应性发展。在这种模式下,养殖户为了共同的经济目标,在自愿互利的基础上组织起来,实行自主经营、民主管理。农户共同占有生产资料,在一定的经营范围内共担风险、共享收益;但在约定范围以外,养殖户保持自己的独立性。养殖小区是合作经营模式的主要表现形式。

(1)养殖小区模式

1)龙头企业带动型 即由企业直接投资,以股份合作方式吸收养殖户参加共同建立养殖小区。这种小区在经营形式上,实行独立核算,股东可以不参与日常饲养管理,只按股分红;也可以在统一管理下,直接参与饲养管理,按照生产责任制考核获得工资和年底分红。

2)专业大户联建型 即由一个或多个具有一定资金实力的养殖大户结合成一个松散的联合体,带动当地养殖户共同发展,共同抵御自然和市场风险。

3)地方政府驱动型 即由地方政府组织统一提供养殖场地,统一规划与设计,统一水电路建设,让养殖户在场地内自建养殖场,地方政府给予适当优惠政策进行扶持。

4)专业市场辐射带动型 即由专业市场内专门从事畜产品批发交易的贩运营销的大户,与畜禽养殖场(户)建立比较稳固的购销关系,通过市场流通带动农户发展规模养殖。

5)农户联建型 即由农户自发组织起来,根据农田、园林、林地资源优势和区域特点,在相对比较集中的区域内形成自我管理、自我服务的养殖小区。

(2)经典案例

1)单一农户自愿联建型养殖合作模式。例如:某土鸡养殖合作社于2009年成立,按照合作社运行制度,为合作社成员提供市场信息、技术咨询服务,组织技术培训、交流推广标准化生产等活动。通过对合作社成员设立账户,发放社员证,记载每个成员的出资额、量化为该成员的公积金份额以及该成员与本社业务的交易量,激励社员的养殖积极性,促进合作社的发展,实现互惠共赢,带动养殖户260户。

此种模式能在一定程度上弥补单个农户的养殖技术缺乏、市场销售信息不全面和养殖投资规模缺陷的不足,很好的提高农户的养殖积极性。

2)地方政府驱动型联建养殖合作模式。例如:某蛋鸡养殖专业合作社成立于2009年7月,注册资本为950万元,由该村村民自筹资金以加强合作互助、提高生产效率、共享市场信息、增强市场话语权、共同抵御风险为主要导向。初期,合作社主要养殖蛋鸡,产业结构较为单一、规模相对偏小;由于缺乏有效的抵押物,资金筹措十分困难。2014年以来,在其县金融改革办公室的指导和帮扶下,该合作社积极开展新型农村合作金融组织试点,目前已成为集蛋鸡养殖、蛋鸡育雏、鸡粪有机肥加工、大棚蔬菜种植为一体的省级农民专业合作示范社。2015年,该合作社总收入达到5 000万元,年利润600万元,户均收入达30多万元。

例如:2008年成立的某藏鸡养殖场,采用"合作社+农户"经营模式,为周边农户提供雏鸡、培训养殖技术,带领当地群众增收致富。地方政府将其列为促进农牧民群众增收、推动基层经济发展的重点扶持项目。利用项目资金,积极完善养殖场基地硬化、绿化、室外排水等附属配套工程,扩大了养殖规模。2015年,该养殖场藏鸡养殖数量达到15万只,鸡蛋产量达到9.5万kg,鸡肉产量达到10万kg。

此种模式对农户联建养殖合作社走向区域化、规范化和产业化具有关键性推动作用,促进了

地方畜禽产业的良性循环发展,带动地方农户增产增收。

2."公司＋农户"经营模式

"公司＋农户"的提法,始见于1993年7月的《发展农村市场经济的有效途径——"公司＋农户"》一文中,"即以实体公司为龙头,根据产业布局规划,联系一定的农户,双方签订合作经营合同,公司主要向农户有偿提供生产资料、资金技术、产品销售等系列服务,农户按照公司制定的生产计划、技术规程进行生产,产品以合同价格交售给公司,风险共担",即是将小农户与大公司进行联结,这样的经营模式能更为专业的培养农户的养殖技术,同时也降低了农户独立养殖下的市场风险问题,更为稳定地保障了农户的养殖利益。

(1)经营模式多样性

"公司＋农户"的经营模式因存在主体属性、与农户结合方式的多样性,故有多种类型。例如企业按照其资产属性分为5种类型:①国有企业;②集体企业;③外资企业;④私人企业;⑤股份制企业。与农户的结合方式,按其制度安排不同分为4种类型:①互惠契约型;②出资参股型;③市场交易型;④租地-雇工经营或土地反租倒包型。在"公司＋农户"的众多经营模式中,与农户通过互惠契约关系和出资参股关系形成的经营模式成为当前我国"公司＋农户"经营模式中最常见的结合方式。

(2)经典案例

"公司＋农户"经营模式,如广东温氏集团,温氏集团是由7户以8 000元承包费用接收广东新兴县的一个集体的农民股份合作养鸡场开始,通过以股代劳,同舟共济,艰苦经营,实行自繁、自养、自销的方式,积极吸收新的农户入股,逐渐走上发展之路。生产规模的扩大受到场地、管理和资金等因素的制约,1988年后,鸡场改变了过去简单包揽代销的模式,逐渐减少自养数量,建立种鸡场、孵化场、饲料加工厂,主要从事饲养种鸡、孵化鸡苗、生产饲料。挂靠农户从鸡场领取鸡苗进行饲养,鸡场向农户提供技术、饲料、防疫、管理等产中服务,以保护价收购农户的成鸡,进行销售。1992年,鸡场农户达1 500户,自此,鸡场开始大规模综合经营的基本建设,扩建饲料厂,建设饲料编织袋厂,引进肉鸡分割生产线和冷冻厂,后更名为广东温氏食品集团有限公司。2015年11月2日,温氏股份在深交所挂牌上市。截至2020年12月31日,温氏股份已在全国20多个省(自治区、直辖市)拥有控股公司399家、合作家庭农场约4.8万户、员工约5.28万名。2020年温氏股份上市肉猪954.55万头、肉鸡10.51亿只,实现营业总收入749.39亿元。

此模式能突破个体投资局限与风险,创造从点到面的全产业链发展格局,带动农户实现双赢,促进区域养殖业呈现规模发展。

3.养鸡联营公司模式

(1)小规模养殖个体的组团模式

小规模养殖个体的组团模式是由各个独立经营的养鸡户通过平等方式进行联合经营,并成立公司,经公司协助管理、自主经营、自负盈亏的一种合作模式。

(2)经典案例

养鸡联营公司模式,如:某地的几个养鸡大户,在一户的倡导下,该产业园4个养鸡大户首先实现联营。随后,附近各区县地的养鸡大户也加入进来,联营规模不断扩大。为进一步促进集约经营步伐,联营大户采取股份制的形式,由大户自愿出资成立了某禽业有限公司。公司以自愿联合、互惠互利为原则,开展以技术服务、品种引进、饲料供应、鸡病防治、产品销售为主要内容的"五统一"经营,促进了养鸡生产规模和效益的同步发展。采取孵化、养殖、屠宰一条龙模式,同时

与其他集团建立了合作关系,养殖的标准化程度进一步提升。目前,该"联营公司"已发展标准化鸡棚 105 个,屠宰场也正在建设之中,年可出栏 600 多万只,可创收入 1 800 余万元,同比联营前可多增收 100 余万元。资金循环利用,成本大幅下降,效益成倍提升,"联营公司"编织了农民增收的新蓝图。

此模式能有效促进养殖业由传统经营向集约化经营转变,组团抗风险,同时实现资金循环利用,形成联营规模化。

4.家庭农场经营模式

发展家庭农场,促进农业经营体制机制创新,是现代农业发展的重要内容,也是党和国家农村工作的重点。

(1)家庭农场

家庭农场是指家庭成员为主要劳动力,从事农业规模化、集约化、商品化生产经营,并以农业收入为家庭主要收入来源的新型农业经营主体,是家庭经营与规模化经营的结合体。2013 年农业部明确的家庭农场概念有 4 个特征:第一是农村户籍,第二是适度规模,第三以家庭成员为主,第四主要收入来自农业。

(2)经典案例

家庭农场经营模式,例如:某家庭农场位于某市某镇,由兄弟 3 人经营,是个综合性的家庭农场,农场有 8 hm² 水产养殖、1 000 只散养鸡、部分生猪养殖和苗木果蔬 5 hm²,种植种类主要是苗木类的红枫、樱花和紫薇,果树有葡萄和桃子,蔬菜主要是时令蔬菜,属于典型的种养型家庭农场经营模式。

某大棚蔬菜专业合作社采用特色农产品循环种养＋采摘园模式的生态观光体验型家庭农场。农场分两大区域,即特色农产品循环种养区和生态采摘体验区。采用规模化设施化种植,日常管理过程中,及时收集温室大棚生产中产生的可作家禽饲料的蔬菜水果的废弃物来饲喂土鸡,以减少配合饲料的饲喂量。温室大棚里外安装好灭虫灯、罩上防虫网等,明显减少了大棚的虫量,收集的昆虫可以直接饲养土鸡。鸡舍中养殖的 1 000 只左右的土鸡年产粪便 100 多 t,这些粪便和饲料残渣等引入沼气池发酵,可生产沼液 1 000 t 左右。经多重过滤,将沼液用微滴灌管送到温室大棚,可灌溉 6.67 hm² 的大棚果蔬。沼气池生产的 40～50 t 沼渣经过好氧发酵可为 1.67 hm² 的大棚果蔬施肥。以沼液、沼渣为有机肥可提高土壤有机质含量,改善土壤理化性状,增加通透性,增加土壤中的 N、P、K 等元素的含量。沼气池生产的沼气用作农场日常能源或用来增加棚内二氧化碳浓度、增温和照明。为提高生态资源的利用率,生产产生的水稻、玉米等农作物的秸秆直接或堆积腐熟后还田,增强土壤肥力。农场开发的这套中小型种养结合型循环农业生产模式,实现了农业规模化生产和粪尿资源化利用,降低了农田化肥使用量和农业生产成本,提高了农产品品质,极大改善了农业生产环境。

此模式的经营主体为家庭,即由家庭成员自己经营的有一定的规模、一定的面积、一定的技术含量的农业生产单位,这在一定程度上提高了家庭人员的有效利用率,同时降低了区域人员流失,也对区域经济做出一定贡献。但此模式推广中的经营短板主要表现在:①种养技术缺乏或者不全面;②市场销售渠道不健全,市场信息来源渠道窄;③设施用地受限于土地政策;④容易出现流通资金困难。

第二节　市场调查和经营决策

鸡场经营方向的确定,要进行市场调查和市场预测。只有经营方向正确,产品适销对路,符合社会发展需要，鸡场才有发展前途，并从中获得利润，这也是鸡场经营决策的依据和经营成败的关键。

一、市场调查

1.市场调查

养鸡业市场调查是指运用科学的方法，针对区域内外鸡肉、鸡蛋产品市场在前期、现阶段及其未来发展前景，围绕供给、营销、价格、竞争与经营环境等信息的分析，给养鸡企业和政府决策提供依据。

2.市场调查的意义

委托专业的调查人员或第三者，系统地、客观地、广泛地且持续地收集相关资料，加以记录、分析、衡量与评估，提供相关分析的结论与建议，以供企业经营者决策参考。

3.市场调查的内容

养鸡业市场调查的内容包括：①鸡肉、鸡蛋、雏鸡的供求关系；②市场销售渠道、销售方法和销售价格；③产品的竞争能力；④农贸市场肉鸡、鸡蛋、种雏、商品代雏鸡的成交情况；⑤养鸡设备供应情况等。

二、市场预测

1.市场预测

养鸡业市场预测是根据有关资料，运用科学方法，对养鸡业的生产发展、产品市场供求与价格变化以及企业经营成果等，事前做出估计和评价。

2.市场预测的意义

运用科学的方法，对影响市场供求变化的诸多因素进行调查研究，分析和预见其发展趋势，掌握市场供求变化的规律，为经营决策提供可靠的依据，减少决策的盲目性，降低不确定性和风险可能，使决策目标得以顺利实现。

3.市场预测的内容

市场预测的内容包括：①本地区近阶段有何资源开发，新城镇建设及新交通干线的通行（航）所带来的人口增长对肉鸡、鸡蛋需求量变化的影响；②近阶段国内有何新品种引进，以及其可能引起对原有品种种雏销售的冲击；③国际市场需求的变化可能造成的对肉鸡、鸡蛋及其制品出口量增减的影响；④饲料价格变化对养鸡业发展的影响等。

三、经营决策

经营决策是企业为实现一定目标，按照科学的程序方法对有关企业全局性重大问题进行分析、研究对比，选择其中一个最佳方案，并加以组织、实施的过程。科学经营决策的必备条件是：有明确的决策目标；有多个供决策选择的方案；有指导决策的科学方法；有实施决策的控制手段。

1.经营方向决策

鸡场经营方向决策是指建什么类型的鸡场，即是建商品鸡场还是种鸡场，建蛋鸡场还是肉鸡场，是否建孵化场等，这需要依据鸡场所处地域的市场需求、价格和生产成本等因素来综合衡量决策。

最好能根据近三年和未来两年的市场行情，以中等生产水平，做出最好、一般、最差三档经济

效益预测。如平均效益未达预期,那就暂时不要投入养殖。

种蛋和苗鸡是养鸡业的主要生产资料,其品质优劣,关系到鸡场的养殖效益高低。故应选择技术条件好的专一化种鸡场供种蛋或苗鸡。其中,对祖代鸡场的要求更高,父母代鸡场次之。

此外,商品肉鸡场生产规模大(一般一年饲养 4～5 批,每批少则几千羽多则上万羽)、周转快(2 个多月饲养一批),对鸡品种、饲料、防疫等方面要求高,在经营方向决策时应考虑是否具备相关条件。

2.经营规模决策

这要考虑需要和可能两个方面,要讲究"适度规模""规模效益""经济规模效益"。

农户鸡场可充分利用旧房、闲置的空房,以减少基建投资。开始时规模不宜过大,待有经验后再扩大规模。大、中、小型鸡场各有利弊。一般而言,小型鸡场投资少,回收快,风险小。大型鸡场生产稳定性强,能均衡上市,易采用机械化作业,劳动生产率较高,但遇到市场行情不好时或暴发传染病时,风险也很大。

3.饲养方式决策

选择什么饲养方式在鸡场投资前期就应该选择好,选择不同,投资额度不同。饲养方式决策即是指选择采用密闭式还是开放式或半开放式养鸡;是笼养还是网上平养。密闭式是人工为鸡创造一个适宜的环境,管理虽方便,但投资大,耗电多,设施要求高。开放式或半开放式养鸡,受自然环境影响大,鸡的生产性能不稳定,饲养管理技术要求高,但投资小,省电。当前,笼养仍是比较普遍的养殖方式,特别是层叠式笼养,鸡舍养殖有效面积利用率高,饲养管理方便、规范。

第三节　鸡场的计划管理

一、产品销售计划

年度产品销售计划是编制年度计划的依据,它规定计划年度产品的销售额、销售渠道、销售收入、销售时间以及销售策略等。编制产品销售计划,需计算产品的销售量和销售收入。

1.雏鸡销售计划

雏鸡是鲜活商品,具有较强的时效性,属于计划性商品。其产能必须依据切实可靠的销售计划,多以签订的"雏鸡销售合同"为主。在合同中明确规定要预收定金(相当总价值的 20%),如买方不按时购雏鸡,定金不予退给或只退给一小部分。在订户当中要既有大户也有小户,既有远方客户也有附近客户,这样便于调剂(因孵化出的雏鸡数毕竟不会十分准确)。

2.蛋品销售计划

蛋品可以供应给批发商,也可以由综合鸡场加工成产品再销售,或者直接销售给大型超市、集体食堂、宾馆、饭店,这样可获得较高的利润,所有的销售尽可能事先签订"买卖合同",确保产品能及时销售出去。

3.淘汰鸡销售计划

淘汰鸡的销售计划较为灵活,一般以市场为准,依据市场行情、生产性能灵活制定蛋鸡的实时淘汰日龄。需要养鸡场管理者具有较强的市场行情信息预判、分析能力,同时也需要较强的生产组织计划能力。

4.肉鸡销售计划

肉鸡需求市场对肉鸡不同体重等级肉质品质的需求不同,应以市场需求为主。一般肉鸡饲养到 6～8 周龄,体重达 2～3.5 kg,即应及时上市,继续饲养下去饲料报酬会降低,肉的品质也会下降,从而影响销售价格。

二、产品生产计划

鸡产品生产计划根据产品销售计划来制订,它是编制劳动工资计划、物资供应计划等的依据,同时也是搞好产、供、销,满足社会需要的基础。它规定鸡产品的种类、产量、质量、饲料及燃料动力的消耗指标及生产能力的利用程度,并对产品生产进度进行安排。

1.产量计划

应先制订生产计划,而后再倒推出鸡群周转计划,同时,依次推算出青年鸡、雏鸡饲养计划和引种计划。

2.鸡群周转计划

(1)工艺流程

种蛋的孵化期为 21 d,0～6 周龄为育雏期,7～18(20)周龄为育成期,19(21)～72 周龄为产蛋期,优秀蛋鸡可延长产蛋至 76 周龄,甚至 80 周龄。

(2)各类鸡舍的比例

比例不当,工艺流程就贯彻不下去。如上所述,一般蛋鸡舍饲养期 21～76 周,加清洗消毒空闲时间 16 d,一个生产周期 408 d。青年鸡舍为 50～140 日龄,加清洗消毒空闲时间 11 d,一个生产周期 102 d,这样 1 栋育雏鸡舍可满足 4 栋蛋鸡舍的需要。以上说明 2 栋育雏舍、3 栋育成鸡舍、12 栋产蛋鸡舍,周转起来较合理。

(3)鸡群"全进全出"流水作业

各类鸡舍比例确定,那就必须根据"全进全出"原则流水作业,一环套一环保持稳定的生产秩序。为防止雏鸡成活率不能如愿而影响母鸡及时更新,故应适当加大育雏数量,可按以下公式计算:

$$入舍母鸡(只)=进雏数×育雏率(96\%)×育成率(97\%)×99\%(转群淘汰 1\%)$$

(4)种鸡周转计划

要先确定年初、年终及各月鸡场各类鸡的饲养数,计算出"全年平均饲养数"和"全年饲养数"。同时,还要确定全年鸡群淘汰数、补充数,并根据生产指标(如各月的产蛋率),确定各月的淘汰数,以求高产和常年均衡生产。

(5)肉用仔鸡周转计划

首先要考虑饲养量、入舍日龄、饲养天数、出售日龄及一年养几批。一般育雏、育肥各 28 d。即使高度集约化,两批鸡之间一般要有半个月的消毒空置时间。这样一年可养 5 批肉鸡。

(6)商品蛋鸡周转计划

商品蛋鸡第二个产蛋年的产蛋量,只有第一个产蛋年的 80%～85%,故一般只养一个产蛋年。在第一个产蛋年内,还可以从以下三个时期选择淘汰:30～35 周龄仍不开产,或虽已开产但持续期短的;产蛋高峰已过,常不下蛋或抱窝的;在秋季淘汰发育不良、低产、病残弱母鸡。

一般蛋鸡在 72 周龄全部淘汰,优秀的可酌情延长。一般 2～3 月份孵化育雏,8～9 月份开产,翌年 7～8 月份淘汰。如要均衡供应,则可分两次更新鸡群,也就是每年分两批育雏。一般每只种用母鸡,一年可提供 100～120 只母雏鸡。

（7）孵化、育雏计划

首先要考虑全年自养和出售的雏鸡数，然后根据历年的孵化成绩，结合当前鸡品种、孵化技术条件等制订计划。孵化计划包括：全年孵化几批、品种、入孵日期、孵化量、受精率和健雏率等。育雏计划包括：批次、育雏日期、品种、育雏数、转群时间、育雏天数、成活数和成活率等。

三、饲料供应计划

饲料是鸡场发展的基础生产资料，必须根据鸡场规模及饲料消耗定额制订饲料供应计划。应按照鸡场饲养鸡品种阶段饲料配方来确定不同类型饲料原料的需要量。饲料费用一般占生产总成本的 $60\%\sim70\%$，所以在制订饲料计划时要特别注意饲料价格，关注饲料原料价格波动及国家在相关饲料原料上的商业决策，同时又要确保采购饲料的质量。饲料供应计划按月制订，不同品种和日龄及生产阶段不同的鸡所消耗的饲料量不同，具体可参考所饲鸡的饲养手册进行计算，因在运输、保存等环节中有些耗损，故计划的数量应比实际采食量多 5% 左右，确保不少于 $15\sim25$ d 的饲料库存量，夏季可适当降低库存量。对于一些紧缺饲料，为使生产保持平稳，应有适当贮备以供调节。

饲料供应计划也可根据每月各阶段存栏鸡数乘以各阶段鸡的平均采食量，求出各月的饲料需要量，根据饲料配方中各种饲料品种的配合比例，算出每月所需各种饲料的数量。目的在于合理利用饲料，既要喂好鸡，获得良好的禽产品，又要节约饲料。

四、资金使用计划

资金使用计划根据产量计划、鸡群周转计划和饲料计划等编制。如有资金缺口，可通过银行贷款或其他途径筹措资金，防止资金链中断而影响正常生产。

第四节　鸡场的生产管理

一、劳动定额管理

1.劳动定额管理的定义

劳动定额是指在相同的生产条件，生产一定数量的商品所消耗的时间，或者是指在单位时间内生产的商品数量。从劳动定额的概念分析，劳动定额包含两方面的内容：一方面是商品数量一定；另一方面是时间一定。

从宏观意义上说，劳动定额管理是一系列管理规范的总称，而这些规范制定的依据就是：确保劳动定额管理工作按照正常程序进行。一个企业建立的规章制度是否有效在一定程度上受到管理规范合理性的影响和制约。因此，企业需要按照快、准、全的原则制定劳动定额管理模式；劳动定额管理涉及劳动定额管理的机构或岗位、企业领导的相关责任、劳动定额管理的负责人以及分工权限等内容。

2.鸡场劳动定额管理工作中存在的问题

养鸡从业人员门槛较低是我国养鸡业的普遍特点，现代养鸡场虽然逐步改变了这种现象，引入自动化养鸡设备，建立标准化、规模化养殖场，制定规范一系列科学养鸡规程和管理制度，但是现代化养鸡场定额管理基础较差，存在的问题大体表现在以下几个方面。

（1）对定额管理工作缺乏应有的重视，定位不清、职责不明

多数人认为劳动定额是计划经济时代的产物，其主要作用就是用来给工人计算奖金的。对

劳动定额在鸡场合理编制生产计划,组织精细化饲养生产实行各项经济核算,科学衡量劳动量,促进提高劳动效率,保护劳动者合法权益等方面的重要作用缺乏全面的认识和了解。劳动定额在鸡场管理中的地位和作用几乎没有得到很好的实现,甚至到了可有可无的地步。

(2)定额管理人员队伍不能满足鸡场快速发展的要求

目前,由于鸡场缺乏专一从事劳动定额工作的人员,许多情况下,都是鸡场管理人员在兼职这类工作。他们虽然有一定的生产实践经验,工作的积极性很高,但是没有经过系统培训,对劳动定额专业理论知识和工作方式方法都需要一个熟悉适应的过程,发现问题、处理问题的能力有所欠缺。这就导致鸡场中定额管理人员队伍的欠缺,直接影响到了定额管理工作的创新和发展。

(3)劳动定额水平普遍偏低,各单位之间定额水平也不均衡

通过鸡场管理者对其掌握的工时统计资料分析和现场观测可知,鸡场每名生产工人每天只要用三四个小时的时间,就能完成或超额完成每天的工作任务。生产单位平均工时定额完成率都在165%左右,有的岗位的个别工序工时定额完成率甚至高达330%以上。这种落后的定额水平极大地制约了生产发展和劳动效率的提高,根据这样的定额编制鸡场的各项计划,其结果肯定也是不科学的,使劳动定额工作失去了人们的信任和重视。

(4)工时定额统计数据不真实,基础管理不规范

目前,鸡场管理层对定额报表重视程度不高,各项数据来源不准确,存在为了报表而"做表"的情况。而且,部分人员业务不熟练,对报表的要求不清楚,错报、漏报时有发生,造成定额报表不能真实、全面地反映鸡场的用工情况。

(5)生产组织的不均衡制约了劳动定额工作

受市场行情和地域环境因素的影响,鸡场的生产存在不平衡时的人为调整,再加上生产资料供应不及时,养殖设备设施不到位及饲养管理技术滞后等原因造成鸡场的生产每年都会出现中断或是息工时间。同时,在市场行情较好时,片面追求利润,无视市场规律地扩大生产,使得鸡场工人工作时间加长。

二、养殖技术管理

鸡的养殖技术是鸡场饲养管理工作运行正常的核心,涉及鸡生长生产周期中方方面面的技术问题,按照鸡的生长生产阶段可分育雏期、育成期和产蛋期,以及种鸡的饲养管理。

1.育雏前的准备

(1)依据生产计划合理选择适宜饲养的鸡,尽量选择品种遗传背景纯,性能优良的鸡进行饲养。

(2)清扫冲洗鸡舍,检修雏鸡笼,检查门窗,安装防鼠防雀网板,检查清洗料槽和饮水线,备齐开食料盘,并清洗消毒后用水漂洗干净,晾干后待用。

(3)接雏前5～7 d,地面平养育雏舍需喷洒消毒剂,铺平垫料,放置饮水器、料桶和其他用品;笼养育雏舍,需检查饮水线,放置开食料盘和细孔垫网及其他用品,关闭门窗,甲醛熏蒸消毒,每立方米空间使用30 mL甲醛,或使用15 g高锰酸钾,或使用三氯异氰脲酸粉1～2 g/m³,按1:(25～50)倍稀释喷雾鸡舍墙壁及顶棚,密闭24 h。

(4)接雏前3 d,打开门窗排出甲醛刺激性气味,检查加热设备,使育雏舍升温,观察升温情况,达不到温度要求,要采取补救措施,要有备用升温应急设备。

(5)接雏前1 d,给育雏舍升温,使舍内温度达到35 ℃,准备好雏鸡饮用水,开食饲料,准备一些抗应激的添加物,如电解多维等。

2.育雏期(1~42日龄)的饲养管理

雏鸡出壳后消化机能不健全,对营养物质的需要靠两个来源:一是靠供给营养物质,二是靠卵黄囊吸收。雏鸡对卵黄囊吸收的快慢,取决于两个条件:①适宜的温度,温度在33~34 ℃有利于吸收;②适时饮水,充足的饮水能增加卵黄囊里营养物质的转化和代谢。因此,雏鸡的及时饮水尤为重要。

在整个雏鸡阶段的日粮尽量使用育雏期全价破碎饲料,以提供充足的日粮营养成分,保证雏鸡的成活率。育雏期的工作安排应紧密围绕雏鸡饮食、鸡舍环境控制、个体健康观察这三方面进行,要求饲养人员工作做细做全。具体工作如下:

(1)雏鸡接运后,应尽快放入育雏室,育雏室温度要保持在(35±1)℃,前后夜温度要稳定,防止温度波动过大。

(2)雏鸡安置到位后应立即开始饮水,在饮水中加入电解多维,同时也可配合使用一些抗应激药物,可提高成活率。

(3)观察鸡群状态,当发现鸡群中有1/3的鸡只出现啄食动作时,应开始进行添料饲喂,要做到少添勤添,以刺激雏鸡尽快开食。

(4)光照时长为24 h,光照强度为10~20 lx。

(5)调整鸡舍湿度,进行相应的加湿处理,以保持舍内相对湿度在65%左右。

(6)时刻关注鸡群动态,注意调节舍内温度和通风换气,随着雏鸡日龄增加,逐渐过渡到室温。

(7)遵循饲料饲喂到位,少量勤添的原则。

(8)光照程序制定合理,光照时长应逐渐梯度递减,防止跨度过大导致鸡群应激。

(9)按照饲养鸡群品种,合理制定免疫程序(表12-1),实时免疫。

(10)观察鸡群精神状态及粪便情况,发现有发病特征的,要及时用药。

(11)断喙在7~9日龄进行,上喙断1/2,下喙断1/3,为防止出血,预防应激,断喙前后2~3 d,饮水中加入电解多维、阿莫西林。

(12)定期对鸡群消毒,每周2次以上。

(13)加强通风换气,扩大饲养面积,保持密度标准。

(14)称体重,对照品种标准,根据鸡体发育状况,确定何时更换饲料。

表 12-1　育雏期的免疫程序

免疫日龄/d	疫苗	免疫方式
1	新城疫+传支	点眼或滴鼻
5	法氏囊	饮水
8	新城疫+传支	饮水
	新城疫	颈背部皮下注射
16	法氏囊	饮水
	新城疫+传支	饮水
21	新城疫+法氏囊	皮下或肌内注射
	鸡痘	翼翅下刺种
35	新城疫+传支,法氏囊	饮水
42	禽流感 H5+H9	肌内注射

3.育成期(43～149 日龄)的饲养管理

育成期是指 43～149 日龄的青年鸡。此阶段的重点是提高青年鸡成活率,提高鸡群整齐度。对照饲养手册或标准体重值,定期进行体重值监测,如群体大多数体重不达标,则需要改变饲料配方,增加料中蛋白质含量,如少数鸡体重严重不达标,则需分群饲喂,以保证按期开产,早期达到产蛋高峰,在 60 日龄后进行新城疫Ⅰ系苗注射免疫或新城疫＋禽流感二联苗免疫等。

(1)育成期的营养需要

配制育成期饲料时应注意以下几点:

1)高能量、高蛋白质的日粮,使鸡的脂肪沉积过多,骨骼发育不良。低蛋白质日粮,可使骨骼发育良好。7～12 d,粗蛋白质不应超过 16%,从 13 周开始,每周降 1%,降至 13%～14% 为止,维持到开产前。

2)对钙的要求。尽量喂含钙较少的日粮。在满足骨骼发育的前提下,喂给含钙较少的日粮,锻炼鸡保留钙的能力。

3)注意钙、磷平衡,防止软腿病发生,要特别注意日粮中维生素 D_3 的含量。

(2)育成期的管理

1)光照。育成鸡每天光照时间由 10 h 逐渐缩短到 9 h,以后维持到 8 h,直至 16 周龄。

2)控制性成熟。选择和淘汰的关键节点在 2 次转舍时进行,选留健康、无残疾的鸡。7 周龄转入育成舍,18 周龄转入产蛋舍。一般要求 120～150 日龄开产,过早过晚对蛋鸡产蛋期的生产性能都有影响,主要通过饲料营养及光照时间进行控制。

3)开产前的管理。在 18 周龄时进行称重,若体重达到标准重时,应每周增加 30 min 光照时间直到 16 h 为止,产蛋率达到 50% 时,换高产蛋鸡料。

4.产蛋期(150～505 日龄)的饲养管理

(1)产蛋期的饲养管理

产蛋期的饲养管理包括初产期的饲养、高峰期的饲养及高峰后期的饲养。

1)初产期的饲养。此阶段是蛋鸡饲养的关键时期,由于大部分蛋鸡由非产蛋状态,突然转入产蛋状态,体内激素分泌不稳定,抵抗力下降常出现产畸形蛋、带血蛋等,并且如果饲养管理不当,还会经常突然死亡,因此,每隔 10～15 d 可通过饮水使用中草药制剂或抗病毒药物来避免此类死亡,另外,由于产蛋率的直线上升,相应的饲料营养包括蛋白水平和钙、磷平衡,要及时调整到高营养要求。

2)高峰期的饲养。此阶段是饲养蛋鸡效益最高的时期,此阶段饲养的关键在于促高产,延长高峰期和降低死亡率。因此,饲养上要做到以下四个方面的要求:一是调整饲料营养浓度,依据品种营养需求,以高出需求水平 5% 的基础来确定日粮蛋白水平,并且夏季要再增加 5%;二是注意钙的补充及平衡,产蛋期钙的需要比生长期高 3～4 倍,高峰期钙、磷的平衡比例为 6：1;三是注意维生素的含量,特别是脂溶性维生素易被氧化,更易缺乏,夏季应在饮水中另加电解多维或料中拌入鱼肝油,可长期应用;四是减少各种应激,饲料要稳定,尽量不要出现饲养管理及环境应激因子,如打针、驱虫、断料、断水、停电、停光、温度太高、室内有害气体超标等。

3)高峰后期的饲养。此阶段,产蛋率逐渐下降,蛋鸡卵巢机能及饲料营养素转化效率都呈下降状态,因此,可在饲料中添加增加卵巢健康和提高饲料转化率的药物性饲料添加剂,从而延长产蛋期。另外,由于蛋鸡产蛋性能降低,蛋白的需要相应降低,饲料中多余的能量变成脂肪,蛋鸡易过肥,所以鸡产蛋率下降 1 周后降低蛋白及能量的水平。另外由于高峰后期部分蛋鸡产蛋率低或停产,因此一定要做好淘汰工作,要想获得较高的经济效益,必须及时淘汰且使高峰后期平均产蛋率保持在70％左右。

（2）蛋鸡的光照

适宜的光照体系对鸡的活动、物质代谢、生长发育和生产性能的表现有着非常重要的作用。光照的总原则是育雏前期光照要求时间长，光照强度强，育成期绝对不增加光照时间和强度；产蛋期绝对不能减少光照时间和光照强度，光照时间最长不能超过17 h，光照强度不能超过4 lx/m²。

5.种鸡的饲养管理

为了保证种鸡各器官的正常发育，降低生理应激造成的不良影响，为鸡群以后的高产、稳产打好基础，在饲养管理上应做好以下几项工作：

（1）适时转群上笼

一般中大体型鸡在14～15周龄，小体型鸡在15～16周龄转到产蛋舍饲养比较适宜。进入17周龄以后，鸡体处于快速发育时期，该阶段应避免转群等应激因素造成的影响，同时也为17～18周龄鸡群性成熟的调整预留充足时间。

（2）及时调整限饲方案

1）种鸡进入预产期后，为了满足鸡群快速发育的需要，应逐步脱离限饲，由前期的四三、五二等严格的限饲方式过渡到每天饲喂，放料速度加快，料量逐步增加；周增加料量控制在5～8 g/只比较适宜，一般每周加料2～3次，每次不超过3 g/只，逐步达到适宜的开产料量（开产料量为预设高峰料量的80％～83％比较适宜），因为如果此阶段限饲过严，会导致性成熟极度推迟，19～20周龄后如果超量饲喂，则会直接导致种鸡子宫结构异常，产蛋期种蛋品质差，脱肛鸡多。

2）后备料逐步过渡到预产料。种鸡预产期快速发育的特点要求必须提高饲料中的营养水平，后备料中粗蛋白水平低（15％～16％），粗纤维含量高，氨基酸水平低，钙含量低，各种指标均达不到预产期的营养需要。因此，在18周左右必须由后备料过渡到预产料，可以促进卵泡的发育、骨髓的形成（骨髓是钙的储备库），让小母鸡产前在体内储备充足的营养和体力，同时经过预产阶段（一般为18～23周）预产料的使用，可以提高初产期种鸡对高钙饲料的适应性，最大限度地减少营养性腹泻的发生。对于发育状况较差的鸡群，预产料饲喂应延长1周，以促进其生长发育。

3）对鸡群中不同体型的日采食量进行重新调整，根据体型大小采取不同的料量标准，大体型鸡采食大料量，小体型鸡采食小料量，各体型之间的料量差异控制在2～3 g/只，因为此阶段鸡体骨架已发育完成，如果小体型鸡采用大体型一样的料量，会导致鸡只过肥。

4）进入预产后期，临近开产时（一般为22～23周龄），当鸡群产蛋率达到3％～5％时，必须过渡到种鸡料，最迟不能晚于10％的产蛋率，以满足鸡群的营养需要，特别是对钙的需求。

（3）做好开产前的选种

开产前进行最后一次选种，以进一步提高开产鸡群的质量，重点是将残鸡、病鸡、发育迟缓的低产鸡，毛色、体型不能满足品种要求的鸡只淘汰，淘汰比例控制在2％～3％。

（4）充分保证预产期的周增重，并建立体重监控机制

进入预产期后，鸡体各方面发育集中体现在体重迅速增加，因此，该阶段要保证鸡群的充分发育，就必须保证鸡群体重充分增长，根据品种要求，大体型鸡周增重控制在90～110 g，小体型鸡60～70 g比较适宜，到开产时，其开产体重必须达到或接近品种要求。同时建立体重的监控机制，每周对鸡群进行定笼抽称，早上空腹抽称一次，抽称比例为3％左右。

（5）注意合理控制光照

1）顺季鸡群预产期光照控制。3～8月份白昼时间长，此阶段开产的鸡群属于顺季鸡群，半开放式鸡舍比较难控制光照，可以考虑在开产前推迟加光或不加光，以防止鸡群早产；对封闭式鸡舍而言，则

可以根据原来的光照制度,在18~19周龄进行加光,使开产时光照时间达到13.5 h。

2)逆季鸡群预产期光照控制。9月份至翌年2月份白昼时间逐渐缩短,此阶段开产的鸡群属于逆季鸡群,可以完全使用自然光照,在19周龄时再进行加光,使开产时光照时间达到13.5 h。

(6)注意性成熟整齐度的调控

在开产前4~5周龄(一般要求在18~19周龄完成)进行性成熟的调整,将早熟部分鸡放在鸡舍中间较暗的地方,将晚熟部分鸡放在鸡舍两边较明亮的地方,并对晚熟部分鸡增加料量和维生素的添加量,促进其发育,使其跟上全群的进度,以提高全群性成熟的均匀度。但调整只能在各群舍内部进行。

(7)开产前的驱虫工作

开产前4周进行一次驱虫工作,对寄生于体表的虱、螨类寄生虫,采取喷洒药液的方法进行治疗;对寄生于肠道内的寄生虫,采取拌料喂服,以净化鸡群。

(8)对早产鸡群进行产前限饲,控制鸡群早产

如果鸡群出现早产,可在产蛋率达到3%~5%时对鸡群进行产前限饲,通过限饲可使鸡群开产时间推迟7~14 d,达到性成熟的统一,以提高蛋重、入孵率和鸡苗质量等目的。但产前限饲为非常规手段,如果控制不好,可能对产蛋高峰和高峰过后产蛋率的维持产生不良的影响,因此,各种鸡场应根据实际情况决定是否采取该项措施。

第五节　鸡场的成本管理

一、生产成本的分类

生产成本是衡量生产活动最重要的经济指标。鸡场的生产成本反映了生产设备的利用程度、劳动组织的合理性、饲养技术状况、鸡生产性能潜力的发挥程度,并反映了鸡场的经营管理水平。鸡场的生产成本大致可分为2类。

1.固定成本

鸡场的固定成本,包括各类鸡舍及饲养设备、运输工具及生活设施等。固定成本的特点是使用年限长,以完整的实物形态参加多次生产过程,并可以保持其固有的物质形态,只是随着它们本身的损耗,其价值逐渐转移到鸡产品中,以折旧方式支付。这部分费用和土地租金、基建贷款、管理费用等组成鸡场的固定成本。

2.可变成本

用于原材料、消耗材料与工人工资之类的支出,随产量的变动而变动,因此称之为可变成本。其特点是参加一次生产过程就被消耗掉,如饲料、兽药、燃料、垫料、鸡苗等成本。

二、鸡产品成本费用的构成与分析

1.鸡产品成本费用的构成

(1)鸡苗成本

鸡苗成本指购买鸡苗的费用。

(2)饲料费

饲料费指饲养过程中消耗的饲料费用,其运费及人工费也列入饲料费中。这部分是鸡场成

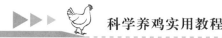

本核算中最主要的一项费用,可占总成本的60%~70%。

（3）薪酬

薪酬指直接从事鸡生产的饲养员、管理员的工资、奖金和福利费等费用。

（4）固定资产折旧费

固定资产要合理确定折旧年限。简易鸡舍3年折旧,即3年可收回基建费;而比较好的鸡舍,如砖木结构的折旧年限15年,土木结构的折旧年限8~10年,钢结构的折旧年限15~20年。鸡笼、饲料加工设备等折旧年限5年,车辆折旧年限10年。固定资产的修理费按折旧费的10%计。计算方法如下:

$$年基本折旧费 = \frac{固定资产原值 - 残值 + 修理费用}{使用年限}$$

$$年大修折旧费 = \frac{使用年限内大修累计费用}{使用年限}$$

（5）燃料及水电费

燃料及水电费指鸡场内正常生产中所消耗的燃料及水电费用。

（6）防疫医药卫生费

防疫医药卫生费主要指养鸡过程中按照鸡场免疫程序及地区疫病情况和饲养过程预防、治疗药品费用。

（7）维修保养费

维修保养费指鸡场内相关饲养设施设备的维修保养费用,包括维修保养人员工费。

（8）低值易耗品费

低值易耗品费指生产环节中使用的低值易耗用品的费用。

（9）企业管理费

企业管理费指非直接生产人员的工资、奖金、福利及差旅费等。

（10）其他直接费用

其他直接费用是指其他与生产相关的杂支费用。

2.总成本中各项费用的大致比率

（1）青年蛋鸡（育成鸡）的成本构成

青年蛋鸡（5~20周龄）总成本的构成如表12-2所示。依据此表,只要知道一项开支即可推算出总成本额。如知道饲料费开支多少,那么只要将饲料费除以67%,即可推算出该鸡育成期的总成本。

（2）鸡蛋的成本构成

蛋鸡的主要产值来源于鸡蛋,核算鸡蛋的生产成本是每个蛋鸡场必做之事,鸡蛋生产中各项成本支出的构成如表12-3所示,依据此表,可大致推算蛋鸡生产利润。

表 12-2　青年蛋鸡总成本构成　　　　　　　　%

项目	每项费用占成本的百分比	项目	每项费用占成本的百分比
雏鸡费	20.00	折旧费	2.52
饲料费	67.00	维修费	1.23
工资福利费	3.00	水电费	2.00
防疫医药卫生费	2.50	低值易耗品费	0.35
运输费	1.00	企业管理费	0.40
		合计	100.00

表 12-3　鸡蛋的总成本构成 %

项目	每项费用占成本的百分比	项目	每项费用占成本的百分比
购 20 周龄青年蛋鸡费用	22.00	折旧费	1.00
饲料费	70.70	维修费	1.00
工资福利费	2.00	水电费	1.10
防疫医药卫生费	1.20	低值易耗品费	0.20
运输费	0.50	企业管理费	0.30
		合计	100.00

三、饲料消耗分析

从饲料消耗定额、利用率和饲料日粮三个方面分析。首先统计饲料消耗量,然后与各自的饲料定额对比,分析饲喂前和饲喂过程中日粮配合、饲料运输、加工、贮藏、保管和饲喂等环节上的浪费情况,提高饲料的利用率,改进鸡场的饲养和管理水平。

四、劳动生产率分析

$$全员劳动生产率 = \frac{全场年生产总值}{年平均职工人数}$$

$$直接生产工人劳动生产率 = \frac{全场年生产总值}{年平均直接生产工人数}$$

$$每个工作日某种鸡产品的产量 = \frac{某鸡产品的总量}{直接生产工作日数}$$

第六节　盈利核算

经济活动分析虽然必要,可是尚不能回答最终是盈利还是亏本及其具体数额这样的问题,因而还要进行盈利核算。

一、盈利的含义

盈利就是从产品价值中扣除成本、税收等开支后的剩余部分。养殖企业一般是免税的。

二、盈利核算指标

1.利润额

利润额指鸡场利润的绝对值。

$$利润额 = 销售收入 - 生产成本 - 销售费用 - 税金 \pm 营业外收支$$

营业外收支是指与鸡场生产经营无直接关系的收入或支出,如奖金、罚款或补贴等。

2.利润率

因鸡场规模不同,考核利润率才能公正地判断鸡场经营管理水平高低。可将利润额与资金、产值、成本分别对比,以便从不同的角度说明问题。

(1)资金利润率＝年利润总额÷年平均资金占用额×100％

年平均资金占用额＝年流动资金平均占用额＋年固定资产平均净值

资金利润率低,意味着占用的资金多,表示要多承担固定资产折旧费和修理费,还要多付利息。当然利润额低,资金利润率也低。

(2)产值利润率＝年利润总额÷年产值总额×100％

(3)成本利润率＝年利润总额÷年成本总额×100％

三、养鸡成本分析案例

1.蛋鸡成本

(1)支出

一只鸡从出生至淘汰,各阶段(育雏期、育成期、产蛋期)的饲养成本(饲料、人工、防疫、水电等费用)。

1)鸡苗:3.8 元/只。

2)育雏、育成期所需饲料费用:7 kg×3.0 元/kg＝21.0 元。

3)产蛋期所需饲料费用:45 kg×3.0 元/kg＝135 元。

4)防疫、人工、水电费等费用:共计 3 元。

以上 4 项合计 162.8 元。

(2)收入

一个产蛋期可产蛋量(枚数折合千克数)、鸡蛋价格(规模场、散养户各是多少)。

1)一个产蛋期可产蛋量:产蛋 360 d×90％产蛋率×60 g＝19.44 kg。

价格:19.44 kg×8.6 元/kg＝167.2 元。

2)蛋鸡的淘汰价格(元/kg),平均一只鸡的体重:2 kg/只×10.55 元/kg＝21.1 元

两项总收入:188.3 元

(3)盈利

每只蛋鸡盈利:188.3－162.8＝25.5 元/只。

2.肉鸡成本

(1)支出

一只肉鸡的饲养成本(饲料、人工、防疫、水电等费用)。

1)鸡苗:2.8 元/只。

2)饲料成本:5 kg×3.2 元/kg＝16 元。

3)其他费用:防疫、药费等 1.2 元/只,人工、水电费 0.5 元/只。

以上 3 项费用合计 20.5 元。

(2)收入

肉鸡销售收入(元/kg),平均一只鸡的体重:2.5 kg/只×10.2 元/kg＝25.5 元/只

(3)盈利

每只肉鸡盈利:25.5－20.5＝4 元/只。

四、鸡场盈利策略

1.降低成本

鸡的生产成本主要由饲料、鸡苗、固定资产折旧、人工、兽药、低值易耗品等成本组成。在每批

鸡的饲养中,均应核算成本,并通过成本分析,找出管理上的薄弱环节,采取有效的改进措施,以不断提高经济管理水平。准确核算生产成本,可以准确计算销售利润;降低生产成本,不仅可以提高经济效益,还可增强产品的竞争力。降低生产成本的重点是降低饲料费用支出,提高产品总产量。

（1）降低饲料成本

饲料是鸡产品沉积的物质基础,是发挥良种高产性能的重要支柱。饲料费用占成本的比率最高,对收益的作用显著。因而要降低生产成本,在饲料费用方面具有较大的潜力可挖。

1）合理设计配方　通过全价配合饲料,加速鸡的生产效益,降低增重的料肉比或产蛋期的料蛋比;要求所用饲料既能满足鸡增重或产蛋的营养需要,又可获得较高的经济效率。具体可根据饲料经济效率来评价饲料配方的优劣。其计算公式如下:

$$饲料经济效率 = \frac{鸡销售收入}{饲养鸡饲料成本} \times 100\%$$

有了饲料经济效率这一指标,就为我们全面考虑、正确评价鸡饲料(或饲料配方)提供了准确可靠的依据。在具体选用饲料配方或更换饲料时,可根据各种饲料的经济效率高低来决定取舍。

2）降低饲料价格　即在饲料的全价性和增重产蛋效果尽可能不受影响的情况下,选用当地生产的、容易购买或养分相近可以替代的低价饲料。在工作实践中,首先考虑通过配给营养全面的饲料以提高鸡的出场产量,从而增加养殖收入;其次是在同等营养水平的饲料或配方中选用价格较低者,既要分清主次,又要适当兼顾。绝不能不重视出场产量和饲料报酬,盲目追求降低饲料成本。

3）减少饲料浪费　在鸡的饲养成本中饲料费约占 70%,千方百计减少饲料浪费,就可有效地降低成本,增加效益。能导致饲料浪费的原因很多,可以概括为直接浪费和间接浪费两大类,尤其是间接的饲料浪费应特别予以重视。一般情况下,这类浪费可能造成10%～20%损失,所以要时刻注意减少饲料的浪费。具体措施:①科学设计料槽,减少鸡采食时的浪费。②添加饲料操作要谨慎,防止抛洒浪费。③饲料贮藏应通风干燥,防止霉变。④严防鼠害,减少老鼠消耗饲料量。⑤合理设计鸡舍,防止冬季舍温过低。鸡舍温度低于最适温度下限时,每降低 1 ℃会浪费饲料 1%。⑥改进饲料配方,平衡日粮营养水平,减少营养隐性流失。⑦搞好日产管理,减少应激影响,确保鸡群健康,以减少由疾病或应激造成的饲料浪费。

（2）减少能耗和医药费

1）减少此项开支,可采取如下措施:鸡舍供温采用廉价能源;鸡舍照明灯加灯罩,可降低照明灯功率 40%,仍能保持规定照度;加强全场灯光控制,消灭长明灯。

2）医药费支出占生产成本的第四、五位。减少此项费用,宜以防为主,防重于治;宜用效果较好、价格低廉的药物;许多情况下价格高低和疗效好坏并不一致。不要盲目用药,也不必过多地加大药量;对于无饲养价值的鸡,应及时淘汰,不再用药治疗。

（3）提高鸡产量

鸡总产量是影响鸡场经济效益的决定性因素,应努力提高。可通过提高鸡的平均出场产量、育成率及产品合格率去实现。

（4）提高生产技术水平

现代商品市场的竞争,关键是技术的竞争,只有高质量、低成本的产品,才有真正的竞争力,但这要靠先进的生产技术来实现。

要充分发挥肉鸡优良品种的遗传潜力,在生产实际中达到应有的生产性能,就需要规范饲养管理技术,提供优质低成本的全价饲料,用科学的免疫程序防治疫病,并及时将新技术、新方法引入生产实践中。现代养鸡的生产技术在不断改进,竞争日趋激烈,即使各方面条件都具备,成功

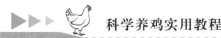

的必要条件还是取决于生产技术水平。

2.增加收入

现代鸡场经营的基本准则是养鸡生产必须与社会发展相适应,以取得更多利润为主要目的,其产品应是低成本、高质量,适合市场需要。为此,要增加鸡场的经济效益,既要制订正确的经营决策,使产品具备市场竞争能力,销路畅通,又要采用先进的科学技术,提高产量、降低成本,同时还要抓好生产中的经营管理工作。

(1)制订正确的经营决策

重视生产前的经营决策制订,合理规划出一个长期的战略目标,确定鸡场的发展方向,避免和减少生产中的盲目性,保持生产与市场需求相适应。正确的经营决策,应根据主客观条件,扬长避短,发挥自己的优势,因地制宜地建立生产结构,合理搭配饲养品种与数量,这样才能提高鸡场产品质量和产量,降低生产成本,增加鸡场收入。

(2)提高鸡场素质,增强竞争力

鸡场素质包括投资者、管理者和饲养工作人员的素质,饲养设备生产工艺的素质以及产品素质等。当今市场的竞争实质是人才的竞争、科技的竞争,提高鸡场的经济效益,必须引进市场竞争机制,重视人才,重视知识。

(3)重视科学技术,提高技术水平

目前,社会生产率的提高,60%以上源自科学技术的进步而获得。在鸡的养殖过程中,品种选择是第一位,饲养良种鸡是增加经济收入的基础,相同饲养条件下,饲养良种鸡可以提高30%经济收入,在实际生产中,应注意选用高产高效、适应性强、易于饲养管理的鸡。应用动物营养学原理,合理科学的配料是提高经济效益的关键。在养鸡业中,应用精准饲喂技术,避免饲料浪费,降低饲料成本是降低养鸡成本的关键环节。

(4)加强鸡场的经营管理

鸡场要增加收入,就不能成为单一的生产型,而应该向经营型转变,搞好鸡场内部经济核算,提高经济效益,面向市场,加强对市场的研究,把生产、加工和销售紧密地联系在一起,改善经营管理,增强竞争能力;同时,建立健全相应的岗位责任制和经济责任制。

第十三章 ▶▶▶
"互联网＋"现代养鸡业

第一节 "互联网＋"智能化设备的应用

一、互联网与现代养鸡业

"互联网＋"是利用信息通信技术以及互联网平台,让互联网与现代化养鸡业进行深度融合,创造新的发展生态。它代表一种新的社会形态,即充分发挥互联网在社会资源配置中的优化和集成作用,将互联网的创新成果深度融合于经济、社会各领域之中,提升全社会的创新力和生产力,形成更广泛的以互联网为基础设施和实现工具的经济发展新形态。"互联网＋"代表着现代农业发展的新方向、新趋势,也为农业高质量发展提供了新路径、新方法。

1."互联网＋"现代养鸡业的关键技术

(1)通信技术

当前我国很多大型养鸡场养鸡设备均已实现自动化或半自动化,生产流程能够通过监控探头实现实时视频,但未能真正将通信技术作为一种重要的载体逐步融入畜牧行业的发展过程当中。例如:利用有线或无线方式,通过互联网和4G、5G网络,以大型服务器为中心,将各个终端设备包括手机、养鸡设备等连为一体,实现数据的收集、分类、查询与分析,进一步提高生产进程中的信息共享效率。

(2)人工智能技术

人工智能是研究、开发用于模拟、延伸和扩展人的智能的理论、方法、技术及应用系统的一门新的技术科学。养鸡场通过应用人工智能技术实现自动、高速处理信息。利用大数据分析原理,以大量的基础数据为依据,参照养鸡场各类鸡舍环境变化模拟人类的思维判断系统,实现养鸡业管理的智能化操控,实现智能生产。

(3)预测技术

预测技术对智能化养鸡场而言,至关重要。该技术对基础数据库的要求很高,需要动态地收集最新的数据,再通过特定程序进行逻辑推理演算,将各类公式、经验进行有效运算和装配组合,实现对不同问题、事物的定量、定性分析,为使用者预测各类预案的运行结果,用精确的数据分析对预测结果做深层次的说明,为生产活动中遇到的问题做出科学的决策和指引。

2."互联网＋"现代养鸡业的实现条件

就我国的养鸡业现状而言,装备仍旧欠缺,发展"互联网＋"现代养鸡业模式,不是单独依靠某个人、某个企业或国家的政策强化,而是需要方方面面的联合作用,具体条件如下:

(1)国家政策强化

畜牧业发展的强大也是国家赋予强国安邦的政治使命,信息咨询日益发达的今天,加快"互联网+"模式畜牧业的发展,已然成为发展的新要求,是产业发展的需要,是时代发展的必然趋势。2016年中央一号文件提出大力推进"互联网＋"现代农业,应用物联网、云计算、大数据、移动互联等现代信息技术,推动全产业链改造升级,迈向智慧农业时代。有政策上对互联网建设予以帮扶,引导信息化畜牧业的发展,"倒逼"生产经营模式革命。

(2)畜牧业数据库的建立与管理

加快城乡Internet网络和通信数据网络4G和5G建设,普及计算机应用技术和智能手机采集终端建设,逐步推进养鸡场信息收集、数据库建设,构建各个区域性的数据共享平台,对各节点收集的数据统一管理,做好更新与分类工作,服务畜牧业在自动化、信息化方面的发展。

(3)农业信息化人才的培养

当前从事畜牧业自动化设备研发的多为工科类技术人员,在畜牧业自动化控制系统开发方面缺乏畜牧业专业技术支撑,导致开发的系统存在局限性,多为通用模板,很多系统在实际应用中需要根据养鸡场自身情况进行二次开发,才能更加完善系统的控制应用。加强培养既懂养鸡专业又懂互联网、信息技术的人才队伍成为养鸡场智能化发展的基础。在人才培养上坚持两手抓:对内抓养鸡人才的信息化教育,提高他们的信息化应用水平;对外要吸收引进一批了解养鸡知识并熟练掌握信息技术的人才,在工作中加以指导,使之成为加快养鸡产业信息化发展的主力军。

3."互联网＋"现代养鸡业的意义

(1)互联网是养鸡业的重要信息来源

互联网信息更新速度快,拥有很多知名成熟的畜牧网站,为养鸡生产经营者提供了丰富的、即时的原材料行情、产品市场行情、疾病流行情况等信息,成为养鸡从业者获取信息的重要渠道,有利于养殖场及时调整饲料采购数量、实时管控生产经营规模,实现供销平衡,效益最大化。

(2)催生了新产品、新技术和新工艺

互联网技术在现代养鸡业的发展中,彻底改变了养鸡业那些传统的养殖模式和饲养技术,催生了一批适应现代养鸡业的新产品、新技术和新工艺。

(3)互联网促进禽产品流通模式的改进

传统禽产品的生产销售链比较复杂,中间流通环节复杂,流通效率低下,成本高,损耗严重。"互联网＋养鸡业"使养鸡业生产者与消费者可充分共享信息,缩短产销链,提高流通效率,降低中间成本。

(4)互联网促进现代养鸡业技术服务体系的发展

处于防疫要求,养殖户间互动较少,信息更新停滞,导致对市场动态、市场预测、疫病预警等信息来源不及时。而透过互联网技术,建立官方信息发布平台,以"移动通信＋互联网＋信息技术"为支持构建远程网络服务体系则可以改变原有的信息传递的模式,实现真正意义上的技术服务体系现代化、信息化、实用化。"互联网＋现代养鸡业"将为过去缺乏效率的农牧产品市场注入新的巨大活力,必将成为发展空间最大的创新领域,开启智慧型"现代化养鸡业"新模式。

二、现代化鸡场智能化控制系统

智能化养鸡是通过智能控制系统控制鸡舍相关设备进行工作,依据设定程序进行自动定时定量添料、自动饮水、定时除粪,做好通风换气,适时补温和加湿,来维持鸡舍内温度和湿度,需要补光的时候能自动开启照明灯及控制光照强度,始终给予鸡只一个舒适的鸡舍环境,为养鸡生产减少工作时间,减少劳动力,提高了工作和生产效率。通过控制、监测鸡舍内环境的温度湿度、光照强度和时长、水和料的有无,以及监控鸡只的行为状态,来帮助我们更好地管理鸡场,提高生产效率,均衡市场禽产品类的销售。

我国养鸡场的智能化养殖设施设备的发展,经历了从人工养殖,简易机械辅助养殖,半自动化机械养殖到规模场智能化养殖共 4 个阶段的发展历程,凝聚了大量养鸡从业人员、养鸡设备研发人员的工作经验累积及开发思维整合。

在自动化养殖场里,许多养殖工作并不需要人力,而是由机器独立或协调完成的。而如果要有序,按照设定要求将鸡舍内其他设备运行,则需要关键的核心设备——控制系统。

控制系统随时随地将鸡舍各方面的信息集中、整合、分析,按照提前设定好的程序向其他系统发出"命令",各个系统接收到"命令"后,及时调整运行状态,完成需要进行的养殖工作或是维持鸡舍内良好的养殖环境。因而,控制系统实际需要完成的工作有两个方面:一是收集整理信息;二是根据整理出的信息发出"命令",使整套设备自动运行。

本部分内容仅对半自动化机械养殖和智能化养殖模式中应用的一些设施设备做简要介绍,仅供参考。

1.单片机设备控制系统

在鸡场机械化进展到一定程度时,单一依靠人工控制鸡舍内各种设备进行鸡舍环境控制和饲养过程,对饲养员而言工作量也相对烦琐,且容易出现操作失误现象,对此,畜牧机械自动化企业研发了一种初级单片机与单一指标监测模块组合的设备控制系统,此类单片机仅能实现对鸡舍部分环境指标进行监测,并控制单一设备进行该指标的调节。

(1)鸡舍温度单片机控制系统

1)AT89C52 型单片机与 DS18B20 模块组合的鸡舍温度自动控制系统:该系统中 AT89C52 型单片机是低能耗、高性能、片内自带 4 KB 快闪可编程/擦除只读存储器的 8 位 CMOS 微控制器,与 MCS-51 型微控制器产品系列兼容,使用高密度、非易失存储技术制造,不需扩展即能满足要求。

2)DS18B20 为美国 DALLAS 公司的单总线数字式温度传感器,结构简单、不需要外接电路、可以用一根 I/O 数据线供电并传输数据以及可由用户设置温度报警界限等特点。二者结合的鸡舍温度系统能实时监测鸡舍温度,并通过对鸡舍纵向风机的启停运行来进行鸡舍温度调节,具有精度好、灵敏度高、工作稳定等特点。

(2)鸡舍光照单片机控制系统

1)STC8952RC 型单片机与 GY-30 数字光照强度检测模块。整个系统直接作用于鸡舍光照设备,能实现多点光照强度检测与储存、自动控制光照设备、设置光照程序、异常报警等功能,从而解决了人工开关鸡舍光照系统的烦琐性,提高控光的准确性。

2)KG316T-220 智能式微电脑时控开关。此类设备最早应用于鸡舍灯光控制,通过用户设定的时间、自动打开和关闭鸡舍内灯光的电源。不受停电影响,内部自动充电,开关时间可按天循环或按周循环,最长控制时间为 168 h,最短控制为 1 min。计时误差较低,每天小于 0.5 s。

同类产品有 XD-JSZM-DSKZQ 定时开关,可按光控旋钮处的照度标识值迅速设定光控开关的照度标准。

(3)鸡舍通风风机控制系统

此类控制系统主要集成了温度探头和温度控制测温器(DS18B20),通过温度控制测温器将温度信号转化为数字信号,通过并口传送到单片机系统(AT89C52)。单片机系统将接收的数字信号译码处理,通过 LCD1602 将温度显示出来,同时单片机系统还将完成键盘扫描、按键温度设定、超温报警等程序的处理,将处理的温度信号与系统设定温度值比较,形成可以控制通风风机启停工作的状态,从而实现鸡舍温度通风的智能化。另外,键盘输入方面,采用了软件来修正误操作输入,即输入的温度范围必须在系统硬件所确定的范围内,直接降低由于误操作带来的风险,提高了系统的可靠。

2.智能型多模块数据采集分析集成控制系统

此类控制系统为多功能模块的组合集成,处理的单项指标功能更精确,且能实现各个指标间的协调平衡,确保完成对鸡舍内环境指标的监测与调控。

1)以 ARM 芯片 STM32 作为系统的主控芯片,外围电路模块包括温湿度检测模块、AD 采光模块、红外检测模块、报警模块、料位检测模块、通风换气模块。主要功能是通过检测场内的温湿度,按照养殖条件设置的温湿度进行控制,温度以及湿度过高时可以启动通风风机对其进行降温排湿;养鸡场喂料和饮水监控是一个量很大的工作,针对这种情况增加了半自动喂料和饮水监控功能,当料仓没有料和缺水时会自动报警提示,让饲养员启动进料;当然,如果鸡只飞出或者跳出所呆区域,当出现这种情况时,红外报警防护就开启了,提醒饲养员有鸡飞出,及时抓取放回原处。

2)鸡舍智能集成控制系统 AC2000＋PLUS。以色列 ROTEM 计算机控制公司生产,该控制技术能够连接鸡舍内一切与生产相关的匹配设备,如温湿度控制、鸡称、监测用水量和用料量、控制加热器和通风设备等。通过用户对所养鸡品种全程的饲养参数进行设定后,可全自动完成从饲养 1 日龄开始至生产结束全过程的鸡舍设施设备运行控制及状态监测,该系统配 MUX 通信模板可与远程电脑和手机通信,如遇到设定不匹配或鸡舍内环境指标值异常或设备运行异常均可通过远程报警通知用户。

同类控制器有:BH6211 畜禽环境控制器、BH8218 畜禽环境控制器。

3.现代化鸡场的终端执行系统

(1)笼架系统

鸡笼设备的类型也决定了与之匹配的其他饲养设施设备的自动化控制程度,我国养鸡场中使用层叠笼设备的鸡舍自动化程度最高。目前,养鸡场使用的鸡笼设备类型主要有阶梯式、层叠式和福利笼,每种笼又按饲养阶段分为:育雏笼、育雏育成笼和成鸡饲养笼。

鸡笼材质也采用国际冷拉丝材料,鸡笼生产工艺主要有以下 3 种:

1)冷镀锌(电镀锌)镀锌层薄,2～3 年生锈,6～7 年的寿命,此种工艺材质的鸡笼最早形成,主要应用于前期投资低的人工养殖场,不可作为机械化或智能化养殖场。

2)热镀锌(热浸锌)镀锌层厚,不易生锈,耐久度高,能用 15～20 年,该工艺的缺点是在镀锌池浸锌不均匀,造成毛刺多,容易把鸡毛刮掉,容易把刚下的鸡蛋扎破,鸡蛋破损率高,此种工艺也不适合作为规模化养鸡场使用。

3)静电喷涂(静电喷塑)通过高压静电的引力将粉末状的涂料吸附到笼具材料上,形成一种高耐腐蚀性的磷化膜,涂料固定在鸡笼表面不易脱落,甚至随意弯折也不会脱落,耐强酸腐蚀,经久耐用,能用 15～20 年,笼具材质表面光滑美观,没有毛刺呈现,鸡笼适宜作为规模化智能化养殖场使用。

笼具进行了料槽设计改进的鸡笼设备能够更好地匹配链式喂料机,增加固定轨道后,可匹配自行式行车喂料机;育雏笼设备的自动化功能也逐渐完善,如育雏笼的自动控制限位挡板,可以实现由控制系统依据育雏鸡的日龄进行程序设定后,按照程序进行限位高低的调节。蛋鸡的福利笼也配备了沙浴区,隐蔽式产蛋区和栖架等。肉鸡饲养笼甚至配备了体重称量装置和底网门控制装置,成鸡体重达标后,可通过控制室进行笼位选择,并开启底网门将达标笼内肉鸡卸载于传送带上进行出栏传输(图13-1)。

图 13-1　层叠笼、育雏笼和阶梯笼

(2)喂料系统

喂料系统也实现了自动控制,可以实现手动和自动喂料状态切换。实现自动控制喂料的系统包括:槽式转运链喂料机、塞盘式喂料机、绞簧盘式喂料机、自行式行车喂料机。

1)槽式转运链喂料系统　这种喂料系统是最早应用于养禽的自动喂料系统。其主要是运用了传送带的原理,将料箱中的饲料平均运送至料槽中。主要应用于笼养鸡,其优点是:空间体积占用小、投料速度快速均匀、故障率低、断电时可以人工投料、清洁维修方便快捷、价格便宜等。槽式转运链喂料系统的缺点是:料槽只能安放于地面,饲养笼的各级料槽,没有升降系统,对高度调节不灵敏;而且格栅不能调节大小,育成前期鸡只较小时容易钻入格栅,不宜开启自动转运功能,需要人工投料;犹如其开放性料槽,饲料容易污染、投料过快时容易撒料等(图13-2)。

图 13-2　槽式转运链喂料系统和转运链条

2)塞盘式喂料系统　塞盘式喂料系统是继槽式转运链喂料系统之后出现的一种新兴喂料系统。其原理是在料管内有带塞盘的链条,通过链条转动塞盘推动料管内饲料,通过料管的下料口进入料盘中。塞盘式喂料系统主要应用于地面平养或栏上散养鸡。具有升降高度可调节、饲料不易污染、料盘上的格栅和下料口的大小可以调节等自动化较高,在限饲时比较容易操作。在育成前期饲喂量比较小时,调节后的下料口也比较小,在天气潮湿或者饲料黏度较高的情况下容易堵塞料管造成不下料或者下料不均;下料口和料盘接口处结合不紧时容易漏料;运料速度比槽式转运链喂料系统慢,停电时不易进行人工喂料;零件比较细小,容易磨损等(图13-3)。

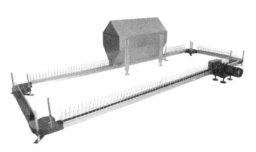

图 13-3　塞盘式喂料系统

3）绞簧盘式喂料系统　绞簧盘式喂料系统和塞盘式喂料系统相差不大，但是其原理是料管内有一旋转的粗弹簧，通过不断地旋转推动料管内的饲料，通过料管的下料口进入料盘中。但是略有不同的是绞簧盘式一般没有转角的转盘系统故而不能转弯，并且料箱和驱动系统分别位于料管的两端。其优点是：绞簧盘式喂料系统与塞盘式相比，除了其共有的优点外，运料速度要比塞盘式喂料系统快，并且没有转角，料管内不容易残留饲料等。但绞簧盘式喂料系统由于受绞簧长度及韧性的限制，与塞盘式喂料系统相比还有以下不足：驱动系统较多，料管不能太长，饲料只能从料箱一端到驱动端，驱动端的饲料量不易控制，容易缺料或者溢料（图 13-4）。

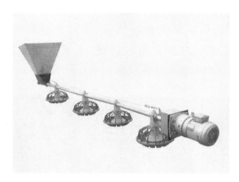

图 13-4 绞簧盘式喂料系统和料盘

4）自行式行车喂料系统　喂料行车采用电机齿轮减速机驱动，使喂料机稳定运行，并均匀下料；行车架（横梁、斜梁、轮架及配件）均采用整体热镀锌，强度好，使用寿命长；料箱选用热镀锌板制作，通过运用平料器能实现自动调料、采用饲料破拱技术及料斗的特殊角度，最终达到下料均匀。能实现定量下料，并进行划料，具有噪声小，运行稳定，维修方便等特点（图 13-5）。

（3）供水系统

目前，国内养鸡场的饮水系统均采用封闭系统，饮用水源为自来水或深井水，水质有保障，采用水塔或直接连接自来水管道。通过在每栋鸡舍主水管安装远程智能水表或电子流量计，可使饮水数据化。鸡舍水线管道中使用自动加药器，可使加药精确计量。

根据鸡笼类型和饲养方式，鸡舍内饮水器有以下几类（图 13-6）。

1）水位控制式水箱＋乳头式自动饮水器　连接水源管道后端，在鸡舍主水管道安装 1 个过滤装置，后经管道连接分布于各层鸡笼前端的水位控制式水箱，经过该水箱的减压后连接于安装乳头式自动饮水器的管线上。在水位控制式水箱中安装一个电子水位监测探头，可对每条乳头式自动饮水线的饮水消耗量进行监测、记录,并反馈到主控器 LCD 屏上。通过电子流量计进行饮水消耗量的监测和记录(图 13-7)。

图 13-5　自行式行车喂料系统

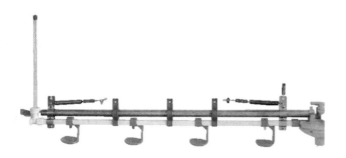

图 13-6　乳头式自动饮水线和钟式自动饮水器

2)自动式减压阀＋乳头式自动饮水器　通过电子流量计进行饮水消耗量的监测和记录,并通过主控器 LCD 屏显示。

3)自动式减压阀＋钟式自动饮水器　通过电子流量计进行饮水消耗量的监测和记录,并通过主控器 LCD 屏显示。

图 13-7　电子流量计

（4）集蛋系统

自动集蛋设备是一种通过机械装置进行自动输送集蛋的装置,具体包括导入装置、拾蛋装置、导出装置、缓冲装置、输送装置、扣链齿轮以及升降链条。拾蛋装置由多个蛋爪组并联连接在升降链条上,每一蛋爪组由多个蛋爪通过结合轴串联连接,每一蛋爪组两端通过结合轴分别与防止鸡蛋滑出的边挡相连接,边挡通过边扣固定于升降链条上。

大型自动集蛋系统则是通过多台自动集蛋设备和输送装置组成,输送装置包括蛋传送杆、链轮、传动链条以及接蛋盘。自动集蛋设备沿着输送装置的传动链条的运动方向放置于输送装置的一侧或两侧。该设备及系统具有防鸡蛋滑落和破损功能,减少人力和物力支出,适用于自动化养鸡场(图 13-8)。

（5）湿帘降温系统

湿帘降温系统通常是与通风风机系统进行联动工作的,这种联动工作程序多在鸡舍处于高温季节时,单纯依靠通风风机系统已无法满足鸡舍降温条件时启动。湿帘设备系统由多组波高5 mm,波纹 45°×45°交错对置的特种纸制蜂窝结构材料为主体和水循环管道及水泵电机组成(图 13-9)。

图 13-8　自动集蛋设备系统和滚轴传送带

图 13-9　湿帘降温系统

(6)通风系统

通风设备是相对湿帘运行时间和运行频率较高的设备,通风风机设备的合理选择与布局及科学使用是鸡舍通风效率和所饲鸡只健康保障的关键。鸡舍通风风机的选择和布局需要考虑鸡舍大小,横切面积和鸡舍用途以及最低和最高通风量时运行的风机数量与轮换频次。鸡舍通风设备一般采用大直径、低转速的轴流风机(图 13-10)。

图 13-10　定频和变频轴流风机、变频电机和变频器

(7)开启角度可自动进行的通风小窗装置

鸡舍通风小窗又叫呼吸窗、换气窗、侧风窗,根据大气流力学的原理,采取机械排风,负压进风设计,不开窗实现室内污浊空气快速排出室外,室外新鲜空气净化后自然平衡进入室内,形成室内外空气流动交换,保持室内空间的空气质量。

现代化鸡舍实现了对通风小窗的开启及开启角度的自动控制,鸡舍智能控制系统通过监测鸡舍内空气质量指标参数进行鸡舍通风小窗的开启和角度的调节动作,或在鸡舍风机停运后,通过鸡舍压力监测,自动开启鸡舍通风小窗,实现鸡舍内外空气的自然平衡(图 13-11)。

(8)传动带自动清粪系统

为了更好地提供鸡舍内环境质量,现代化规模鸡场均采用了传送带清粪系统,该系统清粪效率高,且对鸡粪几乎不产生物理搅拌作用,鸡粪含水量低,清粪彻底(图13-12)。

图 13-11 手动鸡舍小窗绞索器、通风小窗和自动电动绞索机

图 13-12 传送带清粪系统

(9) 鸡舍照明系统

依据不同生产阶段鸡的需求,通过选择光源(冷光源、暖光源或单色光源),并对光源依照程序设定进行光照时长和光照强度的自动调节,为不同品种、不同生产阶段的鸡提供适宜的光照时长及照度,实现科学、合理的光照。

可编程式光路控制器,采用PWM(脉宽调制)数字化亮度调节技术;通过拨码开关来切换调节变化模式,适用于控制RGBW的LED照明灯具产品(图13-13)。

潍坊博瑞光电科技有限公司自主研发的多功能灯光控制系统,使一盏灯满足鸡生长不同阶段的需求。该系统具有多区域、多时段、多灰度(亮度)的控制功能;并拥有独特的开关缓冲设计,渐明渐暗避免了光线对鸡群造成的应激反应和挤压;对平养家禽来说,因平养分为两高一低或一低两高,智能控制能够在同一舍内调整灯具功率,使其均匀受光,改善了因挂灯高度一致而造成光照受光面高低不同、光照度不同且不均匀的缺点;阶梯式笼养鸡舍两边单排笼,智能控制系统能够降低两边灯具功率,合理地控制了光照度,达到家禽需求的光照(图13-14)。

图 13-13 可编程式光路控制器

鸡舍用光源有白炽灯、荧光灯、节能灯和LED灯。随着鸡舍智能化程度的提升,鸡舍用光源的选择范围也越窄。现对鸡舍用光源进行一个简单的介绍,虽然有些光源已基本不用。

  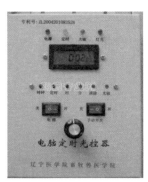

图 13-14 多功能灯光控制系统和半自动灯光照度控制仪

1)白炽灯。依靠灯丝通电发热产生光,灯丝温度越高,光就越亮。白炽灯光能效率低下,只有极少一部分(可能不到 1%)可以转化为有用的光能(图 13-15)。

缺点:照明灯具中,白炽灯效率是最低的;使用寿命通常不会超过 1 000 h。

2)荧光灯。依靠灯管的汞原子,由气体放电的过程释放出紫外光。所消耗的电能约 60% 可以转换为紫外光;其他的能量则转换为热能(图 13-16)。

缺点:荧光灯其缺点是生产过程和报废后对环境有污染(汞污染),不环保。

图 13-15 白炽灯

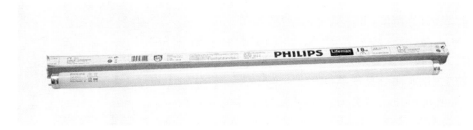

图 13-16 荧光灯

3)节能灯。具有光效高,节能明显,寿命长,体积小,使用方便;具有白色(冷光)和黄色(暖光)两种光色;相同瓦数下,节能灯比白炽灯节能 80%,平均寿命延长 8 倍,热辐射仅 20%(图 13-17)。

缺点:存在电磁辐射和电离辐射(放射线核辐射)。另外,灯管中汞也不可避免地成为一大污染源。

4)LED 灯(Light Emitting Diode)。发光二极管是一种能够将电能直接转化为可见光的固态半导体器件。光的波长(光的颜色)由 LED 芯片材料决定。LED 灯的发光二极管作为一种新型光源,具有能耗低、光电转换效率高、使用寿命长、光照参数可调控、环境效益好等特点(图 13-18)。

缺点:LED 灯相比其他照明灯价格较高。

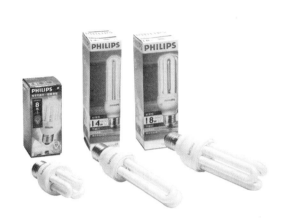

图 13-17 节能灯

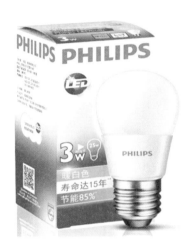

图 13-18 LED 灯

第二节 "互联网＋"鸡病诊断系统的应用

一、鸡病诊断系统

随着 Internet 的广泛应用,计算机技术和网络技术得到迅速发展,促使其相关技术也逐渐走向成熟。在互联网平台基础之上,通过将我国各类鸡病诊断资源进行整合,实现远程在线和离线诊断,也是基于智能化应用。该技术的推广应用可以缓解基层养殖场和兽医站普遍技术力量薄弱的压力,极大地缩短诊断时间,辅助兽医人员提高诊断准确性。

一个完整的诊断系统一般都包括知识库、推理模块、知识获取模块和解释传递终端等部分。

1.知识库

知识库是诊断系统的核心模块之一,其主要功能是收集人类已知的禽病知识,将其系统地表达或者模块化,使计算机可以进行推理并用于解决问题。其中储存的知识主要有两种类型:一类是相关领域中所谓公开性知识;另一类是领域专家的所谓个人知识,他们是领域专家长期在一线养殖实践中所获得的一类实践经验。由于诊断系统是运用知识来模拟兽医专家做出推理、判断,因此,知识库中知识的质量及数量是决定诊断系统中系统性能与求解能力的关键性因素。

2.推理模块

推理模块是一组程序,用来控制、协调整个系统,是诊断系统的核心部分。它的功能是根据系统设定的推理策略从知识库中选取相关的知识,对用户提供的实际发病特征进行推理,直到得出相应的结论为止。因为诊断系统是模拟兽医专家进行工作的,所以设计推理模块时,可以看作由用户提供的各种症状集合到各类疾病集合的一个映射,建立诊断系统的关键是如何找到科学的映射即推理方法,简而言之,即是诊断系统的推理过程和专家的思维过程相一致。

3.知识获取模块

知识获取模块是诊断系统中能将某专业领域内的事实性知识和领域专家所特有的经验性知识转化为计算机可以利用的形式并输入知识库的功能模块。同时也负责知识库中知识的修改、删除和更新,并对知识库的完整性和一致性进行维护。

知识获取过程可分为4个阶段:①识别领域知识的基本结构与特点,寻找适当的知识表示方法,这是知识获取过程中最困难的一步;②确定适当的知识库存储结构;③抽取领域知识转化成计算机可以识别的代码;④调试、精炼数据库。也就是说,知识获取策略是由知识的表示模式和知识库的存储结构决定的。

4.解释传递终端

具有解释功能是诊断系统区别于其他计算机程序的标志,诊断系统的解释传递终端负责对推理模块处理结果进行必要的解释。任何时候用户询问系统为什么做此判断,系统都会做出解释。这样用户可以了解推理过程,为用户向系统学习和维护系统提供方便(图13-19)。

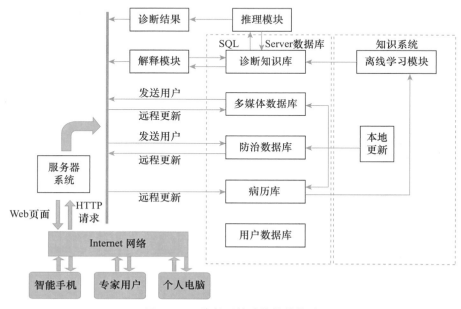

图13-19 诊断系统功能模块构建

二、诊断系统开发方式

1.基于 ASP.NET 技术和 SQL 数据库开发的诊断系统

ASP.NET 框架是一种编程框架,它在 Web 服务器上运行以动态地生成和管理 Web 窗体。在 Visual Studio 中,Web 窗体提供了窗体设计器、编辑器、控件和调试功能,这些功能结合在一起,将使您能够为浏览器和 Web 客户端设备快速地生成基于服务器的可编程用户界面。SQL 是 Structured Query Language(结构化查询语言)的缩写。SQL 是专为数据库而建立的操作命令集,是一种功能齐全的数据库语言。畜牧科技人员和计算机工程师利用计算机网络技术和人工智能技术,将 SQL 数据库和 ASP.NET 技术相结合,设计并开发了基于网络的鸡病防治与诊断专家系统。通过系统将鸡病诊断和鸡病防治知识进行集成,采用基于规则的模糊化的混合推理策略,实现了鸡病诊断和防治的数字化和智能化,用户可通过网络实现鸡病诊断、鸡病防治、鸡群管理、知识查询和统计分析等功能。

2.基于神经网络技术的案例推理开发的诊断系统

神经网络技术就是在对人脑生理研究的基础上,传递和输出信息,从模拟生物神经元的基本性质出发,组成结构极其复杂、功能极其完善的系统,建立起人工神经元的教学模型及结构模型。基于案例推理(case-based reasoning,CBR)的发展史大约可以追溯到 20 世纪 70 年代后期,它最初起源于认知科学和人工智能领域。其核心思想为"相似的案例有着相似的解决办法"。CBR 就是专家系统模拟人类依据过去经验思考和决策解决问题的一种推理技术。CBR 是用案例来表达知识,并把问题求解和学习相融合的一种推理方法,典型的 CBR 的操作过程包括检索最相似的案例,对目标方案进行修正,用已有的案例解决新的问题,当前作为新的案例存储。本系统充分发挥计算机的优势,诊断方法以人类专家的诊断方法为基础,根据疾病的症状、剖检变化与流行病学特点,应尽可能体现人类专家的特点,还要考虑病鸡症状非常典型,使其成为实际诊断中有效的辅助工具。系统采用 Windows 下的图形用户界面,界面友好,操作简便,用户可以方便快速地提高系统的性能,并集成了一套有关养鸡与鸡病知识的超文本,用户还可根据自己的经验,翻阅查找都非常方便,并通过调整系统参数,提高诊断正确率。

3.基于 Android 智能手机与服务器网络的鸡病智能诊断系统

系统开发依据信息论、控制论与系统论"三论"和模糊数学隶属度、灰色系统中的灰度二度的基本原理,对选出的 18 种鸡的常见常发病及其所有症状,做序化、量化与二维化的处理,并组成一个个的鸡病数值诊断卡。诊断系统采用手机 App 后台和 Web 服务相结合的方式,将智能诊断卡中的 C.Y 分值和进入病组资格分存入数据库,构成知识库,由手机 App 完成选项打分,将分值传回 Web 服务端进行智能诊断,方便诊断结果的保存和查询。该系统具有携带方便,能及时现场比对处理,快捷简单;但该系统的处理信息量有限。

三、"互联网＋"鸡病诊断系统应用的便利性

鸡病诊断专家系统研制成功是当前兽医临床诊断上的新创举,能够科学地将现代计量医学的研究成果和各类计算机应用技术结合在一起实现智能化的鸡病实时诊断。鸡病诊断系统具备的应用便利性特点如下:①简单易学,便于操作,无需专门培训,对使用者没有过高专业知识要求,且诊断准确率高达 95％以上。专业人员利用该软件能大幅度提高诊断准确率;②诊断准确率高,速度快,具有很强的科学性、先进性和实用性。适用于范围广泛,可用于现场临床诊断和线

下售后服务使用。

四、常见鸡病诊断系统平台软件

1.鸡病诊断专家系统（Ver 2008 版）

该鸡病诊断专家系统（图 13-20）是由北京佑格
科技发展有限公司与北京大北农集团、中国科学院
动物研究所的专家合作研究的新一代智能型兽医
临床诊断软件,系统采用了现代计量医学的研究成

图 13-20　鸡病诊断专家系统

果,应用概率统计的方法,如最大似然法、逐步判别
法和聚类分析法等,其主要诊断原理是通过对兽医临床诊断的大量样本、专家经验和书本知识对
疾病信息和症状信息进行分值计量定义,找出症状与疾病之间的统计规律,确定出经验公式,然
后根据对这些症状信息的统计处理而得出诊断结果。

（1）鸡病诊断专家系统的主要操作界面（图 13-21）

（2）鸡病诊断专家系统的主要功能

1）诊断功能　能根据患病鸡的症状和病变诊断出我国已发现的 77 种鸡病,并提供防治措施
和彩色症状图谱供您参考。

2）病历管理功能　包括新建病历、修改病历、查询病历、打印病历、删除病历等操作,方便您
对病历进行管理和维护。

3）辅助功能　包括疾病详情、症状图谱、兽药知识和鸡病视频四个部分,通过辅助工具您可
以了解和学习到更多与鸡病相关的知识。

4）系统管理功能　包括用户管理、密码修改和疾病信息维护三个部分,在疾病信息维护功能
中,您可以根据自己的经验和实际情况修改和保存自己的知识库,方便您查阅和学习。

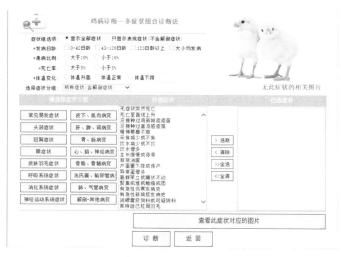

图 13-21　鸡病诊断专家系统的操作界面

2.鸡病智能诊断系统（图 13-22）

该系统是由我国动植物疾病数值诊断技术开拓者张信教授与振兴中华农业英才网合作通过
全面收集、整理肉鸡和蛋鸡的疾病及症状,建立标准的矩阵列表,并根据模糊数学、概率论、统计

学原理,分析某一种具体症状对所有疾病的价值,给出该症状对所有疾病的数学分值,从而将临床兽医师的诊断经验转化为具体的数值;后根据矩阵表及具体分值开发诊断系统软件,该系统为网络在线、免费应用的鸡病诊断平台。系统内存三大病组

图 13-22 鸡病智能诊断系统

56 种常见鸡病,三大信息组 550 种疾病症状,具有操作简单、诊断准确、运行快速等特点。使用者只需全面收集、确认症状后点击诊断按钮,即可迅速、准确地完成疾病诊断。

（1）鸡病智能诊断系统的主要操作界面（图 13-23）

图 13-23 鸡病智能诊断系统的操作界面

（2）鸡病智能诊断系统的主要功能

1）鸡病临床症状集成检索功能 依据流行病学情况,仔细观察患病鸡的临床症状,剖检死亡鸡并观察病理变化提供线索进行检索。

2）鸡病症状选择功能 点击二级信息组名称,选取其中的一个或多个具体症状。

3）诊断功能 在全面收集症状并确认无误后,点击"诊断"按钮,系统自动诊断。

3.鸡病诊断与防治专家系统 PDE(2005 版)

鸡病诊断与防治专家系统 PDE(Poultry Disease Expert)是由中国农业大学的禽病研究专家与计算机专家联合研制。软件以最新出版的禽病专著为主要依据,紧密结合国内实际情况,吸收了兽医专家长期的临床经验,软件针对国内可能发生的 100 多种疾病进行详细分析诊断,并提出了可行的防治方法。

（1）鸡病诊断与防治专家系统 PDE 的操作界面（图 13-24）

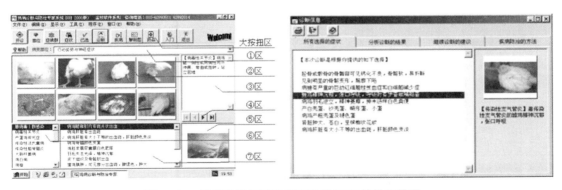

图 13-24 鸡病诊断与防治专家系统 PDE 的操作界面

（2）鸡病诊断与防治专家系统 PDE 的主要功能

1）专家智能 系统是根据专家的临床经验与诊断思想编译成的计算机程序,用户提供病

症,利用软件专家进行自动智能分析,找出可疑疾病,并指导你需要观察那些病症,以便进一步诊断,最终找到真正的疾病。随后会对该病的发病原因做详细解释和提供防治方法,并为用户提供病症的大量图片供参考。

2)超级联想　选择一个部位(如胃部),系统会提供该部位可能发生的各种病理图片,病变及其相应的疾病。用户提供一个病症,软件很快就显示有哪些疾病会引起该病症,还需关注哪些症状。选择一种疾病,软件就会很快显示该疾病可能有的病症和各种病症的图片。根据以上超级联想线索,用户不难知道应该观察或解剖的部位,获取各种病症资料。

3)清晰图片　包含近 1 000 张非常清晰的疾患图片,且可随意放大显示,并配有详细的解释。

4)内容丰富　对国内可能发生的 100 多种疾病的概述,对发病原因、流行情况、临床症状、病理变化、诊断与治疗方法等进行了详细的描述。

5)以管带治　软件在诊断过程与提供治疗方法时,充分考虑了管理、环境和营养等因素。

6)防治技术　软件提供了常用药品、疫苗的用法用量,提供了每种疾病防治方法,提供了鸡病预防的免疫程序。

4.鸡病诊断多媒体专家系统

该系统由张立平等运用计算机技术,把文字、图像、声像等多媒体综合起来,进行加工处理,研制了一套高效的基于模糊推理机制和推理结果的鸡病诊断专家系统,用户使用该系统时,可以即时获得病鸡的有关脏器病理解剖图谱和症状表现图片等信息。

五、常见鸡病诊断系统平台软件存在问题

1.软件应用范围有限,数据知识库单一,效率低下

部分兽医领域专家和兽医从业人员计算机应用水平不高,且与专业计算机人员沟通交流有限,导致软件应用范围存在局限性;缺乏完备、详尽的知识库和完善的控制程序,导致诊断效率和准确率较低,降低了软件的实用性。

2.软件系统推理模块策略简单,逻辑运行单一

软件系统的推理策略相对简单,推理过程单一,不符合兽医专家诊断疾病的思维过程,逻辑运行没有启发性和关联性是很多同类软件系统的应用缺陷。

3.软件系统的性能不高

软件系统的知识库内容固定不变,缺乏更新,导致软件应用时诊断的结果与实际出现差距,造成系统的实际性能偏低,实用性不高;软件系统功能单一、使用对象狭窄或只能提供一些基本的或者常识性的解释和判断,无法详尽、准确地进行疾病的诊断及治疗等。

第三节　"互联网＋"现代销售模式的应用

一、"互联网＋"对现代养鸡业的影响

随着"互联网＋"新时代的到来,网络信息技术迅速发展,对人们的生产生活方式产生了重要的影响。在此背景下,电子商务迅速崛起,极大程度上改变了人们的消费观念和消费方式,也对企业的市场营销环境带来极大的冲击力。家鸡业发展受到很多因素影响,如政策、地

域、金融、经济形势、疫病等。所有行业都会受到政府政策的影响,养鸡业受自然地理环境影响较大,比较脆弱,因此政府多对鸡产品实行补贴机制,也能适当弥补经济损失,保障从业人员的基本收入。养鸡业养殖体量虽巨大,但单体经济价值相对低,养殖品种繁多,疫病形势复杂,企业发展参差不齐,集约化养殖与小规模、散养模式长期并存的现状也使得养鸡业销售定价紊乱、随意性较强。随着互联网的发展,各行各业都渐渐摆脱了地域和时间的控制,养鸡业也借着互联网实现生产、销售、运输的大变革,政府调控加上市场导向,引导从业人员科学合理养殖,拓展了各类特色养殖模式的发展。

1.互联网对养鸡业资源整合的必然性

随着互联网、大数据的发展,鸡养殖模式也应顺应时代发展,侧重规范化、规模化发展,规模养殖在养殖技术、饲料、防疫及销售渠道等方面拥有成熟,且良性循环的技术支撑、技能储备和完整销售渠道等资源,能更好地利用养殖平台,与上游的饲料企业和下游的屠宰场达成战略合作,充分利用互联网信息传递的及时性、高效性分享行业信息,根据行情和市场来合理养殖。同时也兼顾小规模和散养等特色养鸡模式在满足地区环保要求下的生存之道,因其受养殖体量和传统营销模式的制约,已经难以产生更大利润,也不易抵抗自然和经济的风险冲击。因此,利用互联网进行整合资源可以促使其高质量发展。

2.互联网是养鸡业优势提升的关键

随着信息经济的不断发展,电子商务热潮也悄然影响着畜牧业的发展。借助互联网、物联网等信息技术融合畜牧业,提升畜牧业生产、经营、管理和服务水平,加快建立新型网络化、便利化、实时化、感知化、物联化、智能化、精细化的现代畜牧业新模式已是必然。通过互联网的无界性将山区养殖存量,通过大力打造发展特色养鸡业、精品养鸡业、生态养鸡业,真正地将资源优势转化为经济优势,这是"互联网＋现代养鸡业"生产发展模式的优势。

3.禽产品互联网营销模式形成的必然性

(1)禽产品供需矛盾尖锐

我国的禽产品销售受销售渠道阻碍因素的影响,使供需矛盾日益尖锐,这也就为网络营销活动的开展创造了良好的发展契机。导致这一现象的因素是因为禽产品交易信息流通不畅,销售模式单一。而网络营销本身的信息传播能力是解决这一问题的重要保障,也是缓解这一供需矛盾的有效举措。

(2)禽产品网络营销环境良好

信息技术的快速发展,不仅仅影响了社会大众的生活习惯,更多地也是在对社会大众的生活思维进行转变。特别是智能手机与网上销售平台自身的不断发展,使得我国的网上销售活动能够更加方便地被运用起来,农场主也能使用这些有利因素来推动禽产品的网上销售,在降低销售成本的同时,有效地提高了自身的生产经营利润。再者,物流服务的完善,使得各类禽产品可以在较短时间内配送到消费者手上,且其新鲜程度也能得到消费者的认可。

二、"互联网＋"现代销售模式

家禽业是畜牧业很重要的一个板块,畜牧业出现的"互联网＋"模式,有许多值得家禽业借鉴的地方。将互联网技术应用于养鸡业,弥补了养鸡业发展的弱势,促进养鸡业现代化的发展,养鸡业的"互联网＋"现代销售模式主要是通过互联网交易平台进行鸡产品的展示、销售和信息交流,相对传统销售模式,利用互联网开展鸡产品电子商务营销有利于降低流通成本,突破地域限

制,扩展销售市场,建立产品品牌,在现在和未来都具有巨大的优势。

家禽业产品的网络营销应注意两点:①建立其品牌形象;②构建稳定的销售渠道,加强与客户之间的交流沟通,以客户的需求作为销售活动、生产活动的运营前提,促使企业与农民能够在生产经营活动中得到更多的经济利润。

1.禽产品的"互联网+"营销策略

(1)增强特色禽生产模式的营销途径

绿色生态健康禽产品营销实质上就是禽产品生态健康生产和经营的过程。体现禽生产活动的生态型、健康养殖过程,提高禽产品本身的品质质量;销售活动中以生态型、健康养殖禽产品特征为基点,开展的一系列营销活动,其内容能够满足新型的销售模式,在降低营销成本的同时,得到更多消费者的青睐。可以利用互联网互动性和即时性的优势,根据消费者的不同需求划分不同的目标市场,满足消费者的个性化需求,提供个性化定制服务。

(2)增强特色认知,加大绿色、生态、健康型禽产品营销推广力度

通过对社会大众的有效宣传,使得社会大众能够更好地认识养禽业的生态生产或绿色健康型标准化生产。在这个过程中,政府应当采取切实有效的政策来引导,进而扶持企业的宣传工作得以落实到位,同时,也能让禽产品的经销者更好地去认识各类禽产品生产活动过程,帮助消费者提高消费信心,拓宽销售渠道,有效提升销售业绩。借助网络销售平台可以让传统营销活动与网络营销活动紧密结合,帮助企业提高市场占有率。

(3)禽产品生产标准化和品牌化

在对生产基地进行选址建设的时候,应当选择无污染,适合绿色生态健康禽产品生产的地区。在生产过程中,严格地按照生产标准化来控制质量。将这些生产数据运用到销售渠道中去,以此来提高消费者对其的了解与认可,实现品牌效应的显著作用,让产品可以在激烈的市场竞争中有着更加优异地表现。

(4)禽产品品质的价格策略

在销售活动中,针对价格制定来说,可以使用高价策略以及差异化定价。①依据各类禽产品自身生产过程的复杂程序和成本高低,通过包装规格及等级来标识各类禽产品或同一禽产品的不同生产途径,将差异化策略或高价高质方式落实到位,进而让不同的消费者选择适合他的禽产品,可以提高消费者对禽产品的信任度,促使销量得以提升。②以顾客为导向,关注顾客的个性化需求,为顾客提供更满意的禽产品与服务,增强禽产品价值适应性,提高顾客满意度,从根本上提高顾客购买禽产品获得的总价值。

(5)禽产品的供应链模式

互联网时代的禽产品销售,应同时具备线下和线上的销售渠道。①建设物流配送中心,让禽产品信息得以较快传递,提高服务水平的同时,也能做到针对性发展。②设立直营的店面,在提高产品销售业绩的基础上,降低中间物流费,提高配送效率。③设立网店(网络平台或手机App),为消费者提供多样化的下单模式,与物流配送方强强结合,拓宽自身的销售渠道,形成一个完整的销售服务链条。

(6)养禽企业的资源整合

在政府支持和推动下,成立了电商协会,结合当地实情主打地方特产,依托网店进行销售。通过微博、微信、旺旺、搜索引擎、直播等免费的社会化媒体促销禽产品。针对地区养禽特色,根据各个养禽场的生产特点,开展禽产品个性化定制业务,拓宽特色禽产品的销路。

2.现代电子商务营销平台

(1)企业到企业的电子商务模式(business to business,B2B)

B2B是指商家双方通过互联网技术或电子商务平台进行产品或服务交易的商务模式。这种模式可以打通企业和上下游厂商之间的资讯流通渠道,将企业内部网与客户紧密联系,在完成企业间交易的同时也为顾客提供零售服务。

例如:某电子商务有限公司主要采用现代电子商务B2B运营模式,与公司所处区域周边地区的合作社以及特色禽产品生产组织合作,为产业链的上中下游企业提供专业的信息咨询,为养禽企业提供线上交易、线下流通及物流仓储服务,同时还提供了在线融资和饲养技术推广服务。该公司将特色禽产品的生产、销售、物流、仓储和深加工及产品研发融为一体,整合了产业链条,加快了企业和企业之间的交易流程。在该模式下,散养户、小规模养殖场及规模养殖企业和专业的电子商务公司合作,避免了产品的滞销,减少了成本的损耗。但这种营销模式会加重企业物流仓储的风险,对下游销售渠道及终端客户的关注也不够。

(2)企业与消费者对接的电子商务模式(business to consumer,B2C)

B2C是指企业借助电子商务平台将产品或服务销售给个人消费者的一种营销模式。养鸡企业可以直接将禽产品或服务推上网络,并提供充足的资讯与便利的服务来吸引消费者选购。

B2C运行模式有2种:①养鸡企业与专门从事电子商务的企业合作进行禽产品营销;②养鸡企业自己独立从事禽产品或服务的电子商务运营。

例如:国内某些养禽企业,通过自主或合作的方式开设了禽产品销售网络电商平台,罗列了各类禽产品。这些禽产品信息详细、品质优良,消费者通过浏览、咨询、下单和支付等过程可完成一站式购物,方便快捷。

由于缺乏必要的电子商务知识和系统的现代信息技术应用或者为降低运营投资压力,多数家禽养殖场自己均不进行电子商务的运营,因此主要采取与电商企业合作开展禽产品的营销活动。

(3)个人与个人之间的电子商务形式(consumer to consumer,C2C)

C2C是连接用户与用户,通过网络进行产品与服务交易的电子商务形式,这种模式对解决散养户在销售过程中的弱势地位有所帮助。

某宝网在C2C领域遥遥领先,地位无人撼动。通过在某宝网中开设特色禽产品网店,借助此网络交易平台,顾客可以搜索和浏览品种齐全、种类繁多的特色禽产品,在产品对比和客服交流后就可以下单支付。这种模式很好地促进了产品与顾客的对接,满足了消费者一站式购物的需求,而客户评价机制能给其他消费者提供参考,在一定程度上又约束了商家的诚信经营行为,促进禽产品的规范按需生产。

(4)离线商务模式(online to offline,O2O)

指让互联网落地,将线上网店和线下的商品、服务相结合的形式。养鸡企业开网店向消费者展示企业和禽产品信息,同时消费者在线上筛选禽产品,享受优惠价格,并在线下体验贴身的服务。这种新模式营销方式与传统电子商务模式有明显区别,通过网络将生产者的线上产品直达消费者手中,避免了传统电子商务的库存积压导致滞销现象。

附录

教学视频索引

[1]B.W.卡尔尼克.禽病学[M].10版.高福,苏敬良,译.北京:中国农业出版社,1999.

[2]蔡宝祥.家畜传染病学[M].4版.北京:中国农业出版社,2001.

[3]蔡根女.农业企业经营管理学[M].3版.北京:高等教育出版社,2014.

[4]陈溥言.兽医传染病学[M].5版.北京:中国农业出版社,2008.

[5]邓仲平,唐万鹏,唐永洪."互联网+"背景下的我国农产品电子商务创新模式研究[J].电子世界,2017(6):14-15.

[6]杜宗沛,黄银云.动物传染病防治[M].2版.北京:中国林业出版社,2012.

[7]樊航奇,张敬.蛋鸡饲养技术手册[M].2版.北京:中国农业出版社,2014.

[8]甘孟侯.中国禽病学[M].北京:中国农业出版社,1999.

[9]高凯.构建农业农村数字经济服务体系下的农产品推广模式研究——以自媒体推广模式为例[J].农村经济与科技,2020(7):200-328.

[10]宫桂芬,仇宝芹,李玉清,等.怎样养好蛋种鸡[M].北京:中国农业大学出版社,2000.

[11]广东省仲恺农业学校.养禽学[M].北京:农业出版社,1979.

[12]郭伟光,王晨.基于互联网+O2O电子商务平台的农业信息化建设框架[J].电脑知识与技术:学术版,2019(30):286-288.

[13]郭勇,滑静.蛋用种鸡的生殖生理与营养需要[M].北京:中国农业出版社,2015.

[14]河南农业大学.动物微生物学[M].3版.北京:中国农业出版社,2005.

[15]洪涛.农产品网络零售及其模式创新[J].中国商贸,2014(7):30-33.

[16]吉俊玲,张玲.养禽与禽病防治[M].北京:中国农业出版社,2012.

[17]江苏省畜牧兽医学校.鸡鸭鹅疾病诊治大全[M].北京:中国农业出版社,1994.

[18]江苏畜牧兽医职业技术学院.实用养鸡大全[M].3版.北京:中国农业出版社,2011.

[19]蒋树威.畜牧业可持续发展的理论与实用技术[M].北京:中国农业出版社,1998.

[20]李复中.禽病防治技术手册[M].武汉:湖北科学技术出版社,2001.

[21]李沁.图说如何安全高效饲养蛋鸡[M].北京:中国农业出版社,2015.

[22]梁荣成,周慧秋.O2O模式下农产品营销研究[J].农场经济管理,2016(8):43-44.

[23]刘光辉."互联网+"时代下农业电商发展面临的挑战及对策分析[J].现代商业,2019(34):26-27.

[24]刘健.禽产品市场营销一本通[M].郑州:中原农民出版社,2010.

[25]刘明生,吴祥集.动物传染病[M].3版.北京:中国农业出版社,2020.

[26]刘太宇,张玲.畜禽生产技术实训教程:家禽生产岗位技能实训分册[M].北京:中国农业大学出版社,2014.

[27]陆承平.兽医微生物学[M].4版.北京:中国农业出版社,2010.

[28]马仲华.家畜解剖学及组织胚胎学[M].3版.北京:中国农业出版社,2010.

[29]美国国家研究委员会家禽营养分会.家禽营养需要[M].第九修订版.蔡辉益,文杰,杨禄良,译.北京:中国农业科技出版社,1994.

[30]孟婷,尹洛蓉.动物解剖生理[M].北京:中国林业出版社,2015.

[31]牛斌,王君,任贵兴.畜禽粪污与农业废弃物综合利用技术[M].北京:中国农业科学技术出版社,2017.

[32]彭克美.畜禽解剖学[M].3 版.北京:高等教育出版社,2016.

[33]乔娟,潘春玲.畜牧业经济管理学[M].2 版.北京:中国农业大学出版社,2010.

[34]苏一军.种鸡饲养及孵化关键技术[M].北京:中国农业出版社,2014.

[35]魏刚才,刘保国.现代实用养鸡技术大全[M].北京:化学工业出版社,2011.

[36]谢振华,蒋晓玲,符稚清,等.新零售背景下肇庆市特色农产品 O2O 营销模式创新策略[J].营销策略,2021(13):50-52.

[37]辛朝安.禽病学[M].2 版.北京:中国农业出版社,2003.

[38]徐建义.禽病防治[M].2 版.北京:中国农业出版社,2006.

[39]张克英.肉鸡标准化规模养殖图册[M].北京:中国农业出版社,2013.

[40]张玲.养禽与禽病防治[M].北京:中国农业出版社,2019.

[41]张玲,李小芬,李芙蓉.蛋鸡标准化养殖主推技术[M].北京:中国农业科学技术出版社,2016.

[42]张思光.生鲜农产品电子商务研究[M].北京:清华大学出版社,2015.

[43]张响英,孙耀辉.动物繁殖技术[M].北京:中国农业出版社,2018.

[44]郑久坤,杨军香.粪污处理主推技术[M].北京:中国农业科学技术出版社,2013.

[45]周建强,潘琦.科学养鸡大全[M].2 版.合肥:安徽科学技术出版社,2014.